虫と人と本と

Konishi Masayasu

小西正泰

創森社

はじめに

よく日本人は虫好きな国民であるといわれる。日本列島は南北に細長く、温暖多湿な気候に恵まれ、植物相も豊富で、それに依存する昆虫相も多様である。古来、日本人は昆虫に接する機会も多く、虫と人は最も身近な共生者といってもよい。それで、万葉のむかしから、虫を詠んだ詩歌などの文学も多数遺されている。

ところで、私は「昆虫少年」育ちで、後半生は昆虫文化誌や昆虫学史などを専門とするようになった。日本人が古い時代から最も親しくかかわってきた昆虫は、鳴く虫と、トンボやホタルなどである。私は今でもホタルや鳴く虫を聞く会などに深くかかわっている。

かねて私が心引かれてきた昆虫文化誌は、最近では「文化昆虫学」という枠組みで扱われるようになった。そして、いろいろな媒体からの執筆依頼が多くなり、公刊されたものもかなりの量になっている。たまたま、その一部を一冊にまとめてはどうかと、戦後すぐからの永い虫友・

梅谷献二博士にすすめられるとともに、出版社（創森社）も紹介して頂き、急遽実現する運びになった。そして、収録文の選択と章立て、図や写真の配置などは版元の相場博也氏にお願いした。こうして本書が生まれたのである。

私は年少のころから昆虫採集をしたり、虫の本を集めて読むのを無上の楽しみにしてきた。狭い庭には書庫を三つ建てて、あふれる本を詰め込んでいる。本書の内容にこれらの本たちの恩恵が活かされていれば、望外の喜びである。虫の仲間うちでは「虫書の四天王」という蔵書家の格付けがあり、私も名指しされている。四人のうち半分はすでに亡い。その〝欠員〟は未だ補充されておらず、寂しい。

この本は次の五章から構成される。

第1章「虫とかかわり合う」はバラエティに富んでおり、イントロダクションとして取りつきやすいかと思う。

第2章「あんな虫こんな虫」は、月刊誌『本』に同タイトルで四年間四八回にわたり連載された。一般読者を念頭に、なるべくポピュラーでイメージしやすい種類、あるいは話題性のあるものなどを選択した。文化誌的なエッセイが主流である。

各種類の配列は、初出誌編集者より毎年一月から一二月まで、昆虫の出現月順になるよう要望された。実はこれが一番の難題であった。秋冬に寒くなると、昆虫はほとんど姿を消してしまうからである。

第3章「虫と人物と著作と」は、月刊誌『インセクタリゥム』に四年間四八回にわたり連載された。東西の昆虫家のプロ・アマを問わず、後世に残るような本を著した人物について、その著作と評伝を書いた。本邦初公開の人物も少なくないと思う。主題人物の人生観や生きざまについて、読者に何かを読みとって頂ければと願って人選を試みた。

この章の初出原稿は連載中から、単行本化の打診が複数社よりあった。本書の主部でもある。今後、余命がゆるせば登場人物の数を増やし、さらに内容も増補したいテーマである。

第4章「虫に魅せられて」は、虫に魅せられた人や、その他の雑話などが収録されている。通常は目につきにくい媒体やテーマもあり、マニアックな向きの興味を引くかもしれない。

第5章「日本人と虫の歩み」は、日本人が古い時代から現代まで、害虫・益虫を問わず密接にかかわってきた軌跡をたどったもので、「文化昆虫学」の範疇に入るものが多い。

以上、各章の特徴や意図について寸記した。どこから読んでも、また、どこを読んでもよいように、本の刊年、著者の生没年などは、重複をいとわず初出紙誌のまま残した。内容には一部重複がみられる場合もある。また、初出稿に一部加筆した個所がある。本文中の内容と、現在の事象との間に時間的なズレが感じられるときは、巻末の「初出一覧」で刊年を参照されたい。

口絵や第2章の昆虫生態写真は、大部分が梅谷献二氏の撮影によるものである。河合省三氏（キチョウ）、宮下力氏（クロカワゲラ）などからも生態写真を拝借した。以上の三氏に深謝申し上げる。また、初出紙誌の企画・編集者、版元の各位に謝意を表する。

末文ながら、本書の出版にご尽力頂いた創森社の相場博也氏はじめ編集関係スタッフ各位に厚くお礼申し上げる。

二〇〇七年　八月

小西正泰

虫と人と本と————もくじ

第1章　虫とかかわり合う——21

第3章　虫と人物と著作と―――203

もくじ

第4章　虫に魅せられて――401

第5章　日本人と虫の歩み――457

MEMO

◇巻末の人名索引の箇所で欧米人については、カタカナ表記のみにしました。ただし、『インセクタリゥム』誌出典の欧米人については、本文399〜400頁に英字表記も紹介しています。

◇本文中の人名(撮影者名を含む)は、すべて敬称を略しています。

◇本書の虫の生態写真は、当該箇所のキャプションに撮影者を明記したものを除き、すべて梅谷献二氏によるものです。

◇本書の年号は西暦を基本にしていますが、必要に応じて和暦、もしくは（　）内に和暦を加えています。

◇本文中の「虫」の漢字は、書画の名称が旧字の「蟲」となっている場合、おおむね「虫」と表記し一部を「蟲」と表記していることもあります。

◇巻末の虫名索引の虫名は、本文同様に孫太朗虫と雪虫のみ漢字表記をし、他のすべてはカナカナ表記に統一しています。

虫送り(虫追い)。大蔵永常著『除蝗録』(1826年＝文政９年)より

WORM WORLD

書物・絵画にみる虫の世界

撮影・三宅 岳

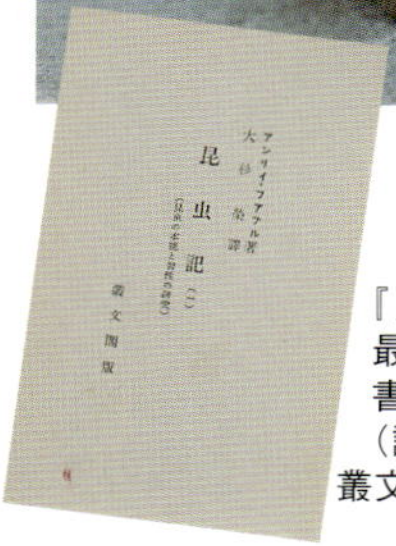

ファーブル『昆虫記』の最初の邦訳書。大杉栄（訳）第1巻、叢文閣（1922）。

プライヤー『日本蝶類図譜』第1分冊、第1図版（1886）、横浜：著者（英国人）自刊。日本最初の蝶の図鑑。

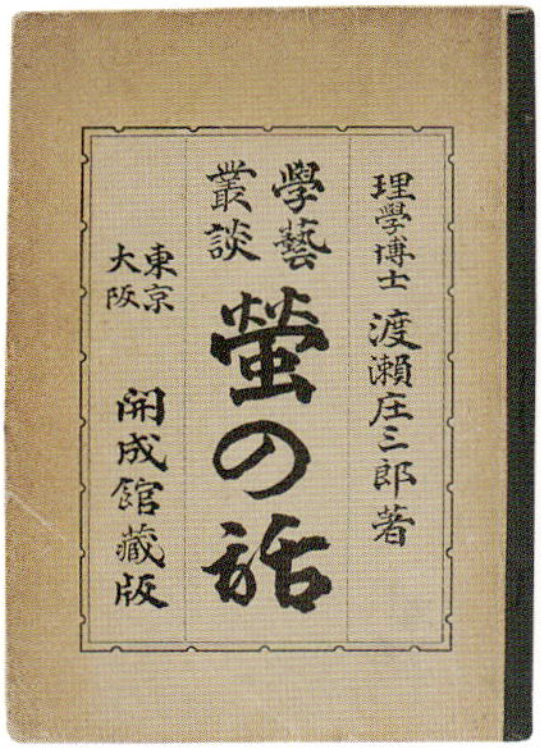

渡瀬庄三郎『学芸叢談　蛍の話』（1902）の表紙。日本最初のホタルの本。当時、好評を博した名著。

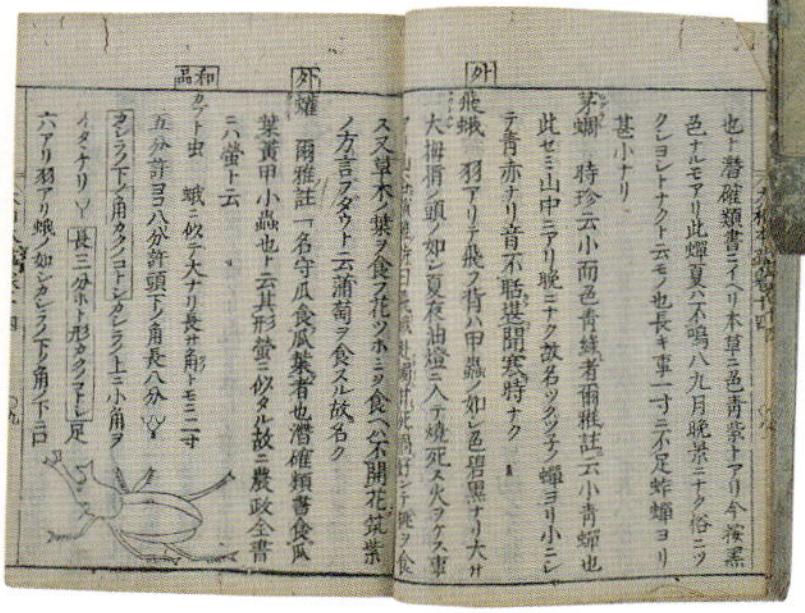

貝原益軒『大和本草』第14巻の表紙と「カブト虫」の項（図入）、（1709）。

宿屋飯盛編・喜多川歌麿画『画本虫撰』2巻（1788）のうち。虫と植物の画に狂歌を添えた歌麿初期の作品。

勝川春章・北尾重政画『画本宝能縷』（別名『かゐこやしなひ草』（1786）。養蚕作業を12点の色刷画で示す。この図は春章画。

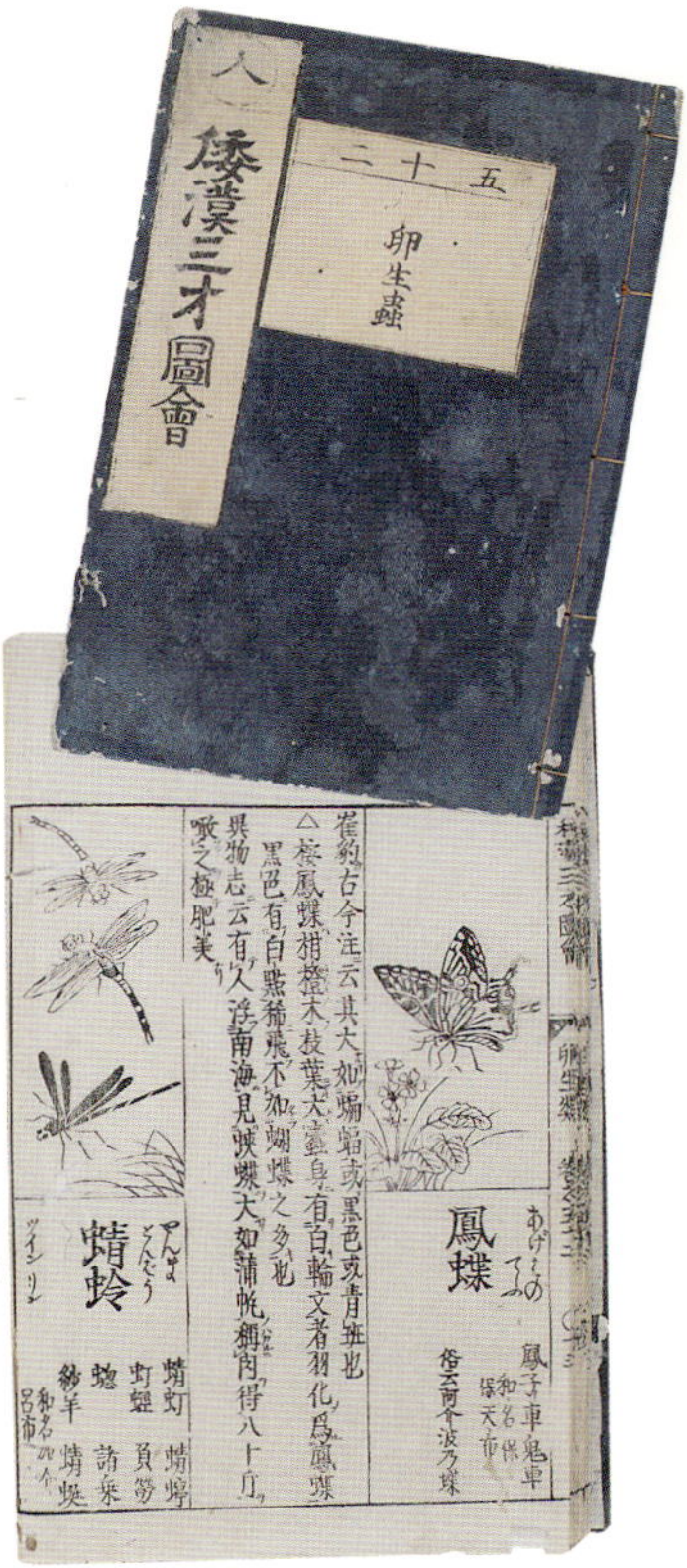

寺島良安『和漢三才図会』全105巻（1713）。日本最初の百科事典。表紙とチョウ、トンボの丁を示す。

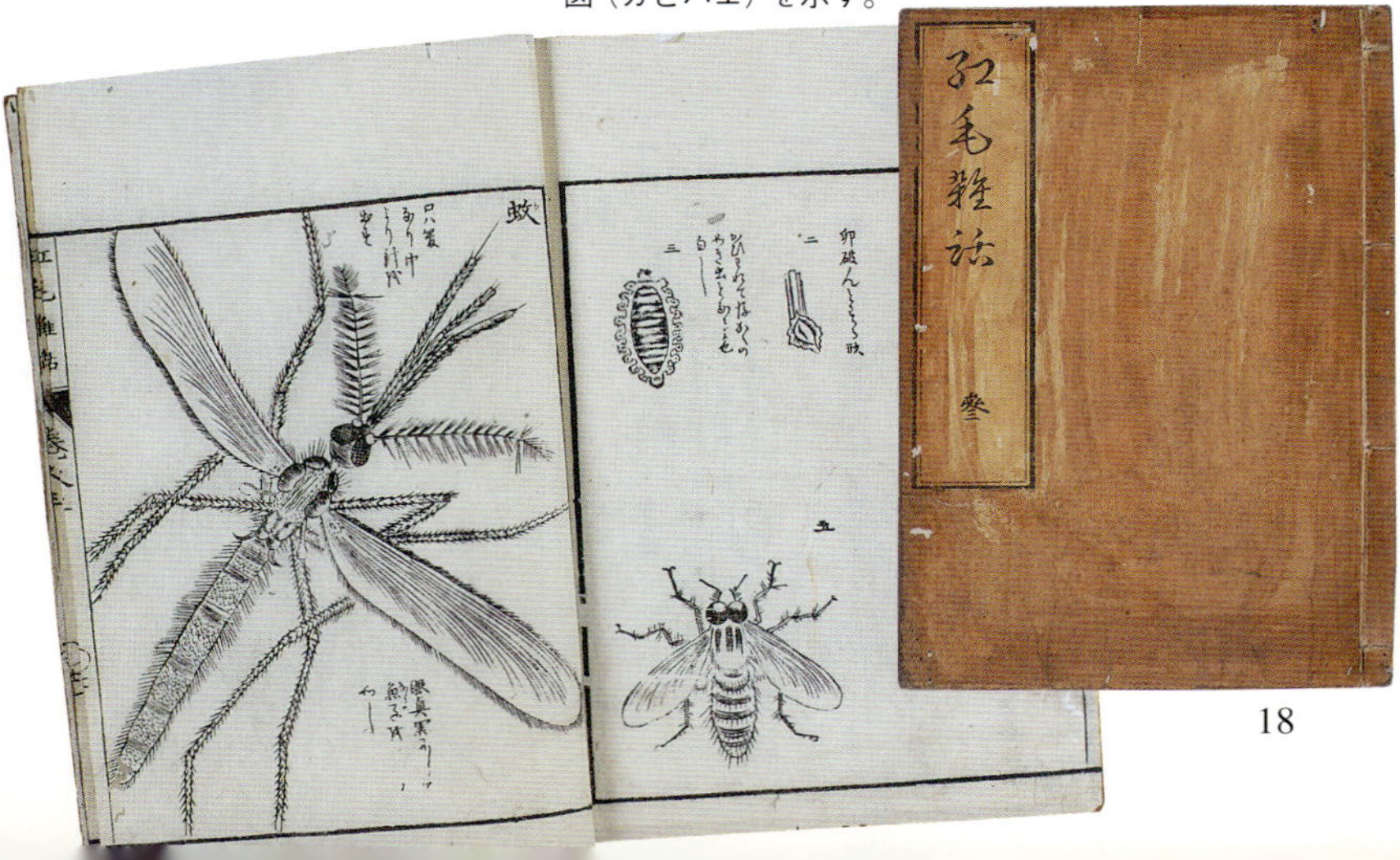

森島中良編『紅毛雑話』全５巻（1787）の第３巻の表紙と、顕微鏡図（カとハエ）を示す。

歌川広重画『落合ほたる』(江戸自慢三十六点のうち)。

一筆斉文調画『虫売り』(1770前後の作品)。

勝川春潮画『虫聞き』大判3枚続きのうち左側の図。

鈴木春重画『蚊帳美人』。蚊帳の中に侵入した蚊を、こよりの火で焼き殺す図。

WORM WORLD

親しまれてきた虫いろいろ

写真・梅谷献二(キチョウを除く)

オオカマキリ　カマキリ類は虫界のギャングである。生きた小虫などを鎌状の前脚を使って捕食する。

オオムラサキ　日本の国蝶。各地で保護されている。江戸時代の虫譜にも描かれる。

ヒグラシ　夏の夕暮れ時や明け方に、カナカナカナと哀調を帯びた声で鳴く。

タマムシ　最も美麗な甲虫の一つ。法隆寺の国宝「玉虫厨子」でも有名。幼虫は木の材部を食べる。

チュウゴクオナガコバチ　中国から侵入したクリの害虫クリタマバチの寄生バチ。この天敵を中国から導入して日本各地に放飼して定着した。

キボシカミキリ　クワやイチジクの害虫。幼虫は材部に食い入る。地域による成虫の斑紋変異が多い。

ベダリアテントウ　カンキツの害虫イセリアカイガラムシの捕食虫で、両種ともオーストラリア原産。日本ではハワイから導入して害虫を制圧。

キチョウ　秋になると鮮やかな黄色い翅のキチョウの姿が目立つ。そのまま成虫で冬を越し、翌春マメ科植物に産卵して世代を重ねる(写真・河合省三)。

第 1 章

虫とかかわり合う

アブラゼミ（茨城県つくば市、8月）

サクラと昆虫

サクラは日本の国花であり、また陽春のシンボルでもある。毎年、各地の花便りとともに、人びとの心も浮き立ってくる。数ある花のなかで、サクラほど「動員力」の強いものはないと思う。

かくいう私も、多年サクラの名所に恵まれた土地で過ごしてきた。まず中学時代は津軽の弘前公園（おそらく日本一）、大学時代は札幌の円山公園、この二十数年間は東京の小金井公園などで心ゆくまで花見を楽しんでいる。

ところで、花見もその添景としての昆虫に目配りすることによって、興趣も倍加する。サクラの花が咲くころは、まだ飛んでくる昆虫の種類も数も少ない。それでも、よく見るとミツバチやヒラタアブ類が忙しげにやってくるし、たまにはチョウも訪れて蜜を吸っている。たとえばナミアゲハ、ルリシジミやコツバメ（春先にだけ発生）など。ところによっては、有名な「春の女神」ギフチョウが花にたわむれることもあり、その優美なおもむきは、たとえるものとてないほどである。

いうまでもなくサクラは虫媒花だから、花蜜が多くて芳香を放ち、そのうえ葉柄にも蜜腺があり、昆虫を誘っている。こうして、花も虫もたがいに利用し合いながら、限られた爛漫のひとときを享受しているのである。ちなみに、私は早春の奥多摩山中で、清楚に咲くヤマザクラからハナカミキリ（甲虫）の珍品を採集して歓喜したのを、今に覚えている。もう四〇年あまりも前のことである。

さて、花が終わると招かれざる客――害虫が多数登場してくる。サクラには約一七〇種ものの害虫が知られている。葉を食うもの、樹液を吸うもの、幹や枝に孔をうがつものなど、さまざまである。とりわけ葉を食べる毛虫は嫌われもので、江戸時代の川柳（『誹風柳多留《やなぎだる》』）にも詠まれている。

葉桜や毛だらけなものぶらさがり
飛鳥山毛虫に成て見かぎられ

これらは、いずれもオビカレハ（ガ）の幼虫（梅毛虫）のことである。今ではこれに敗戦後の侵入害虫アメリカシロヒトリ（ガ）も一枚くわわっている。

葉の害虫のなかでも、モンクロシャチホコ（ガ）の幼虫（舟形毛虫）による加害はすさまじい。晩夏にはよく葉を食いつくして丸坊主にしてしまう。すると、樹勢の強い木では、まもなく新芽がふくらんできて、秋には時ならぬ花を咲かせ、新葉も出てくる。

この開花現象を「返り咲き」という。かつては、天変地異あるいは戦勝の前兆として、怖れられたり喜ばれたりしたようである。いずれにしても、年に二度も花見ができるのも悪くないような気がする。

国蝶オオムラサキ

私たちの住む日本列島は、昆虫の種類が豊富なことで広く知られている。その日本を代表する昆虫として、「国蝶《こくちょう》」のオオムラサキがある。

このチョウは、かずあるチョウのなかでも美しくて飛ぶのが速い種類の多い、タテハチョウ科の日本最大（翅《はね》を広げると雄で九・五センチ、雌で一一・五センチ）の種類であり、その雄大華麗さは世界的に著名である。オオムラサキという和名は、大形の紫色のチョウの意で、英語ではグレート・パープル・エンペラー（大紫皇帝）と呼ばれる。

さて、オオムラサキは江戸時代の「虫譜」（昆虫図鑑）にも、好んで描かれている。たとえば、熊本藩主・細川重賢《しげかた》の『昆虫胥化図《しょか》』（一七五八―六八年作製）には「クリイロアゲハ」（雌）として、また幕府の医官・栗本丹洲の『千虫譜』（一七九四―一八一一年作製）には「ヨロイチョウ」（会津の方言）として見事な図がある。

このオオムラサキがラテン語の学名をつけて学界に正式に発表されたのは、一八六三年になってからのことである。そのもとになった標本は一八六〇―六一年に植物採集のため来日したイギリスの園芸家フォーチュンが横浜の郊外で採集したもので、友人のヒューイトソンが命名して記載した（図は上が雄、下が雌＝論文から）。現在、知られている分布地は、日本（北海

オオムラサキは大きく美しく、飛ぶのが速い（上が雄、下が雌）

道、本州、四国、九州）のほか、朝鮮半島、中国、台湾である。

ところで、戦前からオオムラサキを国蝶に指定してはどうかという議論があったが、一九五七年の日本昆虫学会大会において正式に決定された。さらに、一九七八年には環境庁により「自然指標昆虫」一〇種の一つに指定され、その動態が継続調査されている。

オオムラサキの幼虫が食べている植物はエノキとエゾエノキの葉で、成虫はクヌギやナラなど、広葉樹の樹液に集まってこれを吸う。したがって、その産地はわりあい限られてくる。

最近、オオムラサキの多産地―山梨県の八ヶ岳や茅《かや》ヶ岳の山麓《さんろく》で、雑木林に乱舞するこのチョウを求めて、各地からマニアが押しかけ、捕虫網が入り乱れているというニュースが報道された。

昆虫の場合は獣や鳥とちがって、マニアによる成虫の採集くらいで絶滅するようなことは、原則としておこらないと考えられる。けれども、直接の法的規制がないからといって、むやみに採りまくることは問題である。そこには、おのずから〝採集のモラル〟が要求される。良識ある行動こそが、人類（ホモ・サピエンス＝知性あるヒト）の誇るべき特質なのだから。

「蝶よ花よ」の世界

「二つ折りの恋文が、花の番地を捜している」――このルナールの「蝶」（岸田国士・訳）は、チョウが花から花へと、せわしそうに飛びまわる姿をよくあらわしている。

日本では「蝶よ花よ」という言いまわしのように、古くからチョウは花とセットで愛らしいものをイメージさせる存在であった。

ところで、蝶という漢字は虫偏と枼（葉の原字）から成っており、木の葉のような薄い翅《はね》をひらひらさせる虫の意である。そして日本では、テフ→テオ→チョウと呼び方が変わりつつ今日にいたっている（藤堂明保、一九八〇）。たとえば、江戸ではテフテフと呼んでおり、この表記は大正時代の小学校教科書にもみられる。

英語ではチョウをバタフライ（butterfly）というが、これはバター色の飛ぶ虫、つまりヤマキチョウなどに由来するものらしい。ちなみに、チョウとガを区別して、それぞれに対応したことばがあるのは中国語（ガは蛾）、日本語や英語（ガはmoth）くらいのもので、ドイツ語やフランス語では「昼のチョウ」（＝チョウ）、「夜のチョウ」（＝ガ。日本では別の意味をもつ）と簡明に呼んでいる。昆虫学の上からは、この独仏式の分け方のほうが正しい。実はチョウとガには、学問的にはっきり区別できるようなちがいがないからである。

さて、チョウとガをいっしょにした鱗《りん》翅《し》目《もく》という分類群には、世界でおよそ一四万種が知られており、そのうちチョウは約一万八〇〇〇種にすぎない。ガ（成虫）はもともと夜に活動するグループであるが、そのなかから薄暮や夜明け、さらに日中に飛びまわる〝もの好き〟があらわれてきた。それがチョウの仲間である。

このチョウの誕生と、昼間に花を咲かせる顕花植物の繁栄とは、新生代（約六五〇〇万年前以降）に並行しておこっている（これを共進化という）。それで、チョウには花をおとずれて長い口吻《こうふん》で蜜を吸うものが多い。このとき、おしべの花粉がめしべの柱頭に付いて受粉するのである。

チョウのなかには、いわゆる害虫も少なくない。たとえばキャベツを害するモンシロチョウ、イネを害するイチモンジセセリ、ミカンを害するナミアゲハやクロアゲハなどである。これらのチョウは、幼虫が作物の葉を食べるので害虫呼ばわりされているけれども、成虫はいろいろな花を受粉して結実させるので、益虫としての半面ももっている。

ところで、近年はバード・ウォッチング（探鳥＝野鳥観察）に端を発して、〇〇ウォッチングというのがさかんである。チョウでも『バタフライ・ウォッチング』（ポール・ウェイリ、一九八〇）という本がイギリスで出版されている。

この本には、チョウの好きな庭園の花としてブッドレア、ムラサキナズナ、アルメリア、フレンチ・マリーゴールド、ヘリオトロープ、ヒゲナデシコ、アリッサム、イベリス、アスター、サクラソウなどが挙げられている。これらの花に飛んでくるチョウを居ながらにして観察しようというのである。

また、同じくイギリスで『ザ・バタフライ・ガーデナー（チョウの園芸家）』（ミリアム・ロスチャイルドほか、一九八三）が刊行された。このミリアム女史（一九〇八―）は、ヨーロッパの代表的な富豪ロスチャイルド一族のひとりで、父子二代にわたるノミの専門家として高名である。彼女はチョウと園芸が大好きで、自宅の広大な庭園を三区に分けて、四季にわたりチョウの観察と花づくりを楽しむことができるように設計してあるという。

チョウが集まる花木としては、上記のブッドレアを推奨している。これはフジウツギ科の落葉低木で、ふさ咲きの花にはいろいろなチョウがたくさん集まってくるので、英名をバタフライ・ブッシュ（チョウの灌木）と呼ぶ。花期は七―一〇月、花色は白、黄、紅、紫などの園芸品種があり、最近は日本でもたやすく入手できる。葉にさわると、体質によってはかぶれる人もいるらしい。

話は変わるが、高名なイギリスの元首相ウィンストン・チャーチル（一八七四―一九六五）は生きたチョウが大好きで、チャートウェルの別荘で園遊会をもよおすときは、「バタフライ・ファーマー（チョウの農夫）」を自称する専門業者にコヒオドシやクジャクチョウなど美麗なチョウを多数注文して庭に放し、来客をもてなした。スケールの大きな話である。

イギリスには、現在も生きたチョウ（またはその卵やさなぎ）を供給する業者がいる。一方、日本では生きた昆虫の売買について、学会レベルで規制されている。これは国民性のちがいによるものであろうか。

（注）なお、チョウはその種類によって特に好んで飛来する花の種類も異なる場合が多いが、これは花の色や形よりも、においによるほうが強いといわれる。

都会に生きるセミ

数ある昆虫のなかでも、セミは私の好きな虫の一つである。その理由は、あのスマートな姿かたちもさることながら、雄が「鳴く」ことにある。しかも、その「声」が種類ごとにちがうし、声量も体に比して信じられないほど大きい。

種類にもよるが、セミには集団で鳴く習性があり、数が多いときには蟬時雨《せみしぐれ》となって樹上から降りそそぐ。私の記憶には、十数年前の金沢市、兼六園のそれが今もあざやかに残っている。時は盛夏で、アブラゼミとミンミンゼミの混声合唱だったと思う。今年もその子孫たちは健在だろうか。

ところで、日本はセミの宝庫である。研究者によって多少ちがうが、三十数種類が知られている。もともとセミは南方系の昆虫だから、その大部分は南西諸島に分布しており、北上するほど種類は少なくなる。

東京近郊にある私の家の周辺では、ニイニイゼミ、ヒグラシ、アブラゼミ、ミンミンゼミ、ツクツクボウシが鳴く。このなかではヒグラシが少ない。あの「カナ　カナ　カナ……」という哀調をおびた金属的な声を、私はこよなく愛する。また、ツクツクボウシの「ツクツクオーシ　ツクツクオーシ」という変化に富んだ鳴き声は、日本のセミのなかで最も音楽的であり、おそらく世界のセミ・コンクールに出ても上位入賞するのではなかろうか。この「つくづく惜しい」という声を聞くと、子どものころの残り少なくなった夏休みのことが、なつかしく思い出される。

近ごろ、都会ではセミが少なくなったという話をよく聞く。その理由の一つは、最近ふえたヒヨドリがセミ（成虫）を食べるからである。気をつけていると、しばしばその現場を見ることができる。公園などでは、早朝にカラスがセミをついばむという話もある。

都会にもセミの名所はまだ残っている。たとえば、JR四谷駅や御茶ノ水駅の周辺である。つい先日、あるテレビ局の番組に出演を依頼され、この四谷駅の土手の上にある桜並木で、セミの羽化を観察してコメントすることになった。

暮れなずむころ、ヒグラシがまばらに鳴きはじめる。都心では珍しい。アブラゼミやミンミンゼミも鳴きたてる。声をたよりにネットを振るい、四度目にやっとアブラゼミをつかまえて、数十年前の少年の心に還った。

あたりが暗くなると、セミの幼虫が地中からつぎつぎに這《は》い出して、手近な桜の幹や枝へ、また意外なことに遊歩道と土手を区画する有刺鉄線やその支柱にまで這い登って、まもなく羽化をはじめる。背中が割れてから羽化を完了するまでの時間は、アブラゼミ、ミンミンゼミとも一時間内外、個体差がある。

目を下方に転ずると、電車がひんぱんに往来し、乗降客の姿が小さく見える。線路の向こう側には、まばゆいばかりのネオンに輝くビルがそびえている。

つくられた小自然のなかで、けなげに生きぬくセミたちが無性にいとおしかった。

昆虫採集をめぐって

このところ、自然保護運動の高まりのなかで、昆虫採集の是非についての論議もさかんである。私自身の「昆虫人生」六〇年の歩みとからみ合わせて、私見を述べることにしたい。

ほんの幼いころから、私は虫の魅力にとりつかれ、その原体験の影響が今日にまでおよんでいる。昆虫とのかかわり方にはいろいろなスタイルがあるが、私の場合も、まずお定まりのチョウやトンボやセミなどの「虫捕り」から始まった。

小学校に入ると、それが本式の道具をつかった「昆虫採集」になり、標本にして保存するようになる。やがて中学校に進み、「生物班」に顔を出したら同級生の虫好きが二人もいて、昆虫熱はますます高まった。そして、この三人とも約束どおり大学では昆虫学を専攻して学位もとり、虫の専門家として現在にいたっている。この「三羽烏」の出会いは、半世紀あまり前のことである。

さて、あのいまわしい太平洋戦争が始まると、はじめのうちこそ「科学する心」をはぐくむため、小・中学生の昆虫採集は夏休みの格好の宿題として奨励されたが、敗色濃厚となるにしたがい、屈強の若者が捕虫網などを振りまわしていると「非国民」呼ばわりされるようになり、昆虫熱も一時、水を差された。

敗戦後、ひどい食糧難のころ東京郊外の高尾山にギフチョウなどを採りにいくと、「闇屋《やみや》の息子」呼ばわりされたこともある（動きまわると腹が減るのに、という発想）。

その後、世情が落ち着くとともに、しばらくのあいだは心おきなく採集にはげむことができた。ちなみに、私の専門は分類学だから、まず標本の収集が必須《ひっす》である。

一九六〇年代に高度経済成長期に入ると、自然環境の破壊が急速に進み「かけがえのない地球」への危機感から、極端な自然保護派などにより、またまた昆虫採集は罪悪視されるようになる。そして、いい年をして網などをかついでいると、たちまち「自然破壊者」のレッテルを貼られてしまう。そのうえ県や市町村など地方自治体レベルでの採集禁止地域の設定や禁止種の指定が、急速に進んできた。

このように、かつては「文部省推奨」の昆虫採集も、いまでは違法行為扱いされることが多くなった。これは興味ある社会史の一面ではなかろうか。

私はときどき昆虫観察会の指導をたのまれることがある。その場所が「自然観察園」など採集禁止地域である場合は、チョウが飛んでいてアレアレと指さしても、ドレドレなどといっているうちに遠くへいってしまう。これでは種名の説明もできない。それで私は、採集禁止の昆虫観察会は野鳥や植物などの場合とはちがって、あまり意味がないと思っている。ちなみに、私は子どものころから採集により昆虫の名前や生態を独学してきた。

ところで、一九九一年四月、「日本昆虫協会」が設立され、全国に散在する昆虫愛好家を組織化して、その主張や活動をバックアップすることになった。会員は現在約二〇〇〇名である。この数は、日本昆虫学会の会員数〔一九九八年で約一三〇〇名〕をはるかに上回っている。

この協会設立の主な目的は、とかく風当たりの強い昆虫採集の復権であり、昆虫に親しむことを通じて本当の自然の姿を知り、ひいては自然保護に資したいというものである。

去る三月末、東京で一九九一年度総会が開かれた。その議題の一つに「昆虫採集のモラル」〔昆虫愛好家の行動指針〕というのがある。これの試案は数条から成るが、いずれも良識を基盤とした自主規制である。

最近、新聞やテレビで、岩手県のチョウセンアカシジミの卵を採集して送検されたり、山梨県のある町でギフチョウを採集して監視員に捕まったりしたというニュースが報道された。このような不祥事は、大多数の良識ある昆虫愛好家にとっても許しがたいことである。

先にも記したように、今後、市町村レベルでの採集禁止条例などはますます増加し、取締りも強化されることであろう。このような法的規制がもたらす効果もさることながら、昆虫の生態や昆虫採集の実態に精通した当事者による「自主規制」（前述）の実効も大きいものと期待される。

良識により行動することは人間（ホモ・サピエンス＝知性あるヒト）にあたえられた特権である。これをたいせつにしたい。

日本はトンボの国

日本人は世界で最も昆虫が好きな国民といわれる。そのなかでもトンボ、ホタルおよび秋の鳴く虫が代表的なものである。日本では水系がよく発達しており、また水田が広く各地に造られてきた。そのため、幼虫が水中で生活するトンボ類は種類（約一九〇種）も個体数も多くて、日本人とは古い時代から、いろいろなかかわり合いの歴史があった。

まず、弥生時代の中期から終わり（紀元前二世紀頃～紀元三世紀頃）にかけて作られた銅鐸

（釣鐘形の青銅製祭器）の原始絵画には、トンボを描いた図柄が数例見られる。これはカマキリやクモなどとともに、稲の害虫を捕食する益虫として、豊作への祈りを込めて描かれたものであろうと考えられている。

日本の古い歴史を書いた『日本書紀』（七二〇年編）にも、当時「あきつ」と呼ばれていたトンボの故事が記されている。それによると、初代天皇とされる神武天皇が大和国（現在の奈良県）の小高い丘に登り、自分の領土を見渡して、その形が「あきつが交尾しているようだ」と言ったそうである。

また同書には、第二一代の雄略天皇が、吉野（現在の奈良県南部）の原野で狩りをしたとき、アブがその腕を刺したところへトンボが飛んできて、このアブをさらっていった。天皇はたいそう喜んで、この地をトンボの土地という意味の「あきつの」と名付けた。このような故事から、日本国の古名を「あきつしま」と呼ぶようになったという。

なお、上述のアブの故事にちなんで、トンボは縁起のよい「勝虫《かちむし》」と呼ばれて、武士の冑《かぶと》や陣笠、家紋などにトンボをかたどった形や図柄がつかわれていた。

ところで、日本では古い時代から、トンボ捕り（トンボ釣り）が子どもたちのお気に入りの遊びとなっていた。早くも一二世紀後半の歌謡集には、トンボ捕りの歌が残っている。

日本の子どもたちはトンボの習性をよく観察して、いろいろな捕り方を考えた。一八世紀初めに、寺島良安が編纂した日本最初の図入り百科事典『和漢三才図会《ずえ》』には、子どもが、トンボのメスを（短い竿に）糸でつないで、それに誘われて飛来するオスを釣って遊ぶことが書いてある。この方法は「おとり捕り」と呼ばれ、大型のトンボ（特にギンヤンマ）を対象にして、近年までさかんであった。

また、「引っ掛け捕り」という方法もある。これは小石などを布に包んで六〇センチほどの糸の両端に結び、ギンヤンマめがけて空中に放り投げる。すると、餌と間違えてこれに飛びついたギンヤンマは糸にからまって地上に落下する。これを捕らえるのである。

近年では環境破壊などの影響で、ギンヤンマなどの大型のトンボも少なくなり、トンボ捕り遊びは見られなくなってしまった。しかし、このようなトンボの生態観察に基づいた技術は、日本独自の子どもの遊びとして、後世に継承したいものである。

日本では「赤とんぼ」（一九二一年作）という童謡が今でも広く愛唱されている。また、各地で自然保護活動の一環として「トンボ池」造りがさかんに行われるようになってきた。これからも、日本独特の「トンボ文化」といってよい日本人とトンボとのかかわり合いは、長く続いてほしいものである。

スカラベと玉虫厨子

甲虫は全動物のなかで最も種類が多く、その生態も多様なので私たち人間の文化とともに深くかかわっているケースが少なくない。ここでは、東西の二つの事例を紹介することにする。

スカラベ（タマオシコガネ）

ファーブルの『昆虫記』のなかで、一番有名なのは「スカラベ」だろう。これは哺乳類の糞を集め、球をつくってころがし、地中に埋めて自分で食べたり、それに卵を産みこんで幼虫を育てたりするコガネムシ類の話である。

古代エジプトでは、このスカラベ類を神聖な虫としてあがめていた。その理由はいくつかある。

まず、スカラベがつくる大きな糞球を太陽に見立て、それを足でころがしていくスカラベのことを、東から西へめぐる太陽の運行をつかさどる神ケペリとしてうやまったのである。

また、地中に埋められたスカラベの糞球は、月の自転と同じ期間、つまり二八日間そのままとどまり、二九日目になると再生し、球を破ってスカラベが地上に現れるものと考えられていた。

さらに、スカラベはその形態のうえからも、太陽に関連したシンボルがイメージされた。まず、頭の前面にあるギザギザの突起を、太陽から光線が放射するのになぞらえている。また、六本の脚の先端にある付節が五本ずつで合計三〇本あるのは、一ヵ月の日数である三〇日をしめすものとされた（タマオシコガネ属では前脚の付節がないので合計二〇本）。なお、古代エジプト人は、スカラベには雄だけしか存在せず糞球から自然発生するものと信じていた。

以上のように、古代エジプト人はまずスカラベが糞球をころがすという珍しい習性を観察して、そこに神秘性を感じとり、それからいろいろな理由づけをしながら、ついにスカラベを太陽神にまで神格化したものと考えられる。

このようなことから、古代エジプト人はスカラベを創造、再生（復活）、不死などの生命にかかわるシンボルとしてひたすらあがめたのである。それで、紀元前二五〇〇年ころからスカラベをかたどった彫刻、印章、護符や装身具などが、いろいろな石材でつくられて用いられた。これらの人工スカラベには、実在の甲虫(少なくとも五属)をモデルにしたものが多くみられる。

玉虫厨子(タマムシ)

奈良の法隆寺には「玉虫厨子《たまむしのずし》」という国宝がある。これは七世紀半ばに製作されたもので、高さは約二二〇センチあり、その透かし彫り金具の下に玉虫の鞘翅《さやばね》が敷かれているので、玉虫厨子とよばれている。タマムシは体長約四センチ、全身が金緑色に輝いており、日本産の甲虫のなかで最も美しい種類の一つである。

現在は、これらの翅はほとんどはげ落ちているが、かつて使用された翅は四四一八枚（二二〇九匹分）であったといわれる。さらに透かし彫り金具の下全体に翅が敷かれたものと考えると、九〇八三枚（四五四二匹分）が必要になる。

このタマムシの翅を利用する工芸技術とこれに使った標本は、その当時、朝鮮半島から日本に伝えられたものとされている。

ちなみに、タマムシのように金属光沢があり美麗な甲虫（ハムシ、カタゾウムシなど）はカフスボタン、ネクタイ留め、ブローチなどの装身具に加工され、市販されている種類もある。甲虫はそのほか絵画、工芸、音楽、映画、文学や民俗など、私たち人間のいろいろな文化面と広くかかわっているのである。

昆虫の予知能力

千里眼論争

明治の末に「千里眼」をもつ女性が九州に現れたというので、学界や世間が大さわぎをしたことがある。この千里眼を『広辞苑』でひくと「遠隔の地の出来事を直覚的に感知する神秘的能力」とあるが、今のことばでいうと「透視術」のようなものであろう。

当時、各界一流の学者たちが、彼女の超能力をたしかめるために立ち会い公開実験を行ったり、各自の見解を発表したりした。著名な動物学者・丘浅次郎博士もそのひとりである。かれは、千里眼というのは昆虫の世界にもみられる能力で、とくに「馬尾蜂」（バビホウ、ウマノオバチ）というハチをその好例としてあげた。

そして、このハチは馬の尾のように長い産卵管をもっており、木の幹の中に住んでいるカミキリムシの幼虫（俗名てっぽうむし）の体に、樹皮の上から「千里眼」により透視して、ねらいたがわず産卵管を突っこんで卵を産みつける――この本能と同じような能力をもった人間が、たまたま現れたものであろうと説明した。

この説に対して、当時、東北帝大農科大学（今の北大）学生の小熊桿氏（後年、国立遺伝学研究所所長）が真っ向から反対し、馬尾蜂が産卵するのは感覚器の作用によるものであって、人間の千里眼、すなわち透視とは何の関係もないということを、一流の雑誌や新聞に発表した。そして、両者のあいだで論争を重ねた末、小熊氏に軍配があがった。つまり、昆虫にはそのような〝神秘的〟な能力はないということである。

昆虫に予知能力はあるか

さて、昆虫にも私たち人間と同じように五感がそなわっている。すなわち、視覚・聴覚・嗅覚・味覚および触覚である。このほかに〝第六感〟による超能力が昆虫にも存在することを期待してであろうか、「予知能力」というテーマが私に与えられた。

結論から先にいうと、昆虫の生活における変化に富んだいろいろな行動は、長い進化の過程でその種類に組み込まれた、いわゆる本能による基本的な習性のほかは、物理・化学的な刺激に対する反応として現れるのであって、けっして昆虫がある事象を予知し、それに基づいて対処するわけではない。昆虫には思考したり判断したりする能力はないし、ましてそれによって行動するということも原則としてできないのである。けれども、昆虫のなかでも高等なアリやハチの一部には、記憶あるいは経験に基づく知能活動も認められるという。

天気の予知

ところで、古くから昆虫の予知能力、とりわけ晴雨や地震の予知にかかわる多くの俗信が伝承されている。

まずアリは、人家の近くに住み、また集団で行動するため人目につきやすいこともあって、「アリは五日の雨を知る」（アリは降雨を五日前に予知して、あらかじめ巣の穴をふさぐ）ということわざにみられるように、アリが晴雨を予知できるとする言い伝えがたくさんある。

たとえば、

アリが家の中に入れば雨
アリが行列をして移動するのは大雨の前兆
アリが巣をふさぐときは雨
アリが土を持ち出すときは晴
アリが卵（実は幼虫やさなぎ）を持って巣を出ると天候が変わる
アリが物を穴の中へ運ぶと天気が変わる

また、アリ以外にも次のような俗信が伝わっている。
ハチが巣を木の下につくれば台風になる
ハチの巣が高いところにあれば大雪
カマキリの卵が高いところにあれば大雪、低いのは小雪
以上は、いずれも普遍性のないものである。
（付記）酒井與喜夫『カマキリは大雪を知っていた―大地からの〝天気信号〟を聴く』（二〇〇三、農文協）という本が出版されている。

地震の予知

近ごろ日本では大地震に対する関心が高まっており、その予知の研究も熱心に行われつつある。私たちは地震というとまずナマズを連想するが、外国ではそのようなことはない。中国においては、地震とそれを予知する動物についての研究がさかんである。そして、哺乳類・鳥類・は虫類・両生類や魚類など多くの動物が観察されており、昆虫ではミツバチとアリがとりあげられている。

日本での観察記録を二、三あげてみよう。
濃尾地震（一八九一）のとき、その五日前に羽アリが多数発生して飛び去った。陸羽地震（一八九六）の直前、人家の床上にアリが集まった。関東大地震（一九二三）の二、三ヵ月前

に、山梨県下で地バチ（クロスズメバチ）がまったく姿を消してしまった。これらの例では、アリも地バチも地中生活者であるところに意義があるかもしれない。

また、古くからの俗信に「赤とんぼ群れ出ずるは地震の兆し」というのがある。そういえば、一九七三年の六月下旬、都内で赤トンボが群飛したとき、大地震のような天変地異の前ぶれではないかと心配した向きも少なくなかったけれども、けっきょく「石油ショック」だけしか起こらなかった。

アメリカの地震学者ルース・サイモン博士は、数年前に、ゴキブリはマグニチュード二〜四くらいの地震の前に、とくに活発に動きまわるのを観察し、むやみにゴキブリを殺さないでほしいと呼びかけている。ちなみに、ゴキブリは一五〇〇ヘルツ（ヘルツは一秒間の振動回数）の周波数で、一〇億分の四センチメートルという小振幅の振動をも感知するという。おそらく、腹端にある一対の尾毛がその役割を果たしているものであろう。

ゴキブリの仲間は、およそ三億年間をしたたかに生き抜いてきただけあって、天変地異を予知するような超能力をもっているのかもしれない。

「猛虫」の季節

毎年八月末から一〇月末ころまでのあいだ、スズメバチ類に刺されて死亡した人のニュースが、新聞やテレビで報道される。この不幸な人身事故は、一九八四年には七四名、八五年には三一名、八六年は四六名と、想像以上に多い。これらの数字は、日本の猛獣毒蛇――クマ、マムシやハブなどによる死亡事故件数を上回っていると思う。つまり、スズメバチ類は「猛虫」と呼ぶにふさわしい虫である。

ところで、一九八九年八月三〇日の午後、日本テレビから電話があり、今朝、千葉市で男性（四四歳）が「ハチ」に刺されてまもなく死亡したが、このことについてコメントしてほしいから、翌日正午からの「おもいッきりテレビ」（生放送）に出演してほしいとのことであった。

私は、その犯人？はスズメバチ類であろうことと、アレルギー体質の人がハチに刺されてショック死することは、さほど珍しいことではない旨を即答した。それでも、同テレビ局の取材班が目下現地に急行中で、もしできればその加害虫を採集してくるはずだから、明日の番組放映のとき見てほしいとのことなので、この際ハチの種名を確認したい気持ちも手伝って出演を承諾した。

そして当日。本番（見出し「ハチに刺されてショック死」）で、目の前にドンと置かれたプラスチック製の箱には、犯行現場で一網打尽に逮捕されたハチとその巣が入っていた。見ると、そのハチはなんとホソアシナガバチではないか！　五、六匹が巣にとまったり、箱のなかを活発に歩きまわったりしている。

それまでは、スズメバチ類の話で対応しようと心づもりしていた私は、ことの意外さにショックを受けたが、すぐに気をとりなおし、居ならぶ大島渚、前田美波里、ロミ山田、デリカットの皆さんからの質問に適宜応答して、「昆虫学者」の体面を保つことができた。

聞けば、この被害者・中村義良さんは、庭先で草刈りをしていたとき、ハチに足（ふくらはぎ）と腕を二ヵ所ほど刺されて具合がわるくなり、すぐ病院にはこばれたが、約一時間後に死亡したという。さらに、被害者はアレルギー体質で、この一〇年間、通院していたことも判明した。それにしても、ホソアシナガバチによるショック死はレア・ケースと思う。

ちなみに、例のロッキード事件の証人・榎本女史の「ハチの一刺し」ということばが、ひところはやったが、あれは正しくは「ミツバチの一刺し」とすべきであった。ミツバチは一度人を刺すと、自分も死ぬからである。ところが、スズメバチ類（アシナガバチ類もスズメバチ科）の一刺しでは、逆に人のほうが死んでしまう。

なお、同じ取材班が撮影してきた、近くの茂原市で庭の植木に巣をつくったハチ（セグロアシナガバチ？）と「ハチおじさん」（六〇歳）との交遊ぶりも放映された。

人はさまざま、ハチもさまざまである。

アリの行動

アリは最も身近な昆虫だから、古今東西を通じて私たちとのかかわりあいは多岐にわたっている。

まず、「蟻」という漢字は「義のある虫」、すなわちアリが「かどめ正しい」集団生活をいとなむことに由来するらしい（藤堂明保、一九八〇）。また「アリ」の語源にはいろいろあるが、私は「歩（あり）く」説をとりたい。

『旧約聖書』（新共同訳）には「蟻には首領もなく、指揮官も支配者もないが／夏の間にパンを備え、刈り入れ時に食糧を集める」（「箴言《しんげん》」六章七―八句）とある。これは、アリ社会における階級《カースト》の存在を見落としているが、クロナガアリ類は秋に穀粒《こくりゅう》を収穫するから、後半の記述は正しいといってよい。

プリニウスは『博物誌』で、アリの駆除について、その巣穴の口を海泥または灰でふさいだり、ヘリオトロープ（花は香水の原料）で殺したりすることを記す。

一方、中国では四世紀のはじめ、ツムギアリをカンキツ類の害虫の天敵として利用しており、その枝葉でつくった巣は売買されていた（嵇岸《けいがん》『南方草木状』、三〇四）。これは今日まで続いている。このアリは、東南アジアでは食用にされる。

アリが天気を予知するという俗信は多数みられる。たとえば、「アリが穴をふさぐと雨になる」や、「アリが巣から土を出すときは天気がよい」などである。

また、濃尾地震（一八九一）の数日前に羽アリがたくさん出た話や、陸羽地震（一八九六）の直前、人家の床上にアリが集まったことなどから、アリの地震予知についても推論されている（力武常次、一九七八）。

アリにかかわる文学作品は多数ある。まず、モーリス・メーテルリンクの『アリの生活』（一九三〇）が代表的なものである。この本はアリの文学書というよりは、文学者が書いたアリの本といったほうがよいかもしれない。

最近、話題になっている小説は、ベルナール・ウエルベルの『蟻』と『蟻の時代』である。これらは、フランスの「新人類」による奇妙なファンタジーであり、世界各国で翻訳されベスト・セラーになっている。

アリは進化の頂点に立つ昆虫なので、いろいろな面でとかく過大評価されがちである。けれども、近年はその〝神秘的〟な社会生活や行動についても、つぎつぎに科学的な解明が展開されつつある。日本の蟻学（ミルメコロジー）も、いま活況を呈している。

虫をめぐる人びと

もともと私たち日本人は、虫好きな国民として知られる。古い時代から花鳥風月を愛でる心情のなかで、秋の鳴く虫や初夏の蛍は、欠かせない風物詩として今日にいたっている。

とりわけ近年は、水辺のホタルをゆたかな自然環境のシンボルとして位置づけ、その自然発生地の保全や復活などを目標にかかげた活動が全国各地でさかんになっている。その広域にわたる規模とエネルギーはまさに国民的運動といってよいほどである。私は古来からのかかわりあいもふくめて、これを日本特有の「ホタル文化」とよんでいる。

昆虫少年育ちの私にとって、ヘイケボタルやゲンジボタルなどはありふれた「普通種」であり、とくに関心をもつような存在ではなかった。ところが、はからずも地元（東京都小金井市）の「野川ほたる村」という自然保護団体の村長にまつり上げられて、はや一二年になる。それがさらに他動的にエスカレートして、いまでは「東京ホタル会議」の議長や「日本ホタルの会」の理事などをおおせつかっている。

そして、立場上、柄にもなくカワニナやゲンジボタルを養殖して放流したり、ホタルに関する講演や執筆などの依頼に追いまわされ、てんてこまいしている昨今である。

一般にホタルの保護をさけぶ人たちは「エコロジスト」が多数派であり、ほんとうのナチュラリストはきわめて少ない。それで理屈が先走りして、実地の調査・研究などはおろそかになりがちであるが、なかには新しい発見をする人もいる。彼は今年五月のある夜、東京都あきる野市の里山で陸生ホタルの幼虫を探索中、発光するトビムシ類の一種を偶然に発見し、その帰途、私のところに持ってきた。トビムシ類の発光現象は、日本では初めての発見である。さっそくトビムシ類の分類学者に同定を依頼したところ、「新種」とのことであった（この経緯は『サイアス』一九九七年八月一日号参照）。これなどは、ホタルにかかわったことによる思いがけない副産物である。

また、このホタル活動に関連して、ほうぼうの昆虫観察会（採集会ではない）にもかつぎだされる。近くの公園などは動植物の採取を禁止しているので、観察会に不向きである。昆虫は小型だから、捕ってよく見ないことには種名もわからない。いまの子どもたちはトンボつりやセミ捕りもできず、昆虫とのスキンシップもないままに成人してしまう。かわいそうだと思う。もっとも、私自身も昆虫採集では、あまりよい思い出をもっていない。太平洋戦争中は中学生であったが、昆虫採集などにうつつを抜かしていると「非国民」よばわりされる。近年は採集禁止地域だらけになったうえに、合法的にネットを振っていても「自然破壊」のそしりを受けかねない。日本では、昆虫採集の市民権はなかなか得られないのである。

話題を変えよう。民間企業や農水省の植物防疫関係者の同好グループ「アグロ虫の会」（定員二〇名）では、年一回の定例採集会（国内で一泊二日）のほかに、有志によるボルネオ（キナバル山など）採集行を三年来続けている。ある中堅農薬会社の社長が、このボルネオ遠征（約一週間）に連続参加し、リフレッシュしているのは嬉しい話である。

この会の「規約」はなかなかきびしい。まず会員の年齢は五〇歳以上（若いと体力にまかせて粗野に採るから）、例会を年三回欠席すると除名するなど。それで、会長たる私も老軀にムチ打って参加に努めている。また、人物にたいする好みがうるさく、入会したくてもなかなかパスできない某大物もいる。

ところで、害虫を防除するのを生業とする人たちのなかに、このような本格派「虫屋」がいることは意外に思われるかもしれない。推測するに、大学では晴れて昆虫学を専攻したものの、就職戦線に利あらず、夢敗れて心ならずも「害虫屋」になったが初心忘じがたく、私生活においては虫にのめり込んでいる人がほとんどのようにお見受けする。この仲間たちの寝食を忘れるほどの虫への傾倒ぶりには、人間の生き方として心を打たれることがある。いくつになっても、趣味に生きるということは幸せであると思う。

私はいま執筆者百余名におよぶ大冊の昆虫学教科書の編著にたずさわっており、そのうち「昆虫学の歴史」、「害虫防除技術史」および「文化昆虫学」の三章を担当、執筆している。その昆虫学史の結びで、二〇世紀前半の時点において、日本の昆虫学は欧米諸国に比べると、少なくとも半世紀以上おくれており、それはとくに分類学や形態学のような基礎的分野においていちじるしいと述べておいた。

分類学の伝統を誇る北大昆虫学教室（現・昆虫体系学教室）のますますの活躍を期待したい。

ホタル飛び交う環境

暗夜の水辺を青白い光をともしながら飛び交うホタルは、初夏の風物詩として古くから日本人に親しまれてきた。日本ではふつうホタルというと、ゲンジボタルかヘイケボタルを指すことが多い。どちらも幼虫は水中の巻貝を餌にしているが、ゲンジボタルの幼虫はきれいな流水に、ヘイケボタルの方は水田などの止水に棲んでいる。

世界には約二〇〇〇種のホタル類が知られているが、幼虫が水生と判明しているのは、わずか一〇種に満たない。ほかは幼虫・成虫とも陸生であるから、日本のゲンジ／ヘイケボタルは例外中の例外といってよい。

日本は河川などの水系が発達しているうえに、池沼《ちしょう》や水田が広く散在しているので、早くから、水生ホタルは「人里昆虫」として広く生息していたことであろう。

日本最古の歌集『万葉集』（八世紀末）から、江戸時代（一七～一九世紀半ば）にいたるまで、ホタルは多くの詩歌、俳句、文章などに登場している。これらの時代には、ホタルは人間の霊魂に擬せられることもあった。

また江戸時代には、夕涼みがてら、ホタルを捕まえて遊ぶ「ホタル狩り」がさかんに行われた。その様子を描いた浮世絵を見ると、道具には、うちわ、扇子、竹や笹の葉、虫取り網などが使われたことがある。

ホタル狩りは、滋賀県大津市の瀬田や石山で一七世紀後半には行われていた。盛期の初夏になると、瀬田周辺や京都の宇治などの名所では、「蛍船」で飲食しながら見物したという。また、そこで蛍が売られていたが、当時はまだ珍しかったようだ。

一八世紀末には、江戸でもホタルが売られるようになり、江戸市中、あちらこちらのホタル名所が見物人で賑わうことになった。しかし、人家が立て込むにつれ、ホタルの数も少なくなっていったという。

時代はくだって、一九二四年、ホタル業者などの乱獲によってゲンジボタルが減少するのをおそれた国は、ゲンジボタル多発生地の一つ、滋賀県守山地区を天然記念物に指定した。その後、各地のゲンジボタル多発生地の天然記念物指定が相次ぎ、現在は特別天然記念物が一件、天然記念物が九件となっている。このように国の法律によってホタルを保護する事例は、外国には見られないようである。日本には、地域によってホタルの呼び名やホタル狩りのわらべ歌が多数残されているが、こうしたホタルと人とのつながりの深さが、法制化の根底にあるのだろう。

一九六〇年代の高度経済成長期から、自然環境の破壊が激しくなり、それとともに全国に散在したホタルの生息地は急速に消滅していった。「開発」によるホタル成育地の消失、水系の汚染、河川の改修や護岸工事などが主要な原因である。

ホタルの減少に歯止めをかけようと、発生地の保全や再生、あるいは創出などの試みが、民官いろいろな規模で全国的に行われるようになった。そして必要に応じて餌となる巻貝などを養殖し、これで飼育した幼虫を目的地に放流したりしている。また、羽化の時期にはホタルの観察会などが行われ、多くの市民の目を楽しませている。

日本人とホタルとのかかわりは、かつてのホタル狩りから見物、観賞、観察へと変遷している。さらにホタルの保護が自然の保護につながることから、ホタルはゆたかな自然の象徴にもなった。このような全国規模の社会現象は日本独特のものであろう。古代からの日本人とホタルとのかかわりは、今も続いている。

東西のホタル観

光る動物にはいろいろあるが、ホタルはその代表的なものである。とくに日本では、幼虫が水生でカワニナなど巻貝を食べるゲンジボタルやヘイケボタルが水辺で羽化して群飛するので、季節の風物詩として広く観賞されている。

ホタルは世界各地に分布するが、その種類や国民性のちがいもあって、ホタルを見る目もさまざまである。それを一瞥《いちべつ》することにしたい。

まず、日本では和泉式部がホタルを「我が身よりあくがれ出づる魂《たま》か」と切ない恋心を絶唱したり、また敗将、源頼政の亡霊と見なしたりしている。民話でも不幸な霊魂がホタルになって現れる筋のものが目につく。

この「霊魂化虫」の思想は、朝鮮半島や中国の民話にも共通してみられる。これは、暗闇に青白い光跡を描いて飛ぶのを人魂に擬したものであろう。

イギリスには土蛍（マドボタル類）がおり、雄には翅があって飛ぶが、雌は翅が退化してウジ状である。これを幼虫とともにグロウワーム（光るウジ）とよぶ。このウジは夜、光りながら地上を這いまわるので、日本のゲンジやヘイケのような風情が感じられない。むしろ、気味わるがられることもあるという。なお、「ホタルを殺すと失恋する」という俗信がある。

つぎに、イタリアには雌雄とも翅があって飛ぶホタル（ランピリス・イタリカ）がいる。それでホタル狩りもおこなわれる（デ・グーベルナーティス、一八七二）。トスカーナ地方の子どもたちは、晩春に現れるホタルをむちで払い落としてから、こう歌う。

ホタル　ホタル　いっしょにおいで
大きなパンをあげよう。目玉焼きとベーコン
おまけにむちまでついてるよ

子どもたちは、つかまえたホタルを草の根もとに置いておき、朝になるとホタルの代わりに金貨が見つかることを祈るのである。これは、ホタルの光から金貨の光を連想したものであろう。また、この地方では作物が伸びはじめる時期に、ホタルは小麦に光をあたえる。そして小麦が十分に成育すると、ホタルは姿を消すといわれている。つまり、ホタルは「豊穣《ほうじょう》の神」のような感情を抱かれているのである。

ちなみに、プリニウス（二三―七九）は『博物誌』で、夜に畑でホタルが光りはじめたら、キビとアワの種子をまけという合図であるという。当時は星の光によって農作業の適期を知る習わしであったから、彼はホタルを「地上のすばる星」とよんでいる。

アメリカには雌雄とも翅があって飛びまわるホタルが多いので、イギリスとはだいぶイメージがちがう。そのうえアメリカは「人種のるつぼ」でもあるから、それぞれの出身国による差

異がでているのかもしれない。たとえばつぎのようである（クラウセン、一九五四）。

道を歩いているときホタルが現れると、その人の仕事には大成功がもたらされるだろう。

ホタルのだす灯《ひ》は、人の目に入ると消えてしまう。

ホタルを殺すと、その人の家は火事になる。

ホタルが家のなかに入ってくると、つぎの日その家では人数が一人増えるか減るかするだろう。

このように、アメリカではー般にホタルは幸福や繁栄を象徴するものとして、その殺生をきびしくいましめている（ウジ状の雌もふくめて）。

以上を要約すると、ホタルは光るという「異常な」現象に由来して、東西ともよかれあしかれ超能力を有する虫としてイメージされているようである。

ちなみに、現在ホタルへの関心が国民的レベルでもっとも高いのは日本であろう。それは、ホタルがゆたかな自然のシンボルにまで昇華されているからである。私はこれを「ホタル文化」とよんでいる。

ホタルの集い

ホタル科の甲虫は世界で約二〇〇〇種、日本からは約四六種が知られている。邦産種で夜光るのは一〇種ほどにすぎない。ふつうホタルというとゲンジボタルとヘイケボタルを指す場合が多い。産地が広くて、人目につきやすいからである。

これら両種の幼虫は淡水中に生息し、巻貝を食べて成長する。ゲンジボタルはカワニナを、ヘイケボタルはモノアラガイなどを食べる。カワニナは流水に、モノアラガイなどは主に止水（流れない水）に生息する。ホタルの発生地も、これと連動している。すなわち、ゲンジボタルは清流に発生し、ヘイケボタルは池沼や湿地からというように棲《す》み分けがみられる。それで、ゲンジボタルの発生地のほうが限られており、希少価値が高い。

ところで、ゲンジボタルやヘイケボタルのように、幼虫が水中で生活するホタルは世界でも一〇種類ほどしか知られていない。成虫も水辺を飛び交うから、初夏の風物詩として遠く平安のむかしから人びとに親しまれてきており、私たち日本人ほど、ホタルを愛好する国民はないというのが定評である。

これらのホタルが発生する環境は、常に人里に近いところにある。それだけに、水が涸《か》れたり水質が汚染されたりすると、貝もホタルもそこには棲めなくなる。つまり、ホタルの発生はゆたかな自然を証明するバロメーターの役割を果たしている。

このような背景から、近年はホタル（ゲンジボタルのほうが多い）の発生地の保護や復活の運動が全国各地でみられるようになった。その推進者は自治体、市民団体、自治体と市民、個人など、いろいろである。以前、野川流域など首都圏に散在する諸団体や個人を主な対象に、

「東京ホタル会議」を「野川ほたる村」（村長は筆者）が首唱して小金井市立公民館で開催したところ、約一二〇名が参加して盛会であった。この会議を通じて各地の現況や問題点を把握できた。そして、これを契機に今後毎年この会議を継続して開催することが決定された。

こうして「第二回東京ホタル会議」（二三団体共催）が去る一九九二年六月二八日、開催された（参加者約一三〇名）。まず「全体会」は八王子市の創価大学においておこなわれた。

記念講演では、矢島稔氏が多摩動物公園における一九六一年以来のゲンジボタル飼育の「自分史」を話された。いろいろな試行錯誤のすえ、生態系を再現した現在の「近自然型飼育」に到達したという。続いて創価大学・蛍桜保存会（部員二〇名）により、ゲンジボタルの幼虫が夜間どうやってカワニナをアタックして食べるのかを、特殊装置で撮影した珍しいビデオが公開された。

また「各地の報告」では、ゲンジボタルの保護、復活や増殖をはかるとき、まずカワニナ（大・中・小）の安定供給が先決問題であることが強調された。そのネックとなるのはカワニナの天敵ヒル類であり、その対策への質疑が多かった。また、ヘイケボタル用「人工餌」（主材は食用貝類か）の開発に成功したという話もあった。

夜の「フィールドワーク」（ホタル観察会）はバス二台に分乗し、五日市町の横沢入《いり》でおこなわれた。ホタルは休耕田とその周辺から発生しており、二〇時ころからよく光り始める。あちこちから歓声があがる。ヘイケボタルが多く（約五〇匹）、ゲンジボタルは少ない（約一〇匹）。光の強さや明滅のリズムなど、やはりゲンジボタルのほうが見ごたえがある。この地のように、ゲンジボタルとヘイケボタルを同時に見ることのできる場所は珍しいと思う。そのうえ、シュレーゲルアオガエルの甲高い鳴き声の伴奏付きである。その音色は、シロフォンの高音部を強く連打するように聞こえる。私はこの光と音の共演に、しばし時のたつのも忘れた。

ところで、暗闇のなかで青白い光を点滅させながら飛び交うホタルにとって、この光は雌雄間の愛のサインであり、種族存続の命運をかけてともしている聖火なのである。けれども、この発生地もふくめた広域をJR東日本が買収し、宅地として開発する計画が進行しつつある。はるか弥生時代の水田から、連綿と続いてきたこの地の人里昆虫――ホタル一族の血統も、まさに風前のともし火である。地元には「五日市の自然を大切にするまちづくりを考える会」があり、その保全を強く訴えている。今回の会議もその支援活動の一環である。

この日は、ホタルに同じ思いを寄せる人びとにとって、充実した一日であった。

（注）その後この地域はJRから東京都に寄付され、「横沢入里山保全地域運営協議会」や「横沢入市民協議会」などにより管理・運営されている。

薬用にされたホタル

現代人類の寿命が古い時代よりも著しく延びたのは、医学と薬の進歩に大きく負っているといわれる。この薬は、かつては動植物や鉱物など自然物が材料として利用されてきた。薬材として植物が主体であったため、中国や日本では本草《ほんぞう》と称していた。

ところで、ホタルは暗所で発光することが注目されたためか、古代の中国本草書で薬用として記され、その影響を受けて日本でもホタルは薬材として認められていた。私の手もとには薬用昆虫に関する内外の文献が多数あるが、ここでは東洋（中国、朝鮮半島、日本）におけるホタルの「適応症」などについて紹介することにしたい（用法は省略）。

中国

まず中国最古の本草書といわれる『神農本草経』（二世紀後半に成立）では、虫類二九種を上・中・下に分け、「下品」（治療薬、有毒）として「蛍火」（ホタル）が目を明るくすると書いてある。これは暗いところで光ることからの連想であろう。それ以来、中国ではホタルが本草書や薬虫書に連綿と命脈を保ってきている。

代表的な中国本草書である李時珍の『本草綱目』五二巻（一五九六）は、自説のほかに先行文献の諸説もとり入れて構成されている。本書の「蛍火」には次のような効能などが記される。——味は辛くて毒はない。ホタルの主な効能は、邪をよく退け、目を明るくする、青盲（青の色盲）を治す、小児のやけど、熱気、腹の虫の毒、神精に通ずるなど。薬には「飛ぶホタル」（有翅の成虫）を用いる。蛍火丸、冠将丸、武威丸などと称する丸薬を調剤して、諸病の治療や戦傷除け、盗賊除けなどに使用する。そのほか、七月七日の夜にとったホタル一四匹を髪に撚《よ》りつけると黒くなること、ホタル一四匹を大きな鯉の胆のう中に入れ、百日間陰干ししたものを粉末にして少量ずつ目につけると、目を明るくするという。

その後の多くの中国書でホタルの項を拾ってみると、適応症は上記と大同小異である。ホタルの種類は *Luciola vitticollis*（褐蛍虫）および *L. chinensis*（中華黄蛍）で、ほとんどが前者である。

朝鮮半島

朝鮮半島については、岡本半次郎・村松茂の「食用及薬用昆虫ニ関スル調査」（一九二二）によると、ホタルの適応症は、てんかん、眼病、中毒、梅毒、目を明るくし盲を治す、虫毒、青盲などである。朝鮮半島では『本草綱目』など中国書の影響はあまりなかったようである。

日本

日本には、上述の『本草綱目』が一六〇四年より前に伝来している。その後、和刻本が刊行されたりして流布し、わが国の本草学や博物学に多大の影響を与えた。

貝原益軒の『大和本草』一六巻（一七〇九）は、『本草綱目』を金科玉条としないで国産品（「和品」）を重視し、仮名（片かな）交り文で書かれた異色の本草書で、オリジナリティーが

李時珍『本草綱目』のホタルの図。種名は不詳

ある。虫類五八種を「水虫」と「陸虫」に大別し、「蛍火」は陸虫に分類されている。『本草綱目』で蛍火丸の薬効があるというのに対し、益軒は「イフ(ブ)カシ」と疑問を表明している。

はるかくだって大正期になると、昆虫学者の三宅恒方が「食用及薬用昆虫ニ関スル調査」(一九一九)を全国規模で実施して発表した。ホタルの薬用については、ゲンジボタルとヘイケボタルの名称では傷薬、腫れ物の吸い出し、「ほたる」(ゲンジ、ヘイケとその他)では傷、腫れ物、歯痛、咳、百日咳、指の痛、解熱、霍乱《かくらん》(日射病)、おこり、腸痛、下痢、血止め、禿頭病(はげ)などを県別に挙げている。この報告書が日本における薬用昆虫についての基準になっている。

次いで適応症が多いのは、梅村甚太郎の『昆虫本草』(一九四三)である。腫れ物(吸い出し)、ひょうそ(指先の化膿)、痔、血止め、利尿、寝小便、腎臓病、産後の下血(ホタルの卵の黒焼粉を服用)、疔《ちょう》(顔などの腫れ物)、強心剤、解熱、腰痛、霍乱《かくらん》、禿頭病(粉末の外用)など。

かつて滋賀県守山町(現在は市)はゲンジボタルの多産地として知られ、南喜市郎の『ホタルの研究』(一九六六)によると、明治~大正期にはホタルを大量に捕って売る「ホタル問屋」

が何軒もあったという。ホタルの死虫も大量に出たので、それを干して薬種商に売ったそうである。また、同書によると、ゲンジボタルには独特の異臭があり、生体を口に含むととても苦くて長く口中に残るという。

神田左京は『ホタル』（一九三五）のなかで、ホタルを入れて竹を煮ると、竹がややわらかくなるという伝聞を紹介している。

鈴木棠三の『日本俗信辞典—動・植物編』（一九八二）の民間療法には、ホタルの光は、できもの・腫れ物・指病によい。とげぬき・傷には、つぶして米と練り用いるなどがある。また、薬とは対極に位置する俗信に、ホタルをつぶすとできものが出る、（ホタルを）つまんだ手で目を擦《こす》ると目がつぶれる、（ホタルを）捕ると病気になる、などとあるのはおもしろい。

以上のように、ホタルは多くの病気のクスリになるが、その背景にはホタルは暗いところで光を放つ、そこからホタルには不可思議な能力があるというイメージが生まれる。この光ることから目が明るく見えるようになる、ハゲ頭が治るなどの俗信が生まれたのであろうが、ハゲ頭が治るなど逆に、ますます頭が光り輝いて「逆ボタル」になるのではなかろうか。

ホタルのクスリ以外の医学的効用の一つに、ホタルの蛍光物質を利用して食品などに混入している微生物の存在を検知することがある。

また、ホタルの蛍光物質とガン細胞との「粘合」によりその細胞の活動情報を測定する（蒋三俊、一九九九）などの効用もある。

終わりに、現世のホタルをとりまく状況は保護・保全の一色であり、それ以外の目的での大量利用は「想定外」と思われる。

孫太郎虫

昆虫を薬にしたり食べたりすることは、洋の東西を問わず古くから行われてきた。現代のようにおびただしい合成医薬品がつくられる前には、昆虫や草根木皮などの天然物が民間薬として珍重されてきた。

一九一九年（大正八）発行の報告書によると、日本にはその当時、一二二種類の昆虫が薬用に供されていたという。それらのなかでも孫太郎虫がとくに有名で、かつてつぎのような呼び売りの歌まであった。

奥州はァ　斎川《さいかわ》の名産ン――
　まごたろうむしィ――
五疳驚風いっさいの妙薬ゥ――
箱根の名産　さんしょうの魚《うお》――
　胃腸血の道のひえ
いっさいの妙薬ゥ――

えぼたのむし

胃腸ろくまくの妙薬ゥ――

これは明治までの売りことばで、売薬を規制する法律ができてからは、苦肉の策としてこの「妙薬」というところを「薬」ぬきで「妙」とうたうようになったので、まったく妙なCMソングになってしまった。

ところで、この孫太郎虫というのは、「広翅目《こうしもく》」ヘビトンボ科に属する、ヘビトンボの幼虫のことで、体調は六センチにも達する。この幼虫は清い流水に住んで、いろいろな水生生物、とりわけ昆虫を捕えて食う。それで「ギャング」という俗名が生まれた。また意味は不明だが「塩半俵」という方言もある。

成虫は、翅をひろげると一〇センチ以上もある。ヘビトンボとよぶのは、頭が平らで一見ヘビの頭に似ており、翅がトンボのようだからである。燈火によく飛んでくる。

この種類は日本全土および朝鮮半島、中国大陸や台湾に広く分布する。孫太郎虫の産地としては、むかしから宮城県斎川村（現・白石市）の斎川や、長野県の天竜川がよく知られている。こういう名産地には孫太郎虫を専門にとる人たちがおり、四つ手網を使って捕える。その採集場所には縄張りがあるという。

集めた孫太郎虫を数匹ずつ竹ぐしに刺し、焼いて乾燥して売る。その効能は小児の疳《かん》が主なもので、ほかに肺病や胃腸病、虫くだしなどにもよいとされている。長野県の伊那地方では、しょう油のつけ焼きにして食用にもする。アメリカでは、この仲間の幼虫をブラックバス（クロマス類）の釣り餌として使う。

この孫太郎虫という名称の由来には、つぎのような言い伝えがある。むかし永保（一一世紀末）のころ、斎川村に住む桜戸という孝女が父祖の仇討《あだう》ちを志していた。その子、孫太郎は疳の病に苦しんでいたため、母が氏神に願《がん》をかけていたところ、お告げがあったので斎川に棲む虫を食べさせた。すると、たちまち病気が治り、のちに首尾よく目的を果たすことができた。それで、この虫を孫太郎とよぶようになった。

孫太郎虫は、いまでは数が少なくなり貴重品扱いで、漢方薬店では桐箱に入れて売っている。それほどに日本の水系が汚染されて、この永いつきあいの孫太郎虫も棲みにくくなったということを、たいそう淋しく思う。

雪虫

雪国育ちのくせに寒がりやの私には、暖冬はとてもありがたい。休日には日だまりにさそわれて、近くの公園によく出かける。そこはあまり人手が加えられていないから、生物の観察には格好の場所である。

あちこちの枯れススキの穂にはカマキリの卵が産みつけられているし、雑木林にふみ入るとシロオビフユシャクというガが見つかる。見上げると、クヌギの枝にはクスサンという大きなガのまゆ（俗にスカシダワラとよぶ）がついている。

ふつう、冬は虫にとっても、また虫好きにとっても不毛の季節と思いがちであるが、その気になってよく見ると、けっこういろいろな虫が目に入る。なかには、冬になると成虫が発生する種類もある。さきにあげたフユシャクの類がそうである。

ところで、遠く江戸時代にも冬の虫をくわしく観察して記録したナチュラリストがいた。それは、有名な『北越雪譜《せっぷ》』（一八三六―四二）を著わした鈴木牧之《ぼくし》である。この本には「雪中の虫」という一章があって、二種類の虫の図まで載っている。この図はなかなかよくできているので、ユスリカとクロカワゲラの類であることがすぐにわかる。「顕微鏡」（むしめがね）で見て描いたものだそうである。

そういえば、北国には「雪虫」という呼び名があって、ところにより、その指す種類が異なる。たとえば、北海道では秋も深まると北風に乗ってただようトドノネオオワタムシというアブラムシのことで、体が雪のような白い綿毛でおおわれている。

アイヌの人たちは、この虫を「ウパシ・キキリ」（雪・虫の意）と呼んでおり、これが多く飛ぶと豊作になるとか、雪がたくさん降るとかいうそうである。ほんとうは、その和名のとおりトドマツの根につく害虫であるが、詩人はこれを「夢を背負ってとぶ虫」と美化して呼んでいる。

また、秋田や青森でも晩秋に飛ぶアブラムシを「雪虫」と呼ぶことがある。これはリンゴの害虫、リンゴワタムシというアブラムシを指している。

井上靖の小説『しろばんば』には、白い小虫「しろばんば」のことが冒頭に出てくる。これもおそらく晩秋に舞うワタムシ類のことであろう。

こうして、詩的な名前をつけてもらった果報な害虫たちもいる。晩秋のあのさみしさが、そうさせたのかもしれない。

虫の凧

お正月には、日本橋のTデパートの「全日本郷土玩具展」に出かけるのが恒例になっている。その年のえとにちなんだ玩具をあれこれと集めるためである。ことしは少し出足がおくれたせいで、本命の年賀用切手の図柄になった秋田県横手のヒツジ土鈴を買いそこなってしまった。その代わり、神奈川県伊勢原と愛知県桜井の「アブ凧」と銘うったのを見つけて、すかさず手に入れた。けれども、前者はむしろハチに見えるし、後者はまさしくセミそのものである。もしかしたら、凧《たこ》屋さんには虫オンチが多いのかもしれない。

ところで、私には幼いころからの虫好きが高じて、およそ虫にまつわるものなら手あたりしだいに集めるくせがある。虫をかたどった凧もその対象の一つになっている。

虫の凧では中国のものが最もよくできており、また素朴な味わいもある。私の手もとには、チョウ・トンボ・セミやバッタの凧がある。いずれもかなり写実的で、たとえばチョウの後ろ翅にはアゲハチョウの特徴である尾状突起がついており、トンボの尾端には交尾のとき雄が雌の首をはさむ付属器があり、セミでは左右の複眼のあいだに単眼が二個（実際は三個ある）描かれている。これらは、たいせつに玄関にかざってある。

数年前から、こういう中国製の凧の輸入が見られなくなったのは淋しい。この国も急速に〝近代化〟が進んで、こんな手仕事はやらなくなったのだろうか。

私の国産のコレクションには、愛知県三河のハチ凧、福岡県戸畑のセミ凧、香川県高松のチョウとセミの凧がある。この高松のは現代風のつくりで、輸出もされているらしく英文の説明書がついている。

見本では近ごろビニール製の洋凧が全盛である。近くの野原であがっている洋凧の群れのなかに、むかしながらのやっこ凧や、とんび凧を見いだすと、とてもなつかしい。そして遠い少年の日々、津軽の野づらをわたる寒風のなかで興じた凧あげの記憶が、なまなましくよみがえってくる。

そのころの勇壮な武者絵の南部凧にも、いまではちょっとしたルーム・アクセサリー並みの値段がついている。こうして私の虫凧と同じように、その持ち主しだいで、空高くあげるものという凧本来の機能が、ないがしろにされる場合も少なくないようである。

オサムシの想い出

およそ昆虫なら何でも好きな私だが、心の深層で最も強い愛着をもっているのはオサムシ類である。これには中学生時代の原体験が深くかかわっている。

それは一九四一年一一月中旬のことである。津軽富士こと岩木山麓の松や桜の林で、すでに薄く雪をかぶった朽木をナタで割ってキタカブリをはじめ、アカガネオサやクロナガオサを大量に採集したときの感動は、いまでも鮮明におぼえている。とくにキタカブリはこのときが初採集であり、最初の一頭を捕えたときは興奮のあまり目もくらみ、激しい頭痛におそわれた。たいていの虫屋は、一度はこのようなショックを経験したことがあるのではなかろうか。

余談になるが、マイマイカブリ類のなかでキタカブリだけが「マイマイ」を省略されることが多い。これは平山修次郎『原色甲虫図譜』（一九四〇）に源があるのかもしれないが、他の亜種和名とのバランス上から〝悪名〟と思う。ついでにいうと、松村松年『日本昆虫大図鑑』（一九三二）には「エゾカブリ」があるから、これらの「カブリ」は松村の略名主義？によるものであろうか。

さて、敗戦後まもなく、焦土の東京で衣食住にも事欠くころ、たまたまG・ハウザーの『オサムシ属のマイマイカブリ・カブリモドキ群』（一九二一）の売りものがあったので、かなり高価であったが無理をして手に入れた。周知のように、この本には、モノクロではあるが、ゾクゾクするような標本写真の図版（一一枚）もあり、毎日ながめてはタメイキをついていたものである。

その後、北大に進学したので、すぐさまエゾマイマイカブリ、オオルリオサ、ヒメクロオサやセダカオサなど、かねてあこがれの北海道のオサムシ類を採集して歩き、悦に入っていた。そして、一九五三年七月に石川良輔氏がハチ（！）を採集のため来道されたとき、札幌市内の円山に案内してオサムシの魅力を熱っぽく口説いたのがきっかけで、その後、同氏はオサ屋に〝転向〟して、いまでは世界的権威になられた（この経緯は名著『オサムシを分ける錠と鍵』（一九九一）に詳しい）。オサムシはそれほどの魅力（魔力？）をもった虫なのである。

私の在札時代（一九五一―六二）には、きわめつきの希少種はアイヌキンオサであり、その後、道南（渡島）をはじめ道内各地からオオルリオサの亜種が相次いで記載されて、これらも珍重されるようになった。

ところで、オサムシの採集では支笏湖近くのカラマツ造林地の防鼠溝（エゾヤチネズミ対策の細長い溝）に落ちこんだエゾマイマイカブリ、オオルリオサやエゾクロナガオサなどを大量に拾って歩き（ほとんどが死体）、入れ物がなくなったので、捕虫網に放りこみ、かついで帰ったときのことが忘れられない。ただし、「採った」というよりは「拾った」のが実態だから、それほど感激したわけではない。やはり昆虫採集の醍醐味はハンティングにあると思う。

以上のように、私のオサ採りは少年のころから大まかな採り方だったので、近年のように綿密・周到でマル秘のノウハウまであるトラップ採集などには、とてもついていけない。

私のオサムシに関する同定の知識は、中根猛彦『オサムシ科［Ⅰ］日本昆虫分類図説　第二集第三部』（一九六二）や上野俊一ほか『原色日本甲虫図鑑Ⅱ』（一九八五）に依存してきたが、最近のオサムシ学の進歩は急激であり、私のような〝門外漢〟にはかえって「わかりにくい」グループになったような気もする。大澤省三先生のご好意で『ＢＲＨおさむしニュースレター』（生命誌研究館）を毎号拝見させていただいているが、ＤＮＡ解析という新しい手法を駆使して、アレヨという間に目新しい系統樹が構築され、これまでの「常識」は通用しなくなってきた。これが学問の進歩というものなのであろう。

近ごろの私は、東京郊外の散策でアオオサムシが野原の小道をよぎったり、ミミズの死体にきていたりするのをながめると、いとおしさで胸がキュンとなる。昆虫少年時代へのノスタルジアであろうか。

（付記）小稿執筆後、井村有希ほか『世界のオサムシ大図鑑』（一九九六）が刊行された。

虫の王者カブトムシ

もし日本の子どもたちに昆虫の人気投票をさせたら、カブトムシが最高点をとるにちがいない。それは、体が大きいだけではなく、雄の頭の上に生えている太くて長い、りっぱな角のおかげである。

カブトムシがクヌギなどの樹液に集まっているとき、食事の場所や雌の取りあいで雄どうしがけんかをすると、この角を使ってもみあい、相手をはねとばすことがある。ときには、この頑丈そうな角がポッキリ折れてしまったという観察も記録されている。

江戸時代の本にもカブトムシのことがよく出てくる。たとえば、代表的な博物書である小野蘭山の『本草綱目啓蒙』（一八〇三―〇六）には、「飛生虫」の項に、つぎのような方言をあげている。

カブトムシ（京都）、ヘイケムシ（予州＝愛媛県）、ビワムシ（勢州＝三重県の一部。ビワの種の色に似ているため）、ヤドヲカ（勢州）、オニムシ（仙台）、ツノムシ（和州＝奈良県）、サイカチムシ（江戸＝東京）。

このように方言が多いということは、カブトムシがそれだけ広く各地方で人びと（とくに子どもたち）の関心を集めていたことを意味する。そして、おそらく子どもたちの良い遊び相手であったろうと思う。

ところが、その一〇〇年ほど前に書かれた貝原益軒のライフ・ワーク『大和本草』（一七〇九）には、カブトムシのことを「其形悪《にく》ム可シ」と敬遠している。こうして、虫にたいする私たちの好みも時代とともに、うつろうのである。

ところで、カブトムシは大むかしの日本では数の少ない珍しい昆虫であったろうという専門家もいる。つまり、この甲虫はうす暗い原始林のなかで、降りつもった落ち葉の層を幼虫の餌にして、ほそぼそと生きていたものであろうというのである。

私たちの祖先が農業をはじめるようになると、彼らは落ち葉で堆肥《たいひ》をつくったり、木を切って炭を焼いたりするために、畑のそばの山すそや丘に雑木林を育ててきた。そして、こういう雑木林や堆肥の存在がカブトムシの増殖を助けることになった。その結果、カブトムシはすっかり〝人里昆虫〟になって、夏休みの子どもたちには欠かせない遊び相手をつとめてきた。

ところが、近年は堆肥のかわりに化学肥料を使ったり、丘は宅地として開発されたりして、その生息場所をうばわれたため、カブトムシもすっかり影をひそめてしまったようである。

さて、カブトムシの雌は交尾を終えると、堆肥や落ち葉の山のなかなどへ深くもぐって卵を産む。この卵は、はじめは直径二ミリ位の球形であるが、だんだんふくらんできて、一週間で二倍ほどの大きさになる。このように卵が吸水成長するのは、カブトムシなどコガネムシ類以外の昆虫では珍しいことである。そして、その翌年には成虫になるという発育スピードは、まさしく養殖するのに適している。

そこに目をつけて一〇年あまり前に登場したのが、カブトムシの大量養殖という新手の商売である。その餌として堆肥、おがくずや古いほだ木などが利用されている。そして、ビニール・ハウスで温度を加えてやり、早く成虫にして春先からデパートのペット売り場で高値で売られることもある。

この商売は、いまでは一年間に数百万匹も取り引きされるほど繁盛しているという。カブトムシの小売り値は時節によって変動するが、ふつう雄は三〇〇~五〇〇円、雌はその半値またはそれ以下というのが相場である。この〝差別〟をウーマン・リブのうるさ型が知ったら問題にするかもしれない。

こうして、今日の子どもたちも、曲がりなりにも養殖されたカブトムシを相手に遊べるのは結構なことである。けれども、ほんとうはかつてのようにゆたかな自然環境のなかで、この魅力ある虫の王者―カブトムシとふれあうことができたら、さらにすばらしいだろうと思う。

クワガタムシ 威風堂々

夏休みの子どもたちの人気の的になる昆虫は、クワガタムシとカブトムシがその双壁《そうへき》であろう。つい先日、近くの公園で昆虫観察会をやったところ、集まった子どもからも親からも、このへんでクワガタムシかカブトムシが採れるかという質問が続出した。ペット・ショップでの売値からもわかるように、一般にクワガタムシ類のほうが希少価値があり、人気も値段も高い。

クワガタムシの雄の発達した大あごは前方に長く伸びて、かぶとの前立ての鍬形《くわがた》のようになっている。これが和名の由来で、中国では「鍬甲」という。

この大あごは、クヌギなどの樹液の流れ出ている餌場で、仲間の雄をはさんだり、すくったりして放り出し、雌を獲得するのに使う。また、これで餌場の邪魔ものを追い払うこともある。

さて、クワガタムシ類は種類が多く、日本から三七種が知られ、亜種（地方的な型）もふくめると七四種類にもなる。なかにはたいそう珍奇な種類もあるので、クワガタムシ専門のマニアも少なくない。

昨年（一九九二）、東京の杉並区立博物館で「東京のクワガタ・世界のクワガタ」展があったが、じつにみごとなコレクションで、久しぶりで童心にかえり胸をときめかした。なかでも、私が昆虫少年だったころは、ルリクワガタという小形の美しい種類は一種しか知られておらず、しかもその当時の図譜には「日光等高山地帯ニ産スレドモ稀ナリ」などと書かれており、まさに〝高嶺《たかね》の虫〟であった。そのルリクワガタの仲間が八種（四種四亜種）も並べられていたのは壮観であった。これは、生息場所や出現期が解明されて採集しやすくなったことや、分類学の進歩によるものである。

会場で入手したパンフレットによると、日本のクワガタムシは一九世紀後半の半世紀かかって二二種が命名されたのにたいし、一九八五年からわずか七年間に二一種（亜種をふくむ）も記載されている。この急速な研究の進展には、アマチュア昆虫家の貢献も大きい。

日本のような「先進国」で、クワガタムシのような大形甲虫の新種が相次いで発表されるのは、わが国では分類学という基礎学問が、いかにないがしろにされてきたかということを示している。今後もこの傾向が改善されそうなきざしはない。

ところで、ペット・ショップで最も高価な昆虫はオオクワガタである。数年前、雄一匹一五万円で売りに出されたというので、NHKテレビが私にコメントを求めて、ニュースで放映したことがある。そのとき私は「親が一五万円も出して買ってやると、子どもはお金さえあれば何でも手に入るという考えをもつおそれがある。また一方では、こんなに高く売れるのなら、たくさん捕ってやろうという業者も出てきて、この希少昆虫の存続をますますおびやかすことになりかねない」と答えた。

普通種のミヤマクワガタやノコギリクワガタだって、威風堂々として決して見劣りはしない。

昆虫の恋のサイン

私たちの住む地球上で、種類と個体の数の上で、最も繁栄している動物は昆虫の仲間である。それで、この地球のことを「虫の惑星」と呼ぶ人もある。

その種類の数は、名前（学名）のあるものが少なくとも一五〇万種、未知のものと合わせて一〇〇〇万種以上と推定されている。このように、昆虫は戸籍調べさえも、きわめて不充分な状態だから、その千差万別の生活についても、わからないこと――つまり「謎」だらけであるといってよい。

ここでは、昆虫の同じ種類の異性間におけるコミュニケーションの方法を主体に、近年解明されたことを中心に、二つの話題を紹介することにしたい。

その1　モンシロチョウ

モンシロチョウ（以下「モンシロ」と略称）は、日本中どこにでも見られる最もポピュラーなチョウである。その幼虫は、アオムシ（青虫）と呼ばれ、キャベツやダイコンの葉を食い荒らして大害を与える。羽化したチョウは、交尾して産卵するために、これらの野菜畑の上を群れ飛んでいる。

その名前のとおり、モンシロは白い翅《はね》に（黒い）紋のあるチョウで、雌雄は見分けがつきにくい。ところが、野外でひらひらと飛んでいるモンシロの雄は、翅を休めて止まっている雌を見つけると、すかさずそのそばに舞い降りて、すぐに交尾行動に入ろうとする。

人間の目では、カラスの雌雄と同じように性別を見分けるのはむずかしいのに、どうしてモンシロの雄は、飛びながら瞬時にそれが的確にできるのか——このことに疑問を抱いた研究者がいる。東京農工大学の小原嘉明助教授（当時）である。

小原さんらが、圃場《ほじょう》でキャベツの葉の上に死んだモンシロの雌雄や、胴体のない翅だけの雌雄を置いても、雄は雌のそばにやってきて交尾しようとした。また、透明なガラスシャーレに生きた雌雄を別々に入れて密閉し、においが外にもれないようにしておいても、やはり空飛ぶ雄は、雌のほうに飛びつくし、雄の触角（においをかぐ）を切り取っても、正しく雌を選んだのである。

こうして、モンシロの雄は、羽音などの聴覚や嗅覚にも頼っていないことが確かめられたので、残るは翅に対する視覚であろうということになった。ちなみに、このような調査の手順を消去法と呼ぶ。

昆虫の視覚は、一般に紫外線は見え、赤外線は見えないという傾向がある。そこで、小原さんらは、カメラのレンズに紫外線だけを通すフィルターをつけて、モンシロの写真を撮ってみた。すると、果たして雄の翅は黒く、雌では白く写ったのである。つまり、黒の礼服で正装したのが雄、白い花嫁衣装で着飾っているのが雌ということになる。

このように、私たち人間の目には、白や赤や黄に見える色も、イヌやヘビやハチなどには、それぞれ違った色に見えているに違いない。してみると、モノの美醜などというのは、はかないものだと、あらためて感じる。

ところで、世界各国のモンシロの雌雄の標本を並べて写真を撮り、その翅の紫外線反射を調べてみると、日本や中国の雌では、欧米のそれよりも紫外線を強く反射することが判明した（アイスナー）。この地域差は遺伝的な形質であろうが、おもしろいと思う。

いずれにしても、モンシロの雄の翅（鱗粉）には紫外線吸収物質があり、雌の翅は紫外線を反射しているということは確かである。このように、紫外線を利用した同種の異性間のコミュニケーションが実証されているのは、モンシロのケースだけであるという。

話は変わるが、モンシロの成虫がいろいろな花に飛んでくるのは、花の形にひかれるのか、あるいはその色に誘われるのかを確かめた科学映画『もんしろちょう』（岩波映画製作所、一九六八年）がつくられて話題を呼んだことがある。日高敏隆・小原両氏が監修している。

この映画によって、モンシロが花に飛来するのは、花の形やにおいではなく、四角の紙であっても、ある色が塗られていさえすれば、モンシロはやってきて口吻を伸ばし、吸蜜しようとする。その色というのは、自然光のもとで紫、青、黄であり、赤い色には来ないということがわかった。これは、アゲハチョウ類がユリやネムノキなどの赤い花を好むのと対照的である。

このことは、さらに宮川桃子さんによって追試され、モンシロが好む色として白が追加され、また、灰色と緑にはほとんど来ないことが確かめられた（宮川、一九七九）。

ところで、モンシロはアブラナ科植物にのみ産卵し、幼虫もその葉を食べて成育する。なぜ、モンシロがアブラナ科だけを選んで産卵するのかについては、この科の植物に共通して含まれるカラシ油配糖体が産卵誘発物質となることがわかっている。このようなことから、よく「昆虫は優れた植物分類学者である」という比喩が使われることがある。また、この成分はモンシロの幼虫に対しても、摂食刺激作用をもっている。

以上、述べてきたように、モンシロは異性間で翅の色による識別をおこない、また、虫媒花については花の色で選択し、産卵や幼虫の摂食は、植物成分の刺激（におい）によって誘発されることが解明されている。これらは、いずれも進化の過程で設計された、巧妙なコミュニケーションの手法である。

その2　性フェロモンの発見と応用

近年の生物学の進展により、これまでは「本能」という安易な言葉で片付けられてきた動物のいろいろな行動も、物理・化学的な視点から研究されるようになった。そして、多くの「謎」が解明されつつある。昆虫のフェロモンもその一つである。

フェロモンというのは「体内で生産され、体外に排出されて同種の他個体に特異な行動を引き起こす物質」（カールゾンら、一九五六）のことである。今日では、フェロモンの存在は動物界に広く認められているが、最初は昆虫において発見されたので、まず、そのいきさつについて述べることにする。

有名なファーブルの『昆虫記』第七巻（一九〇二）には、オオクジャクガなどを使って、雌が雄を誘引する化学物質を放出することを確かめた実験が記されている。

このオオクジャクガは、名前のとおり、大形の美しいガ（ヤママユガ科）である。ファーブルは、ある朝、研究室でこのガのまゆから羽化した一匹の雌を、何の気なしに金網でおおっていた。

その日、夜九時ころになると、たまたま窓が開いていたその部屋には、オオクジャクガが二〇匹ほど飛びまわり、ほかの部屋に迷いこんだ分を入れると、約四〇匹にもなった。それらの「夜の訪問者」は、すべて雄であった。こうして、それから八日間を通じて、合計一五〇匹もの雄が、この一美姫の雌を目当てに侵入してきたのである。

ファーブルは、まず雄の触角（羽毛状）をはさみで切り取ってから、五〇メートルほど離れた場所に放置し、夜になると、ふたたび雌のいる部屋に舞い戻ってくるかどうかを調べた。その結果、触角のない雄ガの回収率はきわめて低かった。

彼は当初、雌と雄のあいだのコミュニケーションの手段として、光、音、においのどれかを想定したが、結局、雌の「香気発散説」に傾斜していった。ファーブルはその後、コクジャクガやカレハガの一種についても同様な実験をおこない、やはり雌の「発散物」が雄を誘引していることを確かめたのである。

このファーブルの実験は、のちに発見される「性フェロモン」に関する初期の認識と研究であった。その意味で、今日でも高く評価されている。

一方、日本では、シンジュサン（伊藤圭介、一八七六）とクワゴ（尾崎行正、一八七六。七七）について、雌で雄を誘致して交尾させ、採卵することをすすめている（小西、未発表）。これらはファーブルの実験に先駆すること二五年である。

ここには、ある現象について、西欧人は実験により分析的に調べ、日本人は実用に直結させるという国民性の差異がはっきり出ている。

さて、性フェロモンは、ドイツの生化学者A・ブーテナント（ノーベル化学賞受賞）らがカイコの雌の腹端から抽出して、化学的に確認したのが最初である。彼らは一九三九年以来、主として日本から提供されたカイコを使って性フェロモンの研究をおこない、雌ガ五〇万匹からこのフェロモンの純品を抽出して、その化学構造を決定した。そして、これにカイコの学名（属名）ボンビクスと、アルコールにちなんで「ボンビコール」と命名した（ブーテナントら、一九六一）。

性フェロモンは、雌（成虫）がその種に特有な微量の化学物質を腹端から空気中に放出して、同種の雄（成虫）を誘引し、交尾することに利用される。ガは夜間に活動する種類が多いため、目で交尾の相手を確認するのが困難だから、特にガの仲間で性フェロモンの存在が数多く発見されている。

かつてファーブルが予見したとおり、雄は羽毛状によく発達した触角で、空気中の性フェロモンを嗅ぎとる。性フェロモンは原則として雌に存在するが、まれに雄が分泌する種類もある。

ボンビコールの発見以来、昆虫の性フェロモンの研究は各国で盛んにおこなわれ、一九八三年現在、世界で約一六〇種、うち日本では六三種（全体の約四〇パーセント）の性フェロモンの化学構造が決定されている。

ところで、性フェロモンは学問上、興味深いテーマであるだけではなく、化学合成された人工の性フェロモンは、農林業の害虫防除に利用されつつある。その方法を大別すると、次の三つになる。いずれも、対象圃場に合成性フェロモンを適宜の器具により配置しておこなう。

（1）発生予察法　ある害虫の分布調査と早期発見（とくに外国からの侵入害虫）、発生消長の調査、発生時期と数の予知などである。ハスモンヨトウ（ガ）などで実用化されている。

（2）大量誘殺法（マストラッピング）　大量の雄を誘殺して、交尾の機会を奪おうとする方法である。当初は最も期待されていたが、その効果はあまり芳しいものではなかった。その理由の一つに、一生のあいだに雄が何回も交尾する種類では、たとえ雄の半数がからめとられても、残った雄が二倍がんばって交尾すれば、元通りになってしまうという事情がある。ただし、この方法も害虫の生息密度が低いときに応用すると、それなりの効果が認められている。

（3）交信攪乱法　圃場に合成性フェロモンのにおいを高い濃度で充満させて、雄が本物の雌はどこにいるのか、わからなくさせてしまう方法である。つまり、「鼻がバカになる」慣れの現象により、雄が交尾するチャンスを奪おうという発想で、これは日本の茶、果樹や野菜の特定の害虫（ガ）に対して実用化されている。

昆虫の世界の神秘なコミュニケーション、それも愛のサインを逆手にとって、恋路の邪魔をするのは、いささか無粋のような気がしないでもない。

自然への甘え

どうも適切な日本語になりにくい英語に、「ナチュラル・ヒストリー」というのがある。これは、ふつう「博物学」や「博物誌」と訳されることが多いが、原語のニュアンスとはだいぶ違う。むしろ直訳して「自然史」あるいは「自然誌」としたほうが近いかもしれない。それでも、まだ適訳とはいえないように思う。

ということは、日本には近年までナチュラル・ヒストリーに当たる概念がなかったことを示唆している。たしかに、本草学やそれから派生した博物学は古くから日本にも育っていたけれども、これらは西欧のナチュラル・ヒストリーとは異質のものである。

西欧諸国のなかでも、とりわけイギリスがナチュラル・ヒストリーの本場ではなかろうか。たとえば著作からひろってみると、ホワイトの『セルボーンの博物誌』(一七八九)、ダーウィンの『ビーグル号航海記』(一八四五)、ベイツの『アマゾン河の博物学者』(一八六四)、ウォレスの『マレー諸島』(一八六九)、ハドソンの『ラ・プラタの博物学者』(一八九二)などが、その代表例である。

最近のものでは、リチャード・アダムズの『四季の自然』(一九七五)が好評で、邦訳もされている。また、イーディス・ホールデンの『エドワード七世時代の一婦人の田園日記』（一九七七）は、発刊以来ベストセラーになっている。この本はホールデン夫人（一八七一―一九二〇）が身近な花、実、鳥、虫などを水彩画で描き、それに短文を添えた詩情ゆたかな絵日記風のノートをそのまま復刻したものである。これをまねた類書も、すでにあらわれている。

日本では、この種の自然を賛美する絵日記が私《ひそ》かにものされたり、また後世にそれが出版されたりするようなことは、ほとんど考えられない。本当の意味でのナチュラリストが、日本には少ないのである。

このような東西間のへだたりは、いったい何に由来しているのであろうか。よくいわれるように、西欧では荒ぶる自然を人間にもきびしい対立者として畏敬《いけい》しており、いっぽう東洋では人間が穏和な自然のなかにとけこんで生活しているため、つぶさに自然のことを観照したりはしないからなのかもしれない。

この自然への甘えが、こんにちの日本を〝公害王国〟にしたのだとしたら、私たちはいま一度、原点にたち返って自然とのかかわりあいのありかたを考えなおしてみたいものである。

わが庭は小動物園

東京郊外の拙宅のまわりには緑が多く、自然環境にめぐまれている。庭には数種の野鳥――

オナガ、ヒヨドリ、シジュウカラやスズメなどが訪れて餌をついばむ。盛夏のころは、アブラゼミやツクツクボウシが飛んできて鳴きたてる。

私は「虫のサンクチュアリ（聖域）」を口実に、庭の手入れはほとんどしない。その結果、虫だけでなく、さまざまな動物が居ついたり、飼われたりしており、数えあげてみると、さながら「小動物園」の様相を呈している。

まず、哺乳類では私たち家族は別にして、アブラコウモリが三年ほど前から棲みつくようになった。その棲みかは、二階にある書斎の南に面した雨戸の戸袋のなかである。この部屋は、夜には電灯をつけるし、人の気配もするから、戸袋もそれほど居心地のよいところではないように思う。ただ、私の無精から、新築このかた一度も雨戸を引き出したことがない。コウモリはそれが気に入って、入り込んだものであろう。

日暮れどき、庭から見上げると、かの戸袋の上方の隙間から次々とコウモリが飛び出して、すかさず上空へと舞い立っていく。数は一〇〜二〇匹ほどで、今年は子どもも生まれたらしい。おどかすのもかわいそうなので、まだ戸袋のなかの様子をのぞいてみたことはない。蛇足ながら、コウモリは「蚊食い鳥」とも呼ばれるように益獣である。

ほかに哺乳類では、かつてイヌを飼っていたこともあるが、今はいない。それと入れ替わりに、近所の飼いネコや野良ネコがよく庭に侵入して糞をしていくが、これは番外。

鳥についてはすでに記したが、それとは別口でスズメが東側の破風の下の空気孔に巣くっている。これは実害がないので見ぬふりをしている。

つぎは、意外や爬虫類が三種もいる。まずヤモリ（守宮）。これは一〇年来のつきあいで二、三匹いる。夜、電灯にさそわれてくる小虫を目当てに、窓の外側に張りついているのが、ガラス越しによく見える。ガなどがくると、すばやく走って口で捕える。大きいのは一二センチほどになる。ほかにカナヘビとトカゲも、たまに見かける。

両生類では大きなヒキガエルが十数年来、棲みついている。まったく鳴かない。背中をなでても逃げようとしないから、家族の一員のつもりなのかもしれない。一度、よそからやはり大きなヒキガエルが一匹やってきて、庭の池に飛びこみ、そのままおぼれてしまった。石などの、よじ登るものがなかったからである。

この池にはキンギョ（和金）を飼っているが、自然に増えたり減ったりしている。ネコがよくねらっているから、しばしばやられているらしい。

ほかに水槽を三つならべて、エアーポンプを使い、淡水生巻貝のカワニナと、いっしょにまぎれこんだサカマキガイを飼っている。カワニナはゲンジボタル（幼虫）の餌にするためである。

ところが、このカワニナを捕食するヒルが二種類いて、すぐに増える。これらのヒルを退治するため、水槽にアメリカザリガニを放したこともあるが、すぐ逃亡するので今はやめている。私の経験では、ホタルの幼虫を飼うよりも、カワニナの増殖のほうがずっと手がかかるし、むずかしいと思う。なお、この水槽からは、ユスリカ類が無断で多数発生する。

さて、しんがりは昆虫である。庭の土の乾いたところに小さな孔がたくさん開《あ》いている。このなかにはトウキョウヒメハンミョウの幼虫がひそんでいて、アリなど小虫を補食する。成虫は小形の甲虫で、ハエのようにフワーっと飛ぶ。この虫は東京で最初に発見された江戸っ子で、学名（種小名）もエドエンシス（ラテン語で「江戸の」の意）とつけられている。近年どういうわけか、都心部でも増えてきたらしい。

秋になると、アオマツムシ、カネタタキ、エンマコオロギやツヅレサセコオロギなどが鳴きそう。カネタタキは家のなかに入ってくることもある。はるか平安のむかし、清少納言がミノムシは秋になると「チチよチチよ」（チチ＝父または乳）と鳴くと書いている（実は、ミノムシは発音しない）。これはおそらくカネタタキの「チン、チン」という鳴き声を、ミノムシのものと誤認したものであろう。

こうしてながめてみると、わが埴生《はにゅう》の宿にも大は哺乳類から小は昆虫まで、意外に多様な動物たちが棲んでいることに、あらためて気がつく。やはり、自然は無駄なスペースの存在をゆるさないのである。

第2章

あんな虫こんな虫

ホソオチョウ(東京都文京区、7月)

タマムシ

タマムシは、よくめでたい虫に擬せられる。それは、漢名「吉丁虫」に由来するものであろう。鎌倉初期の歌人、鴨長明（一一五五—一二一六）の随筆『四季物語』にも「此《この》むしはやむごとなきさちあるもの」とある。

また、タマムシの優美な姿かたちや、金緑色にかがやく色合いも実にすばらしい。この色は表皮の微細な構造が、ある波長の光だけを反射することによるもので、見る角度によって文字どおり「玉虫色」になる。

江戸でも人気があったらしく、「玉虫を浅草餅《もち》の子が見付け」とか「玉虫は三十六丁目から出る」という川柳がある。これは、浅草伝法院の山門にエノキの老大木があり、そこから毎年タマムシが発生するので有名だったことを物語っている。ちなみに、天保（一八三〇—一八四四）ころのタマムシの標本二頭が、博物好きの旗本、武蔵石寿のコレクション（東大農学部蔵）中で燦然《さんぜん》と輝いている。

ところで、古い時代からタマムシをおしろいの小箱などに入れておくと、想う男性に愛されるという俗信がある。それで、江戸後期の鳴く虫売りはタマムシもいっしょに並べていたといわれる。この惚《ほ》れ薬としてのタマムシの俗信は中国伝来のもので、李時珍の『本草綱目』（一五九六）にも、「これを取って帯びると、人をして喜んで好愛相媚せしめる薬となる」（原文は漢文）とある。この中国での俗信の起源も、実はヨーロッパ原産のスペインゲンセイとタマムシとの混同によるものであろう。スペインゲンセイは金緑色の美しい甲虫（ツチハンミョウ科）で、中世以降のヨーロッパでは媚薬《びやく》として広く愛用されていた。

このスペインゲンセイには、人体の皮膚の発泡剤として利用されるカンタリジンが含まれているから、飲用するとある種の刺激作用があったかもしれないが、タマムシはこの成分を欠いているから、そのような薬効はまったく期待できない。

ウバタマムシ。古く江戸時代からタマムシの雌と誤認されてきた

話は変わるが、タマムシは雄で、その雌はウバタマムシ（実は別属別種）であるということが古くから信じられてきている。たとえば、寺島良安の『和漢三才図会』（一七一三）の「吉丁虫」の項には、「雌は長さ一寸ばかり、全体は黒くて光沢があり、金色を帯びている。……ただし雄は多く、雌はあまりいない」（漢文）とある。

くだって栗本丹洲の『千蟲譜』（一八一一）にもタマムシとウバタマムシが、それぞれ「吉兆虫」の雄・雌として図示されている。この誤りは根強いもので、終戦後もしばらくのあいだ、民間伝承として残っていた。

なお、私は戦後まもないころ八丈島で、何かのとがにより

「遠島」された幸うすい数人の少年が、それぞれに南方色ゆたかなアヤムネスジタマムシを糸で腰につるしているのを見て、哀れをもよおしたのを思い出す。

以上に述べた俗信も、タマムシそのものの激減とともに消滅してしまうのは惜しいような気もする。

クロカワゲラ

昆虫は変温動物だから、自体をとりまく環境の温度の変動とともに体温も上下する。したがって、一般に冬期には発育も活動もしないのが普通である。ところが、なかには寒い冬になると羽化して活動する種類も、しばしばみられる。江戸末期に、そういう虫を観察して記録した篤学の士がいる。

それは、豪雪地帯として有名な越後魚沼郡塩沢（現・新潟県南魚沼郡塩沢町）に住み、縮み織りの仲買を業とする文人、鈴木牧之である。彼の随筆集『北越雪譜』全七巻（一八三六―四二）は、越後の雪の観察記録を主題にした科学的なものであるほか、雪国の民俗を伝える記録としても高く評価されている。

そのなかに「雪中の虫」という章があり、大要はつぎのようである。中国（蜀《しょく》）には雪のなかに棲む「雪蛆《せつじょ》」という虫がいるそうだが、越後にもこの虫がおり、早春のころから雪中に生じ、雪が消えると姿を消す。そして、この虫には二種類あり「一ッは翼《はね》ありて飛行《とびあるき》、一ッははねあれども蔵《おさめ》て蚑行《はひありく》」として、「顕微鏡《むしめがね》」で観察した図を描いている。その図をみると、前者はユスリカ類、後者はクロカワゲラ類である。

そういえば二〇年ほど前、長岡市立科学博物館を訪ねたとき、「雪虫」を並べた標本箱があったのでメモしてきた。そこには同市付近産のヤマトクロカワゲラ、フタトゲクロカワゲラ、フクシマクロカワゲラ、ミジカオクロカワゲラ、セッケイカワゲラモドキ、トビムシ、ユスリカ（以上、展示原名のまま）などがあった。『北越雪譜』発祥の地の「雪虫」だから、ことさらに興味深かった。このような地方色ゆたかな展示企画は、たいそう有意義であると思う。

クロカワゲラの一種。早春、雪上を這う（写真・宮下力）

ところで、クロカワゲラ類（体長六―一〇ミリ）については、なつかしい思い出がある。昭和八年（一九三三）ころ、秋田県下でまだ小学生にもならない私は、会津若松市の河野光子さんという女学生の方から、「雪渓虫《せっけいむし》」を採集して送ってほしいという手紙をいただいた。そのころ東京に「昆虫趣味の会」という同好会ができて、その会員名簿を見て依頼したのだという。これはセッケイカワゲラのことであったと思うが、さっそく父とともに山の雪の上を探して歩いたけれども見つからなかったので、父が「代筆」してその旨ご返事したことを覚えている。

河野さんは、その後カワゲラ類の分類で理学博士の学位を受け、国際的にも高名な専門家になられた。そのかたわら、家業の此花酒造（株）社長を経て会長と会津酒造博物館館長を兼ねておられる。今もお会いすると、半世紀以上も前のその話が出る。虫好き仲間のつきあいには、こういう古くて長いケースが少なくない。

そのような原体験があったので、その後、中学生のとき弘前市郊外の雪上でヤマトクロカワゲラの大群を観察し、また大学時代には札幌市郊外で多数のエゾクロカワゲラが雪上を這《は》うのを、特別な思い入れで観察したことがある。静まりかえった雪景色のなかで、活発に歩きまわる黒い小虫を見つめていると、生命力のたくましさが、ひしと伝わってくる。

アリ

啓蟄《けいちつ》とは冬ごもりしていた虫がはい出ることで、太陽暦の三月六日前後がこれにあたる。虫好きで知られる仏文学者、奥本大三郎氏の誕生日は、この日であるという。このころ、一陽来復を待ちかねていたかのように、いろいろな虫たちが姿を現す。アリ類もその一つである。

よく知られているように、アリは社会生活をいとなみ集団で行動するから、人目にもつきやすい。それで、古い時代から多くの観察記録が残されている。たとえば、アリストテレスの『動物誌』には、アリは春に発生し、交尾して子を産み、巣をつくり、社会生活をし、勤勉にはたらき、羽アリを生ずる……などとある。

『旧約聖書』の「箴言《しんげん》」第六章には、「怠け者よ、蟻のところに行って見よ。その道を見て、知恵を得よ。蟻には首領もなく、指揮官も支配者もないが、夏の間にパンを供え、刈り入れ時に食糧を集める」（新共同訳）とあるが、アリの女王など階級（カースト）の存在を見落としている。

清少納言は『枕草子』で、「蟻は、いとにくけれど、かろびいみじうて、水の上などを、ただあゆみにあゆみありくことをかしけれ」という。正確な観察である。

ところで、これまで神秘と驚異のまなざしでながめられてきたアリの社会生活や行動のなぞは、近年、科学的な面から解明されつつある。すなわち、アリは巣外にえさを探しに出かけて大物を発見すると、そのありかを仲間に伝達するために、ごく微量の化学物質を後腸や毒腺から分泌し、腹端から地上に滴下しながら巣にもどる。すると、同じ巣の仲間たちはこのにおいをたよりに、餌にたどりつく。それで、この化学物質を「道しるべフェロモン」と呼んでいる。なお、このフェロモンの化学構造は、かならずしもアリの種類ごとに異なってはいないようである。

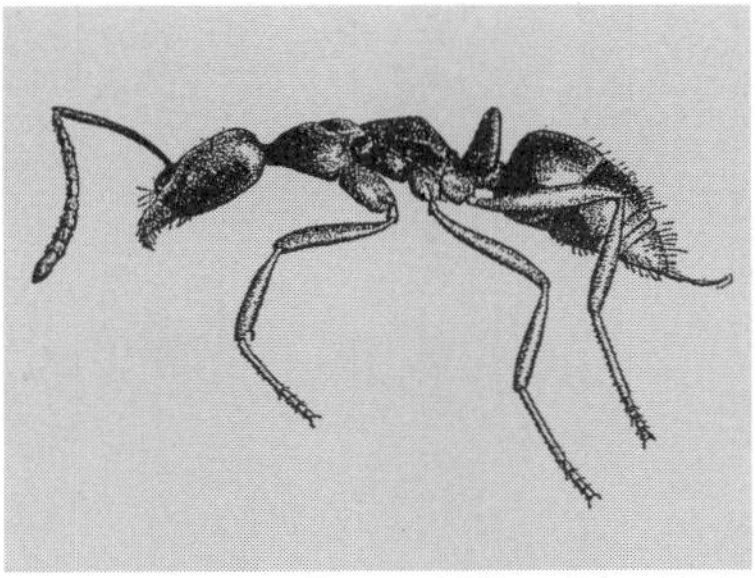
オオハリアリ。他の虫を襲って食べる肉食性。よく人体を刺すことがある

一方、同じ種類であっても、コロニー（巣）ごとに特異性の

あるにおいをもつことが究明されつつある。そして、このにおいは働きアリが生体で合成する体表炭化水素によるものであろうといわれている（山岡亮平、一九九二）。

つぎに、抽出した道しるべフェロモンを平面上に一直線に引き、そこへアリを放してやると、この線を中心にしてジグザグ行進する。その理由は、アリはこのにおいを左右の触角で交互に嗅《か》ぎつつ前進し、片方の触角がこの直線からはずれそうになるまでななめ前方に歩き、つぎはその逆方向に進み、その繰り返しによってジグザグ状に歩くことになるという。

また、外敵の接近や侵入を同じコロニーの仲間に知らせる「警報フェロモン」という化学物質もある。このフェロモンは働きアリの大あご腺や肛門腺などから分泌され、近縁種のあいだでは共通に作用して、種類による特異性はないといわれる。そして、このフェロモンを蟻酸とともに高い濃度で放出すると、みずからの防御物質の役目も果たす。

以上のように、私たちに最も身近な虫であるアリの行動についても、近年は化学物質に基づいた新しい知見が、つぎつぎにもたらされている。その背景にある、分析機器の発達による貢献も忘れてはならないであろう。

モンシロチョウ

春の気配が感じられるようになると、野原のそこここに白いチョウの姿が見られる。モンシロチョウである。幼虫（アオムシ）はキャベツなどアブラナ科野菜の葉を食い荒らす害虫として知られる。さなぎで越冬し、春を待ちかねたように羽化して飛びだす。

日本全国どこにでもいる最もありふれたチョウで、産地による変異もないから、昆虫マニアにも人気がない。それでも近年、専門家のあいだでは、このチョウは外国からの帰化種であるという説が唱えられ、定着している。

もともとモンシロチョウの原産地はユーラシア大陸の西部乾燥地と推定されているが、移民がキャベツなどを船ではこぶとき、このチョウの幼虫やさなぎをいっしょに上陸地に持ちこんだので、その分布地域がつぎつぎに広がってしまった。それで、たとえばカナダには一八六〇年、ニュージーランドには一九三〇年、オーストラリアには一九三九年というように、侵入年代が記録されている。

それでは、日本にはいつごろ入りこんだのだろうか。私は江戸時代の博物学史研究のため、熊本藩主・細川重賢《しげかた》侯が遺したいろいろな博物図譜を調べた折、『昆虫胥化《しょか》図』（胥化＝変態）と『虫類生写《いきうつし》』（生写＝写生）に、飼育中のモンシロチョウの写生図（計三図）が描かれているのを見つけた。幼虫の食草は「リウキウハバビロナ」（琉球幅広菜）で、図を見るとハクサイの一品種（不結球型）であろうか。

これらの虫譜の作成年代は、前者が一七五八―六九年、後者が一七五八―六六年だから、そのころにはモンシロチョウが熊本城内で発生していたのであろう。そして、いまのところこれらの図が、日本では最古の物証となっている。

ちなみに、沖縄本島にモンシロチョウが侵入したのは一九五六年と記録されているから、くだんの熊本産モンシロチョウは、食草から考えて「琉球」から渡来したものではないといってよい。

ところで、モンシロチョウによく似たスジグロシロチョウという日本在来種も、広く分布している。幼虫の食草は、イヌガラシなどアブラナ科の野生植物である。

これら二種のシロチョウ類は、都会では勢力関係に変動がみられる。すなわち、モンシロチョウは日当たりのよいところを好むから、キャベツ畑などに多かったが、畑地が宅地化するにつれて、そのすみかを追われるようになった。

モンシロチョウ。日本中で見られるが、実は帰化昆虫

一方、スジグロシロチョウは、あまり日の当たらない林の周縁を好む。それで、高層ビルが林立して日当たりのわるくなった都会にもどってきた。その食草は、東京オリンピック大会（一九六四）のころから都心部でも雑草化したムラサキハナナである。

このような棲みわけの交替がおこなわれたかにみえたが、私の住む東京郊外を流れる野川の周辺では、湧水流で野生化して増えたオランダガラシ（ヨーロッパ原産）を食草として、最近はモンシロチョウのほうが目立つようになってきた。

こうして、私たち人間のいとなみによって、身近なチョウの世界にも、多様な変化がもたらされているのである。

ミツバチ

ギリシアのアリストテレスは、早くも紀元前四世紀にミツバチの「王」を観察し記録している。この王が実は女王（雌）であることは、一五六八年、スペインのルイス・メンデス・デ・トーレスによって明らかにされた。

日本では、栗本丹洲『千蟲譜』（一八一二）の「蜜蜂」の項をみると、大将蜂（女王バチのこと）、役蜂（働きバチ）、無能黒蜂（雄バチ）などが図示されている。無能黒蜂とはうまいネーミングであるが、英語でも雄バチはドローン（怠けもの）とよばれる。

日本で現在飼われているミツバチの種類はセイヨウミツバチであり、明治一〇年（一八七七）にアメリカから輸入されたイタリアン種が最初である。それまでは、日本在来のニホンミツバチ（トウヨウミツバチの一亜種）が飼養されてきた。それが、大正初期以降はほとんどセイヨウミツバチに置き換えられてしまった。集蜜力や飼いやすさなどの比較から、在来種が捨てられてしまったのである（現在、各地で保存的飼育中）。

昨夏、私は偶然、野外で健気に「自活」しているニホンミツバチのコロニー（群れ）を発見した。ところは茨城県の蚕影山《こかげさん》神社で、その本殿の羽目板の破れ目からさかんに出入りしていた。ミツバチが、同じ「家畜昆虫」のカイコを祀《まつ》った神社に、つつましく間借りしているのはおもしろいと思った。

近年、ミツバチは採蜜という本来の目的のほかに、施設園芸の場面で受粉昆虫として利用されている。たとえば、ハウス栽培のイチゴは花粉を媒介する昆虫がいないと、奇形果や不受精果ができやすい。それでイチゴ生産者は、ミツバチの一群を巣箱ごと買ったり借りたりしてハウス内で放飼している。その代わり、殺虫剤など農薬の使用は制約を受ける。

セイヨウミツバチ。産卵中の女王（中央）と働きバチ

最近は病原菌の胞子形成を阻害するため、紫外線除去フィルムを使用したハウスが普及してきたが、そのなかでミツバチを放飼すると、正常な飛翔ができなくなるという。ミツバチは太陽の位置を指標として定位飛行するからである。

ところで、ミツバチは有力な蜜源植物群を見つけると、その位置をダンスによって同じ巣の仲間に伝達する。このミツバチの「ことば」を解読したのは、オーストリアのカール・フォン・フリッシュ（一八八六—一九八二）である。彼はこの業績により一九七三年、ノーベル医学生理学賞を受賞した。一方、このダンス＝ことば説には異説もある。玉川大学での最新の研究によると、ミツバチの尻振りダンスのとき、飛翔筋を利用して出す「ダラララ」という音が、花のありかなどについての情報を伝えるのだという。

ちなみに、今年一月、高名なミツバチ学者、坂上昭一博士（北大名誉教授）に対して朝日賞が授与された。受賞したテーマは「ハナバチ類の進化とその比較社会学的研究」である。

その贈呈式の受賞者挨拶のなかで、よく日本人はエコノミック・アニマルで、まるで働きバチのようだと評されるが、実はミツバチの働きバチは一日に六時間ほどしか活動しない怠けものが約三分の一もいるから、日本人のほうがよほど勤勉であるというスピーチがあり、満場を沸かせた。そして、あちこちでミツバチがうらやましいという、ささやきも聞かれた。

ホタル

虫好きな日本人のあいだでも、古来ホタルほど万人に愛好されてきた昆虫はないと思う。横井也有も「ほたるはたぐふべきものなく、景物の最上なるべし」（『百虫譜』）と絶賛している。それというのも、ホタルが暗夜を青白い光でいろどるからである。ホタルの語源はいろいろあるが、私は「火垂る」説（貝原益軒）をとりたい。

ホタル科の甲虫は世界で約二〇〇〇種、日本からは四十数種が知られており、まだ新種が発見される可能性もある（とくに南西諸島から）。邦産種のうち成虫が光るのは一〇種ほどにすぎない。ふつうホタルというと、ゲンジボタルとヘイケボタルを指す場合が多い。これら両種の語源には諸説がある。

まず、ゲンジについて柳田国男は験師《げんじ》（修検者、山伏）説を唱えるが、『源氏物語』の主人公、光源氏からの連想とする説のほうが素直ではなかろうか。この後者の支援材料として、江戸初期の俳書に「かがり火も蛍も光る源氏かな」（『犬子集』）や「尻は猶《なお》源氏といはん蛍かな」（『毛吹草』）という句がある。

また、江戸後期には「虫譜」（昆虫図譜）の作成がさかんになり、栗本丹洲『千蟲譜』（一八一一）、吉田高憲『雀巣庵蟲譜』や飯室楽圃『蟲譜図説』（一八五六）などには、ホタル類の図やメモが見られる。これらのうち、私が見た『蟲譜図説』には「ゲンジボタル」の名が記されていたから、幕末ころにはこの名称が使われていたのかもしれない。ちなみに、その作者・楽圃は幕府旗本の士で、江戸の住民である。その他、江戸期の諸書にあるウシボタルやオニボタルはゲンジボタルを、またヌカボタルやヒメボタルはヘイケボタルを指すものと思われる。

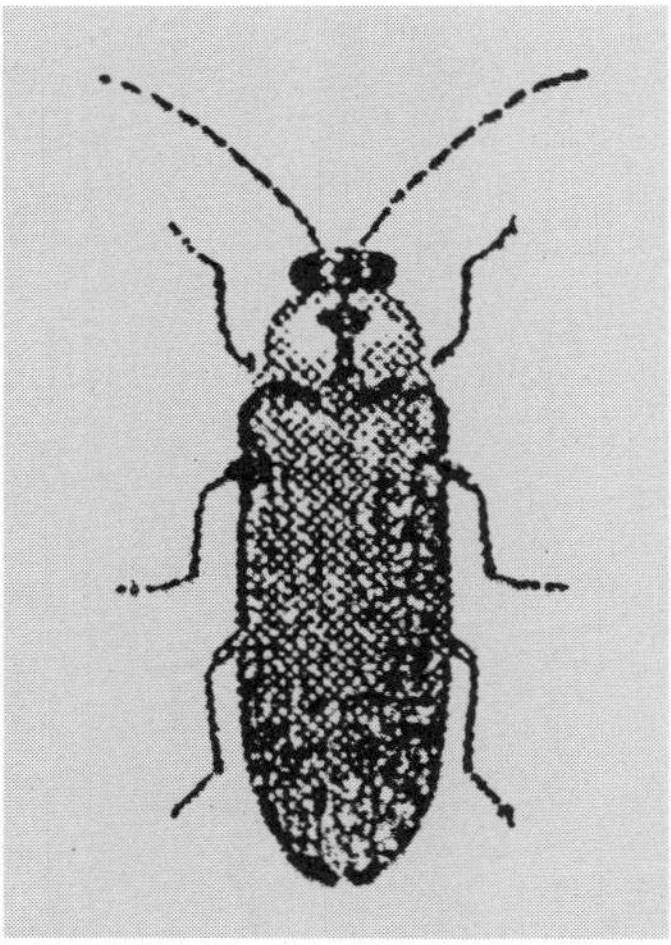

ゲンジボタル。ヘイケボタルよりも大形で光も強い

明治時代になると、日本最初のホタルの単行本、渡瀬庄三郎（東京帝大理科大学教授）の『蛍の話』（一九〇二）が刊行されて版を重ねた。当時もホタルの本は人気が高かったのである。そのなかで著者は源氏蛍と平家蛍の名を使い、「何故に日本に最も普通な二種の蛍に、源平二家の名を負はせたかは知らぬが、甚だ適当と思ふ。……日本の蛍が既に源氏平家の名を伝へてゐるは、誠に面白いことで、余は、取敢《とりあ》へず、この名を用ゐること、したのである」と書いている。

次いで、松村松年（札幌農学校教授）は『日本千虫図解』巻之三（一九〇六）に、ゲンジボタルとヘイケボタルを図示・解説している（学名は両種とも今日のそれとは異なる）。

これら渡瀬および松村の著書により、ゲンジボタルとヘイケボタルという和名は、明治中ごろ以降に広く定着するようになった。その命名の過程では、体が大きくて光も強いほうがまずゲンジ（源氏）ボタルと名付けられ、その対語として体も光も見劣りするほうに、ヘイケ（平家）ボタルの名が当てられたものであろう。このへんに、私たち日本人の源平観がうかがわれて興味深い。

オオムラサキ

オオムラサキは、日本産のタテハチョウ科のなかで最大の種類である。翅《はね》の色彩や紋様も華麗なので、江戸時代の虫譜（昆虫図鑑）にも好んで描かれている。

たとえば熊本藩主・細川重賢《しげかた》の『昆虫胥化図《しょか》』（一七五八年ころ）には「クリイロアゲハ」の名で雌の図がある。また、幕府の医官・栗本丹洲の『千蟲譜』（一八一一年成立）には「ヨロイテフ」（会津方言）の名で雌雄が図示され、「出ル事甚稀《はなはだ》ナリ」とある。

幕末に来日したイギリスの園芸家フォーチュンは横浜郊外でこのチョウを採集し、これに基づき友人のヒューイトソンが新種として命名・記載した（一八六三）。

明治初期に来日したイギリス人プライヤーは著書『日本蝶類図譜』（一八八二）に、このチョウの卵からかえった多数の幼虫にいろいろな木の葉を与えたが、どれをも食べなかったと書いている。その後オオムラサキ幼虫の食草はエノキとエゾエノキであることが判明した。

オオムラサキの分布地として、日本（北海道、本州、四国、九州）のほか、朝鮮半島、中国、台湾が知られている。中国名は大紫蛺蝶、英名はグレート・パープル・エンペラー（大紫皇帝）という。チョウのなかで、皇帝のような最高位の尊称をたてまつられている種類には、ほかにモナーク・バタフライ（帝王蝶）ことオオカバマダラがある。

明治初期には、日本産の珍奇な昆虫が海外のコレクターに人気があって、明治一三年（一八八〇）ころ、オオムラサキはドイツに一匹五円で売れるというので、昆虫に心得のある学生たちが探しまわったそうである。

ところで、幼少時に東北で育った私は、父の東京みやげに「東京井之頭」産のオオムラサキ雌雄一対の展翅《てんし》標本を買ってもらい、大喜びした想い出がある。いまの井之頭公園を訪ねると、かつてオオムラサキが〝売るほど〟採れたとは、とても思えない変容ぶりである。もっとも、あれは飼育品だったのかもしれないが……。

私とオオムラサキとの出合いでは、平成三年八月、東京西部の五日市町横沢入の雑木林で樹液を吸っている雄一頭を観察したのが最新のものである。この地ではゲンジボタルとヘイケボタルが同じ時期に発生して乱舞する。ところが、このゆたかな自然も、とかく批判のある東京都の「秋留台《あきるだい》地域総合整備計画」の前に、いまや風前のともし火である。

オオムラサキの雄。日本の「国蝶」で、切手の図柄にもなった

最近出版された朝比奈正二郎（編著）『滅びゆく日本の昆虫五〇種』（一九九三）にも、オオムラサキは「希少種」として採録されている。一方、近年各地にオオムラサキの保護地域が設けられつつあるのは、心強いことである。周知のように、オオムラサキは日本の国蝶になっている。その意味では、国産種で最も格式の高い昆虫といってよい。

かつて、オオムラサキ雄の全形図をあしらった七五円の通常切手が発行されていた（一九五六―七二）が、いまはそれもない。代わって、ほんもののオオムラサキが全国にあまねく見られるようになることを祈りたい。

カブトムシ

ひとむかし前までカブトムシは日本最大の甲虫《こうちゅう》であり、またその怪奇で重厚な姿かたちのゆえに、子どもたちの夏休み中のアイドルであった。それが、一九八四年に沖縄本島北部特産のヤンバルテナガコガネが命名・記載されてから、カブトムシは体長第二位の甲虫に格下げになった。

ちなみに、ヤンバルテナガコガネは雄の最大体長が六二ミリ、カブトムシのそれは五三ミリである。前者は国指定の天然記念物となった（一九八五）から、カブトムシのように親しく手にすることはできない。

ところで、カブトムシは漢字で兜虫と書く。これは雄の頭にある、りっぱな角《つの》が武将の兜の前立てに似ることに由来する。だから甲虫をカブトムシと読むのは誤りである。

江戸時代には、この虫をどう呼んでいたのであろうか。まず、貝原益軒の『大和本草』（一七〇九）では「カブト虫」となっている。その後、越谷吾山の『物類称呼』（一七七五）には「かぶとむし」（江戸）の方言として、「やどをか」（伊勢）と「つのむし」（大和）をあげている。前者は「宿を借ろう」の略であるという。そういえば、カブトムシの方言に「やりかつぎ」（三重県一志郡）というのがあり、これは長い角を槍《やり》に見立てたものである。この槍をかついだ供先《ともさき》の奴《やっこ》が、宿の前で「宿を借ろう」と呼ばわったことへの連想をそそって、「やどをか」が生まれたのではなかろうか。もし、そうだとすると『日本国語大辞典』の「やどうか」という表記は、語源の上からは適当でないことになる。なお、「つのむし」は平安時代にはゴキブリを指すことばであった。

明治になると、文部省刊行の『博物図』中の「多節類一覧」（一八七七）には、「カブトムシ飛生虫」の項に「サイカチムシトモ云」とある。これは、成虫がマメ科のサイカチの木によく集まることによる。

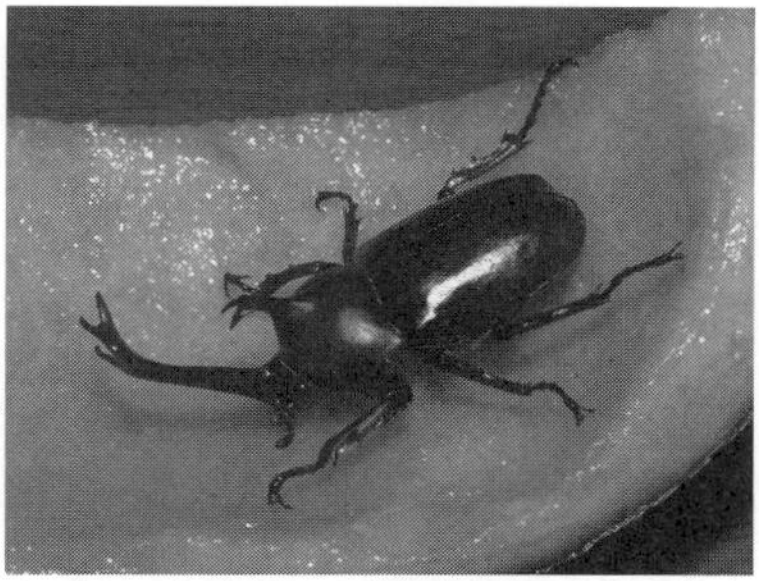
カブトムシの雄。子どもたちの人気もの

日本人による最初の昆虫学教科書、松村松年の『日本昆虫学』（一八九八）では「さいかちむし」となっているが、松村の『日本千虫図解』巻之三（一九〇六）では「かぶとむし（一名さいかちむし）」と改変され、今日の標準和名カブトムシの基礎が定まったのである。

さて、カブトムシの本来の分布地は、日本（本州、四国、九州、琉球）、朝鮮半島、中国、台湾、インドネシア半島やフィリピンなどで、南方系の種類に属する。中国では飛生虫（古名）、双叉犀金亀（現代名）などという。

カブトムシは薬用にもされる。漢方薬の本場、中国では、李時珍の『本草綱目』（一五九六）によると、カブトムシを焼いて粉末にしたものを水で少量服用すると難産に効く。また、これを産婦に握らせてもよいという。朝鮮半島では、成虫を腫れ物の薬にする。

日本では、かつて成虫を粉砕して酒とともに服用してリウマチの薬とした。現在は、養殖業者により量産され、子どものペットとしてデパートなどで売られている。

セミ

セミは雄しか鳴かない。それで、古代ギリシアの詩人クセナルクスは「セミよ、汝《なんじ》は幸いなるかな。妻はもの言わぬがゆえに」とうたっている。

日本では『万葉集』に「夕影に来鳴くひぐらし幾許《ここだく》も日ごとに聞けど飽かぬ声かも」という歌がある。この時代には、「ひぐらし」はセミ類の総称であったが、ここでは今のヒグラシを指すものと思われる。一方、日盛りに鳴き立てると「蟬《せみ》あつし松伐《き》らばやと思ふまで」（横井也有）と、うるさがられることもある。このセミはアブラゼミであろうか。

ところで、一六九〇―九二年に長崎のオランダ商館付き医師として来日したケンプェルは、『日本誌』（一七二七）にクマゼミの羽化を観察したことやニイニイゼミ、ツクツクボウシなどに触れており、これらを図示している。デンマークのファブリチウスは、ニイニイゼミの学名（種小名）をケンプェルに献名した（一七九四）。

話は変わるが、セミは古くから食用や薬用に供されてきた。アリストテレスは『動物誌』のなかで、羽化直前の「セミの母」（幼虫）がもっとも美味であるという。成虫は雄のほうがうまいが、交尾後は「白い卵」をもっている雌のほうがうまいとしている。

日本でも戦前には長野県や山形県の山村では、セミ（種名は不詳）の翅をとり去って串刺しとし、塩や醤油で付け焼きにしたり、砂糖、醤油で煮付けたりした。今でも東京では、信州郷土料理店にいくと、セミ（主にアブラゼミ）の幼虫の空揚げを酒のつまみに出してくれるが、珍しさが味をカバーしている。

中国では紀元前数世紀にはセミを食べており、また中華料理で桂花菜というのは、セミの成虫や幼虫を油で炒《い》って食べるものである。そのほか、南部タイ人もセミを食べるし、マダガスカルでは原住民の子どもたちが翅をむしってそのまま食べる。

つぎに薬用について――。日本では成虫を心臓病や痔《じ》に利用した地方がある。ぬけがらの効能は多く、解熱・耳病・風邪・めまい・子宮病・淋《りん》病・はれもの、せき止め・疳《かん》・便秘や心臓病などに各地で使われていた。

朝鮮半島ではぬけがらが、てんかん・解熱・淋病・耳病・脳膜炎や腹膜炎などに利用された。そのほか漢方薬の本場、中国

アブラゼミ。最もふつうに見られるセミ

の例などを挙げると切りがないので、このへんでやめておく。

セミの声は種類ごとにちがうが、私は歌声が変化に富むツクツクボウシと、哀調をおびたヒグラシの鳴き声が好きである。

近年、東京の都心部ではセミがずいぶん減ってきたようだ。それでも、JRの御茶ノ水や四ッ谷の駅周辺の木立では、ミンミンゼミやアブラゼミがやかましいほど盛夏を謳歌《おうか》している。私は時おりそれを聞きにいくのが楽しみである。

コオロギ

古く『万葉集』には、「こおろぎ」をうたったものが七首ある。「庭草に村雨ふりて蟋蟀《こおろぎ》の鳴く声聞けば秋づきにけり」などは、季節の使者としてのコオロギをよく表現している。

一般に『万葉集』の「こおろぎ」は秋の鳴く虫の総称とされているが、歌意から考えると、それらは現代のコオロギを指すものと見なしてもよいように思う。ところが、平安文学では、きりぎりす、松虫、鈴虫、はたおりが現れて、こおろぎは姿を消してしまう。それで、万葉の「こおろぎ」は「きりぎりす」に代置されたという説が流布している。

イギリスでは、コオロギの文学としてディケンズの『炉辺のこおろぎ』（一八四五）が名作として知られるが、これを同国のある百科事典でミルトン（一六〇八—七四）の作品と誤記しているのを偶然見つけておかしかった。

それはともかく、この作品に登場するコオロギの種類はヨーロッパイエコオロギで、ヨーロッパでは「小さな家庭の守護神」として愛されている。

コオロギは、雄が左右の翅《はね》の一部をこすり合わせて鳴き、雌を呼んでいるのであるが、海外での研究によると、寄生バエがその鳴き声を聞きつけて飛来し、自分の子（うじ）をコオロギの体内に産みこむという。そして、ハエが成虫になるころ、寄主のコオロギは内部を食い尽くされて死んでしまう。ラヴ・ソングも、ときには命とりになるのである。

鳴く虫の声は、その目的からいっても種類ごとに異なっている。それで、専門家は鳴き声の

エンマコオロギの雌

エンマコオロギの雄

タイワンオオコオロギ（食用、カンボジア）

微妙な違いを聞き分けることがきっかけとなり、それまで同種とされていた種類を別種として分けることがある。たとえば、かつては一種だったオカメコオロギおよびエンマコオロギ（写真）も、今ではそれぞれ三種になっている。

ところで、中国では唐代の八世紀前半ころから、コオロギの雄同士（二匹）でけんかさせ、その勝敗によって賭《かけ》をする「秋興《チウシン》」という遊びが、まず宮中で興った。その虫の種類はフタホシコオロギなどである。

この遊びには、いろいろなルールや道具立てがある。虫は体重により等級づけされて盆の上に二匹が載せられ、ネズミやウサギのひげを先端につけた「探子」（くすぐり棒）で触角や尾毛にさわると、けんかを始める。勝負は一、二分でかたがつく。

この遊びは一九三三年ころに禁止されたが、近年解禁されて急速に復活したようである。私の手もとにも、一九八七年以来、上海や北京で出版された「斗蟋《とうしつ》」に関する本が三〇冊ほど集まっている。

ちなみに、コオロギを越冬させたり、持ちはこんだりするための虫かごには、多くのタイプのものがある。最近、私は虫友の梅谷献二博士から北京みやげにヘチマ製の優品をいただき愛蔵している。

（付記）その後、瀬川千秋『斗蟋——中国のコオロギ文化』（二〇〇二）という本が出版された。瀬川さんは「日本蟋蟀協会」を設立されたようである。

カマキリ

カマキリの語源にはいろいろな説があるが、もも（腿節《たいせつ》）とすね（脛節《けいせつ》）のセットで鎌《かま》状になった前脚をつかい、小虫など獲物を切るようにして捕らえるのに由来すると解するのが素直ではなかろうか。

人目につきやすい虫なので、古くから多くの方言でよばれている。それらのなかには「おがみむし」、「いぼくいむし」や「はいとりむし」など、おもしろいネーミングもみられる。

英語でも「おがみむし」や「おがみカマキリ」という俗名があり、東西のイメージの一致が興味深い。たしかにカマキリが獲物を待ち伏せして、じっとしているときは、左右の前脚を前方で合わせ胸に寄せているので、あたかもお祈りをしているように見える。

それで、イスラム圏ではカマキリを聖地メッカに祈りをささげる聖なる虫としてあがめたり、フランスのある地方では逆に悪魔の化身とみなしたりしている。アフリカのホッテントット族（現在では「コイサン人種」と呼ばれる）では、ある種のカマキリが人の体にとまると、その人は天からつかわされた聖者として礼拝される。

中国ではカマキリを蟷螂というが、これは車のわだちに当たっても避けようとしない当郎（当たり屋）に見立てたのである。「蟷螂《とうろう》が斧《おの》を以《もっ》て隆車に向かう」の故事にちなんだものであろう。

ところで、カマキリの仲間は最近はカマキリ目《もく》として独立しているが、古くはバッタ目に、近年はゴキブリ類と一緒にして網翅《もうし》目に入れられていた。古生代の化石がゴキブリのそれに似ていたからである。カマキリ目は世界では約一八〇〇種、日本からは九種が記録されている。熱帯、亜熱帯で発達したグループで、南方ではハナビラカマキリやカレエダカマキリなどのように奇抜な姿かたちに進化したものもいる。日本産の種類は、どれも常識的である。

カマキリは、日本、中国、ラオスやパプア・ニューギニアなどで食用に供される。タイでは卵、幼虫、成虫とも食べる。パプア・ニューギニアではフライにするが、その味はシュリンプと生のマッシュルームを混ぜたようなもので、おいしいという。中国ではカマキリの卵のうを頻尿《ひんにょう》、夜尿症など、日本では小児のよだれ止めに薬として用いていた。

オオカマキリ。生きた小虫などを捕食

寺島良安の『和漢三才図絵《ずえ》』（一七一三年）の「蟷螂」の項には、つぎのような観察と考察が記されている。

「子どもが（カマキリを）捕らえて熱い灰か塩にまぶすと、苦しんで長い糸筋のような黒い穢腸《ほそわた》を出す。これを子を産んだと称する。しかし子ではなく小腸である。しかもカマキリはこうなっても死なない」（もと原文）。

この「小腸」とは線形虫綱のハリガネムシのことで、その幼虫は水生昆虫（ユスリカやカゲロウの幼虫）に寄生し、羽化した寄主がカマキリに食われると、その体内で成体となる。寄生されたカマキリは生殖能力を失う。このハリガネムシは、人には寄生しない。

ミノムシ

木枯らしで落ちた葉の代わりに、枝のあちこちにミノムシがぶらさがっているのが目につく。この時期のみの（蓑）のなかにはミノガ科の昆虫の幼虫が入っていて冬を越す。

ミノムシ類の幼虫は、口から糸を吐いて木の枝や葉をつづり、みの状の袋をつくって、そのなかにひそんで生活する。それで、中国では成虫を袋蛾というし、英語でも幼虫をバッグ・ワーム（袋虫）やバスケットワーム（かご虫）などとよぶ。日本には「さむがりむし」というおもしろい方言もある（埼玉県北葛飾郡）。ちなみに、漢字で避債虫と書くのは、ぼろをまとって借金の取り立てを避ける虫の意だから、寺島良安の『和漢三才図会』（一七一三）の「壁債虫」は、これの誤りである。

さて、ミノガ科昆虫の種類は熱帯や亜熱帯に多く、日本からは二〇種が知られている。みのの形や大きさは種類により異なる。

古く清少納言は『枕草子』に、みのむしは鬼の捨て子で、親（性別不詳）が秋風の吹くころ迎えにくるから待てよと言いおいて逃げ去った。それも知らずに、みのむしは八月ころになると、風の音を聞いて「ちちよ、ちちとはかなげになく」と書いている。「ちち」が父なのか乳なのかは、わからない。この平安の才女がミノムシを鳴かせたばかりに、松尾芭蕉は「蓑虫の音《ね》を聞きにこ（来）よくさ（草）のいほ（庵）」とて、俳友たちを自宅に招いたけれど、もちろんミノムシが鳴くわけもない。その代わり、山口素堂が『蓑虫説』で「みのむしみのむし、声のおぼつかなくて、かつ無能なるをあはれぶ……」という名作をものして芭蕉に贈った。

前記した『和漢三才図会』では、ミノムシは声をだして鳴くのではなく、涙を流して鳴くのだと付会している。現在はカネタタキがチンチンチンと鳴くのを、ミノムシと取りちがえたものであろうとするのが通説である。

チャミノガ（ミノから羽化した雄のガ）

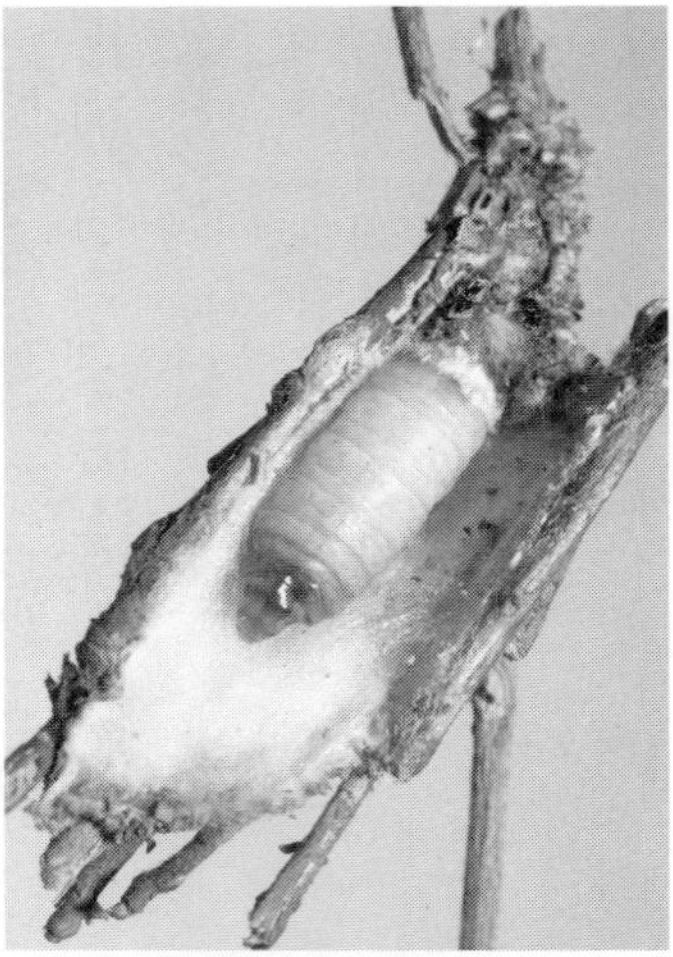

ミノムシの雌成虫。雌は無翅で一生をミノの中で過ごす

ところで、ミノムシの雌は成虫になっても翅や脚がなく、みののなかに入ったままである。ファーブルは、これを『昆虫記』で「みにくいソーセージ」に見立てている。この雌は、みのの下端から頭と胸を出し、胸の先端部から性フェロモンを放出して、翅のある雄ガを引きつけて交尾し、みののなかにおびただしい卵を産んで死ぬ。卵からかえった幼虫は一―二メートルの糸を吐いて、みののから脱出する。このとき、風に吹かれて飛行するが、運よくえさ植物にたどりつけなかった幼虫は餓死してしまう。

話は変わるが、みのを切り開いて若い幼虫を取り出し、暗くした小箱に入れ、そのなかに色《いろ》紙《がみ》、毛糸やマッチの軸などを入れて何日かそのままにしておく。すると、裸にされたミノムシは、これらの材料を糸でつむいで色とりどりのみのをつくる。少し前の時代の子どもたちは、こうして遊んだものである。ファーブルは、これを研究としてやっている。

フユシャク

フユシャクとは「冬尺蛾」、つまり冬に成虫が羽化するシャクトリガ類のことである。幼虫はシャクトリムシ（尺取虫）として知られる。この仲間の雄には翅があるが、雌では退化しており、種類によって痕跡的あるいはいちじるしく短小になり、飛ぶことはできない。

このようなフユシャク類は日本で二八種類知られており、シャクガ科に属する。この科は邦産約八百余種を擁する大きなグループだから、フユシャク類の占める割合は小さい。羽化する時期は種類によって異なり、晩秋から早春までと幅がある。気温マイナス九―一〇度Cで仮死状態になるという（中島秀雄、一九八六）。寒冷な季節に羽化することの利点は、鳥など天敵からの逃避ではないかとする説もある（正木進三、一八九五）。

なお、フユシャク類の雌は腹端から性フェロモンを放出して雄を誘引し、交尾して産卵する。

さて、一般にチョウ・ガ類の幼虫では腹部に脚（腹脚という）が五対あるが、シャクトリムシでは腹部の第六節と第一〇節（尾脚）の二対しかない。そして、これら四本の腹脚を前方に引き寄せて歩行する。その様子が、ちょうど尺を取る（ものさしで長さをはかる）ように見えるところから、「尺取虫」という俗名が生まれた。英語でも、インチワームやメジャリングワームとよんでいる。中国では尺蠖《せきかく》、またアイヌ語ではイコン・カプ（体を丸く曲げて歩くもの）やイテメ・キキリ（ものをはかる虫）などという。

日本の地方には、「土びん割り」というおもしろい方言もある。これは、クワエダシャクなど大型の幼虫が二対の腹脚で木の枝につかまって空中に体をピンと伸ばすと小枝そっくりになるので、野良仕事をする人がそれに誤って土びんを引っかけると落ちて割れるというお話に由来する。この習性は、鳥など天敵にたいする一種の擬態であろう。

日本には「シャクトリムシに体の上で尺を取られると死ぬ」とか、「一〇回はかられるうちに逃げないと、そばにいる人が死ぬ」という物騒なことわざもある。アメリカにも「シャクト

サザナミフユシャクの交尾（右が雌。写真・矢島稔）

リムシが人の頭の先から爪先まで尺を取ると、その人は死ぬ」といい、地方によって身長ではなく体の幅となっているところもある。

ところで、オオシモフリエダシャク（写真）には、翅の色彩が灰白色の標準型と黒色型があり、もとは後者がまれであった。ところが、イギリスの工業都市マンチェスターでは、一八四八年から一八九八年までの五〇年間で、黒色型が増えて九五パーセントに達した。これは、工場からの煤煙《ばいえん》により、周辺の木の幹が黒ずんだため、黒色型のものは保護色となって、シジュウカラなど天敵に捕食される割合が少なくなったので、元来の標準型と逆転したといわれる。

この現象を「工業暗化《メラニズム》」とよび、いまでは各国で多くの種類において発見されている。

（付記）オオシモフリエダシャクの「工業暗化」の自然選択説には、異説や批判も多い。その首唱者（一九五九年に論文発表）のH・バーナード・ケトルウェルは、一九七九年に自殺した。

マツカレハ

公園やゴルフ場などの松は、毎年秋になると幹の目通りのあたりに、わらのこもで幅半メートルほどの腹巻きをされる（主に関東以北）。これは松の雪吊りとともに、秋から冬の風物詩となっている。このこも巻きは「松毛虫」を駆除するための仕掛けである。

松毛虫はマツカレハ（松枯葉蛾）の幼虫で、松（とくにアカマツ）の針葉を食い荒らす大害虫なので、「森林病害虫等防除法」で指定されている法定害虫である。マツカレハ属のガは、日本にはツガカレハとともに二種しか分布しないが、中国からは二八種も知られている。

邦産のマツカレハは、ふつう年一回の発生で、幼虫態で越冬する。それで、秋になると松毛虫は樹冠の枝から地上におりてきて、土中や落葉の下などにもぐって冬を越す。この習性を利用して、先手を打って幹にこもを巻きつけ、そこで幼虫を越冬させようというのである。

そして、春になって松毛虫がそこから這い出す前に、こももろとも焼き捨てる。このタイミングを失すると、松毛虫はふたたび樹冠にのぼってしまうから、なんにもならない。なお、焼却するとき捕食性や寄生性の天敵昆虫がいたら、これらはできるだけ保護してやる必要がある。

江戸時代にも松毛虫はしばしば大発生しており、その防除法の記録も残っている。たとえば、寛永年代（一六二四—四四）に武州川越で大発生したとき、藩主・松平信綱は捕殺した松毛虫を詰めたつぼを買い上げて、それを土中に埋めさせた。また、寛政九年（一七九七）佐賀の鹿島支藩では、松毛虫が音におどろいて落下する習性を利用して、ほら貝を吹いて山をまわったという。

明治になると、林学者・中牟田五郎が、こも巻き法を群馬県館林で試みている（一八九三）。一九〇二年には、福岡県光友村で森林所有者が松毛虫を一升につき一五銭で買い上げて効果をあげたそうである。現代は、ウイルス（ＤＣＶ）や細菌を利用した農薬がある。

一方、中国では卵に寄生する天敵「松毛虫赤眼蜂」（キイロタマゴバチ）を、野蚕のサクサンの卵で大量増殖して松林に放し、生物的防除を実施している。また、雌ガの性フェロモンで雄ガを誘引する試験がおこなわれ、よい成績がえられつつある。

こうして、日本でも中国でも、松毛虫の防除には「自然にやさしい」方法がとられているようである。

余談ながら、松には「松くい虫」という法定害虫もある。これは松の材部を食害する甲虫類の総称だが、発音上は松毛虫とまぎらわしい。それで、これらを混同する人がときどきいる。それがさらにエスカレート？した小説がある。木野工の『樹と雪と甲虫と』（一九七二）では、「松毛虫の一種」が「鉄砲虫〔カミキリムシの幼虫〕幼虫」の天敵として登場する。なにをいっているのか、わかりますか。

マツカレハ成虫（上が雄、下が雌）

マツカレハ幼虫（松毛虫）

テントウムシ

一般にテントウムシ類は成虫で越冬するから、啓蟄のころいち早く姿を見せるものの一つである。この仲間は世界から五〇〇〇種、日本からは約一八〇種が知られている。ほとんどの種類が食肉性で、成虫・幼虫ともアブラムシ、カイガラムシやハダニなどを捕食する。一方、ニジュウヤホシテントウ類は植食性で、ナス科作物の葉を食う害虫である。それで、後者をテントウムシダマシと俗称して、益虫のテントウムシ類と〝差別〟することがある。テントウムシ類の成虫は、つかんだりして刺激すると、脚のすねともも の間の関節から特有のにおいのある体液をにじみ出させる。アリはこれを忌避するから、防御物質とされている。なめると苦い味がする。ナナホシテントウ（写真参照）の防御物質は、コシネリンとプレコシネリンというアルカロイド類から成り、体内で生合成される。

さて、捕食性のテントウムシ類を害虫の天敵として利用し、劇的な成功をおさめた著名な事績がある。アメリカのカリフォルニア州のオレンジ産地がイセリアカイガラムシの加害によって壊滅しそうになったとき（一八八七）、この害虫の原産地オーストラリアから捕食虫ベダリアテントウを導入して、二年後には制圧してしまった。

これがきっかけとなり、アメリカでは山頂で集団越冬している、アブラムシの天敵サカハチテントウを何トンという単位で集め、冬のあいだ冷蔵しておき春になると果樹園に放した。ところが、この〝生きた殺虫剤〟たちは、秋に山頂に飛来したのと同じ道程を飛んで帰るという習性をもっているため、どこか他のところへ飛び去ってしまうので、この新商売は失敗に終わった。

ところで、テントウムシ類のなかには「工業暗化」の現象を示すものがある。すなわち、色彩多型という変異をおこす種類のなかには、黒煙の多い工業地帯において色彩や斑紋が暗化ないし黒化する傾向がみられる。

たとえば、イギリスのフタモンテントウは、通常型では上翅の赤字に黒紋が二個あるが、黒色型では黒字に赤紋が二、四、または六個現れる。この黒色型は工業都市のバーミンガムでは六〇―七〇%、マンチェスター地域では九〇%もみられる。けれども工場地帯のないロンドンやサウス・ウェールズでは黒色型は少ない。

ナナホシテントウ。幼虫、成虫ともアブラムシ類を捕食

ニジュウヤホシテントウ。ナス科作物の葉を食害する

つまり、黒色型は工業地帯に多く出現する顕著な傾向が認められる。これは、オオシモフリエダシャクの場合のよ

うに、鳥類に対する保護色ではなく、むしろ他の要因、たとえば煤煙により年間の日照時間が少なくなることなどが原因ではないかといわれる（エヴァンズ、一九七五）。

ちなみに、バーミンガムでは一九六五年に煤煙の減少化を実行したところ、一九六八年には黒色型の割合が著しく低下したという（クラウソン、一九八一）。このテントウムシは工業公害の指標生物になるのではなかろうか。

（付記）フタモンテントウは一九九三年、大阪南港で発見され定着している。

ギフチョウ

ギフチョウは年一回、早春を謳歌《おうか》するかのように羽化し、カタクリ・スミレ類やヤマザクラなどの花をおとずれて蜜を吸う。その取り合わせの優美さは、たとえるものとてないほどである。それで、このチョウはよく「春の女神」と愛称されている。

江戸時代の虫譜にも描かれることが多い。尾張では、黒と黄色のしま模様から「ダンダラテウ」とよばれた（吉田雀巣庵『虫譜』）。

明治のなかば、岐阜の名和靖が「ギフテフ」の名で学界に発表（一八八九）して以来、この和名が定着した。中国では、このチョウを吉氏凤〔鳳〕蝶あるいは日本虎凤蝶と書く。前者は地名のギフを人名と誤認したものである。

ところで、ギフチョウの雌は交尾後、腹端の下側に板状の交尾付属物をつける。これは交尾のとき、相手の雄が体毛を粘液でこね合わせてつくったものである。雌の交尾口をふさぐので、貞操帯の役目をしている。

ギフチョウ属は中国起源の原始的なアゲハチョウ類で、四種が知られており、日本にはギフチョウ（本州特産）とヒメギフチョウ（本州・北海道）が分布する。この両種は棲み分けをしており、その分布境界が長野県南部にあるとして、「ギフチョウ線」が提唱された（新村太朗、一九四〇）。その後、長野・新潟・山形や秋田各県の一部地域では両種の混生地が発見されており、種間雑種が発見されることもある。

ギフチョウ。チョウ愛好者の間で最も人気の高い種類の一つ

山形県北村山郡大石田町では、ギフチョウとヒメギフチョウを保護するため両種の捕獲を禁止し、違反者には「五万円以下の罰金、科料に処す」という条例を制定した（一九八八）。ちなみに、米国カリフォルニア州のパシフィック・グローブ市には、集団越冬中のオオカバマダラ（チョウ）を捕獲すると、罰金五〇〇ドルを科す条例がある（一九三八）。

環境庁が実施した「緑の国勢調査」（一九七八―七九）の指標昆虫一〇種のなかには、ギフチョウとヒメギフチョウが指定されている。その調査の結果、ギフチョウについては「都市近郊の産地では個体数の減少がいちじるしく」、完全に絶滅したところが少なくないと発表された（一九九一）。これは、このチョウの幼虫の食草が里山や丘陵の雑木林の下草カンアオイ類であるため、その生息地が宅地やゴルフ場にされたり、スギやヒノキの人工林に変えられたりしたのが主な原因であるといわれる。

話は変わるが、一九八〇年に京都で第一六回国際昆虫学会議が開催されたとき、ギフチョウの記念切手（五〇円）が発行された。その図柄選定の会議には私も出席したが、まず日本特産種ということでギフチョウが選ばれた。そして、昆虫学者からは成虫の生態画にしてはという意見も出たけれど、制作者サイドから虫の専門家は細かいことにも口うるさいとの理由で敬遠され、けっきょく標本画にすることになった。

発行後、そのモデルの出自は「太平洋側の産地のものに近い」（渡辺康之、一九八五）と同定されている。やはり昆虫家は「口うるさい」のである。

アブラムシ

新緑の季節になると、庭のバラやウメなどにアブラ鴻/シ類のコロニー（集団）が目立つ。かつてはアリマキとよぶ人も多かったが、近年はアブラムシが標準和名になっている。漢字では蚜虫と書く。

アブラムシ類は日本から約八〇〇種が知られている。口は吻《ふん》状で、口針を植物体に刺して汁液を吸う。そして、ブドウ糖に富む汁を排泄する。これを甘露とよぶ。アリはこの甘味を好んで、アブラムシを外敵などから保護する種類もある。

アリはアブラムシの背中を触角で軽くたたく。すると、アブラムシは腹端から甘露の滴をだすので、アリはこれを口で受けて飲む。このような習性をもつアブラムシは、アリの来訪が少ないと「便秘」して、繁殖能力が低下しコロニーが大きくならないという。

アブラムシ類の生活史や生活環（ライフ・サイクル）はきわめて複雑であり、農林作物の重要害虫でもそれが解明されていない種類が少なくない。ときには、思いがけない新事実が発見されることもある。

一般にアブラムシ類は、雌がつぎつぎに幼虫を胎生してコロニーをつくる。それを捕食する天敵の種類も多い。テントウムシ類（幼・成虫）、ヒラタアブ類（幼）やクサカゲロウ類（幼・成）などである。ところが、これらの捕食虫を攻撃してコロニーの仲間を防衛する「兵隊《ソルジャー》アブラムシ」というカースト（階級）が、近年、日本人研究者によって発見された。

アブラムシ類の分類を研究していた青木重幸氏（当時、北大大学院生）は、ボタンヅルワタムシの一齢幼虫のなかに口吻が著しく短く、また前・中脚が異常に太く、その先端に大きな曲がった爪がついている「異形」（ニックネームはポパイ）の個体が混在していることを発見した。これに「短吻型幼虫」と名づけたが、その役割については、当初は不明であった。

試行錯誤のすえ、かれらの兵隊としての任務や、二齢幼虫にならず繁殖もしないことが究明された（一九七七）。そして、内外の学界にセンセーションを巻きおこしたのである。

さらに青木博士はツノアブラムシ類やエゴアブラムシ類にも兵隊カーストを発見した。これらのグループは、おのおの独特に進化をとげ、「真社会性」となったものであろうという。なお、そのほかにも兵隊に分化はしていないが、攻撃性のある個体をもつ「前社会性」のアブラムシ類も発見されている。

これらをまとめた『兵隊を持ったアブラムシ』（青木重幸、一九八四）という本も書かれた。その後も青木夫妻（夫人は黒須詩子博士）はこの分野の研究をさらに進めており、一九八九年

ゴンズイフクレアブラムシ。無翅形のコロニー

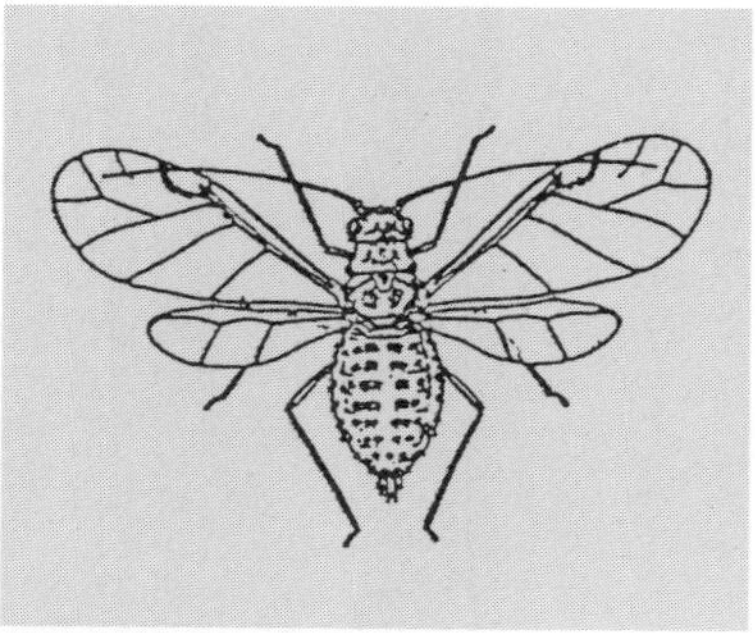

有翅のアブラムシ類

には『ナショナル・ジオグラフィック』誌にも「サムライ・アブラムシ」のタイトルで広く世界に紹介され、日本の少壮研究者の尖兵の役割を果たしている。

クリタマバチ

昆虫が植物の組織のなかに産卵し、そこでかえった幼虫の刺激によって、その部分がこぶ状に発育したものを虫こぶとよぶ。

クリにはクリタマバチという、体長二ミリほどの小さなハチが寄生する。雌（雄はいない）は東日本では六月下旬から羽化して、新梢の冬芽に卵を数個産みこむ。幼虫は八月末にかえり、虫房をつくって越冬する。

翌春四月、芽出しのころ芽は正常にのびず、球状にふくれる。虫こぶができると実《み》のなる枝が減る。この虫こぶは当初、赤味をおび、矮化《わいか》した小葉が群生する。形がおもしろいので、被害枝は生け花の材料にされることもある。

クリの虫こぶは一九四一年、岡山県で発見されたのが最初といわれる。これは中国戦線から帰還した兵士が、クリの苗木とともに持ちこんだものと推定されている。ちなみに、日露戦争当時、クリに多数の虫こぶができ、これを「勝栗」と称して戦勝の瑞兆《ずいちょう》としたという話もある。

終戦後一九五〇—五五年、日本各地のクリ園にこの虫こぶの発生が蔓延《まんえん》した。このハチは発見されたころ学名がなかったので、九州大学の安松京三博士が新種として命名した(一九五一)。また、同氏はその寄生バチ二〇種を発表している。ただし、これには二次寄生種がふくまれているかもしれないという。

一九五二年、クリタマバチは「森林害虫等防除法」に政令で指定され、いわゆる法定害虫となった。その当時まで、日本のクリには一五〇以上の品種が知られていたが、それらのなかからクリタマバチにたいする耐虫性品種を選抜育種して、全国的に品種の切り替えが実施された。すなわち、銀寄《ぎんよせ》、赤中や岸根などがそれである。

これらの耐虫性品種にもハチは産卵するが、かえった幼虫は発育不全で死滅してしまう。それで、植物にある何らかの生育抑制因子が作用するのであろうといわれている。

クリの新梢につくられたクリタマバチの虫こぶ

法定害虫となったクリタマバチ

これでめでたく一件落着かと思われたが、一九六〇年前後から、耐虫性品種にも虫こぶの着生が認められるようになり、この減少は拡大しつつ今日にいたっている。すなわち、耐虫性品種にたいして抵抗性をもつクリタマバチが出現したのである。このような新しい形質をもった系統のものをバイオタイプ（生物型）とよんでいる。同様なケースは、東南アジアでイネの害虫トビイロウンカにおいても発生しており、国際的に注目されている。

ところで、一九七五年に農林省から中国に果樹害虫の天敵調査団が派遣され、同国の陝西省西安市郊外でこのハチの虫こぶを採集することができた。また、同国の出版物には一九五八年以来、クリタマバチについて記されていることも判明した。これで、このハチの中国渡来説が追認されたのである。かつては近縁のタマバチ類からの突然変異説も存在したが、これにも決着がついた。

その後、中国から導入したチュウゴククオナガコバチや国産のクリマモリオナガコバチなど寄生性天敵が各地のクリ園に放飼され、その成果が期待されているところである。

クワガタムシ

クワガタムシ類はカブトムシとならんで、日本の子どもたちにとって夏休みのシンボル的な存在である。

ふつうに見られるクワガタムシ類は、雄の大あごがいちじるしく発達していて前方に長く伸び、かぶとの前立ての鍬形《くわがた》のようになっている。これが和名の由来である。ちなみに、中国では鉄甲という。

この大あごは、雌の取り合いで雄同士が争ったり、樹液のオアシスでカブトムシなどと争ったりするときに使う。つまり、大あごで相手を下からすくい上げたり、はさんだりして放り投げるのである。

クワガタムシ科の甲虫は、世界で約一〇〇〇種、日本からは三七種が知られ、亜種（地方的な型）もふくめると七四種類にもなる（研究者により分けかたが多少異なる）。この仲間は体が大きくて立派なものや、産地が局限されて珍希なものが少なくないので、昆虫家のなかにもクワガタ専門というマニアがたくさんいる。図鑑もいろいろ出ており、カラー写真をながめるだけでも楽しくなる。

クワガタムシ類の幼虫は朽ち木などの材部を食べて育つ。なかには、マダラクワガタのように成虫もカツラやブナなどの朽ち木中に生活している種類もある。

ところで、クワガタムシ類の成虫はよく目立つので、江戸時代後期の「虫譜」にもしばしば描かれている。江戸の大名や旗本がつくった『蜣螂射工図説《きょうろうしゃこう》』（一八四〇）には、クワガタムシ類を「大名ムシ」として図示している。ほんものの大名たちが大名ムシと呼んでいるのはおもしろいと思う。また、尾張の博物家・水谷豊文の『豊文虫譜』には、みごとなオオクワガタの図がある。

このオオクワガタ（写真参照）は体が大きくガッシリしているうえに、希少種なので人気が高い。成虫はクヌギなどの樹液に集まるが、人の気配を感じると近くの木の洞《ほら》に逃げこんでしまう。

オオクワガタはペットショップで高値で売られており、『朝日新聞』（一九九三年八月七日付）によると、雄の体長五センチ台で五―六万円、六・三センチ台だと数十万円もするものがあるという。

オオクワガタの雄。大人にも子どもにも人気が高い

そういえば、数年前にオオクワガタの雄が一匹一五万円で売りに出されたとき、私はNHKテレビにコメントを求められたことがある。それで私は「親が一五万円も出して買ってやると、子どもはお金さえあれば何でも手に入るという、イージーな考えをもつようになるおそれがある。また一方では、こんなに高く売れるのなら、たくさん捕ってやろうという業者も出てきて、この希少昆虫の存続をますますおびやかすことになりかねない」と話した。

最近の情報では、オオクワガタを買ってきて家で飼うのは、むしろ大人たち（男性）だという。うまく育てると五年くらいは生きているそうである。この人気に乗じて、オオクワガタ専門の養殖業者もあらわれた。
こうしてみると、先の私のコメントは杞憂《きゆう》にすぎなかったのかもしれない。

ウンカ

日本の基幹作物である水稲の最悪の害虫はウンカ類である。ウンカという名称は、「ぬかむし」や「こぬかむし」から転じたものともいわれる。日本では漢字で浮塵子と書くが、中国では飛虱である。ところが、わが国では飛虱《とびじらみ》というと〃不純交遊〃の生き証人?・ケジラミを指すから、人間の害虫になってしまう。

ウンカ類は体長四ミリ前後の小昆虫で、針状の口を植物に刺して汁液を吸う。日本で水稲に寄生するウンカの種類は多いが、なかでもセジロウンカ（俗に夏ウンカ。図参照）、トビイロウンカ（秋ウンカ）やヒメトビウンカによる被害が大きい。

有名な享保一七年（一七三二）の飢饉は主としてウンカ類の大発生によるもので、西日本でおこった。その年の餓死者は、九六万九九〇〇人におよんだともいう（『徳川実紀』）。

その当時はウンカが発生すると、日没後に村人が集まって「虫送り」をやったり、鯨油を田の水面に注ぎ、そこへ害虫を払い落として油膜で包み、窒息死させたりしていた。その注油駆除法は、幕府も推奨した唯一の方法であった。

くだって明治三〇年（一八九七）、ウンカ類が全国的に大発生して米の減収量は約一〇万トン、減収率は一四パーセントにおよんだ。時の政府は中国やインドから外米を緊急輸入して非常事態を回避することができた。この対応策は一九九三年の「平成の大凶作」のときと同様なパターンである。

ところで、ウンカ類は大害虫であるにもかかわらず、セジロウンカとトビイロウンカが越冬する発育ステージと場所がわからず、近年まで謎《なぞ》につつまれていた。それが、偶然のきっかけから解明されることになった。

すなわち、一九六七年七月、気象庁の定点観測船が、和歌山県潮岬の南方五〇〇キロのところで、ウンカの大群が船の灯火に飛来したり、海面に浮いたり飛び立ったりしているのを発見し、乗員が採集して持ち帰った。それを昆虫学者が調べると、多数のセジロウンカのなかにトビイロウンカも少し混ざっていた。

これがヒントになって、これら二種のウンカは南方の稲作地帯で発生し、そこから梅雨期の季節風に乗り海を渡って北上し、日本列島に飛来するものであろうと推測された。

そこで、一九六九年からは農林省によるウン

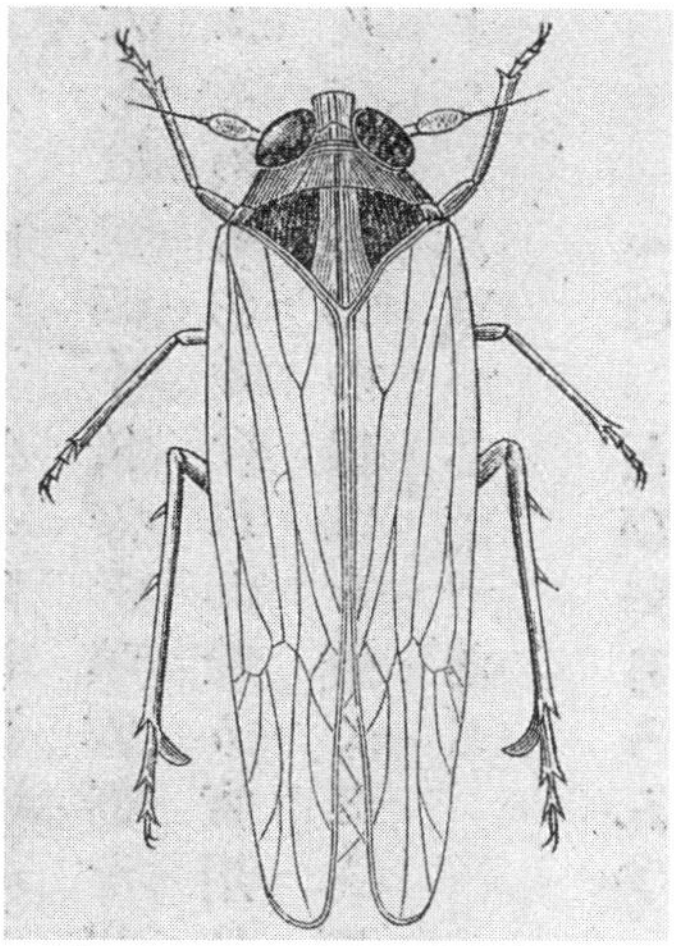
セジロウンカ。イネの大害虫で、中国などから毎年飛来する

カの海上調査事業が行われて、水産庁の資源調査船に昆虫学者が便乗し、東シナ海でネットトラップにより空中を飛ぶ虫を捕集した。

その結果、中国の中部以南で発生した両ウンカが東シナ海を越えて九州南部に飛来するものであろうことが解明された。そして、これらのウンカは日本への〝片道切符〟で渡来し、そこの水田で繁殖した子孫たちは、冬の寒さで死滅してしまう。このドラマチックな生物現象が毎年くり返されている。

日本は古来、中国から多くの文化だけではなく、ウンカまでもらってきたのである。

アキアカネ

いわゆる赤トンボには十数種類あるが、その代表はアキアカネ（写真参照）である。この和名は、秋に体が茜色《あかね》（暗赤色）に染まることに由来する。ちなみに、赤トンボは漢名を赤卒（赤い兵卒）や赤衣使者などという。

アキアカネの幼虫は池沼に棲み、初夏に羽化してまもなく山地に移動（ときに集団で）し、そこで「避暑」をしながら十分に餌（蚊など）をとる。

秋に性的に成熟すると、それまで橙黄色だった体が赤くなり、文字どおり色気づく。そして、多くは雌雄がキの字を縦に連ねたように「おつながり」（雄が前）になり、生まれ故郷の水辺にもどってくるといわれる。そこで産卵して一生を終わる。

以前、宇都宮大学の田中正教授（故人）などがアキアカネの「渡り」の方向、場所や距離などを調べるため、翅に色素でマークしたアキアカネを多数放したことがある。そのなかの一匹が那須御用邸で昭和天皇により発見されて、宇都宮大学に報告された。このマーキング法による調査は、近年ウンカ類やアサギマダラ（チョウ）でも、よく利用されている。

ところで、むかしから赤トンボ（ふつうアキアカネ）が大発生して都会で群飛すると、天変地異や戦火などの凶兆として世人に恐れられてきた。たとえば、江戸末期の弘化三年（一八四六）六月一七日（陰暦）、大阪で数万の赤トンボが群飛したので、人びとは何ごとかとおどろき騒いだそうである。たまたまそのころ、黒船が攻めてくるというわさがしきりだったので、それとこの大群飛とを結びつけて、心配した人もいる（西田直養《なおかい》『筱舎漫筆《ささのや》』）。

アキアカネ。赤トンボの代表種。平地で生まれ、山地で成熟し、秋に平地に帰る

一九九四年の六月末は、千葉市周辺でアキアカネが大発生してテレビで大きく報道され、私もそれらにコメントを求められた。まず、六月二八日には「千葉マリンスタジアム」付近に羽化したてのアキアカネの大群が押し寄せ、そこで練習中の西武ナインをおどろかせたそうである。その数は「三万匹」とも「一〇万匹」ともいう。その翌日には、多数の死体があちこち

で見られたというが、その理由はよくわからない。

この大発生の原因については、梅雨期のさなかに急に気温が上がったので、アキアカネが一斉に羽化したものであろう。そして、群れをなして山への渡りをする途中で、気流の関係からかスタジアム周辺に吹き寄せられたものかもしれない。

また、トンボは水系に密着した生活をしているから、ゆたかな環境のバロメーターと、みることもできる。だから、この大発生もむしろ千葉県民の誇りといってよいと、締めくくった。

ちなみに、福井県には「赤トンボがたくさん出るのは大風の前兆」ということわざがあり、アルゼンチンでは「トンボが群がって騒ぎだすのはハリケーンが襲来する前兆」とみなされるという（リテヒネッキー、邦訳『天災を予知する生物学』一九八三）。トンボは気流や気圧に敏感な動物だから、これらの「俗信」も一理あるかもしれない。

イチモンジセセリ

セセリチョウ（挵蝶）とは、成虫が花から花へと蜜を求めて、せせる（もてあそぶ）ようにせわしく飛びまわることに由来する。セセリチョウ科のチョウは一般に小形で体が太く、ガに感じがよく似ている。世界に約三〇〇〇種、日本からは三八種が知られている。

さて、このチョウの仲間で最もポピュラーなのはイチモンジセセリ（図参照）で、国内は北海道から八重山諸島まで、国外ではヒマラヤからセレベス（スラウェシ）まで広く分布する。幼虫はイネ科植物の葉をつづり合わせてツト状の巣をつくり、夜間にそこから這《は》いだして周辺の葉を食い荒らす。それで、イネの害虫としてイネツトムシやハマクリムシ（葉捲り虫）などともよばれている。成虫の前翅と後翅には数個の白紋があり、後者のそれ（とくに雌）がほぼ一列にならぶところから「一文字」と名付けられた。

そういえば小学生のころ、国語か理科の教科書に「あたまでつかちないちもんじせせり」とあるのを、先生が「あたまで、つかちない、ちもんじせせり」と読んだので、昆虫少年だった私はおせっかいにもその誤りを指摘した。おかげで、イチモンジセセリの標本を持ってきてみんなに見せてほしいといわれ、その翌日は「にわか教師」をやらされたことをなつかしく思い出す。

ついでにいうと、このチョウはたしかに頭でっかちで大きな目をもっているので、三重県のある島の漁師のあいだでは「沖の目かんち」（沖を飛ぶ目の大きな虫）とよばれる。

ところで、イチモンジセセリの第二世代の成虫は大発生すると群飛する習性があり、古い時代からしばしば記録されたり報道されたりしてきた（約二〇〇報）。それらのうち最大規模と思われる群飛は、一九五二年九月二日、神奈川県松田町上空を南方向へ移動した例である。群れの大きさは長さ一二キロ、幅五キロ、厚さ九・五メートルで、その数はおよそ一八億匹にのぼると推定されている。

このような大群飛はときに変事の前兆とみなされ、あるいは「豊年虫がきた」といって喜ぶ地方もあるという。後者は高温多照を意味するからである。

中筋房夫・石井実両氏は『蝶、海へ還る　イチモンジセセリ渡りの謎』（一九八八）というユニークな本で、このチョウの群飛についていろいろな角度から述べている。この著者らは多数（五年間で延べ九九二四匹）のイチモンジセセリを捕らえてサインペンでマーク法（標識再捕法）を実施したが、確認されたのは四匹に終わったという。やはり自然は広大なのである。

中筋らによると、過去の報告例を整理してみると群飛の方向は常に南西を指しているという。かつて熱帯や亜熱帯アジア原産のイチモンジセセリは温帯（日本列島）に北進してきたが、冬の寒さで定着が保証されない（越冬は幼虫態）ので、秋をひかえて第二世代のチョウが暖地（南西方向）に向かって群飛するのであろうと推論している。

イチモンジセセリ。幼虫はイネの葉の害虫。秋に大群飛したことがある

近年はこのチョウの群飛報告を見かけなくなった。これはコメの減反と殺虫剤の普及のせいであろうか。少し淋しいような気もする。

スズメバチ

スズメバチ（雀蜂）とは、スズメのように大きなハチの意であろう。小野蘭山の『本草綱目啓蒙』（一八〇三—〇六）に「大黄蜂」の俗名の一つとして初出する。中国では胡蜂という。

日本ではスズメバチ類は二三種（亜種をふくむ）が知られている。肉食性であるが、樹液、蜂蜜《はちみつ》や果実も好む。働きバチは産卵管が変化した刺針（毒針）を使って外敵や獲物を刺す。ヒトも夏から秋口にかけて、よく被害（ハチ刺症）にあう。一九九四年はとくにキイロスズメバチによる被害件数が多く、しばしばニュースで報道された。

その理由として、（一）今夏は雨が少なかったのでハチの巣の損傷も少なく、成虫が多く育った。（二）好天にめぐまれ、その餌になる昆虫も増えた。（三）もともとキイロスズメバチの生息場所だったところに、新しく人家が侵入してきた。（四）キイロスズメバチの最大の天敵であるオオスズメバチは、人家の進出により人里から遠くへ後退したため、前者が復活したことなどが考えられる。

ところで、このオオスズメバチ（写真参照）は同類中の最大種で、その有毒物質の威力も（質・量とも）最も強い。つまり、数ある昆虫のなかでも無敵の〝猛虫〟といってよいであろう。

たしか一〇年ほど前のテレビで、スズメバチ類の生態学者、松浦誠博士が特製の防護服で重装備し、オオスズメバチの集中攻撃を受けつつ観察を続けているのを見て、そのすさまじさに思わず身をすくめた人も多かったことと思う。

このオオスズメバチの有毒物質の一つ、マンダラトキシンは殺虫剤などとしての研究開発が進められているという。もともと昆虫など小動物（餌）や哺乳類（ヒトなど外敵）を対象にして毒性を発達させてきた物質であろうから、このような生理活性をもっていても不思議はない。

さて、比較的小形のクロスズメバチの巣は地中につくられるので俗に地蜂《じばち》とよばれ、その幼虫やさなぎは「蜂の子」として缶詰などにもされる珍味である。近年はその〝原料〟も少なくなってきたらしい。

一般にスズメバチ類は甘いジュースが好きだから、観光地などの自動販売機ではガチャンという缶の落下音に反応してハチが飛んできたり、その空き缶の捨て場には（残液を飲むため）ハチが集まってきたりしている。スズメバチ

オオスズメバチ。虫界一の「猛虫」。攻撃性、毒性ともに強い

キイロスズメバチの巣。低山地に多く、軒下にも巣をつくる

のように社会生活をする高等な昆虫では、人間の新しい生活様式にも、あるていど適応できるようである。

蛇足ながら、スズメバチの対人攻撃への対策を寸記しておく。

（一）事前に気がついたら巣に近づかない。
（二）襲われそうになっても、急に逃げたりせず、じっとしている（これはムリか）。
（三）黒いものを身につけない（まず頭髪や目をねらうことから）。
（四）香水などは使わない（においに敏感だから）。
（五）もし刺されたら刺し傷を水で洗い、とりあえず抗ヒスタミン剤をぬり（アンモニア水、おしっこは無効）、すみやかに医者にかかる。

ワタムシ

「上みれば虫コ、中みれば綿コ、下みれば雪コ」という東北地方のわらべ歌がある。これは初冬の風のおだやかな日、ワタムシ類（アブラムシの仲間）が雪の小片のように空中に舞う様子を歌ったものである。

それからまもなく雪の降る季節になるので、ワタムシ類を「雪虫」とよぶこともあるが、このことばは少々まぎらわしい。というのは、冬に出現して雪の上を歩きまわるカワゲラ類なども「雪虫」とよばれ、冬の季語になっている。

『歳時記』のなかには、このカワゲラ類をワタムシ類と混同した句を挙げているものもある。ちなみに、ワタムシ類は初冬の季語になっており、その例句に「大綿は手にとりやすしとれば死す」(橋本多佳子) などがある。なお、井上靖の小説『しろばんば』(一九六二) は「白い老婆」の意であり、伊豆地方の方言でワタムシ類を指している。

さて、ワタムシ類の体は白い綿状のロウ物質でおおわれており、それが名前の由来である。ワタムシ類には農林業の害虫が多い。たとえばリンゴワタムシ (図参照) は明治五年 (一八七二)、アメリカからリンゴの苗木とともに日本に侵入し、その栽培がさかんになるにつれて大害を与えるようになった。それで、昭和六年 (一九三一) 同国からリンゴワタムシヤドリコバチという寄生バチを導入し、各地のリンゴ園に放飼して劇的な成功をおさめた。

また、北海道でトドマツの幼木の根を加害するトドノネオオワタムシの生活史は、辛苦をかさねたすえ北大の河野広道博士 (一九〇五―六三) により解明された (一九四〇)。

それによると、このワタムシは秋に落葉広葉樹のヤチダモに卵を産み、翌春に幹母 (無翅のメス) がふ化する。これが単為生殖 (オスなしで殖えること) により無翅の胎生メスを産み、これから産まれた有翅の胎生メスはヤチダモの葉から離れてトドマツに飛来し、地中にもぐってその根から樹液を吸う。そこではアリの保護を受け、そのかわりワタムシは甘露 (甘い排泄物) を供給して共同生活をいとなむ。

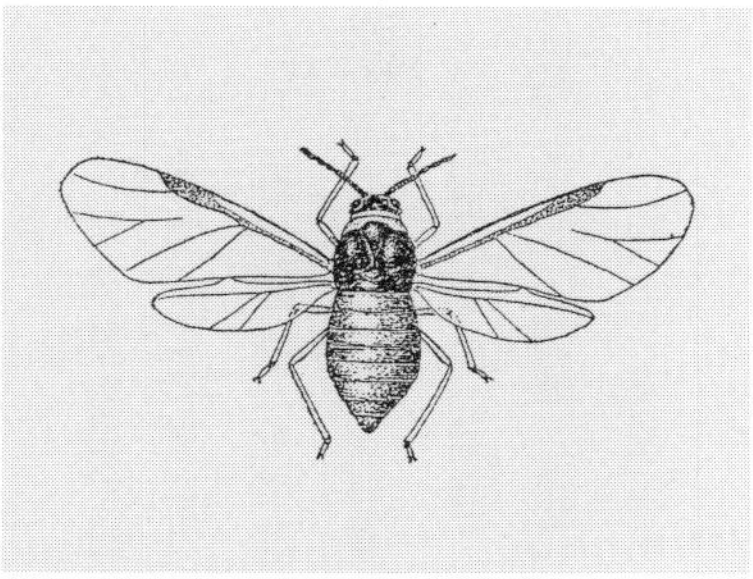

米国原産のリンゴワタムシ

こうして何世代かを経過したのち、秋になると翅のある個体となり、ヤチダモに寄生すべく空中に飛びたつ。これが雪虫とよばれる世代である。アイヌ語でもウパシキキリ（雪虫）という。

このトドマツからヤチダモに移るという寄生植物の転換が、それまでは謎に包まれていたのである。河野はこの研究の結果について、後に詩情あふれる『雪虫』（一九六二）という科学映画のシナリオを書き、また遺稿『森の昆虫記1――雪虫篇』（一九七六）にまとめた。

これらをもとに、ＮＨＫは「夢の雪虫――河野広道博士と森の妖精たち」というテレビ番組を制作し（一九八九）、アンコールに応《こた》えて再三、全国に放映した。これは、戦時中に思想上の問題で不当に迫害された、幸うすい「天才昆虫学者」（テレビでの表現）への鎮魂歌《レクイエム》となったことであろう。

イラガ

冬枯れで、すっかり葉の落ちた庭木や街路樹の小枝の叉《また》などに、小鳥の卵のようなものが付着しているのをよく見かける。

これはイラガ（刺蛾）のマユ（写真上）である。俗にスズメノタゴなどとよばれ、ガが羽化したあとのマユには円い孔があいているので、俗にスズメノショウベンタゴ（タゴ＝おけ）ともよばれる。

幼虫（写真下）はカキやサクラなどの葉を食う。体の肉質突起には毒棘《とげ》があるので、うっかりさわったりすると激痛で大人でも泣きたくなる。それでイラムシ（刺虫）として知られる。なお、刺されたら抗ヒスタミンの入ったステロイド軟膏《なんこう》を患部にぬるとよい。

成虫はふつう年一回（ときに二回）発生する。幼虫は秋になるとマユをつくり、なかで前蛹《ぜんよう》（さなぎになる前の状態）となり冬を越す。この前蛹はタマムシと称し、釣りの餌として販売される。これは幼虫のように刺さないから、あつかいやすい。

ところで、このマユはたいそう堅くて、指ではさんで力いっぱい押してもつぶれるものではない。その耐圧力を機器で測定したデータによると、マユの長軸方向で七・七キログラム、短軸方向では六・四キログラムまでマユはつぶれないという。

このようにマユが堅いのは、石灰質でできているからというのが旧来の定説であった。昆虫生理学者の石井象二郎博士（京大名誉教授）が、この説を確かめるため、いろいろ調べてみたところ、マユの主要成分は幼虫のマルピーギ管（排泄《はいせつ》器官の一つ）でつくられる蓚酸《しゅうさん》カルシウムであることがわかった。つまり、幼虫はマユをつくるとき、この物質を肛門から出し、マユにぬりつけているのである。

この研究によって、イラガのマユは「石灰質で堅い」という説の誤りがわかった。が、石井博士はこのマユの堅さは、化学的には幼虫が口から出す蛋白質と絹糸とでできた層に由来するものと考えている。そして、蓚酸カルシウムと少量の尿酸は、マユをつくるとき、この蛋白質の液が絹糸の網目からもれないようにする働きをしているのではないかと述べている。

石井博士は、このほかにイラガのマユについてのいろいろな研究を子ども向けの本『わたしの研究　イラガのマユのなぞ』（一九八九）にまとめ、身近なことにも興味をもって「よく観察してみよう」とよびかけている（本書は第一〇回吉村証子記念「日本科学読物賞」を受賞。一九九〇）。

イラガのまゆ。この中の前蛹はタマムシと呼ばれ、釣り餌として売られる

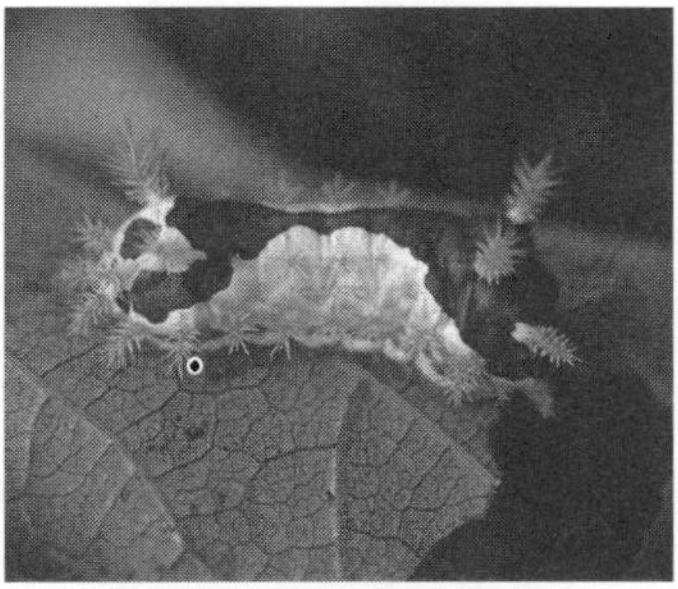
イラガの終齢幼虫。体の肉質突起に触れると激痛がはしる

さて、イラガのマユのなかの前蛹は厳寒にも耐えて、春になるとさなぎになり、やがて羽化する。朝比奈英三博士（北大名誉教授）によると、この前蛹はマイナス二〇度Cまでは凍らないという。それは、前蛹の体内の貯蔵栄養物質であるグリコーゲンが秋にはグリセリンに変化して、耐凍性が増すからであることがわかった。なお、春になるとこのグリセリンはグリコーゲンに変わって消失してしまうという。

昆虫は変温動物であり、気温の影響を直接受けやすいので、種類ごとに多様な越冬戦略をもってサバイブしているのである。

ハナアブ

早春、梅の花にまっ先に飛んでくるのはハナアブ（写真参照）とミツバチである。この両種は素人目にはよく似ているので、むかしから混同されることが多く、「虻蜂《あぶはち》取らず」のもとにもなっている。

さて、ハナアブはハナアブ科に属するハエの仲間である。コスモポリタン（汎世界種）で、日本でも全土に分布し、早春から晩秋まで花に飛来して花粉を食べたり、蜜を吸ったりする。それで、花粉媒介昆虫として、かつて玉川大学で累代飼育による増殖が研究されたこともある（岡田一次ほか、一九七〇。一九七二）。

その幼虫は体長二センチほどで、汚水中で有機物をとって生活する。尾端に細長い気管（呼吸管）をもち、これを伸ばし水面に出して呼吸する。この器官はおよそ一五センチも伸びるので、「尾長ウジ」と俗称される。

幼虫と成虫態で越冬するが、前者のほうが多い。成虫は樹皮の下や浅い土中などにもぐって冬ごもりしている。暖かい日には鉢植えの花や日だまりなどで見かけることがあり、春の息吹を感じさせてくれる。

ところで、古代ローマのウェルギリウスの『農耕詩』第四巻には、ギリシア神話の養蜂神アリスタイオスにかかわるミツバチ誕生譚《たん》（ハナアブにも関係がある）が書かれている。そのあらましは以下のようである。

吸蜜するハナアブ。幼虫は汚水にすむ尾長ウジ

神罰により、飼っていたミツバチを皆殺しにされたアリスタイオスは、牡牛と牝牛を四頭ずつ神にいけにえとしてささげてから、それらの死体を森に放置した。九日たって黒い牝牛を一頭殺し、ふたたびその森に行ってみたところ、牛の溶けた内臓で発生した多数のミツバチが、裂けた脇腹からさかんに飛び出していた。すなわちミツバチの「復活」である。そして、ハチは群飛して梢の枝から房状に垂れさがったという。これは分封《ぶんぽう》（分蜂とも）という現象であろう。

以上のような説話を、後世「ブーゴニア（牡牛からの誕生）迷信」とよんでいる。これは古代エジプト起源とも、あるいは古代ギリシア起源ともいわれる。

ところで、この「ミツバチ」の正体について疑問を抱いた高名なロシアの昆虫学者C・R・オステン＝ザッケンは、これはミツバチではなくハナアブにほかならないという新説を提唱した（一八九五）。これには賛否両論があり、しばらく論争が続いたが、どちらも決め手を欠いているようである。

ちなみに、近刊の渡辺孝『ミツバチの文化史』（一九九四）では、この迷信の起源は古代ギリシアの「ブーフォニア」（牡牛殺し）という農耕祭であろうとし、ミツバチ説を支持している。これも新説である。

話は変わるが、ハナアブ科は別名をショクガ（食蚜）バエ科というように、幼虫がアブラムシ（蚜虫）類を捕食する肉食性のグループもある。この幼虫はナメクジ形で、アブラムシのコロニーのなかに侵入して、その体液を吸いとる。

こうしてハナアブとその仲間の多くは、農業にとって益虫としての働きをしている。

アゲハチョウ

アゲハチョウ類には大型の種類が多いので、けっこう目立つ。そのためか、日本では古くから家紋のモデルにされ、およそ一二〇種類の「蝶紋《ちょうもん》」がある。その図柄は飛び蝶、止まり蝶（揚羽蝶《あげは》）、蝶丸（輪蝶《わ》）などに三大別される。なお、蝶紋は桓武《かんむ》平氏の代表家紋である。

さて、陽春にはギフチョウに続いて、ナミアゲハ（写真）やキアゲハの春型が羽化してくる。アゲハチョウ類のなかには、同じ種類でも羽化する季節によって春型と夏型という「季節型」を示すものがある。そして、その型により翅《はね》の文様や大きさが異なる。この季節型は、幼虫の若い時期に受ける日の長さの条件で、さなぎが休眠して越冬する（春型）かどうかによって決定される。

ナミアゲハの幼虫の食草はミカン科の植物である。そして、終齢（第五齢）幼虫がさなぎになるときは、身近な葉や枝・幹などに尾端と糸（帯糸）で体を固定させて羽化を待つ。その場合、さなぎの色は食葉の香りの有無によって、緑色あるいは褐色になる。これは保護色の役目をしている。

この体色は、前蛹《ぜんよう》期（幼虫からさなぎになる前の段階）に分泌するホルモンによって決定される。すなわち、このホルモンの量が十分だと、さなぎは褐色型となり、ホルモンが分泌されないと、幼虫期と同じ緑色型のさなぎになる。

ところで、近年アゲハチョウ類の分布について、変化や異変のみられるケースがある。たとえば、アオスジアゲハは南方系の種類で、食草はクスノキやタブノキなどクスノキ科の植物である。最近このチョウが東京の都心部でも増えてきたのは、社寺や公園などのクスノキの老木や若木が大切にされ、またこの木は樟脳（防虫剤）の原料になるだけあって害虫も少ないため、殺虫剤が散布されないからであろうといわれる。

一方、かつては都内でもごくふつうに見られたキアゲハがほとんど姿を消してしまった。これは畑が宅地になり、食草のニンジンやパセリなどセリ科の作物が栽培されなくなったためであろう。

また、ホソオチョウは中国や朝鮮半島が原産地のアゲハチョウで、食草はウマノスズクサである。一九七八年、東京都日野市の百草《もぐさ》園でこのチョウが採集された。その後、少し離れた八王子市陣馬山（一九七九）や山梨県大月市（一九八〇）にも飛び火した。この大月市では同年、市の天然記念物（！）にも仮指定したが、まもなくこの指定は自然消滅したといわれる。というのは、もともとアジア大陸原産のホソオチョウの卵か幼虫を、マニアがひそかに国内へもちこんだのが発端らしいからである。ちなみに、植食性昆虫の輸入は植物防疫法により禁止されている。

この違法問題とは別に、在来種のジャコウアゲハと食草が同じなので、両種の競合関係を懸念する向きもある。

その後ホソオチョウは東京大学キャンパスなどに発生したが絶滅し、いま〝健在〟なのは多磨霊園である。その流れがわが

ナミアゲハ。幼虫はサンショウやミカン類などの葉を食べる

家の庭に飛来することもあり、思わぬエトランゼのウォッチングを楽しんでいる。
(付記) 数年後には、多磨のホソオチョウも絶えてしまった。

ケラ

晩春から秋まで、地中からジー、ジーと陰にこもった鳴き声が聞こえてくる。その声の主はケラの雄である。古くから、それはミミズが鳴くものと誤り伝えられており、秋の季語にもなっている。この誤認は中国起源のものであり、根が深い。

ケラは前脚がモグラのように土を掘るのに適しているので、英語ではモール・クリケット(モグラコオロギ)とよばれる。たしかにコオロギ類に近縁ではあるが、ケラ科として独立しており、世界から約五〇種が知られ、日本にはただ一種が全土に分布する。

ケラは草本の根や土中の昆虫、ミミズなどを食べる雑食性である。食いしん坊なので、鍬《くわ》でたち切られた自分の腹を食べたという記録もある。かつては農作物の害虫として嫌われていたが、殺虫剤で駆除されて近年はめっきり数が少なくなった。

江戸時代には、将軍の鷹狩《たかが》り用のタカ類の餌として、江戸近郊の農村はおびただしい生きたケラの「上納」を命じられたというのが通説である。ところが最近、郷土史家の研究によると、この上納されたケラはタカ用ではなく、オシドリなど飼い鳥の餌に供するためのものであったという（神崎功有、一九八六）。ちなみに、寺島良安の『和漢三才図会』（一七一三）に、病気のウグイスにケラを与えると、すぐに活気をとりもどすとあるから、小鳥の餌として珍重されていたのであろう。

ところで、ケラの雌は土中に鶏卵大の産室をつくり、そこへ二〇〇粒前後の卵を産む。雌はその卵がかえるまでそれを守り、さらに孵化《ふか》した幼虫も第一齢までは保護するといわれるが、ときにはそれを食べてしまうこともあるらしい。なお、雌にも貧弱な発音器官があり、チッと鳴くという。

ケラ。モグラのような前脚で土にもぐり、草の根やミミズなどを食べる

ケラは、つまんだりすると肛門から青白くて悪臭のある液を飛ばす。その方向は自在で、距離は一〇センチ以上におよぶ。この液は、自分や他の虫を殺すほど毒性が強い。つまり、外敵にたいする防御物質である。

ところが、このケラを人間が食べたり薬にしたりする習俗がある。食用にする（した）のは日本、朝鮮半島、タイ、ベトナム、ニューギニアやアフリカなど、また薬用にする（した）のは日本、朝鮮半島、中国である。

中国では古い時代から雄を薬として利用した。この雄を識別する方法がおもしろい。李時珍の『本草綱目』（一五九六）によると、火で赤く焼いた土の上にケラを放し、跳ねもだえてうつ伏せに死ぬのが雄で、仰向けになるのが雌だという。こうして選んだ「雄」の翅と脚を取り去り、炒《い》って薬用とする。効能は、解毒、水腫、できもの、淋病、利尿や便通などに効くという。前記のようにケラは有毒物質をもっているから、人体にも何らかの作用を示すかもしれない。

話は変わるが、アメリカ・インディアンのチェロキー族は、幼児が賢くなり、雄弁に話し、苦労せずに物事を覚えられるようになることを願って、その舌をケラの爪でひっかかせるという（クラウセン、一九五四）。この子が将来、螻蛄才《けらざい》に育たないことを祈る。

カゲロウ

カゲロウとは、透明な薄い翅で水辺を群れ飛ぶさまを、かげろう（陽炎）が立ちのぼるのに見立てた名である。漢字では「蜉蝣」と書くが、中国の昆虫学者によると、この字はマグソコガネ類（食糞性コガネムシ類）を指すという（朱弘復ら、一九五〇）。

日本でも、寺島良安の『和漢三才図会』（一七一三）の「蜉蝣」に「せっちんばち」（コウカアブ）の図と説明が出ている。この雪隠《せっちん》や後架《こうか》とは便所のことである。また、栗本丹洲の『千蟲譜』（一八一一）では、オサムシタケ（冬虫夏草）に寄生されたアオオサムシの図に、蜉蝣の名がついている。

これらの混乱は、中国（明）の李時珍『本草綱目』（一五九六）の曖昧《あいまい》な記載が原因と思われるが、近年の中国書では蜉蝣が〝正しく〟カゲロウにつかわれており、問題はない。

さて、カゲロウ類は翅をもつ昆虫ではもっとも起源が古いグループで、世界から約二一〇〇種、日本からは一〇科約一〇五種が知られている。

幼虫は水中で珪藻《けいそう》類などを食べ、羽化すると、まず亜成虫になる。これは翅があり飛ぶこともできるが、一―二日後にもう一度羽化（脱皮）して成虫になる。この亜成虫という発育段階は、カゲロウ類だけにみられる特異なものである。

ちなみに、志賀直哉は『豊年虫』（一九二九）のなかで、信州の戸倉《とぐら》温泉で大発生した豊年虫ことカゲロウの亜成虫の脱皮を見て、「生きてゐるうちからこの虫の身体は腐れて行くのかも知れぬ」と誤認している。

カゲロウの一種。成虫が短命な種類が多く、口器は退化している

ところで、カゲロウ類は羽化して数時間から一―二日のうちに寿命が尽きるので、「かげろうの命」ははかないことのたとえによく使われる。成虫の生存期間が短いので口器は退化しており、ものを食べることはできない。それで、羽化すると雄は水辺の空中を上下に群飛して雌の飛来を待ちうける。そして雄は交尾後に、雌

は産卵すると、まもなく死んでしまう。

私の家の近くにある都立野川公園の湧水の流れからは、フタスジモンカゲロウが発生して暮れなずむころ群飛するので、毎年、初秋にそれを観察するのを楽しみにしている。

ところが、その数も程度問題で、近年各地でオオシロカゲロウが大発生し、日没後に光に集まり乱舞して路上に積もり、それを踏みつぶした自動車がスリップして事故をおこすというケースがしばしばおこっている。

オオシロカゲロウは亜成虫になると、（交尾することなく）すぐに単為生殖で産卵する。この種類は脚が退化しているため静止できず、また羽化後の寿命が一—二時間しかない。まさに「朝《あした》に生まれて夕べに死す」よりも極端な短命である。そのかわり、天敵に捕食される時間も少なくなるというメリットもある。

一般にカゲロウ類の生息は水質に左右されるから、近年は水環境の指標生物になっている。そして、オオシロカゲロウの大発生は、その川の有機汚濁が進んだことを示すものである。

マイマイガ

マイマイガとは「舞い舞い蛾」の意で、雄（写真）が日中に木陰を舞うように飛びまわるところから名付けられた。雌ははるかに大形で、腹が太くてほとんど飛ばない。

幼虫はブランコケムシと俗称される。若い幼虫が口から糸を吐いて木の枝からぶらさがり、風にゆられてブランコするうちに吹き飛ばされて遠くへ分散する。それでこの名がある。幼虫は多くの種類の木の葉を食い荒らし、ときに大発生して大害をあたえるので、「法定森林害虫」になっている。ドクガ科の仲間であるが体毛に毒はない。

年一回の発生で、卵で越冬し、成虫は六―七月に羽化する。およそ一一年周期で大発生し、これは太陽のヴォルフ黒点数の盛衰（五〇以上）と一致するという学説がある（河野広道、一九三八）。

マイマイガの原産地は南ヨーロッパからアジアの温帯地方にかけてである。日本には全土に産し、五つの亜種（地方の系統）に分けられる。

産卵中のマイマイガの雌。腹が太くて重いため、ほとんど飛ばない

上掲種の終齢幼虫。多種の木の葉を食害する

アメリカには一八六九年、カイコの「品種改良」のため交雑用にフランスから持ちこまれたものが逃げだして広がり、いまでは北米全土におよび、最悪の森林害虫になっている。

当初からアメリカ農務省は世界各国より、いろいろな天敵の導入につとめているが、定着に失敗するケースが多い。現在も同国では各種の近代的技術でマイマイガの防除を試みているけれども、なかなか制圧できない。

ところで、マイマイガは森林害虫というマイナス面だけではなく、学問の進歩の上ではプラスの面ももっている。その二、三の例を紹介することにしたい。

まず、ポーランドのS・コペッチはマイマイガの幼虫の体を糸でしばり、その部分の前後で、さなぎへの変態の有無を調べてみた。そして、この実験によって変態はホルモンによって制御されることを証明した（一九二二）。その後しばらくして、多くの学者により昆虫の変態とホルモンについての研究は大きく進展し今日におよんでいる。

つぎに、高名なアメリカの遺伝学者R・B・ゴールドシュミットは一九二四―二六年、東大農学部講師として来日した。その間マイマイガの性決定機構を研究するため、各地の異なった系統を交雑させたところ、間性（インターセックス）が生まれることを発見した（一九三四）。そして、その性決定は化学物質の量的関係で定まることを証明したのである。これを量的学説とよぶ。ちなみに、この生殖不能な間性の作出をマイマイガの防除に応用できないものだろうか。

また、マイマイガの雌は尾端から性フェロモンを放出し、雄を誘引して交尾する。この物質はいろいろな曲折を経たすえ化学構造が決定されて合成され、ディスパルアとよばれる。そして、この化合物はアメリカではマイマイガの発生を予察したり、森林内に拡散させて雌雄間の交信を撹乱したりして、防除手段の一環に利用されている。

マイマイガは国際的に話題の豊富な虫である。

トンボ

トンボは、古代から日本国と深くかかわっている。『日本書紀』によると、神武天皇が大和国の「脇上《わきのかみ》」の丘の上から国見をされたとき、その地形が「蜻蛉《あきず》の臀呫《となめ》の如くにあるかな」（トンボが交尾している形のようだ）とおおせられたという。これが日本国の古名「秋津島」（蜻蛉洲）の由来とされている。

トンボは勇壮に飛ぶので、日本では古くから「勝虫《かちむし》」とよばれ、戦勝のシンボルとして武具などの装飾のデザインにも使われてきた。

ところが、アメリカなどではトンボは「悪魔のかがり針」や「魔女の針」などとよばれ、人を刺したり耳や口を縫う悪虫として恐れられている。この俗信はヨーロッパ起源のものらしいが、トンボの細長い腹部全体、あるいは尾端の付属器が針を連想させるところから生まれたのであろう。

さて、水系が発達している日本では、トンボはどこにでもたくさんいたから、トンボ捕りやトンボ釣りは子どもたちに欠かせない遊びであった。そして、早くも一二世紀末の後白河法王（編著）の『梁塵秘抄《りょうじんひしょう》』には、トンボ捕りの歌が載っている。それは「とまれとまれトンボよ。堅塩をあげよう。そのままとまっていよ、動かずに。篠竹《しのだけ》の先に馬の尾の毛をより合わせて、そこにお前をくくりつけ、子どもたちにたぐらせて遊ばせよう」（現代語に意訳）というものである。

はるかくだって江戸中期の寺島良安の『和漢三才図会』（一七一三）には、「小児は雌を糸につないで雄を釣って遊ぶ」（もと漢文）とある。

ノシメトンボ。池や沼に発生し、ふつうに見られる

ところで、トンボの捕り方にはいろいろな方法がある。たとえば、素手捕り、ほうき捕り、もち（鳥もち）竿《ざお》捕り、かご捕り、網捕り、餌《えさ》捕り、引っ掛け捕り、おとり捕りなど、八種類があげられている（長谷川仁、一九八六）。これらのなかには、トンボ（とくにギンヤンマ）の習性をよく観察して、その知識を応用した高等技術もみられる。

まず引っ掛け捕りは、東京では「とりこ」、関西では「ぶり」などとよぶ。これは、小石や鉛玉を紙や布に包んで六〇センチほどの糸の両端に結び、ヤンマ目がけて空中に放り投げる。すると、餌とまちがえてこれに飛びついたヤンマは糸にからまって地上に落下する。そこを捕らえるのである。

つぎに、おとり捕りは短い竿の先に約一メートルの糸をつけてギンヤンマの雌の胸を前後翅のあいだでゆるくしばり、飛ばせながらゆっくり振りまわすと雄が交尾しようと飛びついてくるので、それを網または素手で捕らえる方法である。

これら二つの方法は、私の少年時代の経験ではおとり法のほうが効率がよく、かつおもしろかったことを覚えている。

このおとり法や引っ掛け捕りのようなトンボ捕りの技術は、近年のギンヤンマなどの減少とともに、すでに消滅してしまったのではなかろうか。子どもたちが永年かかって編みだした〝文化遺産〟として、後世に伝承したいものである。

カミキリムシ

カミキリムシは「髪切り虫」の意である。これを紙切り虫や嚙切り虫と思っている人もいるが、江戸時代の本では髪切り虫となっている。私はこのことについて、NHKのテレビ番組「日本人の質問」で解説したことがある（一九九四）。中国では「天牛」と書く。長い触角を振りたてて飛ぶのを、天の牛（水牛）に見立てたものであろう。

カミキリムシ科の甲虫は、世界でおよそ三万五〇〇〇種、日本では九百余種が知られている。種類が多いうえに珍奇種も少なくないので、コレクターの数も多い。すべて植食性で、ほとんどの種類が木本（生木または枯れ木）に寄生する。なかには花卉《かき》（キク）、庭木、果樹や林木などの害虫として悪名高い種類もいる。幼虫は鉄砲虫とよばれ、大型のものは好んで食用や薬用にされる。

ところで、近年発生が多くなり、その被害が注目されている数種のカミキリムシ類について記すことにしたい。

まず、日本の代表的な景観の一つ「白砂青松」をいちじるしく損なったものに「松枯れ」がある。この松（とくにクロマツ）が枯れるのに深くかかわっているのは、マツノマダラカミキリ（図）である。

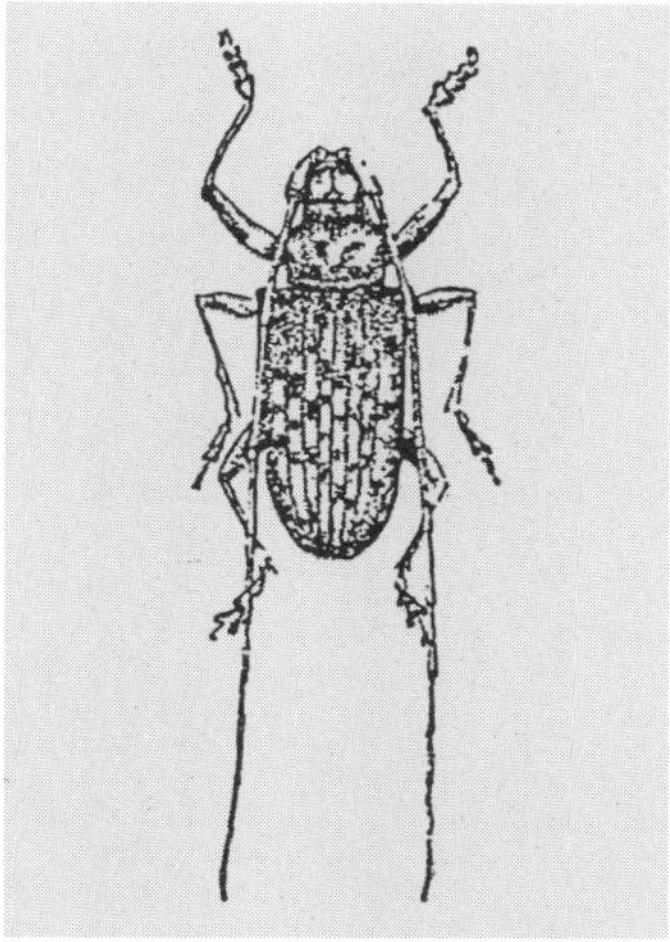

マツノマダラカミキリ。「松枯れ」に大きくかかわっている

この甲虫が材中で羽化するとき、おびただしいマツノザイセンチュウ（松の材線虫）が胸の気門から体内に進駐する。そして、この成虫が材から飛び出して松の新梢の表皮をかじったとき、センチュウは虫体から脱出して、このかみ傷から樹体内に侵入し、樹脂道をとおって広く移動する。その過程でセンチュウは松を衰弱さ

せ、ついには枯死にいたらせるということが解明された(一九七一)。
つまり、松を枯らす真犯人はセンチュウで、その運び屋はカミキリという役割分担になる。ここで、カミキリ側の受ける利益は、衰弱した松に産卵すると、かえった幼虫は松やにに巻かれて死なないということである。

その後の研究により、このセンチュウは当初、アメリカから侵入したものであることがわかった。

また、松が枯れるのはセンチュウが樹体内に持ちこんだ細菌が生産する毒素(フェニル酢酸)によるものであるという学説も提唱されている。

つぎに、スギとヒノキは日本特産の主要な用材であるが、近年スギカミキリおよびスギノアカネトラカミキリによる被害が目立つようになった。かつては、これらの甲虫はコレクターにとって「珍種」に属するものであった。それが増えた理由は、スギの拡大造林政策やその品種によるものといわれる。ちなみに、スギノアカネトラカミキリは、以前は標本店で高価に売られていたが、いまでは一転して駆除される身になっている。

また、植物の人為的な移動に付随してカミキリムシ類の分布が広がり、被害が増大している例がある。たとえば、クワやイチジクの害虫キボシカミキリがそれである。そのほか、ハラアカコブカミキリが、対馬から九州に持ちこまれたシイタケのほだ木や薪《まき》とともに侵入し、一部の県に定着している。

アオマツムシ

東京では、八月下旬から二ヵ月ほどアオマツムシのリーリーリーリーというかん高い鳴き声が聞かれる。それは街路樹などの枝葉から降りそそいでくる。この声は「第五音階ハ調のレ」で、周波数は五キロヘルツという。雄が左右の翅をすり合わせて音を出す。

さて、アオマツムシは外国原産の帰化昆虫である。日本での発見の由来については、一応つぎの説が流布している。すなわち、明治三一年（一八九八）九月、日比野信一氏（当時一〇歳）が東京・赤坂の榎木坂下の大エノキの樹上で鳴く、まだ聞いたことのない虫の声を聞いたが、捕らえることはできなかった。その後、大正四年（一九一五）の秋、同氏は東京・麻布の自庭内で初めて採集に成功した。翌年、日比野氏から送られた標本が北大農学部の松村松年教授により、学名（新種）と和名がつけられた（一九一七）。この間の経緯には異説もあるが、ここでは触れない。

アオマツムシ。中国原産の帰化昆虫。関東から西の方へ分布を広げている

　ところで、アオマツムシの原産地については諸説があったが、現在は中国大陸というのが定説になっている。この虫は卵から

成虫まで完全な樹上生活者であり、餌にする樹木はサクラ、モモ、カエデやケヤキなど六〇種以上におよぶ。近年はカキやナシなど果実の害虫としても注目されている。ちなみに、中国ではこの虫を「梨蟋蟀」（ナシコオロギの意）とよぶ。

戦前、アオマツムシは東京の都心部から郊外へと分布を広げたが、関東大震災や東京大空襲により、街路樹や庭木とともに壊滅的な打撃を受けた。そのうえ敗戦直後に米国から東京に侵入したアメリカシロヒトリが街路樹などに蔓延したので、殺虫剤がさかんに散布された。その巻きぞえでアオマツムシも一時は都心から姿を消してしまった。

ところが、一九七三年からは大量の苗木とともに、近郊から都心へとカムバックし、原宿、代々木や新宿など「若者のまち」で日が暮れると大合唱がはじまり、うるさいほどである。近年の調査によると、関東から西のほうへ一都二府二五県に分布している（大野正男、一九八六）。

話は変わるが、近ごろ動物の「利己主義」がよく話題になる。アオマツムシについても興味深いことが研究されている（小野知洋ほか、一九八八）。まず、雄が鳴いていると雌は雄の背後から背中にのぼってくる。雄の胸背部にはメタノタール腺という分泌腺があり、そこから粘る物質が出て塊になっている。雌がそれを食べはじめると交尾が成立する。

ここからが本論である。交尾が終わると雄は腹部を曲げて自分の口までもっていき、何かを食べている。この「何か」は、よく調べたところ、自分より先に交尾した雄の精子（液状物中にある）を、自分の精子と入れ換えて、食べていることがわかった。

こうして、この雄は自分の遺伝子をつぎの世代に伝えようと、「利己的」な行為をするものと考えられている。なお、食べてしまうことの意義は不詳である。

キチョウ

秋になると、それまで身近にいたいろいろなチョウが姿を消し、その代わり鮮やかな黄色いチョウ――キチョウ（写真参照）が急に目立つようになる。これは秋型のもので、さかんに吸蜜して成虫で冬を越す。

キチョウは関東地方では年四、五回発生し、季節型として夏型と秋型がある。この型がかつては別種とされ、分類上の混乱をまねいてきた。

キチョウ。ハギやネムノキなどを食草として年数回発生（写真・河合省三）

たとえば、英国のA・G・バトラー（一八八〇）は、日本産のキチョウを三種に分け、新種一つ（夏型に相当）と「種間雑種」二つに新名をつけた。ちなみに、この三種のうちの一種は、慶応三年（一八六七）、パリで開催の第五回万国博覧会に幕府から出品された日本産昆虫標本を購入したフランスのP・ド・ロルザ（一八六六九）が新種（秋型に相当）として命名したものである。

一方、明治初期に来日した英国のH・プライア（一八八二）は、チョウの採集とともに飼育もおこない、バトラーの論文のキチョウはすべて同一種であることを解明して発表した。そして、プライアはこのバトラーの論文について自著の『日本蝶類図譜』第一分冊（一八八六）のなかで、「同書ノ真ニ有用ナル部分ハ之ニ附セル着色ノ写生図ナリ」と皮肉をいっている。つまり、本文のほうは無用ということである。

ところが、プライアもみずから整理して一種としたキチョウの種小名に「ムリチフォルミス」という新名をあたえたが、これは命名法上、適格ではないため破棄された。現在は原点にもどり、リネー（一七五八）の「ヘカベ」が使われている。

ところで、鎌倉幕府の史書『吾妻鑑』には「黄蝶」が鎌倉周辺でおびただしく発生し、群飛したことが五回も記録されている。これは凶事や異変の予兆として恐れられたからである。まず、平家が滅亡した翌年の文治二年（一一八六）五月、キチョウが鶴岡八幡宮の周辺を群飛した。そこで、神楽をもよおして神を祭ったという。次いで、建保元年（一二一三）、宝治元年（一二四七）三月、その翌年の宝治二年（一二四七）九月には二回群飛している。

この「黄蝶」の正体については諸説がある。有力なものとしては、鎌倉に幕府が開かれてから、多数の軍馬を飼うため牧場を設けたので、そこに増えたマメ科植物を幼虫の食草として、キチョウやモンキチョウが大発生したものであろうというのがある。

そのほか、イネの害虫イチモンジセセリとする説もあるが、「黄蝶」が一種であると仮定すると、成虫の発生時期が記録と合わないケース（とくに三月の発生）がでてくる。

なお、これらの鎌倉での群飛記録のうち、一二四八年の事跡については英国のC・B・ウィリアムズの『昆虫の渡り』（一九五八）にも、初期の古記録として紹介されている。とかく書かれた史実の少ない日本としては、希有のことであろう。

カメムシ

カメムシという名は、カメ（亀）に形の似た虫の意である。悪臭を出すので俗にヘッピリムシともよばれる。口器は吻《ふん》状で、口針を植物や昆虫などに刺して吸汁する。

稲にはイネクロカメムシやイネカメムシなどが寄生する。かつて貞享四年（一六八七）、福井地方でクロカメムシが大発生したので、大量に捕殺して海に捨てたところ、漁師たちが「虫を食い候魚は毒なりとて買人なく迷惑仕る」と奉行所に訴え出た。それで、つぎに集めた虫は五〇俵ほど土に埋め、そこへ虫塚を建ててとむらったという（木崎惕窓『拾椎雑話』一七五七）。

近年、稲作害虫としてはこれら旧来のカメムシ類よりも、秋に稲の穂を吸汁し、そのとき菌で汚染して「斑点米」をつくるカメムシ類のほうが注目されるようになった。そして、地域によりカメムシの種類、被害粒の状態や名称が異なる。米の等級付けには斑点米の粒数の多少も関係するので、農家は経済上の実害をこうむることになる。

それで、米の減反政策が実施された一九七〇年ころから、斑点米の原因としてのカメムシ類が急に問題化するにいたった。すなわち「政治害虫」である。

また、近年カメムシ類はいろいろな果実を食害するので問題になっている。とくにミカンでクサギカメムシなどの被害が多いが、カキ、ナシやモモなども加害される。これらの果樹カメムシは発生場所と加害場所が異なるので、防除がむずかしい。

さらに、北日本では家屋のなかで集団越冬するカメムシ類があり、悪臭を出すので「不快害虫」として嫌われている。クサギカメムシやスコットカメムシなどである。

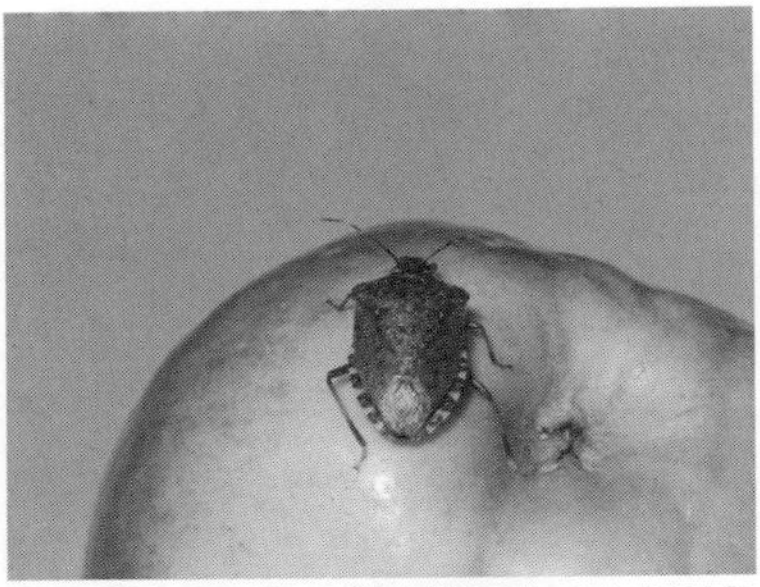
クサギカメムシ。樹上性のカメムシでミカン、ナシ、モモなどの果実を食害

カメムシといっても害虫ばかりではない。カスミカメムシ類には捕食性のものが多く、稲の大害虫ウンカ類とともに風に乗って海外から長距離を飛来する。カタグロミドリカスミカメなどはウンカ類の卵を吸汁する益虫である。

また、ヒメハナカメムシ類にも害虫の天敵がいる。ヨーロッパでは、この仲間の一種が大量増殖され、アザミウマ用の生物農薬として市販されている。

ところで、カメムシ類の悪臭は臭腺から分泌される。この腺は幼虫では腹の背面の節間に開口し、成虫になると後胸の腹板に開口（左右一対）する。この分泌液の組成やにおいは、科ないし種によって異なる。そして、これは外敵にたいする防御物質であるが、ふたをした容器のなかでカメムシにこの液を放出させると、そのにおいでまもなく自身が死ぬ。これにアリを入れると、やはり死んでしまう。

この液は攻撃された側の臭腺から放出される。両側から攻撃されると、左右の孔から小滴として敵に向けて飛散させる。

ちなみに、この防御物質は仲間にたいしては警報（濃いとき）および集合（薄いとき）フェロモンの役割を果たすといわれる。このように、多目的に利用される生理活性物質はめずらしい。

マイマイカブリ

マイマイカブリは、日本産オサムシ科のなかで最大の甲虫である。この名前はマイマイ（カタツムリ）の殻をかぶって、なかの肉を食べることに由来する。このような習性から、後翅は退化し、前翅は左右が合着し、そのかわり脚が長くなり、前胸も長く伸びている。

形が奇異で目立つので、江戸時代の本草書や虫譜には、琵琶虫《びわむし》、乗馬虫（しょうめむし）、天牛（カミキリムシ類との混同）、地胆（ツチハンミョウ類との混同）などの名で記されたり、描かれたりしている。江戸末期の博物家、武蔵石寿が遺した日本最古の昆虫標本（天保＝一八三〇―四四年の作か）のなかにはマイマイカブリが二頭入っており、東京大学農学部に保管される。

マイマイカブリ類は日本列島特産のグループで、オーストリアのV・コラーにより一八三六年に新属新種（ダマステル・ブラプラトイデス）として命名・記載されたのが最初である。それ以来、ヨーロッパでは珍虫として有名になり、幕末から明治初期に来日した外国人は、競ってマイマイカブリ（類）の採集につとめた。たとえば、植物採集家として高名な英国人、R・フォーチュンは幕末に来日したとき、ロンドンの昆虫家からマイマイカブリのスケッチとともにその採集を依頼されたので、横浜周辺の日本人を動員して多数買い入れたという。日本の開国後、マイマイカブリは海外で高価に売買されるようになった。そして、L・フィーゲイの『昆虫の世界』（一八七三）やJ・G・ウッドの『外国の昆虫』（一八七七）などにも、みごとな図入りで紹介されている。

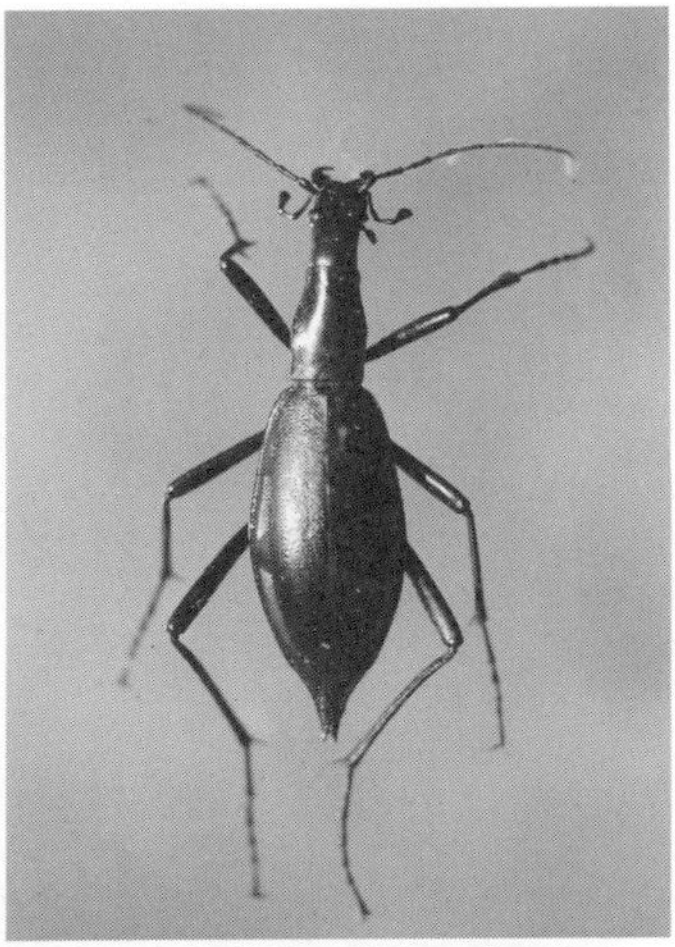
マイマイカブリ。幼虫、成虫ともマイマイ（かたつむり）を食う

マイマイカブリ類は移動性が小さいので、分布する地域によって形態や色彩が異なることが多く、一八八二年までに、九種一変種が命名された。

私は半世紀以上も前の中学生時代、津軽の岩木山麓で、朽木のなかで越冬中のキタ（マイマイ）カブリを初めて採集したときの、目くるめくような歓喜を今も鮮やかに思いだす。それ以来、マイマイカブリ類をはじめオサムシ類が私のもっとも好きな昆虫になっている。蛇足ながら、手塚治虫の名前もオサムシに由来する。

ところで、高槻市にある生命誌研究館では、日本産オサムシ類の系統を細胞中のミトコンドリアのＤＮＡにより解析する研究グループをつくり、一九九四年春から研究を開始した。その成果のうち、マイマイカブリ類について紹介する（蘇智慧、一九九五。柏原精一、一九九五）。

すなわち、一亜属一種九亜種とされている（石川良輔、一九九一）マイマイカブリは、ホンマイマイカブリ（九州・中国・四国・近畿？）、マイマイカブリ（中部・関東）、コアオマイマイカブリ（東北地方南部）、エゾマイマイカブリ（東北地方北部・北海道）の四種に分けるのがよさそうだという。そして、その系統樹と、分岐年代および分布経路も推定されている。これは、甲虫の分子系統学にこの手法を応用した世界最初の業績である。

（付記）その後の成果は、大澤省三ほか『ＤＮＡでたどるオサムシの系統と進化』（二〇〇二、哲学書房）という大著に集成された。さらに本書の英語版も出版されている（二〇〇四、シュプリンガ出版）。

カイコ

カイコ（飼《か》い蚕《こ》）はミツバチと同じく〝家畜〟となった昆虫で、いまでは人手を借りないと一代の生活史を完結することができなくなってしまった。

いうまでもなく、日本の養蚕は三世紀前半までに中国から伝えられた技術だが、明治後の発展には目ざましいものがある。たまたま幕末から明治維新のころは、ヨーロッパではカイコの微粒子病が蔓延していたので、日本の生糸や蚕種（カイコの卵）への需要が大きくて輸出品の花形になった。

ところで、遺伝学の「メンデルの法則」（一八六五）はエンドウの研究によって発見されたが、東大の外山《とやま》亀太郎はカイコを材料にして、この法則が動物にもあてはまることを初めて発表した（一九〇六）。これは遺伝学史上、重要な業績である。

カイコは大量に飼育しやすい昆虫なので、いろいろな目的の研究材料として利用されている。たとえば、人間の性ホルモンの研究でノーベル化学賞を受けたドイツのA・ブーテナントは、日本から多数のカイコのさなぎを提供され、それから羽化した雌から性誘引物質（性フェロモン）を抽出して「ボンビコール」と命名した（一九五九）。これがフェロモンの最初の発見であり、その後各国で多くの昆虫（とくにガ類）から性フェロモンが発見される端緒になった。

これらの性フェロモンは（交雑を防ぐため）昆虫の種類ごとに異なるので、人工で化学合成され、いろいろな農業害虫の防除に利用されている。すなわち、合成性フェロモンをその害虫の発生する圃場《ほじょう》の空気中に放出させ、ほんものの性フェロモンによる交信を攪乱して交尾を阻害する。そのくり返しによって害虫の密度を低く抑えるのである。

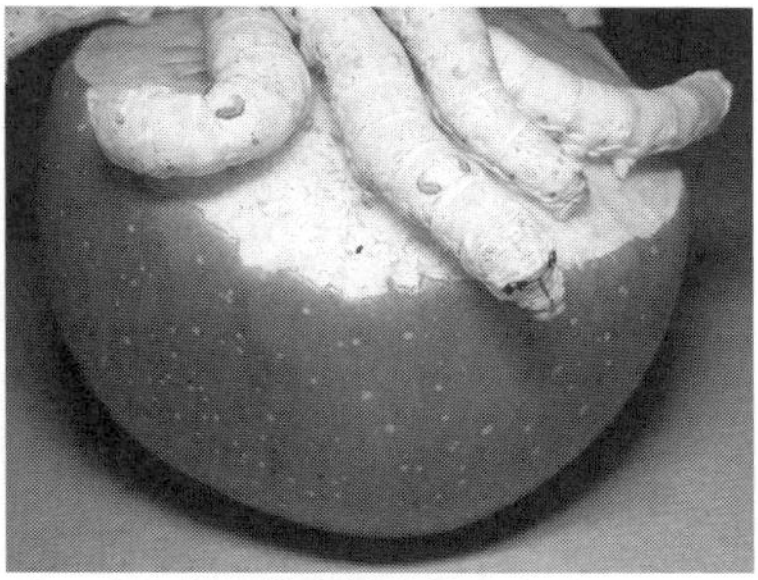
リンゴを食う雑食性系統のカイコ

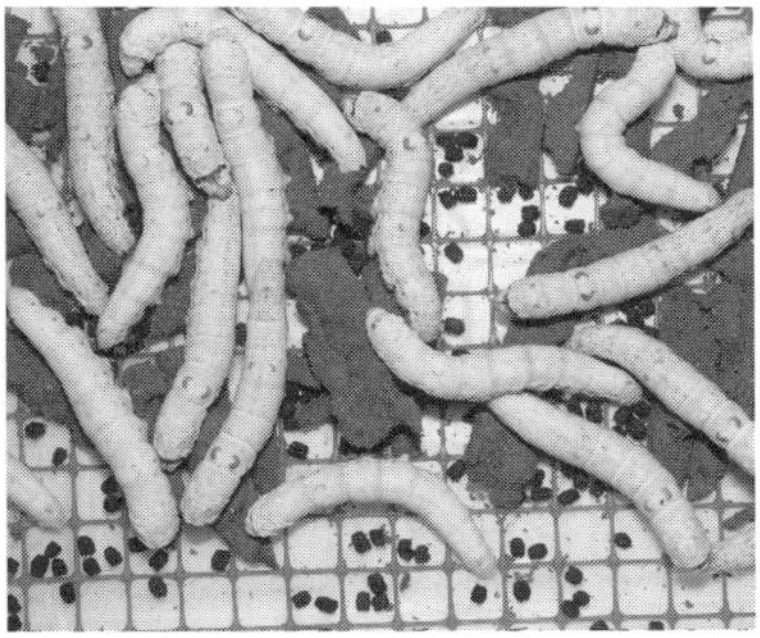
人工飼料によるカイコの飼育

交尾中のカイコガ

カイコに話をもどそう。かつて京都蚕業講習所技師の石渡繁胤は、カイコ（幼虫）が下痢をし、急に倒れて死んでしまう病気を発見し、これに「卒倒病」と名付けた（一九〇一）。その病原体はバチルス・チューリンゲンシスという細菌である。この細菌が産生する毒素を利用した殺虫剤（ＢＴ剤）がチョウ・ガ類の幼虫を対象に各国で市販されている。日本は養蚕国であるためその普及はおくれているようである。

近年、昆虫の栄養生理学や生化学の研究が急速に進展しつつあり、養蚕にもとり入れられている。たとえば、クワの葉の粉を主成分にした人工飼料がつくられて、多くの養蚕農家で利用されるようになった。ただし、この方法は省力にはなるが、高価につく。なお、最近リンゴ

（果実）を食べて育つ変わったカイコの系統も発見されている。

また、変態を抑制する幼若ホルモンの投与により、幼虫の成育時期を調節して、糸の太い大型のマユや、糸の細い小型のマユをつくらせることもできる。さらに、絹たんぱく質を人体の医療用人工皮膚に利用することもできるかもしれない。ちなみに、私は絹からつくった市販のアメを食べたことがある。

以上のように、カイコという家畜昆虫には、人間にとっていろいろな夢と可能性が秘められているのである。

ヤママユ

カイコの家蚕《かさん》にたいして、野生の絹糸虫を野蚕《やさん》とよび、これは主としてヤママユガ科の大形ガ類を指す。日本からは一二種が記録されている。

邦産の代表種はヤママユ（図参照）で、天蚕《てんさん》や山蚕《やまこ》ともいう。幼虫はクヌギをはじめシイ、カシ、コナラやクリなどの葉を食う。マユは淡緑色、楕円形で、絹糸は美しいが染料の吸着性はわるい。それで、カイコの絹糸と交織した「山繭織《やままゆおり》」は、風合い、色沢とも独特の優雅な織物になるので人気も価格も高い。天蚕糸が「繊維のダイヤモンド」とよばれるゆえんである。

ちなみに、民謡安曇節《あずみぶし》の一節に「安曇娘と山蚕の糸はやぼな色には染まりゃせぬ」と歌われている。

さて、信州有明地方（長野県穂高町）では天明年間（一七八一―八九）からヤママユの飼育を開始し、文政年間（一八一八―三〇）には営利的副業として成り立ち、安政年間（一八五四―六〇）には飼育林がスタートした。

このような情勢を背景に、文政一〇年（一八二七）、北沢始芳の『山繭養法秘伝抄』が刊行され、着色図も多数ある実用書だったので広く読まれたようである。この本はJ・ホフマン（一八〇〇―一八六四）によりオランダ語に翻訳された。ちなみに、上垣守国の名著『養蚕秘録』（一八〇三）も、同じくホフマン（一八四八）により仏訳されている。これらのように、かつての日本は養蚕技術についてはヨーロッパの〝先進国〟だったのである。

ヤママユ。日本の野蚕の代表種。近年は独特の風合いを愛されて人気がある

文久三年（一八六三）、長崎医学校教頭のオランダ人、ポンペ・ファン・メーデルフォールトが日本からヤママユの卵をハーグに持参し、オランダ政府や同市在のフランス公使に提供した。この卵はその後ヨーロッパ各国に伝播し、ユーゴスラビアでは飼育から野生状態となり（一八六七）、さらに近隣諸国にも広がった。はるかくだって一九六一―六二年、ユーゴスラビアのオーク林五二二五ヘクタールで大発生している。

ところで、日本ではヤママユの飼育は明治三〇年（一八九七）前後を最盛期として、のち蚕病が蔓延して衰微したが、敗戦後に長野県で復活し、一九七七年には「穂高町天蚕センター」もつくられた。現在は他の諸県でもヤママユの飼育が進展しつつある。人工飼料（クヌギ等の葉粉末五〇パーセント含有）が市販されており、屋外の立木放飼から屋内での飼育も可能になった。

ヤママユの天然分布については二、三の説がある。まず、日本原産説が主流になっており、北海道から奄美大島まで広く分布する。一方、『中国農業百科全書』蚕業巻（一九八七、北京）には、「天蚕（日本柞蚕）」の分布地として「中国、日本、朝鮮」をあげている。これにたいし、戦前（または戦中）に日本のヤママユを中国に移入して放飼したことがあるが、現在、中国に分布しているものはその子孫ではなく、中国原産のものであろう――なぜなら、卵やさなぎの休眠性などが、日本産のヤママユとは異なるようだからという説がある（加藤義臣、一九九〇）。

アメンボ

春から晩秋までは、身近な池や小川などの水面にアメンボ類がよく見られるが、冬になるとほとんど姿を消してしまう。岸辺の落ち葉の下などで冬越ししているのであろう。

けれども、湧き水などきれいな流れの日だまりでは、冬でもシマアメンボが活発に泳いでいるのを目にすることがある。そんなときは、春遠からじの期待に胸がはずんでくる。

このシマアメンボは体が短小（約六ミリ）でズングリ型なので、ほかのアメンボ類とはすぐに見分けがつく。ふつうは翅がないが、まれに翅のある型（有翅型）が出現する。雄の交尾器の末端片につながる細管は体長の三倍以上もあり、平常は糸まり状に丸まっている。

一般にシマアメンボは山間の渓流に多いが、平地でも清流にはよく見られるから、水質の指標生物の一つになるであろう。なお、この種類は北海道から奄美大島まで広く分布する。

さて、アメンボ科の昆虫は日本から二二種類が記録されている。アメのような甘ったるいにおいを出すのでこの名（飴棒、飴坊）がある。江戸時代には、ミズグモやカワグモなどともよばれた。

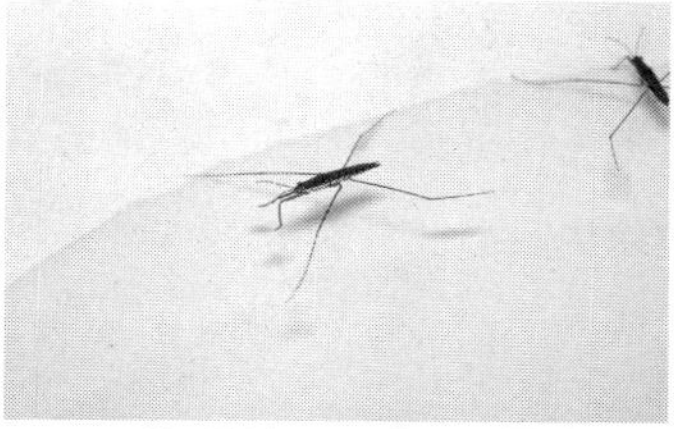

アメンボ。現在の日本では最も広域に見られる水生カメムシ類

アメンボ類が水に浮くのは、体が軽いことや、脚の先端部（付節）に細かな毛が密生しており、水をはじくことなどによる。さらに、この付節の爪が最先端ではなく、少し内側寄りの切れ込みについていることも関係しているかもしれない。

つぎに、アメンボ類が水面を軽やかに滑走するのは、水の表面張力を利用して、全脚（シマアメンボでは前・後脚）で体をささえながら、中脚をオール（かい）のように動かして進むことによっている。かじは、主に後脚がとる。洗剤などが水に流入してその表面張力が小さくなると、虫体は水中に沈んでおぼれてしまう。

アメンボ類は肉食性で、小昆虫などを捕食する。水面に落下したり、水面から羽化しようとしたりする昆虫を前脚で捕らえ、口針を刺して体液を吸う。獲物が大きいと何匹も群がって食べる。獲物の存在は、それらがもがいたときにできる波紋を脚で感知する。

また、同種の仲間とのコミュニケーションは、主に中脚でつくる波の信号によっておこなわれるが、この信号は種類ごとに異なるという（ウィルコックス、一九七九）。すなわち、交尾行動、なわばり行動、食物の防衛や危険などの伝達に利用しているのである。

ところで、川の流れに浮かんで生活するアメンボ類が川下に流されずに、ある場所にとどまっていられるのは、まわりの景色を目標として、自分の体を定位させる（運動視反応という）からだという。これを確かめる実験は、東京の多摩動物公園に展示されている。ちなみに、アメンボの複眼をペンキでぬりつぶした場合は暗い場所では、この反応を示さないことも確かめられている（高家博成、一九七八）。

ノミ

第二次大戦後、殺虫剤ＤＤＴが広く使われたため、日本ではヒトノミが姿を消してしまった。けれども、ネコは室内で飼われるため、ネコノミが飼い主にたかるケースも多くなってきた。

ノミ類はノミ目に属し、世界から約一八〇〇種、日本からは約七〇種が記録されている。この仲間は哺乳類や鳥類に寄生し、種特異性が強い。寄主が高等動物だから現生ノミ類の起源も比較的新しい。霊長類ではヒトだけに寄生するが、これはヒトがある期間、移動せずに定住することがノミの生活史にとって好都合だからなのかもしれない。

ケオプスネズミノミは、ネズミの伝染病ペストの病原菌をヒトに媒介する。この感染経路を実験により確認したのは、フランス人、P・L・シモンである（一八九八）。現在、ペストはテトラサイクリンなどの抗生物質により制圧されている。

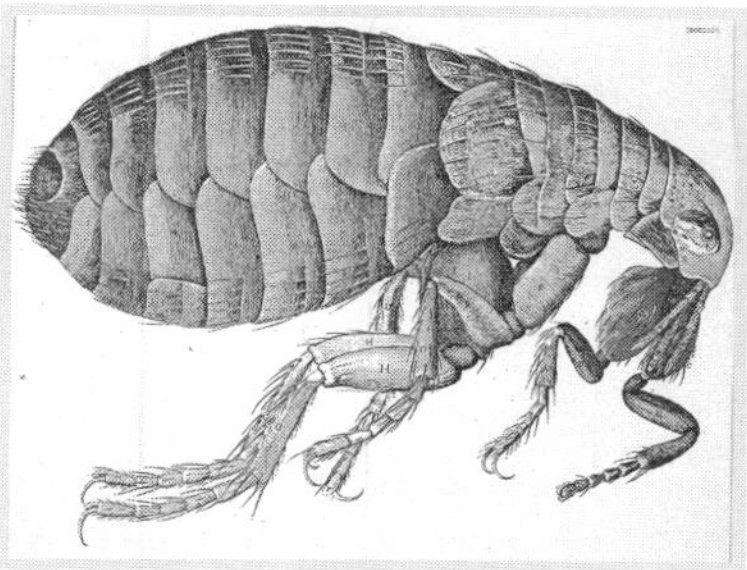
ノミはネズミからペスト菌をヒトに媒介して、人類史を変えてきた

一方、C・T・グレッグの『ペストは今も生きている！』（和気朗訳、一九八〇）なる警世の書も出ており、事実インドでは一九九四年九月にペストが西部で発生し、北半分の地域に拡大したことが報道された。

ところで、「ノミのサーカス」という変わった見世物があり、これは一六世紀にイギリスでおこった。このサーカスはノミを〝訓練〟して、いろいろな芸をさせ、観客はこれを虫めがねでのぞいて見物するのである。日本でも一九二九、一九三六および一九六〇年にドイツ人や中国人がやってきて興行した。

近年はスターのヒトノミが入手難のため、このサーカスは消滅したといわれている。ところが、ごく最近のニュース（朝日新聞、一九九六年一月一〇日付）によると、アメリカはサンフランシスコ市の女性興行師がノミの綱渡りや「ノミ大砲」などの芸を見せているという。このような〝無形文化財〟は、永く伝承したいものである。

話は変わるが、ヒトノミは垂直には雄で二五センチ、雌で一五センチ、水平には雄で四〇センチ、雌で三六センチ跳ぶという記録がある（阪口浩平、一九七六）。ちなみに、ヒトノミの体長は二（雄）―三（雌）ミリである。

ノミ（とくに雄）がこのように体長の一〇〇―二〇〇倍も跳躍できる秘密は、イギリスのM・ロスチャイルドらの研究により、後脚とその付け根の側弧という器官にあることが解明された（一九七四）。すなわち、この側弧に含まれる弾性たんぱく質レジリンは、貯えたエネルギーの九七パーセントを効率よく放出する最良のゴムであり、これはノミが翅を捨てた〝代償〟として獲得した跳躍力の源泉なのであるという。なお、着地は脚から先にする。つまりネコと同じである。

つぎに、ノミがピョンピョン跳んで寄主に取り付くのは、寄主が口から吐く二酸化炭素（炭酸ガス）に反応して行動するからだという。これは佐々学が一九五七年に実験して確かめたが、その後この「炭酸ガス感受性」は、ほかの吸血性昆虫やダニなどにも広くみられることがわかった（佐々学、一九七〇）。

シロアリ

シロアリは英語でもホワイト・アント（白蟻）と俗称されるが、じつはアリとはたいそう縁が遠い。シロアリはシロアリ目《もく》で不完全変態、アリはハチ目で完全変態をおこなう。たがいに形がよく似ており、社会生活をするので一般にはよく混同されがちだが、シロアリは石炭紀にゴキブリと同じ祖先から分かれた原始的な昆虫である。

シロアリ目は世界で二三〇〇種以上、日本からは一六種が知られている。国内ではイエシロアリとヤマトシロアリ（図参照）が家屋害虫として悪名高い。これら両種の羽アリが大発生して群飛したことが、史書などによく記録されている。たとえば、八八〇年代から一四四〇年代の間に十余件の記録がある。そして、地震、風水害や火災など不吉なことの前兆として恐れられることもあった。

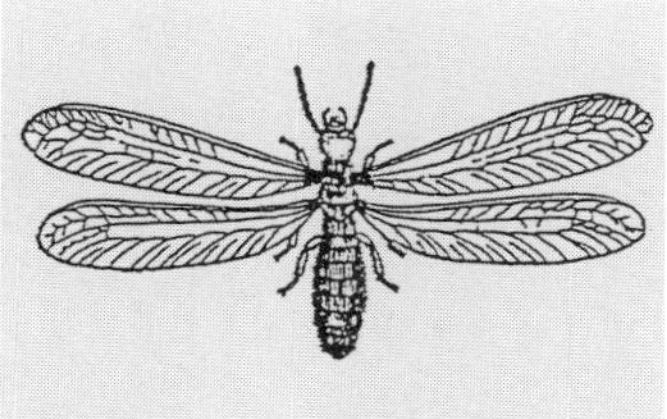
ヤマトシロアリの有翅虫。イエシロアリとともに二大家屋害虫である

江戸中期に長崎に来たドイツ人、Ｅ・ケンペルは『日本誌』（一七二七）に、シロアリについてやや詳しく述べている。そのなかで、日本人は「ドートース」（堂倒し＝九州の方言）の名でよび、その害を防ぐのには塩をまく以外によい方法がないという。

ちなみに、寺島良安は『和漢三才図会』（一七一三）に「はありとは山に住むべきものなるに里へ出づるはおのが誤り」という、まじない歌を書いてシロアリのいる柱に貼っておくと効果があったと記している。また、幕末に箱館（函館）に住んだT・W・ブラキストンが道南と江戸で採集した標本により、H・J・コルベがヤマトシロアリと命名、記載した（一八八五）。

ところで、シロアリの多くの種類は木材のセルロースやヘミセルロースを嚙みくだいてのみ込むが、これを自分で消化する能力はほとんどない。シロアリの後腸には原生動物が共生しており、それが酵素セルラーゼを出しセルロースなどを分解して吸収する。宿主のシロアリも、こうして醱酵したグルコースを栄養とする。このように、シロアリは真の食材性ではなく、自然界では森林の清掃係として、熱帯や亜熱帯多雨林の更新に不可欠のはたらきをしているのである。

近年、地球上の大気中に存在するメタンと二酸化炭素ガスの主要な供給源は、熱帯地方のシロアリであるという学説が提出された（P・R・ジンマーマン、一九八二）。

また、生物の繁栄度をはかる一つの目安として、単位面積あたりの現存量（重量）が日本におけるヒトの数値（一二グラム／平方メートル）に匹敵するのは、熱帯ではシロアリと草食動物だけという（安部琢哉、一九八九）。シロアリはこれほど多くいるので、アフリカや南米などの原住民たちはシロアリをよく食べる。そのカロリーは、ビーフ、ラム、ポークやブロイラーなどよりもはるかに高い（R・L・テイラー、一九七五）。

近い将来に予測される人類の食糧危機を勘案すると、動物たんぱく源としてのシロアリの重要性も見直されることであろう。

オトシブミ

「落とし文」の本来の語意は、「公然と言えないことを記してわざと道路などに落としておく文書」（広辞苑）のことである。それが昆虫にも使われるようになった。

オトシブミ類は小型のかわいい甲虫で、木の葉をくるくる巻いてそのなかに卵を産む。それが地上に落ちたものを、古人は落とし文に見立てたのである。昆虫家はこれを「ゆりかご」とよび、それをつくった虫にオトシブミと名付けている。

このゆりかごは、江戸時代には「時鳥《ホトトギス》の落とし文」などとよばれた。暁晴翁の『雲錦随筆』巻之三（一八六二）には落とし文の図入りで故事などが記されている。そして「按ずるに彼蓑虫《かのみのむし》の如き虫の、木の葉を巻て中に蟄《ちつ》し巣となしたる者ならんか」と、かなりいい線をいった自説を述べている。

ところで、オトシブミ類はゾウムシの仲間である。研究者によってはゾウムシ科の亜科にしたり、独立の科にしたりする。日本から記録されている狭義のオトシブミ類は二八種である。

成虫の雌は木の葉を大あごで切り、主脈にそって二つ折りにし、それを下方から横巻きにしてゆりかごをつくる。この作業の過程で葉のかたさを調べたり、長さを測ったりする。そして、未完成のゆりかごのなかに卵を産みこむ。同じ種類でも、ゆりかごを枝につけたままにしたり、あるいは切り落としたりする個体がある。オトシブミの種類により、寄生植物の種類やゆりかごのタイプは決まっているから、ゆりかごによって虫の種類を見分けることができる。

ゆりかごのなかでかえった幼虫は、体のまわりの葉を食べて成長し、そこでさなぎになり、やがて羽化して外へ脱出し、成虫で冬を越す。幼虫が食べるゆりかごの葉は、湿り気が必要である。カシルリオトシブミの雌は、ゆりかごの内部に菌類を植えつけて発酵させ、幼虫はこの栄養ゆたかな餌を食べて成育する。

成虫の形や色は種類により多様性に富む。ヒゲナガオトシブミの雄（図参照）はクレーン車を思わせるような頭をもっているが、フィリピン産のロクロクビオトシブミのように異常に〝首〟（これも後頭部）の長いものもある。

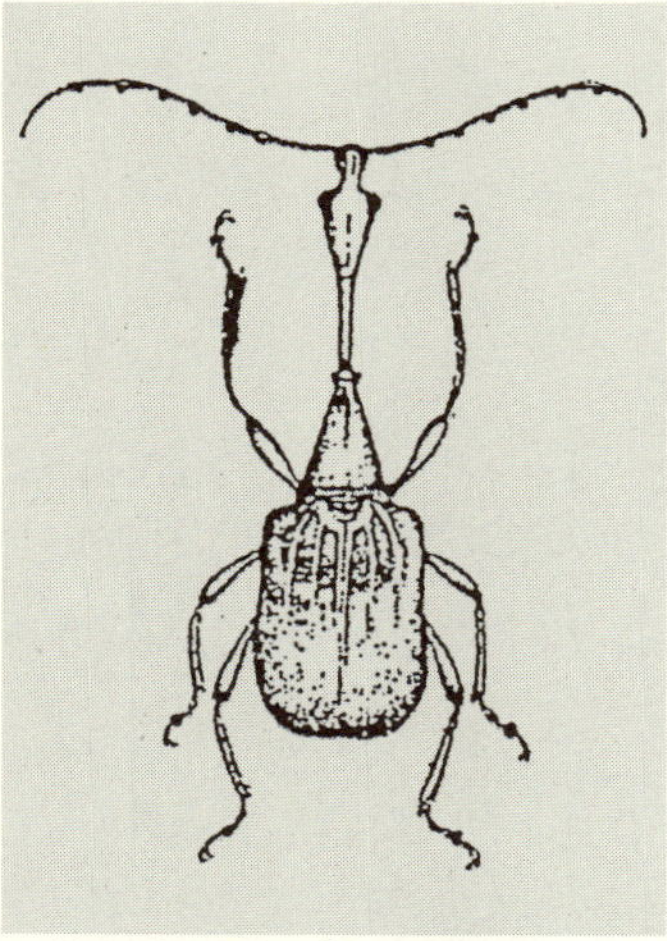
ヒゲナガオトシブミの雄。雌はクヌギなどに産卵し、ゆりかごをつくる

ファーブルはオトシブミ類や近縁のチョッキリソウムシ類を観察して、「仕事は決して体の構造いかんによって左右されない」および「道具は決して仕事の種類を決定するものではない」と結論した。そして「形態上の一致は本能上の同一を意味しない」ということを『昆虫記』第七巻（一九〇一）に力説している。

一方、河野広道（一九七七）は「昆虫の生産労働は体の構造いかんと密接な関係がある」、そして「ある器官の形態上の相似は本能の相似と労働の相似とを意味する」という結論を主張している。これはファーブルとは対極的な見解である。

あなたはどちらに軍配を上げますか。

マメコガネ

マメコガネとは、豆につくコガネムシの意である。成虫の体長は約一センチ、体色は光沢のある暗緑色、前翅は黄褐色で全体として美しい。全国どこでも見られる。ダイズ、ブドウ、バラやイタドリなど多くの草木の葉を食べ、幼虫（地虫）は根を食害する。日本では寄生性の天敵昆虫が多い（約五〇種）ためか、いわゆるマイナー・ペストとしての存在である。

話はアメリカに移る。マメコガネは一九一六年、ニュージャージー州リバートンの農園ではじめて発見された。調べてみると、日本から輸入したハナショウブの苗の土に、幼虫がまぎれこんでいたものらしい。

その後、マメコガネの発生面積は年を追って拡大し、一九一九年に六〇〇〇ヘクタール、一九二五年には三六〇〇万ヘクタールとなった。そして、果樹、野菜、芝生の大害虫（メジャー・

ペスト）となり、加害植物は三〇〇種におよんだ。

ところで、マメコガネの俗名はジャパニーズ・ビートル（日本甲虫）という。これは「ジャップ」と重ね合わせて、第二次大戦時の戦意高揚に利用されたようである。

アメリカでマメコガネが大害虫になったのは、土着の天敵がいないからだとして、一九二〇―三三年まで政府昆虫局の職員が日本をはじめ各国に派遣されてその天敵を探索した。本命の日本では横浜に「天敵調査所」が設けられ、寄生性天敵が本国の「マメコガネ研究所」に送られて放飼された。

マメコガネ。アメリカでは日本から侵入して大害虫になった

それらのうち定着と拡散に成功したのは、マメコガネコツチバチと、朝鮮半島からのハルコツチバチである。このコツチバチ類は雌が地中にもぐって地虫に産卵し、かえった幼虫が寄主を食べて成長する。

一方、アメリカでもマメコガネ幼虫の「乳化病」をおこす細菌が発見され（一九三三）、市販されている。

また、マメコガネは一匹が葉を食べていると、仲間がつぎつぎに飛来して集団になることがある。それにヒントを得て誘引物質が開発された。その後、雌が雄を誘引する性フェロモン（「ジャポニルア」）も発見され、前記の誘引物質（三種混合）にこれを加えると、その誘引数はほぼ三倍に増加するという

（クラインら、一九八一）。こうして、成虫を誘殺する努力も続けられている。そのほか、昆虫寄生性線虫（スタイナーネマ・グラセリ）が発見され、日本でも試験中である。なお、アメリカでは各種の殺虫剤も使用されているが、なかには抵抗性が発達したものもあるという。

現在、マメコガネはミシシッピ川の東部や大西洋岸の諸州などに広く分布しているが、各種の防除手段の実施により、被害が減少している地域もある（クレアら、一九八九）。

以上のように、マメコガネは原産地の日本よりもアメリカでよく研究され、新しい防除技術も開発された。そして、近年世界的に普及しつつある「総合防除」がいち早く実践されてきたのである。「必要は発明の母」というべきか。

アメリカシロヒトリ

アメリカシロヒトリ（写真参照）とは、米国渡りの白いヒトリガの意である。敗戦後まもなく東京都内など数ヵ所で幼虫が発見されたが、その年（一九四五）一一月に大田区大森でポプラの葉にたかっている幼虫が、アマチュア昆虫家によって飼育されたのが日本で最初の記録である（翌年四匹羽化）。

原産地の北アメリカではフォール・ウェブワーム（秋の巣虫）とよばれ、果樹や日陰樹などを加害するが、たいした害虫ではない。日本への侵入は、進駐米軍の物資にさなぎがまぎれこんでいたのではないかといわれる。その後、東京を中心に分布を広げ、四国や九州にもおよんでいる。食餌植物はサクラ、クワやプラタナスなどが好まれるが、一〇〇種以上の植物（木本）の葉を食べるという。

卵からかえった幼虫は、食樹の枝に集団で巣網をつくり、終齢（七齢）の前まで群生する。七齢になると分散してまゆをつくり、さなぎになる。ふつう年二回の発生で、さなぎで越冬し、六月と八―九月に成虫がみられる。

プラタナスなど都会の街路樹への加害が目立ったため、当初は殺虫剤ＤＤＴやＢＨＣによる

アメリカシロヒトリの終齢幼虫

産卵中の雌成虫

アメリカフウの被害

防除がさかんにおこなわれた。一時その蔓延もおさまったかにみえたが、一九六五年にはふたたび広域に大発生したので、「国民運動による防除」を閣議で決定し、農林省に指示された。

一方、学界においても一九六六年、「アメリカシロヒトリ研究会」が結成され、多くの研究者が参加した。そして、この侵入害虫の日本での定着と適応の歴史を追究した。その結果の一部は、伊藤嘉昭（編）『アメリカシロヒトリ――種の歴史の断面』（一九七二）の一書にまとめられた。この成果は原産地における知見を質・量ともに上回っており、マメコガネの場合と逆である。

代表的な成果の一つに、一連の配偶行動の解明がある。すなわち、一番鶏が鳴くころアメリカシロヒトリの雌は尾端から性フェロモンを放出する。雄は雌から半径二メートルほどの範囲をたまたま飛翔すると、そのにおいを触角で感知して目で雌の姿を探し、見つかると飛びついて触角でさわり、最終的な化学的確認をおこなってから交尾行動が成立する。これを見るとアメリカシロヒトリの性フェロモンの射程距離とその誘引力は、一般に信じられている「性フェロモン神話」よりも小さいように思われる。

ところで、原産地ではこのガの幼虫には黒頭型、赤頭型、まだら型がある。日本に定着しているのは黒頭型である。前記の『アメリカシロヒトリ』は、今後もし地理的隔離や気候的要因などにより日本産の種が分化するとしたら、何万年かのち（生き残った）ヒトが「ヤマトシロヒトリ」の種分化のあとを追って、ヒトの歴史とアメリカシロヒトリの歴史のからみあいの推理に熱中するかもしれない、と結んでいる。

そのとき、アメリカシロヒトリは生物の「適応と進化」という壮大なドラマの主役のひとりなのである。

チャドクガ

東京では、今年（一九九六）はチャドクガの当たり年らしい。数年前（一九八九）の秋に都内で大発生したとき、私はテレビでこのガについて話をしたことがある。

チャドクガの幼虫はチャ、ツバキ、サザンカなど、ツバキ科植物の葉を食べる。中国の害虫書にはツバキ科以外の植物も一〇種ほど記されているものもあるが、これは幼虫の同定ミスによるものであろう。この種類は本州（岩手以南）、四国、九州、台湾、朝鮮半島、中国に分布する。日本では、成虫は六―七月、九―一〇月と年二回発生し、卵で越冬する。卵からかえった幼虫（一齢）は無毒だが、二齢幼虫からは体におびただしい毒針毛が生えて齢数が進むごとに増加し、終齢幼虫では約五〇万本にもなる。

毒針毛は釘形をしており、とがったほうが基部で、先端は二―六叉にわかれている。この先端部が人体などに刺さると根元から抜ける。そして、その中室部から毒液が放出されて激しい痒《かゆ》みをあたえ、さらに発赤することがある。この発症物質として、ヒスタミンのほかエステラーゼなど二、三の酵素の存在が知られている。

それで、治療薬としては抗ヒスタミン剤入りのステロイド軟膏を塗るのがよいという。ただし、その前に毒針毛を強い水流で洗い流したり、粘着テープで取り除いたりしてからでないと、かえって毛を皮膚に押しこむことになる。

幼虫の駆除には有機りん殺虫剤（スミチオンなど）がよく効くが、死んだ幼虫はそのまま葉に付着しているので、毒針毛の供給源になる。それで、食害中の葉をビニール袋などに切り取って処理するほうがよい。

チャドクガの卵は食樹の葉裏にかためて産まれる。この卵塊は雌の尾端の房毛でおおわれるが、それに毒針毛がふくまれている。これは幼虫からマユの内側へ、このマユから成虫へと付

チャドクガの雌成虫

終齢幼虫の集団

着してきた毛である。すなわち、チャドクガは卵から成虫まで、全期間にわたり毒針毛を保有していることになる。

ところで、卵からかえった幼虫は葉裏に頭をならべ、体をたがいに密着させて葉肉を食べる。それで、被害葉は表から見ると黄色の雲紋斑が現れるのでよくわかる。幼虫は成長すると数群に分かれ、頭をそろえて葉縁から葉の全体を食べるようになる。

この幼虫の集合性は、老熟幼虫がさなぎになるため分散するまで持続する。こうして集団で食べるのは、チャドクガが生存するうえで、必要なことであるらしい。すなわち、若齢幼虫を一匹ずつで飼育すると摂食がおとろえて死んでしまうが、葉の表皮に傷をつけてあたえると、一三匹のうち九匹が成育を完了することができたという（細谷、一九五六）。

水田（一九六〇）も、チャドクガの幼虫は集団の個体数が少ないほど死亡率が高く、幼虫期間が長くなり、脱皮回数、つまり齢数も多くなることを確かめている。幼虫の集合性は食葉の固さにたいする適応なのであろう。

トノサマバッタ

トノサマバッタ（図参照）は日本最大のバッタで、「殿様」の名もそれに由来する。かつては、秋ともなると原っぱや河原などで子どもたちの格好の遊び相手であった。

ところが、このバッタは時に地上最悪の大害虫になることもある。それは、大発生すると大群をなして長距離を飛び、その道中で緑という緑を食い尽くしてしまうからである。

日本では明治一三―一七年（一八八〇―八四）、北海道で十勝地方を中心に大発生して広域の農作物に惨害をあたえた事例が有名である。このときは、開拓者の日誌に「天為《ため》に闇《くら》く」と記されるほど、黒雲のような大集団が群飛した。そして、官民あげての壮絶な「害虫戦争《ペストウォー》」が五年間にわたり繰り広げられたのである。その後、日本では開拓により大草原が消滅したので、トノサマバッタの大群飛はしばらく影をひそめていた。

ところが、一九七一―七四年、沖縄県の東部、南・北大東島《だいとうじま》で大発生し、また一九八六年九月には鹿児島県の馬毛島《まげしま》という無人島で「数千万頭」が群飛して世の耳目を引いた。

さて、トノサマバッタは旧世界に広く分布しており、各地で大害を引き起こしている。ロシアの昆虫学者B・P・ウヴァロフはトノサマバッタを研究して、これまで二種とされていたものは、じつは群生性の型（飛蝗）と孤独性の型であることを確かめた。そのあと彼は英国に亡命し（一九二〇）、この現象を「相《フェーズ》」とよぶことを提唱した（一九二一）。この相変異説は広く承認され、定説となっている。ちなみに、「飛蝗」はヒコウまたはトビバッタと読む。『聖書』にしばしば登場する邦訳の「いなご」は「ばった」の誤訳である。聖書の関連地域にイナゴ類は分布していない。

ところで、この群生相のバッタは体色が黒く、後脚の腿《もも》が相対的に短いことなどにより、孤独相とはたやすく識別できる。この相変異が起こる原因については、各国でさかんに研究されている。その一つでは、幼虫の糞に含まれる集合フェロモンが単離、同定されて「ロカストール」と名付けられた（一九六三）。この揮発性の高い化合物は、集団で飼育している幼虫が呼吸するとき体内に取りこまれて、群生相になるというのであるが、最近の研究ではこの説に否定的な見解も出されている。

また、農水省蚕糸・昆虫農業技術研究所の田中誠二室長の研究により、「黒化誘導ホルモン」

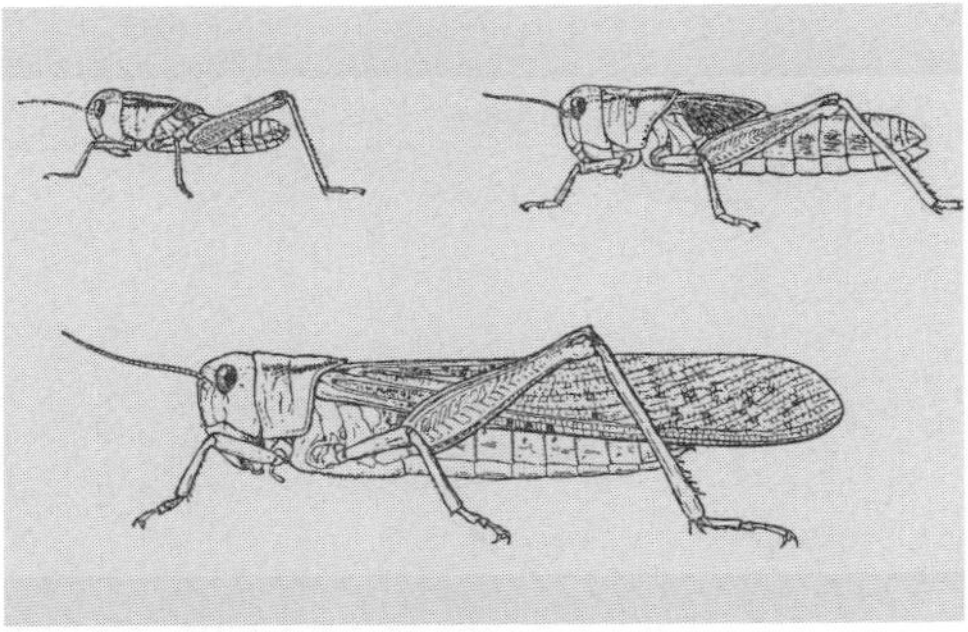

トノサマバッタ（ウヴァロフの著書より）

明治初期に北海道東部で大発生。和人とアイヌの人が大規模な共同防除を行った（『北海道蝗害報告書』1882より）

が発見された。これは脳とそのそばにある側心体に存在する。このホルモンがバッタの体色を黒化させるだけではなく、さらに後脚など体形を変化させることが立証できれば「相変異制御ホルモン」として、トノサマバッタの大発生と群飛を防止できるかもしれないと期待されている。

日本では大草原がなくなった上に、発生に好適な河川敷が整備されたことなどによりトノサマバッタが害虫として重視されるということはほとんどなくなった。一方、体が大きくて取り扱いやすいことから米国では教材や実験材料としてこのバッタが輸入されている。

ウリミバエ

ウリミバエ（図参照）はミバエ（実蠅）科の一種である。幼虫（うじ）が果実の内部を食害し、その寄主植物はキュウリ、スイカ、カボチャなどウリ科作物のほか、果菜、マメ類、パパイアなど数十種類が知られる。

東南アジア原産であるが、日本（南西諸島）、マリアナ諸島、ハワイ、アフリカなどに人為的に拡大分布するようになった。日本で初めて発見されたのは一九一九年に八重山群島で、一九二九年には宮古群島でも発見された。その後、一九七〇年に沖縄群島の久米島、一九七二年に沖縄本島で発見されて以来、急速に北上し、一九七四年には奄美群島全域にまで分布を広げた。

このような状況下で、一九七一年には沖縄の本土復帰が確実になったので、これにともなう特別事業の一環として、ウリミバエの根絶実験事業がおこなわれることになった。その背景には、一九六二年に米国農務省がマリアナ諸島のロタ島で、ウリミバエの不妊虫放飼法による根絶実験に成功したという実績がある。

この不妊虫放飼法というのは、まず人工飼料でミバエを大量に増殖して、そのさなぎにコバルト60のガンマ線を照射すると、それから羽化した雄成虫は野外の正常雌と交尾しても受精させる能力のない不妊虫となる。それで、この照射処理したさなぎを大量に野外へ放すと、その地域では健全な雌雄同士が交尾する機会が少なくなる。そのくり返しにより、それが加速されて、ついには根絶することができるという仕組みである。

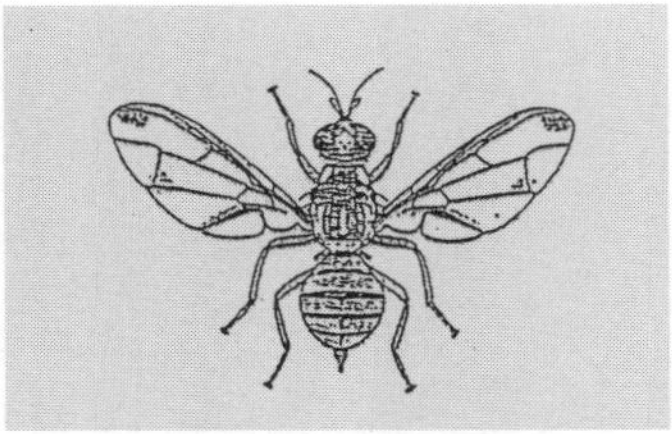
ウリミバエ。東南アジア原産。農水省は最新技術により根絶に成功

ところで、日本ではまず久米島で一九七五年からウリミバエの根絶実験事業を開始して、一九七八年に成功した。そこで農林水産省は南西諸島全域のウリミバエを根絶すべく、不妊虫の大量増殖施設を奄美大島と沖縄本島に設けて、年次計画により各島別に事業を展開した。

まず、奄美群島では一九八五年の喜界島を最初に、一九八九年一〇月には与論島まで、同群島の全域からこのミバエは根絶されたのである。

つぎに、沖縄県では宮古群島が一九八七年、沖縄群島は一九九〇年一〇月に根絶を達成した。そして、同年一一月二一日には東京・大阪向けの新鮮な野菜の出荷式がおこなわれ、晴れて花空港を飛び立った。「ウサガミソーレ（召し上がれ）、ウチナー（沖縄）の野菜を」の声に送られて（小山重郎、一九九三）。それまでは、ウリミバエゆえに沖縄産野菜の本土への自由な出荷は規制されていたのである。その後一九九三年、八重山群島でも根絶が確認されたので、農水省は同年一〇月、ウリミバエの日本からの根絶を内外に誇らかに宣言した。

こうして、一九七二年に根絶実験事業に着手して以来、二二年の歳月、直接防除費二〇四億円（人件費を除く）、延べ四四万人を投入し、六二五億匹の不妊虫が放飼されたのである。この根絶により得られる農業生産の恩恵は、年間一〇〇億円以上と推定されている。

ゴキブリ

数ある昆虫のなかでも、ゴキブリほど一般の人たちに嫌われるものは少ないと思う。それは、ゴキブリの姿かたち、悪臭、習性、そして衛生上の問題などが総合されて、マイナスのイメージがつくりだされるからであろう。ただし、国や地域によっては今でもゴキブリを食用や薬用にしているところもある。

ところで、このゴキブリという奇妙な名称の足どりをたどってみると、平安のツノムシ、アクタムシに始まり、江戸のアブラムシ、ゴキカブリ（五器嚙）を経て、明治にゴキカブリが誤、記されゴキブリが生まれた。そして標準和名はゴキブリ、俗称はアブラムシと呼んで併存してきたが、戦後に五木寛之の『ゴキブリの歌』などが現れて、「ゴキブリ」の天下になった。

ゴキブリは約三億年前の化石が発見されており、その基本的な体形は現代のものと大差がない。つまり、ゴキブリはほとんどモデル・チェンジすることなく、この住みにくい地球上を、したたかに生き抜いてきたのである。その意味でゴキブリの形態や生態は、「逆境」をしのぐのに最も適しているのかもしれない。

現在、ゴキブリは世界から約三五〇〇種、日本からは五十数種が知られている。国内で記録された家住性のものは十数種あるが、そのうち在来種はヤマトゴキブリだけで、あとは外国からの侵入種である。一八世紀初頭にはクロゴキブリとチャバネゴキブリ（図参照）が大坂（大阪）に定着しており、ヤマトゴキブリとともに現代日本のゴキブリ「御三家」をなしている。

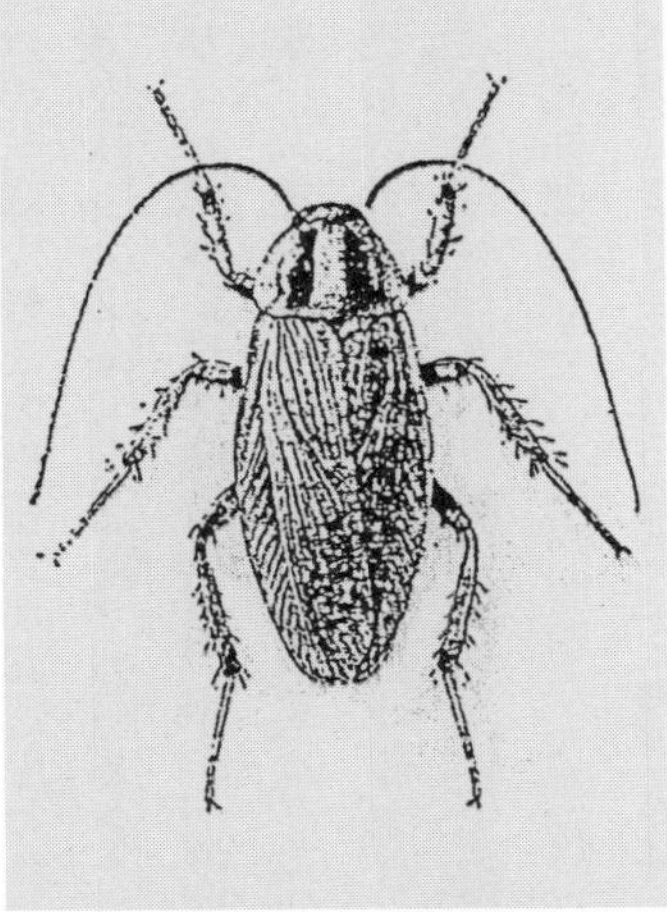
チャバネゴキブリ。比較的暖かい地域や場所を好む

かれらの近年の勢力関係をみると、もともと西日本で優勢だった暖地系のチャバネとクロが北上してテリトリーを広げ、比較的低温に強い東日本の優占種ヤマトゴキブリを圧迫しているようである。

その背景には、私たち日本人の経済生活の向上が深くかかわっている。すなわち、冬の暖房設備が普及するとともに質も高くなり、また捨てる食べものも多くなったことなどが、ゴキブリの繁栄と北上をささえているのである。

ゴキブリは市販の固形飼料で飼うことができ、また体も比較的大きくて扱いやすいので、実験動物として多くの分野で利用されている。

京都大学の石井象二郎教授（当時）らは、チャバネゴキブリの糞のなかに仲間を集める微量な物質（集合フェロモン）が分泌されていることを発見した（一九六七）。そして、ゴキブリはシャーレで単独（一匹）で飼育するよりも、複数で飼うほうが早く発育するということもわかった。

冒頭に書いたように、ゴキブリは嫌われものではあるが、意外にもユーモア小説の主人公として登場することもある。たとえば、イギリスのドン・マークイスの『アーチーとメヒタベル』（一九三一）や、北杜夫の『高みの見物』（一九六五）などである。それほどゴキブリは私たち人間と密着し、「共生」しているということなのであろう。

第３章

虫と人物と著作と

キアゲハ（フローホークの著書から）

日本昆虫学の開祖

松村松年

1872
|
1960

私が松村松年《まつむらしょうねん》という名前を初めて知ったのは、小学校時代の座右の書、平山修次郎著『原色千種昆虫図譜』（一九三〇）の校閲者としてであったと思う。この本のおかげで、私の岡崎常太郎著『コンチュー700シュ』（一九三〇）による〝同定〟のレパートリーは、「一〇一七種」まで増加した。そして、このような図譜を校閲された松村先生とは、どんなに偉い学者だろうと、あこがれの気持ちを抱いたものである。後年、私は北海道大学に学び、先生の孫弟子となった。

さて、松村松年は、一八七二年、兵庫県大明石町（現・明石市）で、明石藩主武芸指南番の三男として生まれた。幼少のころから大の虫好きだったが、父は昆虫採集には大反対であった。「こんなものばかり捕っていて、立派な人間になれるか！」（松村、一九六〇）というのである。

長じて、松年は札幌農学校（北大の前身）で昆虫学を専攻して卒業した（一八九五）。その後、北大農学部昆虫学教室を主宰するとともに、一九二六年、欧文昆虫分類学誌『Insecta Matsumurana（インセクタ・マツムラナ）』を編集・創刊した。松村は昆虫分類学を主体とした論文約二五〇編を発表するとともに著書が六十余冊もあり、それらを積み上げると自分の身長を超えたそうである。

この数ある著書のなかで、『日本昆虫学』（一八九八）は邦人による最初の昆虫学テキストとして著名である。内容は日本産昆虫の分類を主体としたもので、目、亜目、科のもとに「七百余種」について和名と学名、簡単な記載を付し、一部のものは図示されている（写真参照）。もともとこの本は、種の和名統一を主目的として書かれたものだけに、和名の新称や改称が多いので「昆虫和名の原点」（小西、一九八四）と称されている。

この和名命名のプリンシプルは、およそつぎのようである。すなわち、和名の語幹にはその種が属するグループ（科、属など）の和名をつけてその所属を示し、接頭語にはその種の特徴を表すような形容名をつけるというものである。この和名命名法は便利なので、今日まで継承されている。

本書は類書がなかったので大いに世に歓迎され、第一〇版（一九〇七）まで版を重ね、また先年、初版が復刻された（一九八四、サイエンティスト社）。

ちなみに、『日本昆虫学』の和名のなかには〝悪名〟もある。たとえば、「しりあげむし」をシリアゲムシ目の一種（現・ヤマトシリアゲ）と、シャチホコガ科の一種（現、モンクロシャチホコ）に重複して使ったり（つまり異物同名）、ガ類（成虫）を「〇〇てふ」や「〇〇けむし」と呼んだりするたぐいである。このような欠陥は、本書の改訂版ともいうべき『昆虫分類学』（上巻一九〇七、下巻一九一五）では、かなり整然と改善されている。

松村のもう一つの代表作は「日本千虫図解」シリーズである。これは『日本千虫図解』全四巻（一九〇四—一九〇七）、『続日本千虫図解』全四巻（一九〇九—一九一二）、『新日本千虫図解』全四巻（一九一三—一九二二）の合計一二巻から成る。

このシリーズは黎明期の日本の昆虫学に大きな貢献をした（当時も現在もいろいろな批判はあるが）。それにくらべて、当代一流の分類学者を糾合した〝連合軍〟による『日本昆虫図鑑』

『日本昆虫学』は日本人による最初の昆虫学テキスト

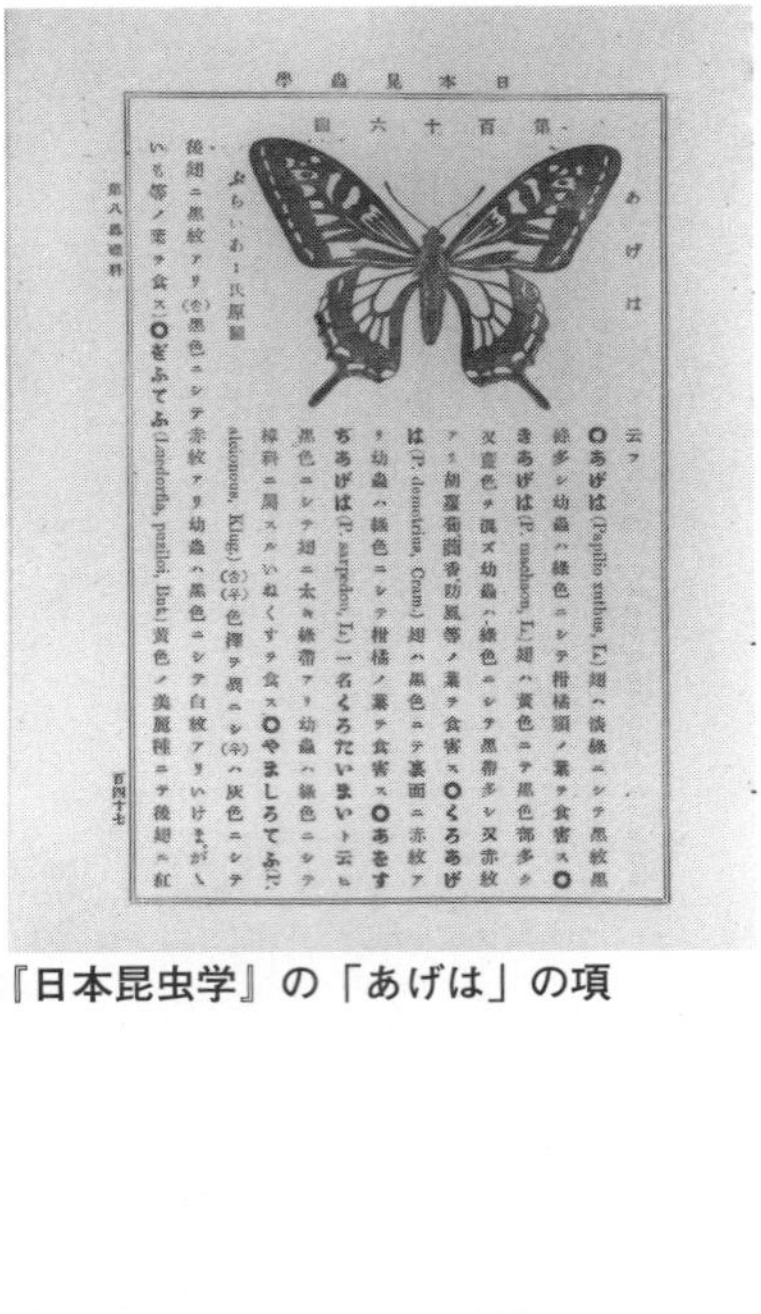
日本昆蟲學

第百十六圖

あげは

云フ
○あげは(Papilio xuthus, L.)翅ハ淡緑ニシテ黒紋黒條多シ幼蟲ハ緑色ニシテ柑橘類ノ葉ヲ食害ス○きあげは(P. machaon, L.)翅ハ黄色ニテ黒色部多ク又藍色ヲ混ズ幼蟲ハ緑色ニシテ黒帯多シ又赤紋アリ胡蘿蔔茴香防風等ノ葉ヲ食害ス○くろあげは(P. demetrius, Cram.)翅ハ黒色ニテ裏面ニ赤紋アリ幼蟲ハ緑色ニシテ柑橘ノ葉ヲ食害ス○あをすぢあげは(P. sarpedon, L.)一名くろたいまいト云ヒ黒色ニシテ翅ニ太キ緑帯アリ幼蟲ハ緑色ニシテ樟科ニ屬スルいぬくすヲ食ス○やましろてふ(P. alcinous, Klug.)(♂)(♀)色澤ヲ異ニシ(♀)ハ灰色ニシテ後翅ニ黒紋アリ(♂)黒色ニシテ赤紋アリ幼蟲ハ黒色ニシテ白紋アリいけまがいも等ノ葉ヲ食ス○ぎふてふ(Luehdorfia, puziloi, Ersch.)黄色ノ美麗種ニテ後翅ニ紅

百四十七

『日本昆虫学』の「あげは」の項

（一九三二、北隆館）に対抗し、〝孤軍奮闘〟して書いた『日本昆虫大図鑑』（一九三一）は、失礼ながら〝勇み足〟であったと思う。

ところで、松村は豪放磊落な性格で、また負けん気が強く、努力家であるとともに自信家でもあった。木原均博士が学生のころ聞かされた「三つの自慢話」（木原、一九八八）というのがある。

「（1）昆虫学では世界一、（2）尺八では日本一、（3）球つき（撞球）では札幌一」なのだそうだ。まさに先生の面目躍如といったところである。

松村は理博・農博、日本学士院会員（一九五〇）、文化功労者（一九五四）の栄誉に輝き、一九六〇年、八八歳の天寿をまっとうした。父上のかつての心配にもかかわらず、虫ゆえに「立派な人間」になれたのである。

害虫の生活史究明

佐々木 忠次郎

1857–1938

佐々木忠次郎《ささきちゅうじろう》は安政二年（一八五七）、福井藩士・佐々木長敦《ながあつ》の長男として越前国福井神明前に生まれた。初め忠二郎と名付けられたが、のち忠次郎と改めた（一八九九）。

維新の廃藩置県により一八七一年、一家を挙げて上京し、忠次郎は開成学校を経て東京大学理学部生物学科に第一回生として入学した（一八七七）。そこでは米人E・S・モースから動物学と進化論を、その後任者C・O・ホイットマンからは発生学と組織学を学んだ。よき師にめぐまれた幸先のよいスタートであった。ちなみに、佐々木はモースの「大森貝塚」（東京）発掘作業に協力し、その後、学友（飯島魁《いさお》）と「陸平《おかだいら》貝塚」（茨城）を調査・発表して、日本考古学史上に名をとどめている。

卒業（一八八一）後、農学校、駒場農学校、東京農林学校、帝国大学農科大学、東京帝国大学農学部などの順で教壇に立ち、主として昆虫学と養蚕学を講じた。これらの教育機関はすべて同一系列に属し、発展しつつ改組されたものである。なお、一八八一年は佐々木の講義により、日本において近代昆虫学の教育が発足した記念すべき年である。

佐々木の学風は応用面を重視するもので、害虫を飼育してその生活史を究明し、これに基づいた防除法の考案と普及に努めた。彼は多作家で、著書は約三〇点ある。おもに農林・養蚕・衛生害虫に関するもので、代表作は『日本農作物害虫篇』（一八九九）と『日本樹木害虫篇』（一九〇〇）である。いずれも好評を博し、大正初めまで版を重ねた。

オリジナリティに富んだ『日本農作物害虫篇』扉

これらは、自ら害虫を飼育して生活史を調べ、図示して記載すると共にその防除法を述べたもので、オリジナリティーに富んでいる。ただし、分類上の名称（とくに和名）は当時の基準とされた松村松年の『日本昆虫学』（一八九八）と比べて、かなり〝時代おくれ〟の感がある。このことは、佐々木の『昆虫分類法』（一九〇二）や『昆虫検索法』（一九一二）においても顕著である。それで、彼が〝新称〟した多数の和名などは、今日ほとんど残っていない。

ちなみに国蝶オオムラサキの属名 *Sasakia* は佐々木に献名されたものだが、皮肉にも『日本樹木害虫篇』では「竹類ノ害虫」にされており、この誤り（正しくはエノキ類）は最近の中国の害虫書にも、そのまま継承されている。

佐々木は父・長淳が蚕糸関係の技術者（官吏）であったことも関係して、養蚕上の業績もいろいろある。たとえば、カイコノウジバエの生活史の解明（一八八六）や、微粒子病の研究などである。当時「養蚕の佐々木か佐々木の養蚕か」と称賛されたと伝えられている。そのほか、彼は中国のサクサンやテグスサン（フウサン）など、野生絹糸虫の研究と導入にも尽力していた。さらに、モモシンクイガの生活史を研究して、その産卵を防止する「袋掛法」の端緒を開き、また米国から「除虫菊」（佐々木の命名）の種子の輸入をはかり（一八八五）、その栽培により「蚤取粉《のみとりこ》」の製品化を支援している。

趣味では根付《ねつけ》を約三〇〇〇個収集し、自分で図示（四一九図）して『日本の根付』（一九三六）を著した。これは今日でも貴重な文献とされている。

佐々木はやや小柄ながら頑健であった。それで登山も趣味の一つだった。人柄は温厚篤実、恬淡《てんたん》素朴で辺幅をかざらず、晩年は好々爺そのものであった。理学博士、東大名誉教授、帝国学士院会員など――安政から明治・大正・昭和まで四代を生き、害虫の研究一筋で貫いたエリートとしての一生であった。

昆虫思想の普及

名和 靖

1857–1926

名和靖《なわやすし》は、一八五七年、美濃国本巣郡船木村（現・岐阜県巣南町重里）で、庄屋の長男として出生した。

一八八二年、岐阜県農学校を卒業し、引き続き母校で博物学助手などをつとめた。靖は生来、向学心が強く、一八八六年一一月から翌年四月まで、東京帝国大学理科大学（現・東京大学理学部）で箕作佳吉《みつくりかきち》教授などから動物学（昆虫が主体）の研修を受けた。

その後、岐阜県尋常師範学校などの教職についたが、昆虫の研究と「昆虫思想」（害虫問題を重要視する考え）の普及に専念したいという宿願を実現するため、一八九六年、同校教諭を退職し、「名和昆虫研究所」を岐阜市京町に設立した。これは、日本最初の私立昆虫研究所である。この研究所は一九〇四年、金華山麓の岐阜公園に移転し、その後、財団法人組織になり今日におよんでいる。

名和昆虫研究所の存在は、海外でも有名である。たとえば、一九〇一年四月上旬、イギリスの銀行経営者で昆虫学者（専門はノミ類）のN・C・ロスチャイルド（Nathaniel Charles Rothschild）が、また同月下旬にはアメリカ農務省の昆虫学者C・L・マーラット（Charles Lester Marlatt）が同研究所を訪ねて靖と歓談し、それぞれ好印象をもって訪問記を書き残している。

靖自身も二回にわたり万国博覧会に日本産昆虫標本を出品し、国際的な活動をしている。一八九三年のシカゴ万博では優等賞を受賞し、一九〇〇年のパリ万博では銀盃を受けた。日本の昆虫は、一八六七年のパリ万博（徳川幕府出品）以来、万博では歓迎される出陳物であったようである。

靖は江戸時代の虫譜にしばしば描かれていた珍チョウを、一八八三年に岐阜県下で「発見」し、「岐阜蝶」の名で発表（一八八九）したことでも知られる。

ところで、一八九七年には全国の水稲にウンカ類が大発生して惨害をあたえた。靖は同年九月、タイムリーに月刊誌『昆虫世界』を創刊した。同誌は「幼稚なる昆虫界を警醒し……実用を図る」（発刊の辞）ために発刊され、一九四六年まで通巻五七四号を刊行して、学界に多大の貢献をした。その内容は害虫問題（農業害虫が主体）だけではなく、広く一般昆虫の分類や生態などにもおよんでおり、不可欠の学術文献としての価値をもっている。ちなみに、民営の昆虫誌が半世紀にもわたって刊行されたことは、世界でも希有のことである。

さて、同じく一八九七年一月、靖は『薔薇《ばら》之《の》壹株《ひとかぶ》　昆虫世界』（名和昆虫研究所）を刊行した。この小冊子（本文三一頁）は、一本のバラを舞台に繰り広げられる昆虫たちの生活をとおして、複雑な生物界の諸現象を平明な文語体（ルビ付き）で一般向けに解説したものである。

まず、害虫の主役に「ミドリアブラムシ」（バラミドリアブラムシ）が登場し、これをとりまくアリとの共生、クサカゲロウ、ヒラタアブ、ナナホシテントウなどの捕食者や、「ヤドリバチ」（アブラバチ類）のような寄生者との関係が述べられている。

シンボルのギフチョウをあしらった『昆虫世界』の表紙（部分）

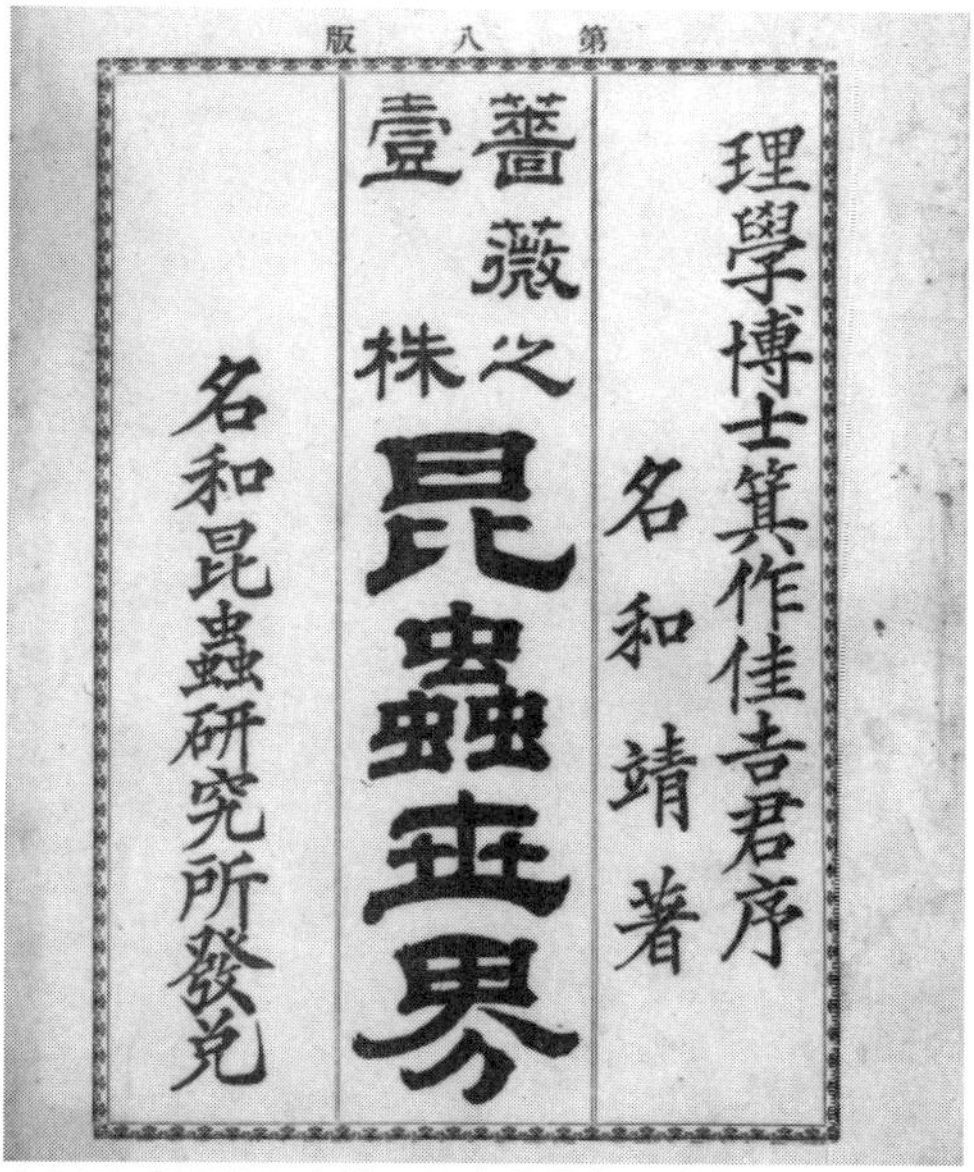

小冊子『薔薇之壹株　昆虫世界』の表紙

そのほか、ヒメクロオトシブミ、「ノコギリバチ」（バラクキハバチ）、カミキリムシなどの害虫についても記している。さらに昆虫の外部形態、分類（目《もく》の単位）や進化など、昆虫学のあらましにもおよんでいる。

この本は一般読書界でも好評を博し、一九二二年までに一二版を重ね、一三頁を増補している。一般向け昆虫書の名著の一つに数えてよいであろう。

こうして、私財をなげうって昆虫思想の普及にささげた靖の一生は、昭和初期の高等小学校の教科書『修身』巻二（一九三二）で人生の鑑《かがみ》として教材になっている。ただし、実生活においては「石部金吉」というわけではなく、下世話にも通じた、なかなかの粋人であったと伝えられている。晩年は「昆虫翁」を名乗り、それが通り名となった。

独学力行の士
長野菊次郎

1868
|
1919

長野菊次郎《ながのきくじろう》は一八六八年、福岡県筑紫郡警固村に生まれた。父は福岡藩の武道指南番である。

地元の小学校を経て、福岡中学校を卒業した（一八八四）。父が夭逝《ようせい》したので一家の生活を支えるため進学はあきらめて、小学校教員などをしながら独学し、尋常師範学校・尋常中学校の教員検定試験（植物科）に合格（一八九七）、次いで師範学校・中学校・女学校の教員検定試験（動物科、生理科）に合格した（一八九九）。これらの文部省検定試験は、学歴がなくても学力のある人のために開かれた制度だが、かなり狭き門であるといわれている。

こうして取得した資格のもとに、しばらく岐阜中学校や東京府立第三中学校で教鞭をとったが、向学の心やみがたく、一九〇四年、米国に渡り一九〇七年まで私費留学して、主に昆虫学について研鑽《けんさん》を積んだ（留学先などは不詳）。

帰国後、かねて「師友」と仰ぐ名和靖が経営する名和昆虫研究所付属農学校教諭となり、同校の廃校後も同研究所にとどまって研究をつづけた。長野の専門は、鱗翅類《りんし》（チョウ・ガ）の生活史および分類である。多数の論文のほかに著書が三冊ある。すなわち『名和日本昆虫図説』第一巻・天蛾科《スズメガ》（一九〇四）、『日本鱗翅類汎論』（一九〇五）、および『図説　害虫と益虫』（一九一八）である。

代表作は『日本鱗翅類汎論』であり、この本は多くの外国書を参考とし、日本産の種類をもとにして書かれたもので、その後これを超える邦語の類書（概説書）はない。本書の特徴は、まず翅脈に基づいて科および亜科を解説していることであり、これは当時の日本の昆虫学のレベルからは画期的なことといってよいであろう。

また、巻頭に「鱗翅類ノ和名ニ対スル卑見」を述べており、そのなかで和名命名の基準を八項目あげている。それらは、いずれも妥当なものではあるが、長野がこの本で新称したガの和名は、現在ほとんど使われていない。その理由は、たとえばシンジュサンをアヤニシキ、カイコをヤマトタカラ、マイマイガをオスグロサザナミというような〝文学的〟命名が、先行していた松村松年の〝合理主義的〟命名と相容れなかったからであろう。なお、キマダラツバメのように、シジミチョウ科とシャクガ科に属する別種に使われたホモニム（異物同名）が見られるのは、和名に一家言をもつ著者であるだけに残念なことである。その後、長野は『図説　害虫と益虫』（一九一八）において、松村式和名を踏襲している。これは自説に固執しない彼の人柄を示すものである。

長野は『動物学雑誌』や『昆虫世界』などに多くの論文を発表しているが、ライフワークと称すべき労作は、『名和昆虫研究所報告』第一号（一九一六）、第二号（一九一七）に、それぞれモノグラフとして書かれた、ガの生活史と分類に関する長編の論文（英文摘要付き）である。彼は幼虫の形態を基礎とした鱗翅類の系統分類の確立を目指しており、これらの大著への精力の傾注が病弱の身の死期を早めたのかもしれない。

なお、長野はドクガ科のモノグラフも英文摘要のみを残し完成していた（江崎悌三、一九三一）そうだが、その遺稿はどうなったのだろうか。彼の没後、遺されたチョウの生活史の記録と図は、江崎悌三の補訂により『Zephyrus（ゼルフィルス）』（一九三一―三三）に、五回に

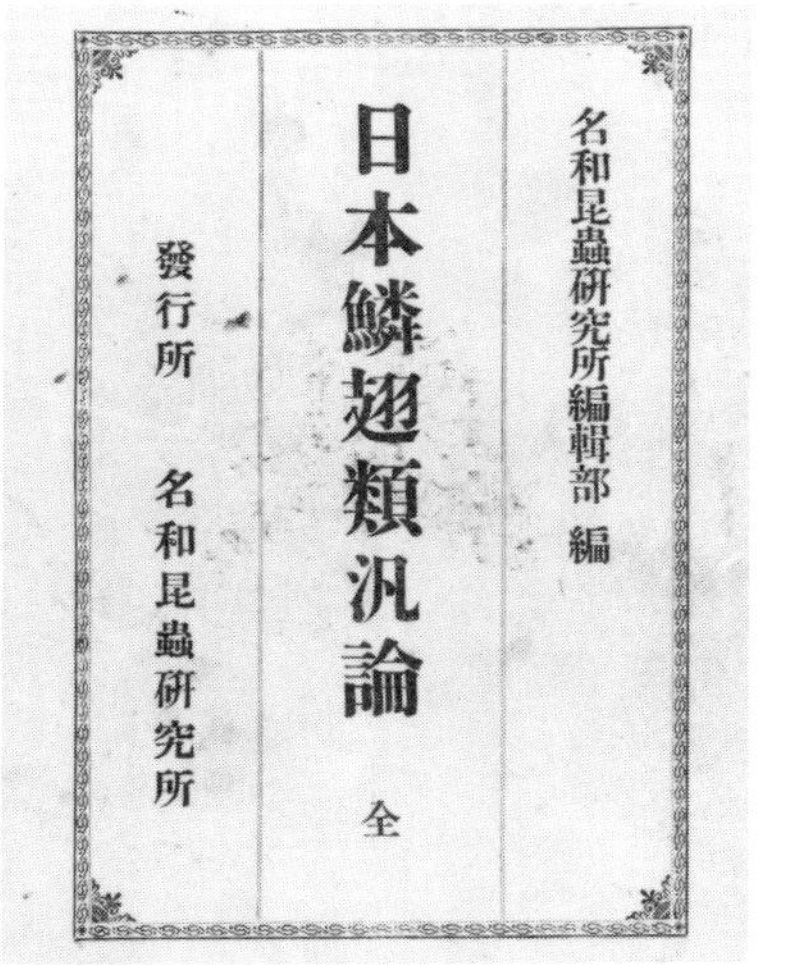

代表作の『日本鱗翅類汎論』扉

最晩年著作『図説　害虫と益虫』の表紙

わたり発表されている。

彼が貧苦のなかから苦心して集めた文献の大部分は東大理学部動物学教室に購入された。また、生前に昆虫学者と交わした書簡は、国立科学博物館に保存されているそうである（長谷川仁氏の教示)。

長野は質素簡明を旨とし、常に向学心を燃やし続けた努力の人であった。画才にめぐまれ、その精確な図は彼の論文の主要部をなしており、彩色図も見事なものである。かねて胸をわずらい、死の病床にあったときの「此頃《このごろ》やせし身の血を吸ひに来る蚊を捕ふれば四五種ありけり」という、いかにも昆虫学者らしい歌には心を打たれる。

こうして苦難に満ちた一生ではあったが、学問一筋に命を焼き尽くした壮絶な生きざまであった。

植物検疫制度の確立

桑名伊之吉

1871–1933

桑《くわ》名《な》伊《い》之吉《のきち》は、一八七一年、福岡県築上郡黒土村に生まれ、少年のころから動植物に興味を抱いていた。一八八八年、青雲の志を抱いて渡米。まず米本土への旅費を得るため、ハワイで一年ほど労働者の監督などをやり、次いで本土に渡り苦学しながら中学校の課程を修めた。

コーネル大学に進み、J・H・カムストック教授のもとで昆虫学、とくにカイガラムシ類の分類を学んだ。これは桑名の一生を通じての専門分野となっている。コーネル大卒業（一八九九）後、スタンフォード大学でカムストック（コーネル大と兼務）の指導のもと、大学院生および助手として研究をつづけた。

一九〇一年、マスター・オブ・アーツの学位を取得し、翌年帰国して、九州の英彦山《ひこさん》にある九州昆虫学研究所（高千穂宣麿《のぶまろ》男爵経営）に入った。彼はここに拠《よ》って昆虫に関する事業（標本販売、講習会など）と研究を両立させようと考えたようだが、こと志とたがい、その翌年招かれて農商務省農事試験場（東京・西ヶ原）に就職することになった。

以来、同場昆虫部長（一九一〇）を経て、「輸出入植物取締法」の制定（一九一四）に伴い、農商務省植物検査所の初代所長に就任後、主として植物検疫（輸出入植物の病害虫に対する検査と措置）関係の業務を遂行した。桑名は英語に堪能であったので、国際交流や折衝にもこれを活用し、多大の国益をもたらした。こうして、彼は日本における植物検疫制度の創設と確立に献身し、今日みられるような世界の範とするに足る体制の基盤を築き上げたのである。

一方、桑名はカイガラムシ類の分類の研究をつづけ、多数の論文（五四編以上）を発表しており、この分野で世界の碩学《せきがく》として評価されている。一九二六年、農学博士の学位を授与された。

著書も多く、一〇点以上を数える。主著は『実用害虫駆除法』（一九〇八）である。この本は整然とした構成および行文で、当時の米国式防除技術を主体に紹介しており、版を重ねた。初版（本文三八四頁）に「他日を俟《ま》つて之《こ》れが補訂の責に任ぜんとす」（自序）とあるとおり、増訂六版（一九二五）では本文四九一頁におよび、彼のまじめな性格がうかがわれる。

処女出版の『昆虫学研究法』（一九〇三）も名著である。このなかには、採集した昆虫はできるだけ速やかに殺し、苦痛を少なくしてやるようにと記している。ちなみに彼はクリスチャンで、洗礼名はシンカイ（Shinkai）。なお、大冊の『日本介殻虫図説』前・後編（一九一一、一九一七）は古典的労作である。

桑名は米国式害虫防除技術をいち早く導入して大きな貢献をした。たとえば石油乳剤と噴霧器の普及（一九〇六）、石灰硫黄合剤の調製とカイガラムシ類駆除試験（一九〇七）、二硫化炭素薫蒸《くんじょう》の普及（一九〇七）、青酸ガス薫蒸（苗木、立木）の実用化（一九〇七―一一）など殺虫剤の利用のほか、イセリアカイガラムシの天敵ベダリアテントウムシの移入（一九一一―一二）、ブドウネアブラムシの免疫台木育成普及事業の創始（一九一六）、ミカントゲコナジラミの天敵シルベストリコバチの輸入（一九二五）などの事績がある。

桑名は温容で、若いころから白髪だったので、みずから「若翁《じゃくおう》」と号していた。刻苦勉励の典型で、謹厳実直な人柄であった。やはり篤学の昆虫学者・中山昌之介（一八八七―一九六九）

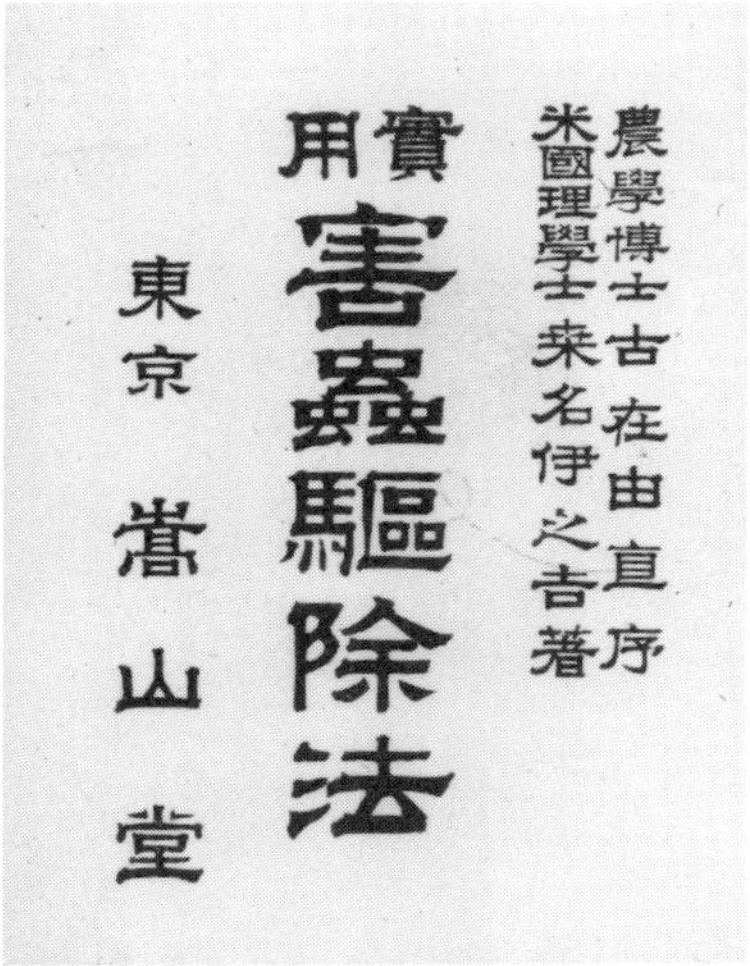
農學博士古在由直序
米國理學士桒名伊之吉著
實用害蟲驅除法
東京　嵩山堂

主著の『実用害虫駆除法』扉

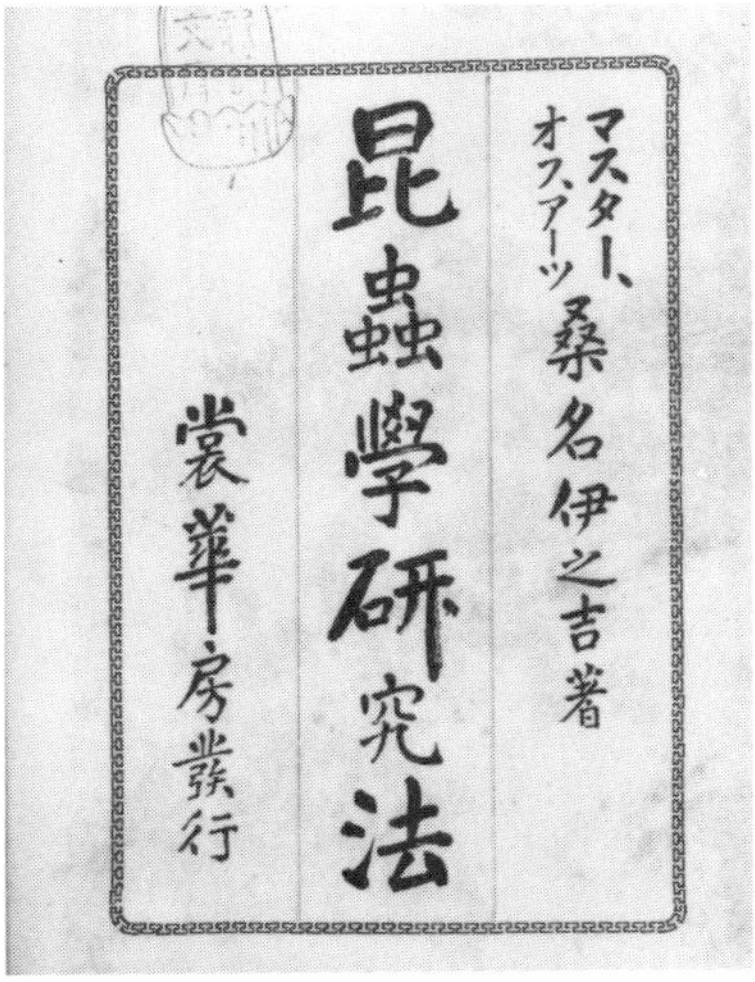
マスター、オフアーツ桒名伊之吉著
昆蟲學研究法
裳華房發行

『昆虫学研究法』扉

が弱冠一九歳で渡米し、高等学校を経てスタンフォード大学を卒業したのは、農事試験場で桑名に師事し、起居を共にして発奮したことによると伝えられる。

ちなみに、農林省蚕糸試験場に永く勤めた昆虫学者・桑名寿一（一九〇六—七六）は伊之吉の養子である。

晩年は、東京昆虫学会（現・日本昆虫学会）の会長に再度（一九三〇。一九三二）推された。桑名が、学歴や学閥のうるさい時代にもかかわらず、学者として、また行政官（管理職）として功成り名遂げたのは、ひとえに本人の努力と力量によるものであろう。当時の日本には珍しい国際派昆虫学者であった。

薄命の異才

三宅恒方

1880–1921

三宅恒方《みやけつねかた》は、一八八〇年、金沢市水溜町で恒徳（法学士）の長子として生まれた。祖父は加賀藩医である。

恒方は、六歳ころから昆虫に興味をもつようになった。そして、東京府尋常中学校（現・日比谷高校）に入学してからは、本格的に昆虫を採集したり研究したりした。

一六歳のとき「台湾のトコジラミに就き」を専門誌に発表し、その翌年には東京動物学会（現・日本動物学会）の懸賞論文に「マルウンカとナナホシテントウに就て」（英文）を応募して、二等賞（一等は該当なし）に入選した。このように早熟な神童?ぶりだったのである。

その後、第一高等学校を経て東京帝国大学理科大学動物学科に進学した。父が夭折《ようせつ》したので、その弟の三宅雪嶺《せつれい》（文博）と花圃夫人（作家）の援助によるものである。

大学卒業後、東京帝大農科大学の助手となり、一九一四年「日本産シリアゲムシ目の研究」

（英文、一九一三）により理学博士の学位を授与された。これは当時、日本人による昆虫の論文では質的に最高レベルのもので、海外でも高い評価を受けた。この年、三宅は邦人として最初のロンドン昆虫学会会員（フェロー）に選ばれている。これはたいそう栄誉あることである。

三宅は研究とともに執筆意欲も旺盛で、著書は一一点ある。昆虫関係では五点あり、処女出版は三宅（編）の『初学昆虫採集法』（一九〇一）。これは弱冠二一歳の三宅が少年向けに書いたもので、一九〇四年には六版が刊行されている。

一九一〇年には内田清之助と共訳で『ふをるそむ氏昆虫学——特に生態学上並に応用上の見地より論ず』を世に送り、これも好評を博して翌年には再販された。この成功は、特殊な分野

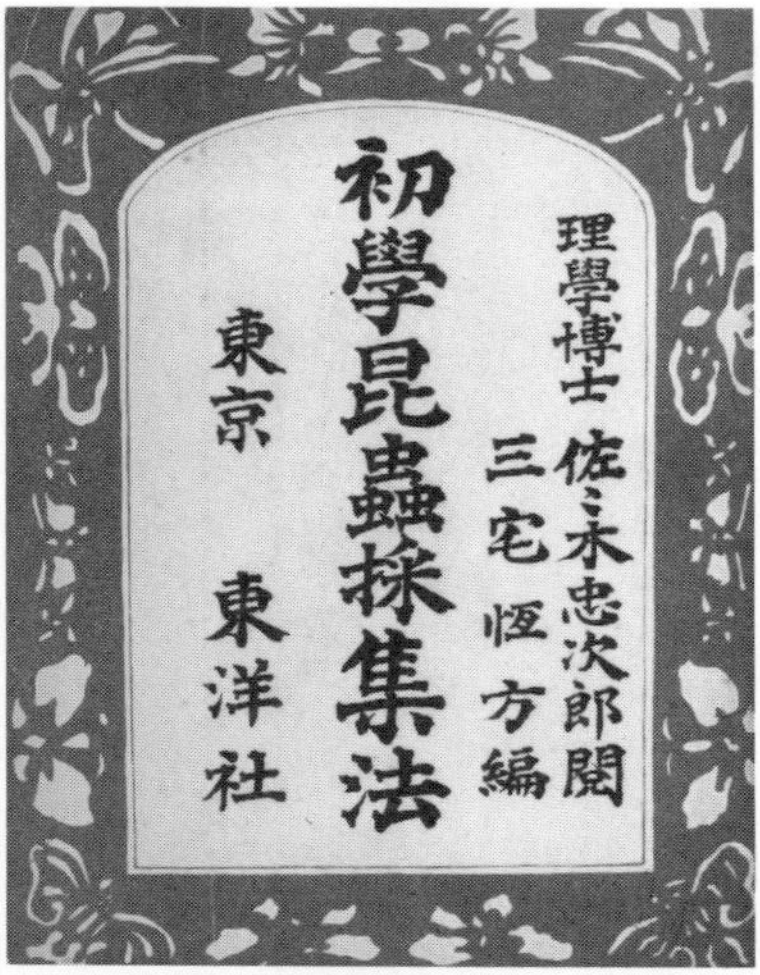

三宅恒方編『初学昆虫採集法』の表紙

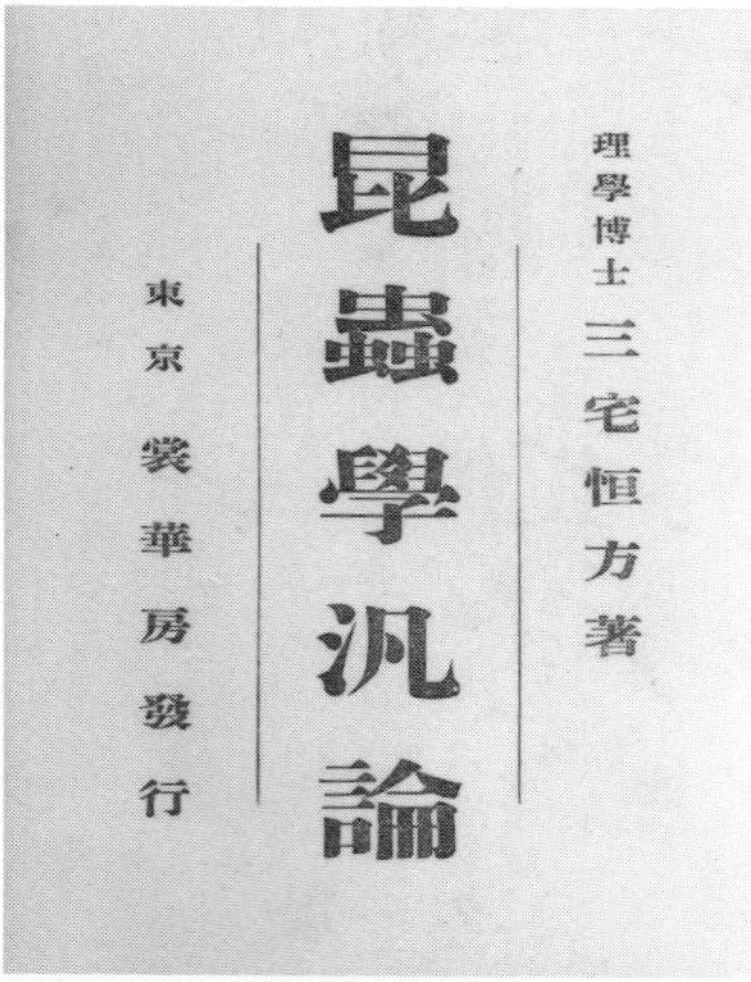

不朽の名著『昆虫学汎論』(上巻)扉

の本であるだけに当時としては破格のことであった。

それに続いて、三宅は単独で不朽の名著『昆虫学汎論』上（一九一七）、下（一九一九）二巻を著した。そのころ三宅は農商務省農事試験場（のちの農業技術研究所）の昆虫部主任の職にあり、毎日帰宅後と休日に自宅で執筆したものである。上巻に三年、下巻には二年の歳月を要した。

その構成は一般昆虫学のほか、内外の昆虫学史や昆虫と美術工芸などにもおよぶ周到なものである。自序には「将来斯学界ノ進歩ニ伴ヒ、本書ノ持スル抱負ト之ニ対スル著者ノ努力トノ遂ニ判明スル秋《とき》アルベク、是ノ判明スル秋ハ即チ我ガ昆虫学界ニ一大進運ノ来リタル暁ニシテ……」と率直に「自画自讃」しているだけあって、当時は最精最良の昆虫学テキストであり、その後もこれを超える類書はない（小西、一九八八）。

今日では昆虫学の発展と共に専門化が進み、ひとりで「汎論」を書くことは不可能になったといってよいであろう。

ちなみに、明治期から終戦時までを通じて邦語の昆虫学テキストのベスト・スリーは、松村松年『日本昆虫学』（一八九八）と、上記の『ふをるそむ氏昆虫学』および『昆虫学汎論』であると思う。

三宅は生来、画才と文才にめぐまれていた。長女の作家・三宅艶子《つや》（一九七五）によると、恒方は「幼少の頃は画家を志していたが、家が貧しく絵具が思うように買えなかったので、うさ晴らしに昆虫を採っているうちに興味をもち、以来昆虫学の勉強をしたらしい」のだそうである。

また、文才のほうは没後に編集・刊行された随筆集『第六感を交へて』（一九二二）など六点におよぶことからも、その健筆ぶりがうかがわれる。行間にただよう巧まざるユーモアには、著者のいかつい風貌と思い合わせて思わず笑いがこみ上げてくる。

三宅は自他共にゆるす「天才」と「変人」が共存する異能の人であった。それが満四〇歳という若さで腸チフスで急逝したのは、日本の学界にとっても大きな損失で、惜しみても余りある。三宅は、私が敬愛する数少ない〝正統派〟昆虫学者の一人である。

台湾昆虫学の開祖

素木得一

1882–1970

素《しら》木《き》得《とく》一《いち》は一八八二年、北海道函館に生まれた。六人きょうだい（男二、女四）の第一子である。一九〇〇年、札幌農学校（北海道大学農学部の前身）に入学し、同校本科を主席で卒業した（一九〇六）。予科では「遊戯部長」をつとめ、野球・テニスやボートの選手としても活躍した。

小学校のころは人並みにトンボやセミ捕りをした程度で、昆虫には特別の興味もなく、本科に入るとき「人が誰もやらない昆虫でもやろう」ということで、松村松年の最初の弟子になった。昆虫採集もそれから始めたほどのおくてであった。

一九〇七年、台湾総督府農事試験場昆虫部長として渡台した。それから一九四七年に帰国するまでのあいだ、台湾の昆虫学および害虫防除のため献身的に活躍した。

その間、素木はテグス蚕を海南島から台湾に導入し（一九〇八）、これはしばらくして定着した。また、侵入害虫イセリアカイガラムシの捕食天敵ベダリアテントウを導入するため米国に出張し（一九〇九）、ハワイで採集したものを持ち帰って放飼し、劇的な成功をおさめた。その当時、台湾の昆虫の同定は、きわめて困難な状況であったが、素木は一九一三年から約三ヵ年、欧米各国に出張し、大英博物館では台湾から持参した標本二万余頭を同定した。そのなかで、イネの害虫サンカメイガの学名を確定（改訂）し、また原産地（セイロン）を推定した論文（英文、二五六頁）をまとめて農学博士を授与された（一九一七）。

一九二六年、台北帝国大学が設立され、素木はその在外研究員として約二ヵ年、欧米各国に出張し、持参した標本を大英博物館やベルリンのH・ザウター採集の台湾産昆虫と比較し同定した。これらはその後の研究上、たいそう貴重な基礎資料となった。

帰国後、素木は台北帝大教授となり、総督府中央研究所応用動物科長を兼務した（一九二八）。素木は双翅目や直翅目を始め、ゴキブリ目、シロアリ目、ナナフシ目やハサミムシ目などの分類学的研究のほか、農業害虫に関する研究とその成果の普及にも多大な貢献をした。

素木が発表した論文・著書は一五〇編、一万五〇〇〇頁（うち欧文四二編、約四三〇〇頁）に及ぶ。著書は書店出版のもの一六点、総督府出版のものが数点ある。昆虫一般に関する処女作は『昆虫講話』（一九三五）である。

その後は大著が多いので主著の選択に迷うが、『昆虫の分類』（一九五四。九六一頁）を挙げることにする。これは内外の代表的な昆虫書を参照して編纂したもので、簡潔な「総論」と主部の「各論」から成る。科はやや細分しすぎのきらいもある（特に鞘翅目）。なお、遺稿に『分類昆虫学大系』（完成原稿数千枚）があるそうである。

『昆虫学辞典』（一九六二。一〇九八頁、五二図版）は、J・R・デ・ラ・トーレ＝ブェノの『昆虫学術語辞典』（一九三七）などを参考にして編まれているが、語彙の多いことでは、内外に類をみない。

『衛生昆虫』（一九五八。一五六六頁）も世界の文献を博覧して編述したもの。これら大冊の三部作はいずれも版を重ねた。なお、素木が戦後に帰国してGHQ（連合軍総司令部）天然資源局の技術顧問時代に編纂した『日本害虫目録』Ⅰ―Ⅶ（一九五二。八六三頁、英文、タイプ

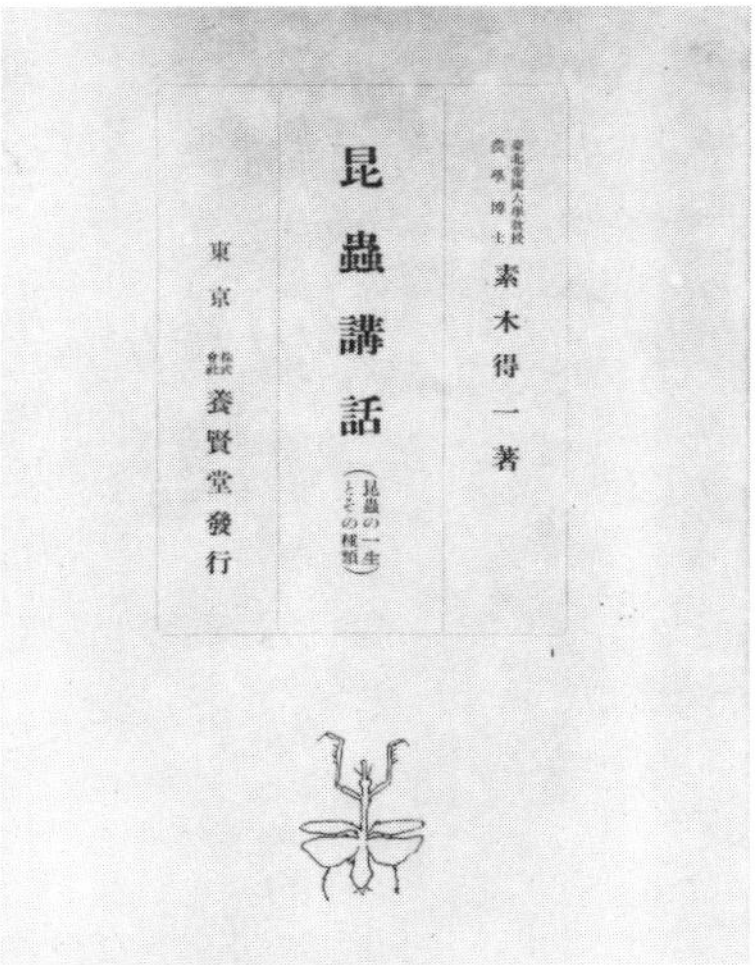

『昆虫講話』表紙カバー

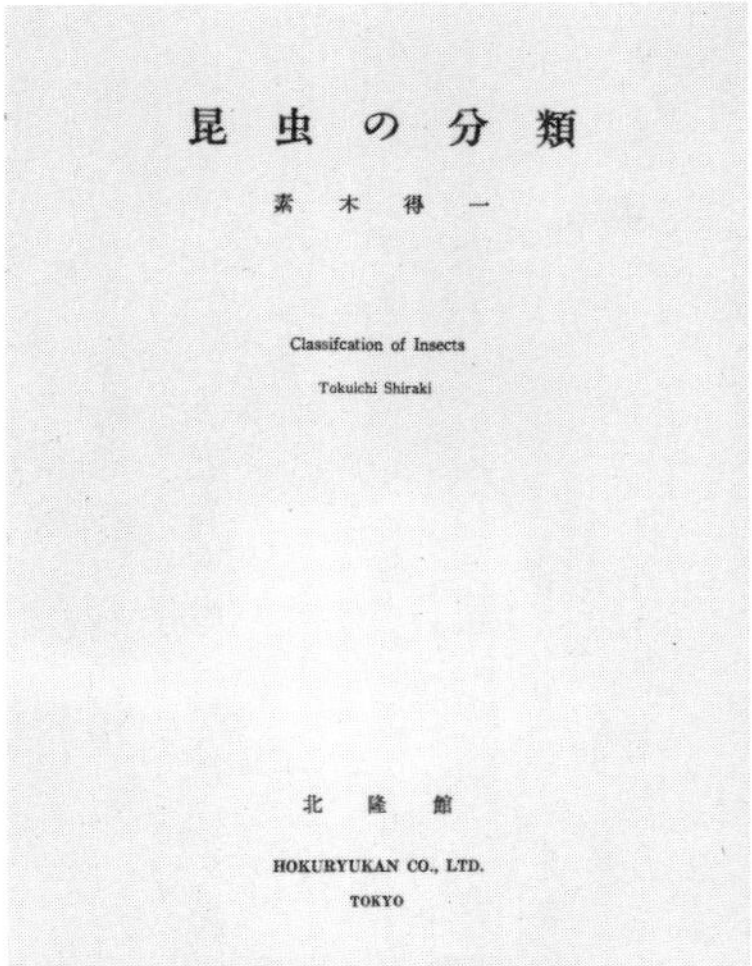

主著の『昆虫の分類』扉

印刷）は、学名と英名を併記した労作である。

　このように素木は日本では稀にみるスケールの大きい、かつ持続力のある学究であった。一方、油絵・写真・囲碁や将棋などをたしなむ趣味人でもあった。人となりは温厚篤実で後進の面倒見がよく、また実行力があり政治的手腕もすぐれていた。

　学会関係では日本応用昆虫学会会長のほか、次の諸学会の名誉会員に推されている。ドイツ昆虫学会・日本昆虫学会・日本衛生動物学会・日本応用昆虫学会（のち下記に改組）・日本応用動物昆虫学会など。

　素木は働き盛りの四〇年間を台湾にあって、同地の昆虫学と応用昆虫学の基礎を確立した。また、人材の育成、文献や標本の収集・整備などの面での貢献も多大である。素木の力量からすれば、ほんらい日本の中枢にあって活躍すべき人物であったのかもしれない。

文系の昆虫学

荒川重理

1884
|
1976

荒川重理《あらかわじゅうり》は一八八四年、東京の本所緑町で三人兄弟の長子として生まれた。父は旧幕臣の旗本であったが、維新後は測量技術者として一家の生計を支えた。

重理は立教中学校（東京）を卒業（一九〇二）後、札幌農学校（北海道大学の前身）農芸科に選科生として入学し、松村松年教授のもとで昆虫学を学ぶことになった。あえて選科生の道をとったのは、当時の「末は博士か大臣か」の出世主義に反抗したからだそうである。

そのころ、桑山茂（一八八二―一九一二）が昆虫専攻の学生として在籍しており、すぐに親交を結ぶようになった。

荒川は同科を修了（一九〇六）した翌年、学制が改革されて東北帝国大学農科大学となった母校の助手となり、昆虫学を研鑽《けんさん》した。ところが、まもなく肺尖《はいせん》カタルにおかされたので退職し（一九一〇）、暖地の愛媛県宇和農蚕学校教諭となった。その年に発表したニワトリの吸血害虫「オホヌカヽ」（ヌカカ科）は、後にニワトリヌカカと改称されたが、その学名（属名は変更された）は今日も残っている。

主として宇和時代に畢生《ひっせい》の労作『趣味の昆虫界』（一九一八、写真と図参照）が生まれた。この本は本文三九二頁の大冊で、背表紙表題は金文字のぜいたくな装丁。本書はポピュラーな昆虫（主要な目《もく》のすべて）の生態を概説するとともにその昆虫にまつわる文学（詩歌、俳句など）や民俗などを古今東西の資料から集成したものである。つまり「文系の昆虫学」とも称すべき内容で、今日まで類書はない。

本書の成立には、前出の学友・桑山茂が深くかかわっている。すなわち、二人で協力してこのような本を書こうと固く約束していたのだが、それに着手する前に、桑山が胸を病んで夭折《ようせつ》したので、荒川が単独で三年の歳月をついやしてその責を果たしたのである。

その構成は、第壱篇が「総論」三章で昆虫の概論、第弐篇は「各論」で二一章から成っている。全巻、美文調の文語体で書かれており、いまの世代にはなじみにくいかもしれない。たとえば「蛍」の章の導入部は、こういう調子である。「夕べ涼しき野川の辺に、星光に飾られし夜の空をいたゞきつゝ、黒く沈める地に包まれて立てる時、闇を縫ふ螢火二三、そこゝに点じて優しき声の其寂《そのしず》けさを破りつゝ、響けば詩人ならぬ何人も、此《この》納涼の幸ある国に生れし幸ひを味ふなるべし。……」

また、桑山茂が研究途次にあったトビケラの章では「亡き友を偲びてしばしたゝずめば　水の上とぶトビケラあはれ」と自作の歌で友を悼んだり、しばしば英詩を対訳したりしている。このようなところに、荒川の並みならぬ文才がうかがわれる。なお、荒川はこの本の増訂を期していたらしく、赤インクでびっしりと書き込みのある手沢本《しゅたくぼん》が終焉《しゅうえん》の地の別府大学図書館に遺贈されているそうである。

荒川はその後、松山高等学校講師（一九二〇）、浜松高等工業学校講師（一九二三）などを経て、当時は日本領の台湾に渡った（一九二七）。同地では、台北高等学校教諭（尋常科）兼助教授から教授となり（一九三一）、同校を退職（一九四四）後、すぐに台北帝国大学農学部講師となった。教科はいずれも生物学（動物学）である。

類書のない労作『趣味の昆虫界』扉

『趣味の昆虫界』の口絵「くまぜみ」

敗戦後、台北帝大は中華民国国立台湾大学となり、荒川はその教授として、一九四七年四月まで留用された。帰国後は、愛媛県立宇和高等学校教諭（一九四八）、別府女子大学教授（一九五二）、別府大学短期大学部長（一九五四）などをつとめた。

上に述べてきた教育機関（特に台湾時代）において、荒川は教え子たちに「おさかな」（オチャカナ）と愛称されて慈父のように敬慕され、真の師弟愛がはぐくまれたのである。

そのようすは『荒川重理先生の思い出』（一九七七）の全巻をおおっており、教育者はかくあるべきかと、深い感動をおぼえる。荒川は一冊の名著と、そして多くの教え子たちを遺したのである。

邦人初の蝶譜

宮島幹之助

1872–1944

宮島幹《みやじまみき》之助《のすけ》は一八七二年、山形県米沢で生まれた。一八八七年、医学を修める目的で上京し、第一高等中学校（旧制第一高等学校の前身）に入学。そこではドイツ語をドイツ人動物学者A・フリッツェについて学んだ。

当時、フリッツェの東京・本郷の寓居は昆虫の飼育箱と標本箱が部屋中いっぱいで、教え子たちが訪ねると、それらを見せながら熱心に〝課外授業〟をしたそうである。その影響もあってか、宮島は東京帝国大学理科大学に進学し、初志を変更して動物学を専攻することになった。ちなみに、フリッツェは日本のチョウ類二一種に季節型が認められることを発表している（一八九〇。一八九四）。

宮島は同大を卒業（一八九八）後も大学院で研究をつづけ、一九〇〇年には京都帝大医科大学大学院に移籍してマラリアの研究を始めた。そのころは、マラリアがカ（アノフェレス属）

によって人体に媒介されることが解明されたばかりの時代であった。その後、京大講師（寄生虫学）や痘苗製造所（のち伝染病研究所と合併）技師を務め、一九〇七年には論文「本邦産アノフェレスについて」により医学博士の学位を授与された（京大）。一九一四年、北里研究所の創設に参画して寄生虫部長となり（一九三八年、副所長）、ついで一九一七年、慶応義塾大学医学部教授（寄生虫学）を兼任した。

彼は政治力があり、また人望もあったので、一九二四年の総選挙で郷里山形から出馬して衆議院議員に当選したが、政党間の「闇取引」に愛想をつかし、政界からはこれを限りに手を引いた。

今の政界にこのような清廉の士は、はたしてどれほどいるであろうか。余談だが、国会議員を務めた昆虫学者には中川久知（一八五九—一九二一、衆議院）および高千穂宣麿《のぶまろ》（一八六五—一九五〇、貴族院）がある。

宮島は『動物学雑誌』にチョウやガに関する報文を多数発表し（一八九六—一九一六）、そのほか衛生害虫についても他誌に多くの報文を発表している。また、著書も教科書や随筆集を含めて一〇点ほどある。その代表作は、処女出版の『日本蝶類図説』（一九〇四）である。この本は、英国人H・プライヤーの『日本蝶類図譜』（Rhopalocera Nihonica、一八八六—八九）につぐ、日本人の手になる最初の蝶譜である。もっとも、江戸時代の虫譜にも中島数馬の『蛺蝶譜』（写本、一七八八）などがあるが、これらはチョウの写生を主体としたものである。

宮島の蝶譜は広く世に歓迎され再版（一九〇八）もされた。これは東大大学院在学中に『動物学雑誌』に連載（一二回）した「日本産蝶類図説」（一八九九―一九〇〇）がもとになっているが、東大の恩師・箕作佳吉、石川千代松両教授のすすめにより、文章・図版とも新たに稿を起こして一書にまとめたものである。

本書は総説と各説にわかれ、前者はチョウの形態・生態、採集・保存・飼養法、分類から成り、後者は日本産（北海道～琉球）のチョウ類八科一六五種の解説と図説（彩色）から成る。解説には科・属・種ごとに特徴が記載され、ときに属の翅脈も図示されている。

この属の特徴を記載するという手法は、宮島の分類学者としての見識を示すものであろう。

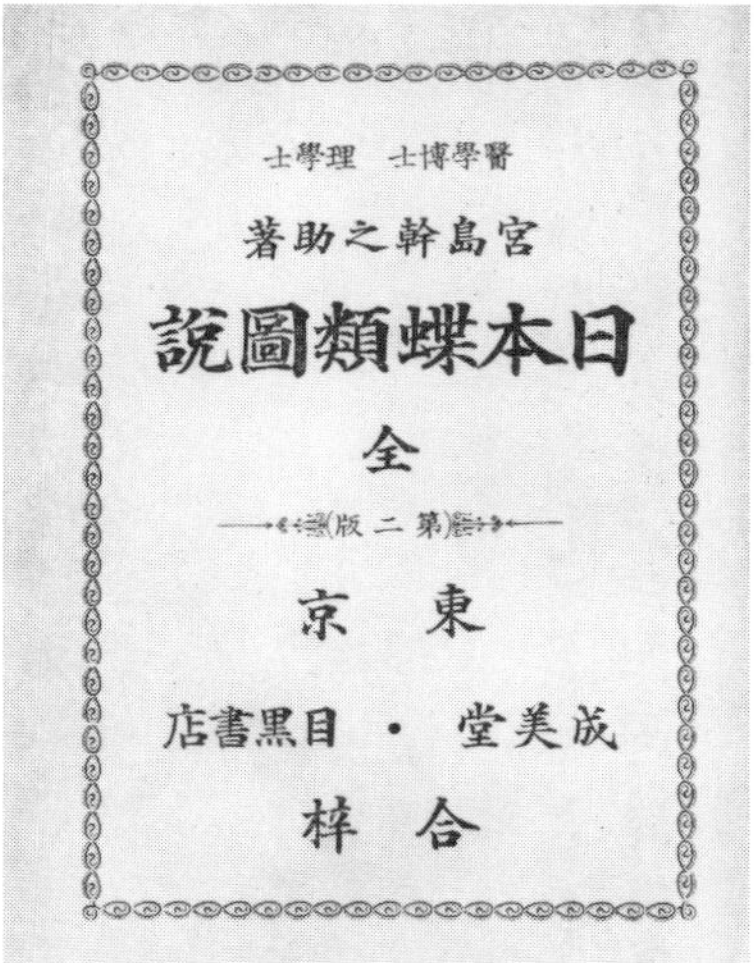
醫學博士　理學士
宮島幹之助著
日本蝶類圖說
全
第二版
東京
成美堂・目黒書店
合梓

日本人による最初のチョウ類図鑑『日本蝶類図説』扉

『日本蝶類図説』図版の一例

図版では原則として各種とも一個体の左側が翅の表面、右側は裏面を図示している。巻末には科と属の検索表、日本産チョウ類の分布表、学名と和名の索引が付されており、周到な構成である。

ところで、宮島は一九二九年以降、国際連盟保健機構の日本代表として欧米にしばしば出張し、国際阿片《あへん》問題などで正論を主張して活躍した。彼は国際感覚に富んでいるとともに、「憂国の志を抱いた愛国者」(長木大三、一九八九)でもあった。

彼はチョウから出発して動物学を修め、寄生虫学を専攻して大成した。その研究領域はマラリアをはじめ、恙虫《つつが》《むし》病、日本住血吸虫病やワイル病などにおよんでいる。すなわち、結果的には医学への初志を貫徹したのである。

宮島は師を思う心が篤《あつ》く、帰国後の旧師フリッツェの生活を援助したり、『北里柴三郎伝』を編纂したりしている(一九三二)。彼は人格・学識ともにそなわった逸材であった。

高野鷹蔵

チョウの和名集成

1884
|
1964

高野鷹蔵《たかのたかぞう》は一八八四年、男子五人兄弟の長子として横浜市に生まれた。生家は米国向け生糸輸出商で、これに関連して運送、倉庫や金融の業を兼ねた「高野屋旅館」を経営する大店《おおだな》であった。

高野は神奈川県立第一中学校を経て、早稲田大学法学部を卒業、また東京帝国大学理科大学動物学選科を修了している（一九〇八）。青少年時代、熱心にチョウを採集し、とくに本州の高山蝶ではパイオニア的存在。「日本博物学同志会」の横浜支部幹事をつとめ、会誌『博物之友』にも活発にチョウの報文を寄稿している（一九〇一―〇七）。「蝶郎」という号も、もっていた。

彼はチョウを採集するうち、登山に傾倒するようになり、一九〇五年には英国のアルパイン・クラブにならって「山岳会」（のち「日本山岳会」）の創立に参画した。その発起人には小島烏水、辻村伊助、武田久吉、山川黙ら錚々《そうそう》たるメンバー（計七名）が名をつらねている。彼らは邦人による日本アルプスの近代的登山の草分けである。高野は、この会の幹事、評議員、副会長、名誉会員などを歴任していた。

また、彼は山岳写真家としても知られ、手仕事で『高山深谷』という贅沢《ぜいたく》な写真集を、しばしば限定作成した（一九一〇―四一）。このへんにも、凝り性の彼の片鱗《へんりん》がうかがわれる。

高野は、種名不詳のチョウの標本は松村松年に同定を依頼し、その過程でキマダラルリツバメ（一九〇六）およびクモマベニヒカゲ（一九〇九）には、それぞれタカノニス（*takanonis*）という新名が献じられている。なお、高野が新称した和名には、メスアカムラサキ、クモマベニヒカゲ、「たまのえてふ」（現ミヤマシロチョウ）などがある。

ところで、高野はチョウの和名を統一するため、古今の文献を渉猟して労作『蝶類名称類纂《るいさん》』（一九〇七）を編著した。

これは、既知の日本産チョウ類全種の和名を、異名とともに出典をあげて整理したもので、その学名と和名の標準名は、校閲者・松村松年の『日本昆虫総目録』第一巻（一九〇五）に準拠している。本文三四八頁、付録七五頁の大冊で、日本産チョウ類の和名の変遷を知る上で、唯一の基本文献である。

このように、ある時期チョウにのめりこんだ高野は、どういう心境の変化からか、その収集標本のすべてを蝶友の鉄道技師・佐竹正一に譲渡した（一九一七）。これは佐竹の没後、「佐竹コレクション」として国立科学博物館に一括収蔵されている。

チョウをやめた高野は、いろいろな小鳥を輸入してその飼育に熱中するようになった。そして鷹司信輔、黒田長礼、内田清之助など高名な鳥学者とともに「鳥の会」を設立し（一九二〇）、会誌『かひどり』を発行した。

ところが一九二三年、関東大震災により横浜の家財いっさいを焼失したのを機に家業を廃し、東京（杉並区）に広大な土地を求めて転居した。その地で彼は、多数のローラー・カナリヤを飼育して育種研究に没頭した。そして「日本ローラーカナリークラブ」をつくり、会員の指導にあたったが、彼自身はカナリヤを商売の資とすることはなかった。

蝶類名稱類纂
附日本產蝶類目錄
札幌農學校教授
理學博士農學士
松村松年校閲
高野鷹藏編著
警醒社書店發兌
東京市京橋區
尾張町二丁目
明治四十三年三月

労作の『蝶類名称類纂』扉

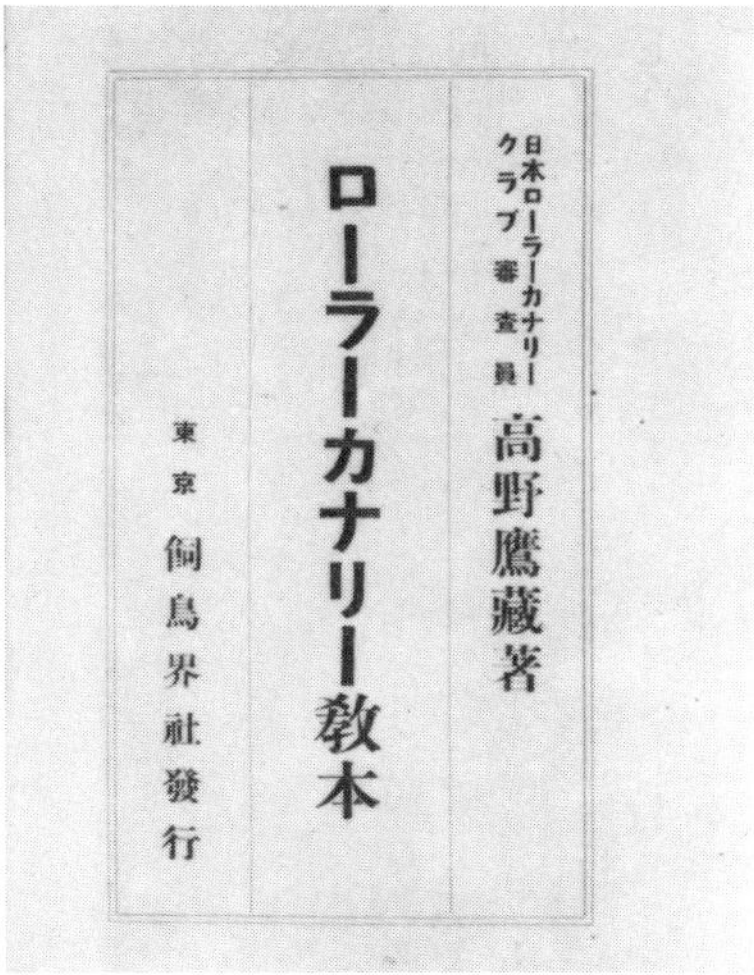
日本ローラーカナリークラブ審査員
高野鷹藏著
ローラーカナリー教本
東京
飼鳥界社發行

『ローラーカナリー教本』扉

その研究成果として、カナリヤ関係の著書『ローラーカナリー教本』(一九三四)など数点が刊行されている。

ちなみに、私は戦後の自筆草稿二冊分を東京・神田の古書展で入手した。

高野は温容で高潔な人格者であったが、みずからの信念をまげない芯《しん》の強い一面もあった。

そして、彼を識《し》るすべての人から敬愛された。それは、没後に関係各界で出された追悼文集からも読みとることができる。

若い頃から高野は経済的にも時間的にもめぐまれ、チョウ→登山・山岳写真→小鳥→ローラー・カナリヤと、好きな道に没入して長寿をまっとうした幸せなナチュラリストであった。

ホタルにかけた生涯
神田左京

1874–1939

神田左京《かんださきょう》は、一八七四年、長崎県北松浦郡佐々《さざ》村で生まれた。地元の高等小学校から関西学院普通部を経て、高等部を卒業（一九〇一）し、しばらくのあいだ成城学校（東京）の英語教師を務めた（一九〇七年まで）。

一九〇七年、渡米してクラーク大学（ウースター市）を卒業（一九一二）後、ウッズホール臨海実験所（マサチューセッツ州）や、ロックフェラー研究所（ニューヨーク市）で、ジャック・ロエブ（Jacques Loeb, 1859—1924）の指導により「ゾウリムシの走光性」について研究した。

ロエブ（レーブとも）はドイツ生まれの代表的な実験生物学者であり、唯物論的生命観に基づき、生物現象を物理・化学的に研究していた。神田は彼に深く私淑し、生涯を通じてその学風の影響を強く受けている。その後、州立ミネソタ大学で研究を続け、ドクター・オブ・フィロソフィー（Ph.D.）の学位を受けた（一九一五）。

同年帰国後、職が得られないままに、京都帝大医学部、九州帝大医学部、理化学研究所と移りながら無給嘱託などの身分でウミホタルやホタルなど、発光動物の研究を続けた。その間の生活費は篤志家たちの援助によってまかなわれた。

神田のような有為の士が、帰国後ついに定職に就けなかったのは、決して妥協をゆるさない純粋な性格がわざわいした上に、外国での学歴などにたいする日本の学界の通弊である排他主義もあずかったことであろう。

神田は貧苦にもめげず、「自然に学べ」をモットーに、実証主義に徹して研究に没頭した。

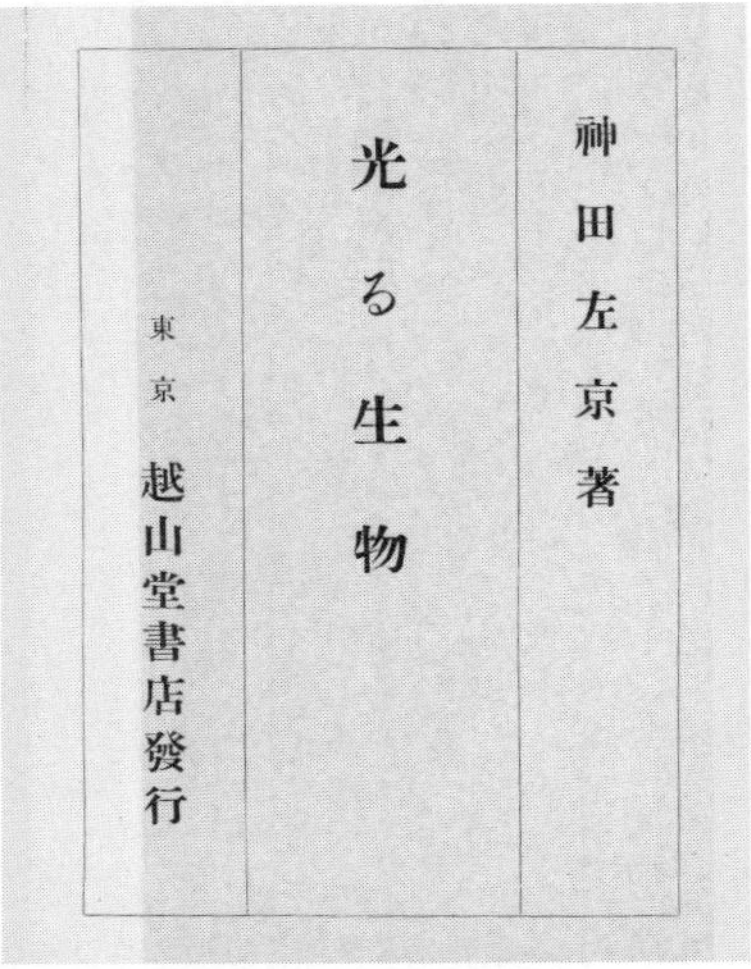

デビュー作『光る生物』表紙

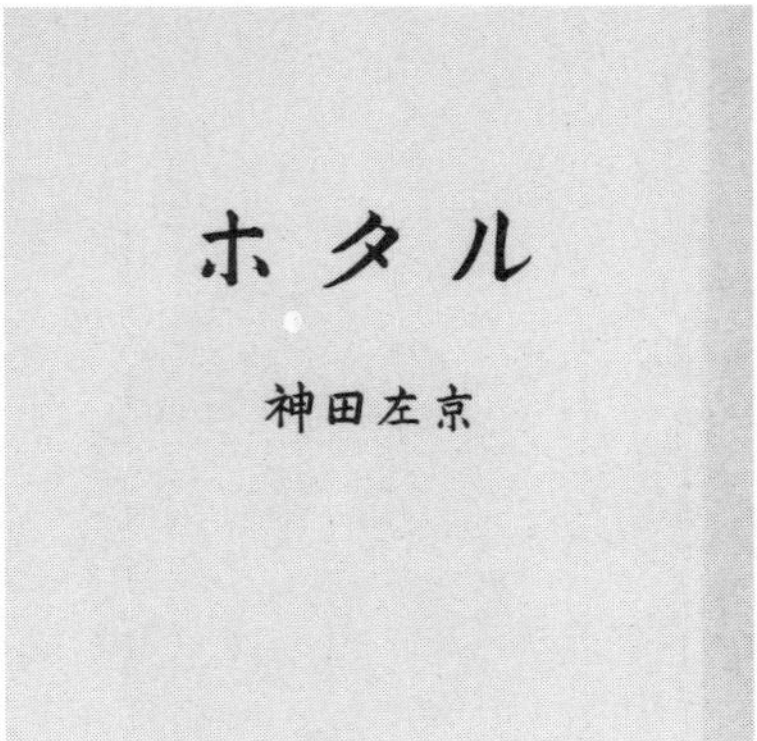

大著『ホタル』扉

そして、多くの論文を発表するとともに、次のような本も著した。『人性の研究』（一九〇八）、『恋愛の研究』（前記の改題、一九二一）、『光る生物』（一九二三）、『ロエブ著　生命の機械観』（訳書、一九二四）、『不知火・人魂・狐火』（一九三一）、『ホタル』（一九三五）。

これらのなかで、畢生《ひっせい》の大著は『ホタル』である。この本は五〇〇頁あまりの大冊で、ホタルとの「心中《しんじゅう》の墓碑」（序）と自称するとおり、まさに命を賭して書かれたものである。

最晩年の神田左京

神田はこれを出版するため原稿をもちまわったが、四つの出版社でことわられたため、借金をして自費出版した。その発行部数（五〇〇部）が少なかったので、久しく「幻の名著」になっていたが、幸い最近復刻（一九八一、サイエンティスト社）され、それも重刷されている。

その題名のとおり、本書にはホタルのすべてがあり、「ホタルの百科全書」とも称すべき内容である。神田はみずからホタル（ゲンジボタル、ヘイケボタルなど六種）を飼育して、成虫・卵・幼虫・さなぎの形態を詳しく記載し、また図示（彩色をふくむ）しており、多くの新知見がある。

神田がこの本を集大成するまでの過程では、松村松年、佐々木忠次郎、渡瀬庄三郎や岡田要など、当代一流の学者が遠慮会釈なく槍玉にあげられ、おのおの自説を訂正されている。うっかりそれに反論でもしようものなら、さらに追い討ちをかけられることがよくあった。これも、権威におもねらない神田の反骨精神のあらわれなのであろう。

そういえば、彼は英国の皇太子から王立協会会員への推薦状が送られてきたときも、あっさり辞退している。

このように神田は孤高の人であり、知友も少なく終生独身を通した。その彼が初期に『恋愛の研究』のような本を著したのは少し意外な気もする。

ところで、かねて慢性肺結核におかされていた神田は、最後の力をふりしぼって『ホタル』を完成した後、『生物の発光』（仮題）の原稿をまとめつつあったが、その完成寸前ついに命が燃え尽きてしまった。この遺稿も刊行寸前、戦災で消失したのは、重ね重ねいたましいかぎりである。

近年さかんな自然保護運動の一環として、ホタルの保護や復活運動が全国的に活発になっている。このホタル（ゲンジボタル）の多産地の保護の必要性について、彼は早くも一九二二年に新聞紙上で力説していた。神田は自然保護の先駆者でもあったのである。

刻苦勉励の学究

高橋　奨

1887
｜
1935

高橋奨《たかはしすすむ》は、一八八七年、山形県飽海郡南平田村に生まれた。同県立庄内農学校に在学中、標本室に飾ってあった昆虫標本に魅せられた上に、担任の教師も昆虫に熱心で、クラス全員に採集道具を買わせて採集会なども行ったそうである。そのころ、ツゲノメイガを飼育して研究したことから、将来は昆虫学を専門にしようと考えるようになった。この、昆虫の飼育による研究は、高橋の一貫した学風になっている。

さて、農学校を卒業すると、父の反対を押し切って上京し、東京高等農学校（現・東京農業大学）専修科に入学し、小貫信太郎講師（農商務省農事試験場昆虫部長）について「害虫論」を学んだ。

同級生には「虫の親爺」というニックネームを奉られたそうである。修了（一九〇六）後、二、三の県立農学校、県立農事試験場および農商務省植物検査所、食糧局などに勤務し、またその間、東京農業大学講師も兼任した。

高橋は机上の学問を嫌い、徹底した実証主義であったから、つねに「野外採集をしなければ駄目だ。応用昆虫をやる者は只研究室に立籠って居たって何が判るものか」（河野常盛、一九三五）をモットーに、春から秋までの日曜日は、学生を引率して昆虫採集をしたそうである。いま休日に昆虫採集に励む「害虫屋」は、どのくらいいるであろうか。

高橋は多数の農業害虫を飼育してその生活史を明らかにするとともに、各発育態や加害状態などを正確に写生し、これらを集成して刊行した。

著書は一六点一七冊におよび、普通作物（食用作物）、蔬菜、果樹、貯穀の害虫など、農業の全分野にわたっている。また、『通俗益虫保護利用法』（一九一七）のように、日本では先駆をなす生物的防除の著書もある。

高橋は常に旧著の増補を心掛け、『蔬菜の害虫』（一九一五）は『蔬菜害虫各論』（一九二八）へ、『果樹の害虫』（一九一五）は『果樹害虫各論』上・下（一九三〇）へと、大きく変容している。とりわけ『果樹害虫各論』は一二二五頁におよぶ大冊で、日本には質・量ともにこれを超える類書はない。

本書は、「本邦に産する果樹の害虫の凡べてについて述べたものである」（自序）というだけあって、果樹は二二種、その害虫は五二九種以上にのぼる。たとえば、リンゴの害虫として一一六種が記載され、アオイトトンボまで四頁にわたって書かれており、その卵、幼虫、成虫、産卵された枝の図なども描かれている。ちなみに、『農林有害動物・昆虫名鑑』（一九八七）に所載のリンゴの害虫は二三〇種である。

なお、『果樹害虫各論』の原図は専門画家（水島南平）による細密画（口絵は彩色画）で、見事なものである。また、各害虫ごとに掲げられた文献リストは今日でも役に立つ。

余談ながら、各論を主体にした害虫書では高橋の『果樹害虫各論』、横山桐郎の『最新日本蚕業害虫全書』（一九二九）および松下真幸の『森林害虫学』（一九四三）がベスト3であろうと思う。これらの著者は、いずれも大著を完成後、まもなく夭逝している。

学位（農博）論文は『害虫ノ発生ニ因ル穀物ノ発熱ノ原因ニ関スル実験的研究』（一九三四）

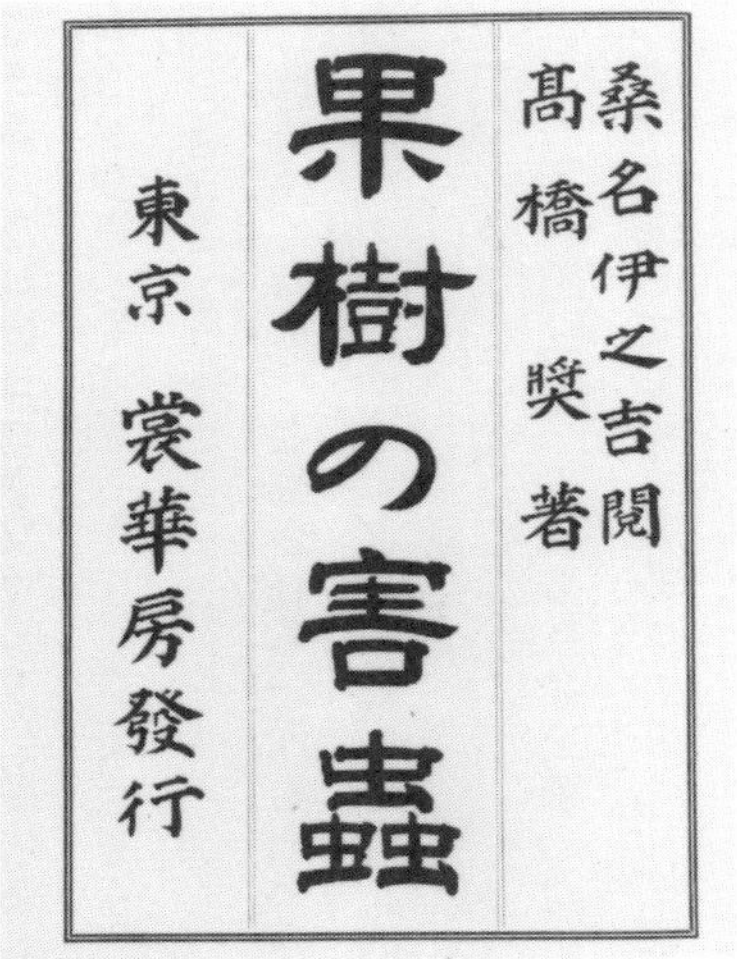
桑名伊之吉閲
高橋奨著
果樹の害蟲
東京　裳華房發行

『果樹の害虫』扉

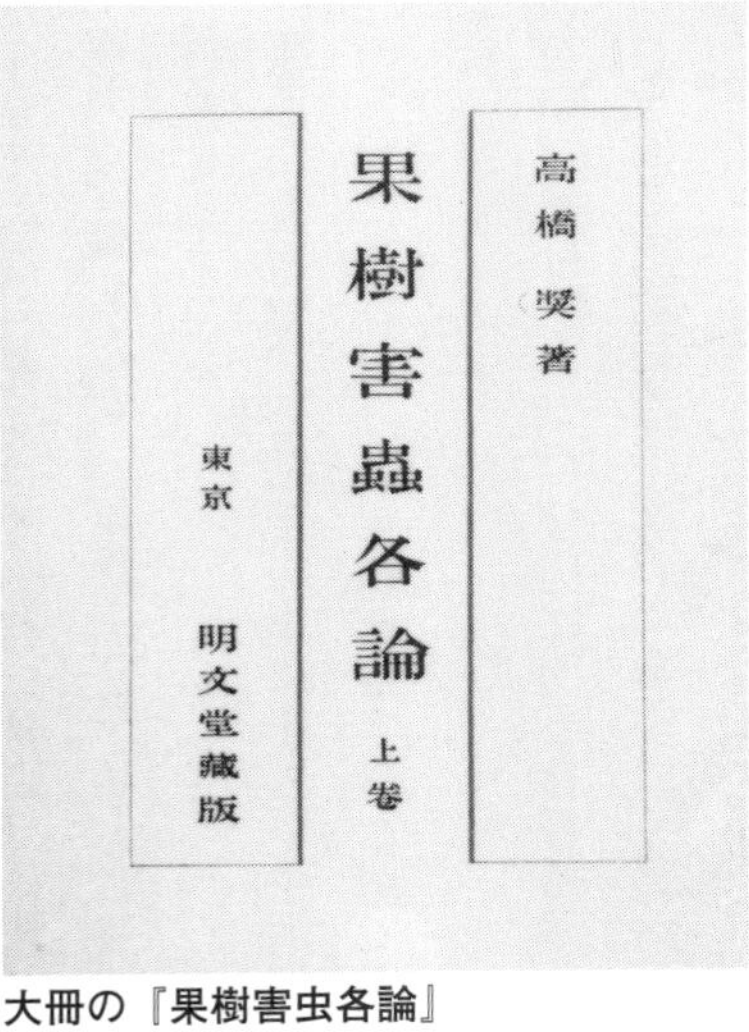
高橋奨著
果樹害蟲各論　上巻
東京　明文堂藏版

大冊の『果樹害虫各論』

である。これはコクゾウムシに関するもので、十余年の歳月をかけた労作である。高橋はココクゾウムシを新種として、*Calandra sasakii* と命名・記載したが（一九三一）、これはその後 *Sitophilus oryzae*（Linnaeus, 1796）のシノニムにされている。

高橋は「奇人」と称される一面もあったが、几帳面な性格で、公私とも規律正しい生活をつらぬいた。それゆえにこそ、短い生涯（四八歳）のうちにこれだけの業績を遺すことができたのであろう。

この刻苦勉励が、高橋の生命を縮めたにちがいない。彼は応用昆虫学史に関心をもち、多くの報文を書いているが、みずからもその歴史の一頁を飾る人物になったのである。

「昆虫博士」と「芝草博士」
丸毛信勝

1892
｜
1977

丸毛《まるも》信勝《のぶかつ》は、一八九二年、大分県北海部郡臼杵《うすき》町で旧臼杵藩士の家に生まれた。一二、三歳の頃から昆虫採集に熱中し、種名のわからないときは、東京の三宅恒方博士に標本を送り教えてもらった。

地元の県立臼杵中学校を卒業（一九一二）すると、東京帝大農科大学農科実科（現・東京農工大学農学部）に進学し、自分で学資をかせぎながら卒業した（一九一四）。その翌年から左記に勤務するかたわら、東京外国語学校（現・東京外国語大学）専修科に入学し、ドイツ語とフランス語を各二年ずつ学んだ（一九一九修了）。昆虫分類学を研究するうえで、独・仏語は必須のものだからである。

丸毛は一九一五年、東大農科大学（現・東大農学部）の介補（昆虫学）を嘱託され、その後一九四一年まで同学に在籍した。また一九二九―四六年、千葉高等園芸学校（現・千葉大学園芸学部）の講師として昆虫学を講じた。その間、農商務省（のち農林省）の鳥獣調査室において有益鳥類調査および農作物病虫害駆除予防に関する事務取扱いを嘱託されている。

ところで丸毛は上京後、三宅恒方に師事して「日本、朝鮮、台湾産シャチホコガ科の再検討」（英文、一九二〇）を完成し、東大より農学博士の学位を授与された（一九二一）。そのとき『東京朝日新聞』は「陋屋《ろうおく》に隠れたみの虫博士」の見出しで、大きく報道した。この「みの虫」というのは、いつも一張羅を引っかけていたので、つけられたあだ名だそうである。ほかに「延暦寺《えんりやくじ》さん」（坊主頭の僧兵の意）というのもあった。

さて、昭和初期に農林省が東大農学部へ委託した螟虫《めいちゅう》の調査研究のうち、丸毛は分類を担当して「螟虫に関する研究」第一―七報（一九三三―四二）を発表し、日本産メイガ科を亜科ごとに整理して（第六報を除く）、その全貌を明らかにした。これは彼のライフワークである。

丸毛には多数の論文のほか、著書（共著・分担執筆・編纂をふくむ）は一五点におよぶ。主著は処女作『実用昆虫学要義』（一九二三。四二六頁）である。その初章の「昆虫学の沿革」は簡にして要を得たもので、これに続いて昆虫学概要、駆除予防法、昆虫の分類（これが主要部）などが記述されている。本書の増訂版にあたるのが『実用昆虫学』（一九三四。四九四頁）で、特に「駆除予防法」が大幅に増補されており、これにより当時の殺虫剤の全容を知ることができる。

丸毛は画才にめぐまれていたので、『日本動物図鑑』（一九二七）、『日本昆虫図鑑』（一九三

二、改訂版一九五〇）の執筆部分の図は、ほとんど自分で描いている。

また、丸毛は芝生の害虫コガネムシ類の生態と防除の権威でもあった。そのきっかけとなったのは、一九二一年ころ東京の新宿御苑と鍋島侯爵邸の芝生にコガネムシ類（幼虫）が発生したので、その駆除を依頼されたことだそうである。

その後、芝草そのものの研究から、さらにゴルフコースの設計や造成管理にまで発展し、またみずからもゴルフの「名人」になった。

丸毛が設計したコースは全国（九州をのぞく）三六ヵ所におよび、保土ヶ谷カントリー倶楽部や小金井カントリー倶楽部など、戦前の名門コースのほとんどにかかわっている。その過程

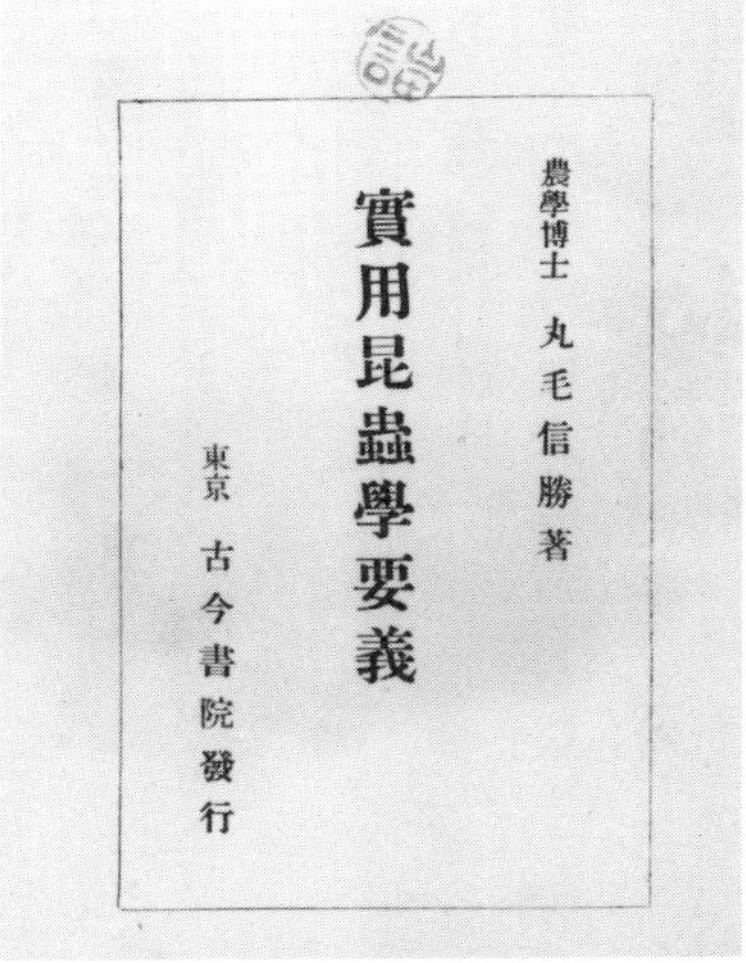
農學博士　丸毛信勝著
實用昆蟲學要義
東京　古今書院發行

処女作の『実用昆虫学要義』扉

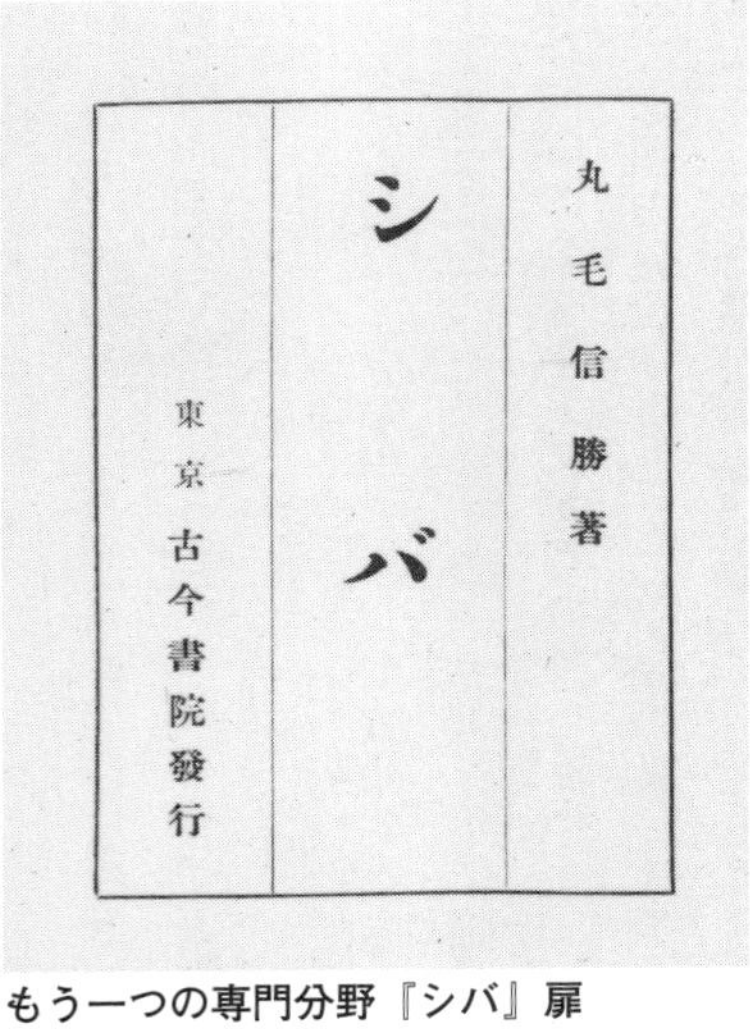
丸毛信勝著
シバ
東京　古今書院發行

もう一つの専門分野『シバ』扉

で『シバ』（一九四三）というユニークな本が著された。

ちなみに、日本ゴルフ史研究家の評価によると、丸毛は設計者としてよりも、むしろコースの造成管理、たとえば溶岩地帯での芝草の育成などの面ですぐれているそうである（井上勝純、一九八七）。

丸毛は東京で自宅が戦災に遭い、文献をすべて失ったのは、分類学者として致命的な痛手であった。戦後は疎開先の伊東市でミカンを栽培するようになった。晩年の一九六五年に釧路短期大学の学長・教授・理事となり、一九七一年には同学の名誉学長に推されている。

若かりしころ、青雲の志を抱いて上京し、かねて念願の昆虫学者として幸先のよいスタートを切ったにもかかわらず、中途で方向転換を余儀なくされた感がある。そして、丸毛は昆虫学とゴルフ場と二つの相異なる分野にそれぞれ名を遺している。

ゆたかな人間性

石井　悌

1894
|
1959

石《いし》井《い》悌《てい》は、一八九四年、神奈川県中郡大根村（今の秦野市）に生まれた。中学生のころは将来、植物学者になろうかと考えたそうである。また、絵がうまかったので、父からは画家になるようすすめられたこともあった。つまり、いわゆる「昆虫少年」ではなかったのである。

結局、東京帝大農科大学農学実科を卒業し（一九一八）、昆虫学に進み、農科大学（現・東大農学部）動物学教室（佐々木忠次郎教授）、植物検査所長崎支所、農商務省農事試験場を経て、母校の後身・東京高等農林学校（後の東京農林専門学校、東京農工大学農学部）教授となり（一九三五）、以来、二三年間にわたって昆虫学を講じた。

ところで、石井の初期の昆虫学の師は、佐々木忠次郎、桑名伊之助などであった。石井の専門は寄生蜂（コバチ類）の分野だが、ミカンの害虫防除にも大きな貢献をしている。すなわち、一九二五年シルベストリコバチを中国から導入・放飼したことによるミカントゲコナジラミの制圧、および同年「機械油乳剤」（石井の命名）によるヤノネカイガラムシの防除試験の成功などである。

石井は文をよくし、著書は一〇冊、分担執筆によるもの四冊（以上）がある。処女出版は『柑橘害虫と駆除法』（一九二六）である。

一般向けの著書では、『武蔵野昆虫記』（一九四〇、写真上、表紙の図は自筆）が代表作である。この本は雑誌などに寄稿したものが主体で、全編に淡々とした平明な文章が流れている。「私は武蔵野が大好きで……雑木林を逍遥したり、田圃を歩いたり、小川を渉ったりして昆虫を採集することを何よりも楽しみにしてゐる」という書き出しである。けれどもその内容は武蔵野に限定せず、「南洋」や中国の昆虫のことも書いている。「青松虫」の章では、石井は一九三〇年、中国の杭州でこの鳴く虫を売っているのを発見したので、アオマツムシの中国からの渡来説を述べており、これは今では定説になっている。

また、本書とともに、私の中学生時代の愛読書に『南方昆虫紀行』（一九四二）がある。この本は、石井が一九二八年と一九三〇年、東南アジアにニカメイチュウの天敵調査のため出張したときの昆虫採集旅行記である。口絵の華麗なトリバネアゲハ類の彩色画をながめては、今に「南方」へ採集に行きたい欲望に駆られた。まもなく悲惨な敗戦を迎えようとはつゆ知らずに……。

石井は農業昆虫学についても好著を書いた。『害虫防除の実際』（一九三六）は版を重ね、戦後に少なくとも第八版（一九四六）が出ている。本書を土台として新たな構想のもとに著した『農業昆虫学』（一九四九）は体系的テキストであり、当時の類書では最高レベルのものであった。

ところで、私は中学生時代からその著書をとおして石井に憧れの念を抱いていたので、東京農専に進学し、親しく指導を受けることになった。学生からは「悌さん」と愛称されて、最も人気のある教授であった。

学内には伝統ある「駒場昆虫研究会」（略称コンケン）という会があり、昆虫研究室にはそのころ湯嶋健、一瀬太良、伊藤嘉昭、梅谷献二など、ひとかどのサムライがいつもたむろして、

一般向けの代表作『武蔵野昆虫記』表紙

『柑橘害虫と駆除法』表紙

それぞれ好きなことを研究していた。このような自由な学風のなかから石井象二郎をはじめ、多くの人材が巣立っていったのであろう。その専攻分野は分類学、生態学、生理学など多岐にわたり、この多様性が石井スクールの特徴なのかもしれない。

世に出てからも石井の人柄を敬慕する教え子が多く、その著書の献辞には「ヒューマニスト」や「自由主義者」などのことばが添えられている。大学紛争前の時代のおおらかな教育者であった。今も慈父のような温顔が目に浮かぶ。

「虫の博士」横山桐郎

1896–1932

横山《よこやま》桐郎《きりお》は、一八九六年、理学博士・横山又次郎（地質学者、東大教授）の次男として東京に生まれた。少年時代から生きもの、とりわけ昆虫が大好きで、「虫と共に生きたい」という思いがつのり、終生それをつらぬきとおした、本格派の「ムシヤ」である。

第五高等学校（熊本）を経て東京帝国大学農学部農学科に入学し、石川千代松教授について昆虫学を専攻した。卒業（一九一八）後、一九二五年に「桑の野螟蛾の研究」により農学博士の学位を授与（東大）され、そのあと東京農業大学教授（のち講師）から農林省蚕業試験場技師に転じた。

一九二六年、「（農大）虫乃会」が設立され、横山はその会長となり、一九二九年「東京虫乃会」と改称して一般にも公開されるとともに、会誌『虫』（一九二九—三二、通巻13／14号）を発刊した。その創刊号の「発刊の辞」に、横山会長は本誌を「将来の日本昆虫学界に於ける、大雑誌の一つに育て上げやう」と抱負を述べている。

横山は昆虫趣味の大衆化を志向していたので、農大生を指揮して銀座や神楽坂など、東京の繁華街に夜店を出して鳴く虫を売ったり、採集会・懇親会・座談会などを開催したりして、その実践に努めた。『虫』誌も大衆化路線を走ったが、学術論文は『東京虫乃会研究報告』（一九三一—三二。二号まで）に発表された。この会も会誌も、横山会長の死と運命をともにしたのは惜しまれる。

横山は貴公子然とした風貌で、よく「某宮様タイプ」（秩父宮か）と称されたそうである。性格は純情、率直で人間味がある半面、たいそう勝ち気、短気でかんしゃく持ちであったと伝えられる。それで「怒らぬこと」をモットーにしていたそうだが、これはあまり守られなかったようである。

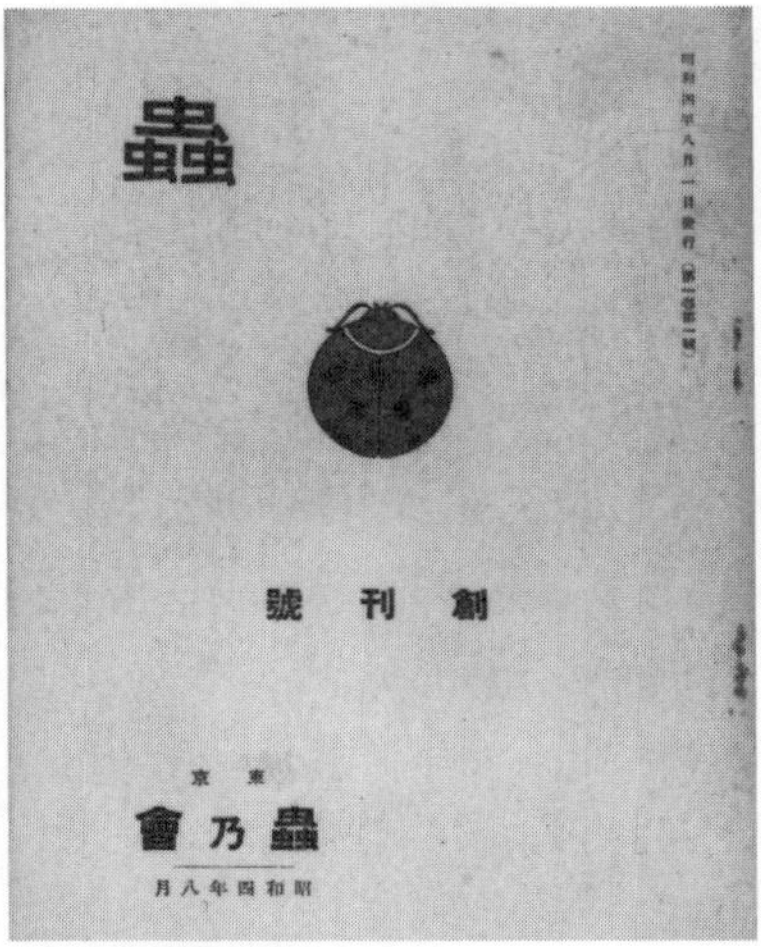

『虫』創刊号表紙

生まれつき文筆の才にたけていたこともあって、旺盛な執筆活動を展開し、著書は十余冊にのぼる。一般向けの代表作は『虫』である。この本は、主要な昆虫の習性などを著者の眼をとおして平明に紹介したもので、「従来の伝統的記述法を破壊して、新らしい観察と批判とに立

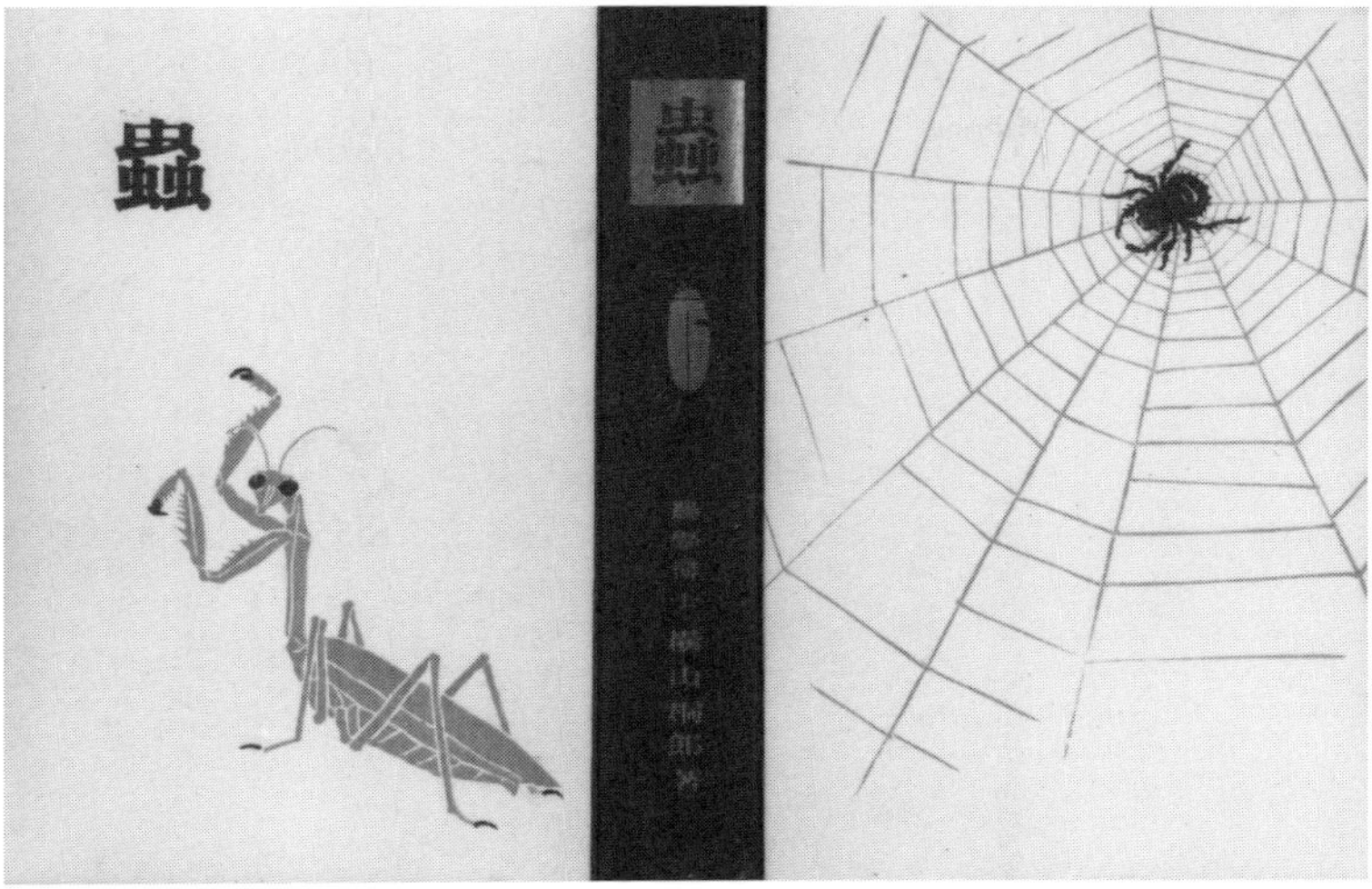

一般向けの代表作『虫』

脚した現代的の昆虫記」（自序）であると、自ら位置づけている。

『虫』は初版（一九二六）刊行以来好評を博し、第五版（一九三四）まで版を重ねた。几帳面な横山は、そのつど増補を加え、初版の全三〇章（本文三四八頁）が、第五版では六三章（四三四頁）に増えている。版元の弥生書院（物集《もずめ》高量《たかかず》博士の経営）も、各版ごとに表紙（布製）の色や外箱のデザインを変えるほどの凝りようであった。

戦後、本書は新書版で再刊（一九五九、旬刊評論社）され、これは第六版（一九六二）まで出た。内容は元版（第四版、一九三一）の第四一章までの分で、図はすべて省略されている（続編は未完）。

エッセイをまとめたものには、『虫の世界を探ねて』（一九二八）や『優曇華《うどんげ》』（一九三二）

がある。また、「小学生全集」（興文社・文藝春秋社）の一冊に『虫の絵物語』（一九二八）があり、当時これを読んで虫のとりこになり、その後専門家になった人も何人かあるようである。学術書では『最新日本蚕業害虫全書』（一九二九）が主著で、これは類書中の白眉である。私自身は中学生時代、『日本の甲虫』正・続（二巻）（一九三〇―三一）にたいそう啓発された。この図鑑の図は水島南平および関口俊雄による豪華版である。

横山は一八歳ころ肺結核におかされ、これが持病となって、あたら英才の生命を三六歳（「三九」と誤記した略伝が多い）という若さでうばわれてしまった（一九三二）。まさに、これからというときに……。

彼は「虫の博士」として広く親しまれ、また「日本のファーブル」とも称された。けれども、ファーブルと横山はまったく違う、と強く異を唱えた識者が何人もいる。横山はあくまで横山であって、ファーブルという「法衣」や「看板」は不要だというのである。そういえば、両者の人生観にも、脱世俗（ファーブル）と親大衆（横山）という大差があるように思われる。

コオロギとともに

大町文衛

1898–1973

大町《おおまち》文衛《ふみえ》は、一八九八年、文豪・大町桂月の次男として東京で生まれた。少年時代は花が好きで、将来は園芸家になりたかったそうである。学校は府立四中、一高、東大と秀才コースを歩んだ。

東大農学部では、動物学の石川千代松教授に傾倒し、その指導のもとに細胞遺伝学に進んだ。実験材料としてコオロギをとりあげ、それ以来、終生コオロギを研究することになったのである。

一九三三年、「コオロギ類染色体の比較研究」で学位（農博）を授与された。このテーマは、当時の昆虫学界では斬新かつ異色のものであった。同年、三重高等農林学校（後の三重農林専門学校、三重大学農学部）教授となり、一九六一年に定年退官するまで、永く昆虫学を講じた。

ところで、父・桂月には生前よく「くだらない文章は書いてはいかんぞ」と諭されたそうだ。

それでも大町は父の血筋を引いて文才にめぐまれ、『最近自然科学十講』（一九二三）を皮切りに、計七冊（異版を除く）の著書を残している。

その代表作は、『日本昆虫記』（一九四一）である。

これは、日本産のポピュラーな昆虫についてエッセイ風に書いたもので、「目出度い虫」（タマムシ）に始まって、「光る虫」、「鳴く虫」、「水に棲む虫」、「食べられる虫」、「植物を食ふ虫」など、全三六章から成っている。

発刊されるや好評を博し、文部省および日本出版文化協会の推薦図書になった。本書の文章は、戦後に改正（改悪？）された仮名遣いは別として、平明な文体は今日でもそのまま通用するほどである。ただ、文末の「……のである」の多用が気にはなるのだが……。

本書はその後、版を重ね、また戦後も四種類の異版が刊行されている。日本の昆虫書ではベスト・セラーの一つである。これも豊富な話題と明快な文章によるものであろう。

なお、明治初期のメイチュウ（螟虫）防除で高名な老農・益田素平《ますだそへい》の名が、本書の初版から最新の異版にいたるまで、一貫して「益見素平」と誤記されており、ある版では「えきみもとへい」というルビまで振られている。ちなみに、著者のいう「定本」は角川文庫版（一九五九）である。

また、『日本昆虫記』初版と同年に刊行されたエッセイ集『虫・人・自然』も版を重ね（三版、一九四八）、さらにその中から一八編を選び、それに一六編を加えた『虫と人と自然と』

（一九五三）という、まぎらわしい題名の本も出ている。

それから、昆虫書ではないが、子ども向けの訳書に、カール・エヴァルト著『よしきり物語』（一九四二）があり、これも戦後二種類の異版（『よしきりものがたり』）が出た。

　このように、大町の著書の多くは版を重ね、あるいは異版が出ているが、書誌学上、問題のあるものが多く、一度きちんと整理しておく必要があると思う。余談になるが、私は大町の自筆原稿「昆虫と国画」（一九四三年ころの作）や自筆の俳句（一九五三年筆）を神田の古書店で〝採集〟し、愛蔵している。この原稿について、何に寄稿されたのかを直接うかがったことがあるが、「忘れた」とのことであった。

代表作の『日本昆虫記』（初版）表紙

自作自筆の俳句

大町はその温容からもわかるとおり、ものにこだわらないおおらかな性格であった。一九五三年の台風一三号で津市の自宅が床上浸水したときも、避難した隣家の二階の窓に腰をかけ、「いい月だなー、コオロギがいい声で鳴いている」と耳を傾けていたそうである（上島法博、一九七三）。また、大町は若いころから外国文学（ツルゲーネフなど）、音楽（ベートーヴェン）や囲碁などをたしなむ教養人であった。

コオロギの直系の弟子には正木進三（弘前大学）、上島法博（松阪大学）、外弟子には故・松浦一郎がいる。

晩年、ライフワーク「日本産コオロギ類モノグラフ」をまとめつつあったが、惜しくも未完のまま急逝した。コオロギひとすじの清らかな一生であった。

虫を師として

岡崎常太郎

1880
|
1977

岡崎《おかざき》常《つね》太郎《たろう》は、一八八〇年、岡山県川上郡富家村に生まれた。豊かな自然にかこまれて、幼いころからセミ、トンボ、クツワムシやホタルなどと「仲よし」になった。長じて東京高等師範学校本科博物学部に入学し、動物学は丘浅次郎教授について学んだ。在学中、同教授にすすめられた松村松年著『日本昆虫学』（初版、一八九八）は、「ずいぶんむずかしくて、容易に手引になりそうにも思われなかった」そうである。一九〇七年同校を卒業し、一九〇九年には岐阜の名和昆虫研究所の害虫駆除講習会を受講して、「積年の希望」を果たした。

一九一〇年、学習院助教授（初等科）となり、一九二七年に退職するまで、長らく教授として勤めた。その後、東京市視学、国語協会常務理事、日本赤十字社の学芸員および図書館長などを歴任した。

その間、いろいろな昆虫の啓蒙書を著した。処女出版は『通俗蝶類図説』（一九一六）である。この図説は直翅類（一九一七）、脈翅類（一九一八）と続き、いずれも好評であった。一九三〇年には、これらの図説と同じ版元（松邑三松堂）から『テンネンショク シャシン・コンチューー700シュ』が出版された。

この表題からもわかるように、これは全文カナ書きの本である。岡崎はカナ文字主義者（カナモジカイ会員）だから、この本でそれを実践した。それで直翅類は「スグハネ=ルイ」、鱗翅類は「ウロコハネ=ルイ」というふうになっている。

私がこの本を両親に買ってもらったのは、一九三三年（第一〇版）、五歳のときのことである。そして、この本は〝座右の書〟となり、小学校に入るころには「七〇〇種」の昆虫の名前は、その姿かたちとともに小さな頭のなかにインプットされていた。こうして私の将来の進路は早くも決まってしまったのである。

これと同じような原体験がもとになり、長じて昆虫学者になった人も少なくない。いま、ちまたにあふれている昆虫書のなかに、このような〝一冊の本〟が果たしてあるであろうか。

ところでこの本は戦後に二度〝変態〟している。

まず『昆虫七百種』（一九四八、刀水書房）という「復興版」が現れた。これには新たに学名が加えられている。その少し後に出た三省堂編修所編の『原色昆虫図譜』（一九五〇。三省堂）では、さらにカナ書きが漢字混じり平仮名文となった（この版には岡崎の元版との関係が明示されていない）。

こうして初版発行以来二十余年にわたり、その異版をふくめて需要が続いたということは、採録された種類が身近な普通種であるのと、説明文が簡明なことによるものであろう。こころみに元版でカラスアゲハのところをみると、「ハネノ　イロワ　マックロデ　ナクテ　アオビカリニ　ヒカッテ　イル。チョード　カラスノ　ハネノ　ヨーデ　アルカラ　カラスアゲハト　ユー。……」といった調子である。

ちなみに、岡崎には著書が共著や分担執筆もふくめて十余点あるが、全文カナ書きはこの本だけで、漢字混じりカナ書きには『コン虫学校』（一九五七）がある。

岡崎は広くいろいろな昆虫に興味をもっていたが、特に力を入れて続けたのはハエの研究で

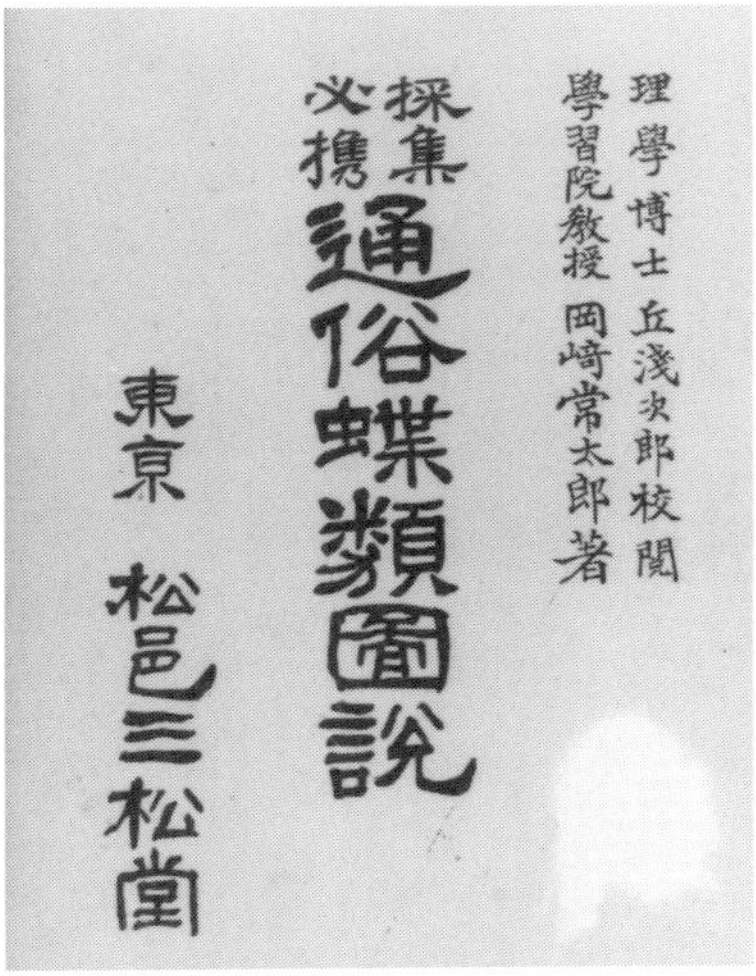

『通俗蝶類図説』扉

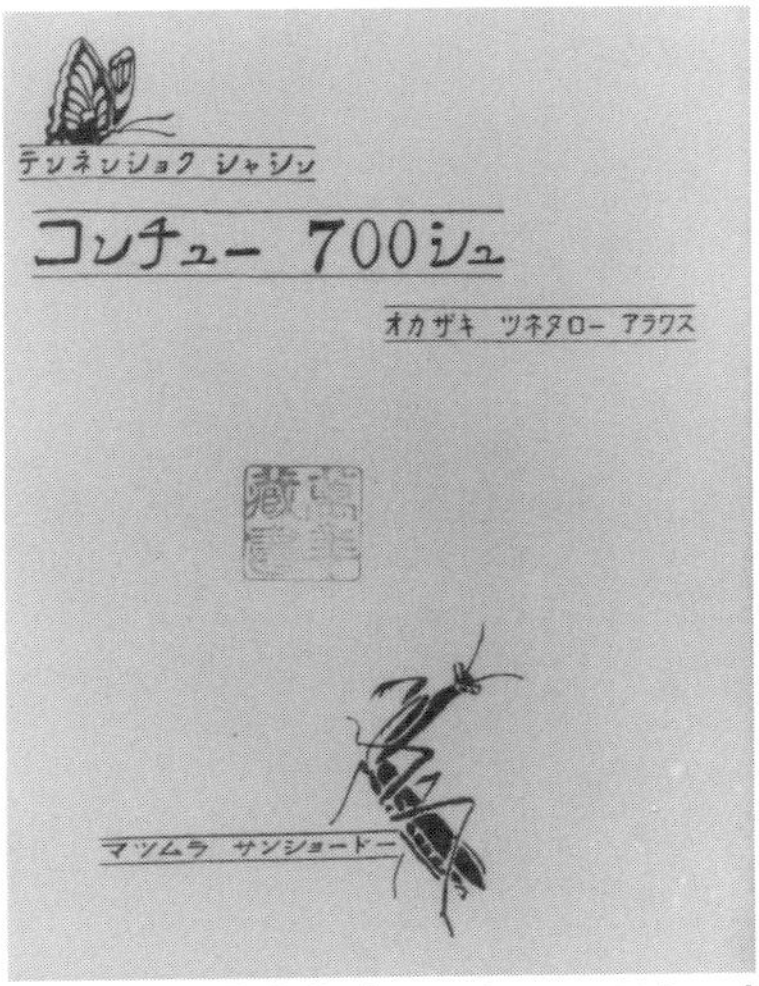

カナ書きの代表作『コンチュー700シュ』扉

ある。それで、『蠅とその駆除法』（山田信一郎と共著、一九二八）のほか、多くの報文が発表されている。

岡崎の長い昆虫研究生活に一貫して流れる姿勢は、「実物について学ぶ」、「やさしく表現する」、「正確に記録する」ことの三つであるといわれる（白山風郎、一九七七）。たしかに岡崎の論著には、それがよく表れていると思う。一九六一年には、日本昆虫学会名誉会員に推された。

最後の著書『わたしの昆虫誌――むしとひとと自然』（一九七二）は、「人に迷惑をかけないよう」、「進んで人を喜ばすよう」の「二カ条」で結ばれている。岡崎は虫を師としつつ、ついにこの境地を拓《ひら》いたのである。

昆虫趣味の普及
平山修次郎

1887–1954

平山《ひらやま》修次郎《しゅうじろう》は、一八八七年、京都市中京区に生まれた。京都府立第一中学校を卒業して上京し、神田・神保町の（株）三省堂に勤め、そこで販売する昆虫標本の製作に当たった。それから間もなく、一九〇七年に松村松年に随行して台湾に採集旅行をしている。

その後、三省堂は火災にあってから昆虫標本の取扱いをやめたので、平山は一九二一年に独立して、動植物の標本製作とその関連用具を扱う「平山製作所」を東京・渋谷に開いた。そこには一時期、若き日の志賀卯助（現・志賀昆虫普及社社長）が勤めていたこともある。この商売は順調に発展し、一九三〇年には東京西郊の井之頭公園池畔（現・三鷹市）に「平山博物館」を開設し、これまで収集に努めてきた昆虫をはじめ、鳥獣や貝類の標本を保管・陳列した。また、あわせて標本および採集・標本製作用具の販売も行っている。

平山はもともと昆虫標本の製作・販売を業としただけあって、その所蔵標本はきわめて綺麗につくられていた。それらの原色写真を使って、松村松年校閲のもとに『原色千種昆虫図譜』（一九三三）を三省堂から出版した。

これは日本産（当時の台湾をふくむ）の普通種一〇一七種（一一二四図）を一〇四図版に収めて、各種ごとに説明をくわえたものである。それには和名、学名、科名、生態、分布、採集地名と日付などが簡潔に記されている。こころみにカブトムシの項を見てみよう。

「体ハ黒褐色又ハ赤褐色、光沢アリ。雌は微毛及ビ微小ノ点刻アリテ光沢少ナシ。個体ニヨリ大小種々アリ。くぬぎ、ならノ樹液ニ集来ス。幼虫ハ白色ニシテ肥大ス。塵捨場《ごみすてば》等ニ棲息ス。本州、四国、九州ニ産ス。……」といった調子である。まさに一字の無駄もない。奥本大三郎は、このような平山の文章を「完成度の高い文体」と表現し、称賛している（一九八一）。

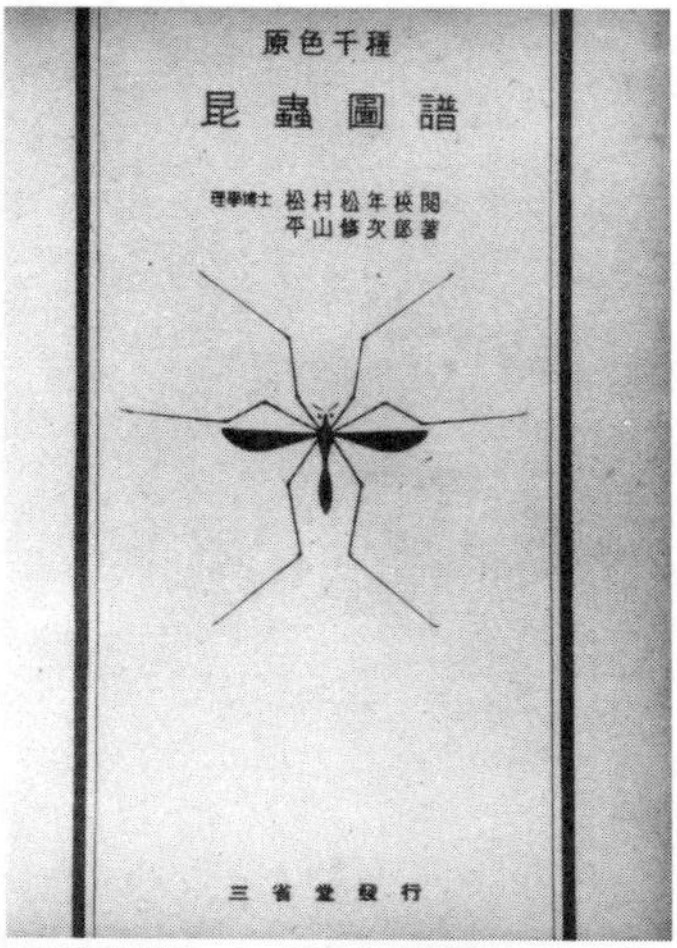

好評を博した『原色千種昆虫図譜』扉

この処女出版は好評を博したので、続いて『原色千種　続昆虫図譜』（一九三七）も刊行された。

これは〝前編〟にない種類一二〇〇種（一三〇〇図）が採録されている。巻頭の台湾産「フトヲアゲハ」（当時、捕獲禁止）の原色写真は圧巻で、多くの虫屋の胸を躍らせたものである。

両書はいずれも版を重ね、一九四四年六月には前編が四六版、続編は二〇版で、それぞれ一万部ずつ発行されている。あの敗戦前年の物資不足のさなかのことだから、紙の配給などから考えても、これは破格の扱いであった。きっと昆虫採集は、国の方針である青少年の「科学する心」の育成に役立つと認定されたからであろう。あの非常時のほうが、昆虫採集に対する社会的（国家的？）評価が高かったようだ。

さらに、これら両書のチョウと甲虫の部に増補を加えた『原色蝶類図譜』（一九三九）および『原色甲虫図譜』（一九四〇）も出版され、これまた版を重ねた。この「平山の昆虫図譜」四部作は、日本の昆虫書のベストセラーのトップの座を占めている。

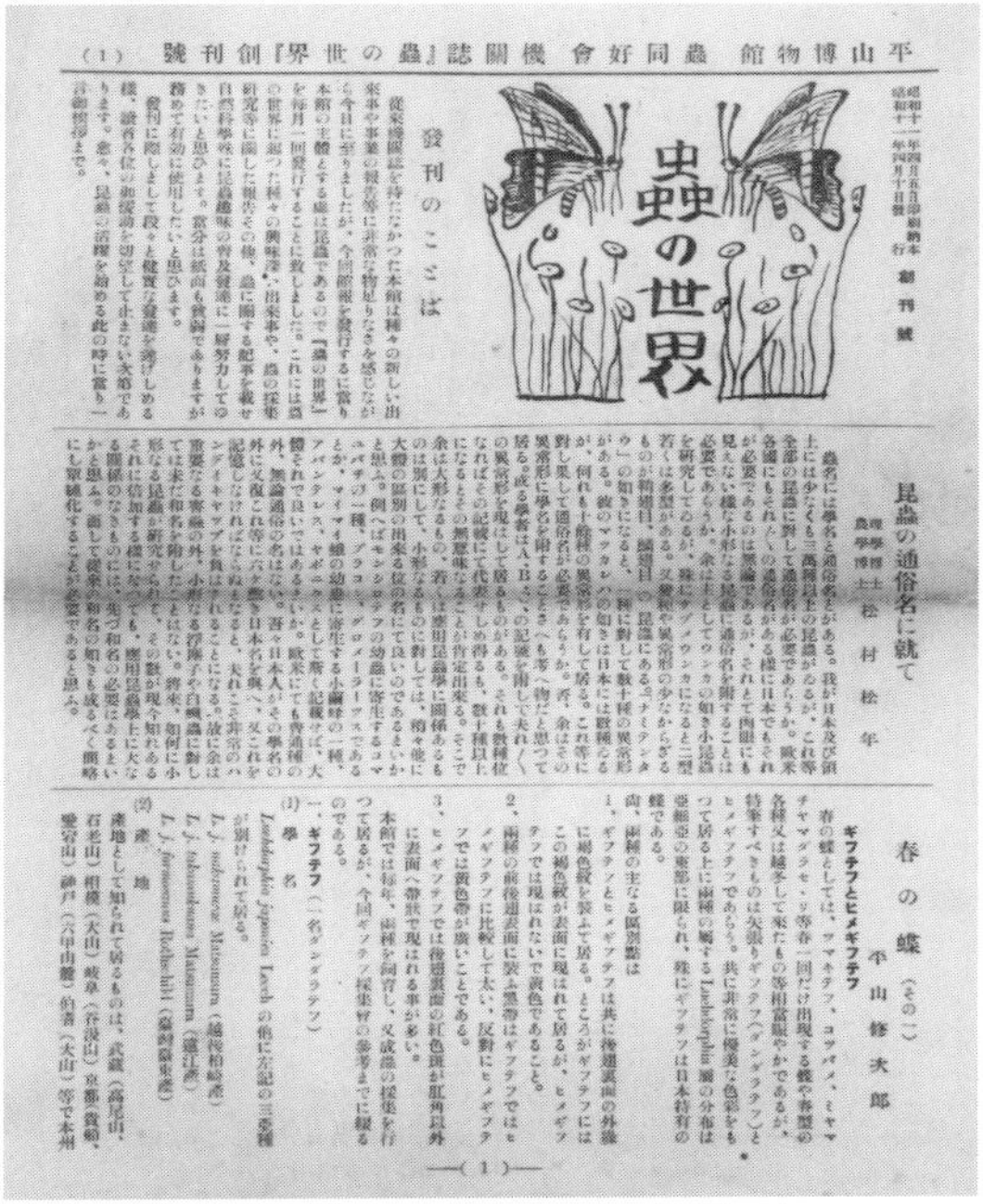
平山博物館　蟲同好會機關誌『蟲の世界』創刊號（1）

昭和十一年四月五日印刷納本
昭和十一年四月十日發行　創刊號

蟲の世界

發刊のことば

従来機關誌を持たなかつた本館は種々の新しい出来事や事業の報告等に非常な物足りなさを感じながら今日に至りましたが、今回機關紙を發行するに當り本館の主體とする處は昆蟲であるので『蟲の世界』を毎月一回發行することに致しました。これには昆蟲の世界に起つた種々の興味深い出来事や、蟲の採集研究等に關した報告その他、蟲に關する記事を載せ自然科學殊に昆蟲趣味の普及發達に一層努力してゆきたいと思ひます。當分は紙面も貧弱でありますが務めて有効に使用したいと思ひます。

發刊に際しまして段々と健實な發達を遂げしめる様、讀者各位の御援助を切望して止まない次第であります。愈々、昆蟲の活躍を始める此の時に當り一言御挨拶まで。

昆蟲の通俗名に就て

理學博士 農學博士　松村松年

春の蝶（その一）

平山修次郎

ギフテフとヒメギフテフ

春の蝶としては、ツマキテフ、コツバメ、ミヤマチャバネセセリ等春一回だけ出現する蝶や春型の各種又は越冬して来たもの等相當賑やかであるが、特筆すべきものは矢張りギフテフ（ダンダラテフ）とヒメギフテフであらう。共に非常に優美な色彩をもつて居る上に兩種の屬する Luehdorfia 屬の分布は亞細亞の東部に限られ、殊にギフテフは日本特有の蝶である。

—（1）—

『虫の世界』創刊号（１ページの部分）

平山は一九三六年に「昆虫同好者、初歩者の連絡親睦を図り、昆虫趣味の普及発達を促すこと」を目的として「虫同好会」を設立し、機関紙『虫の世界』を創刊したが、戦局の悪化とともに一九四三年四巻一一／一二号をもって終刊を余儀なくされた。

戦後、平山はその政治的手腕も発揮して、三鷹市議会議員、のち、その議長となった。平山博物館の昆虫標本の大部分は、現在、「兵庫県千種《ちくさ》川グリーンライン昆虫館」（佐用郡南光町）に保存・展示されている。

平山の採集品に基づいて各専門家が記載した新種には、平山（姓）に献名されたものが少なくない。すなわち、和名には一四種、学名（種小名）には一八種がある。

平山の図譜とともに小・中学生時代を過ごした昆虫少年で、今なお現役で活躍している人も少なくない。平山が志した「昆虫趣味の普及発達」は今日も脈々と生きているのである。

（付記）平山修次郎の写真を拝借した長谷川仁氏に深謝いたします。

在野の「セミ博士」

加藤正世

1898–1967

加藤正世《かとうまさよ》は、一八九八年、栃木県塩谷郡北高根沢村（現・高根沢町）の旧家（元・庄屋）に生まれた。三男三女の第三男である。父の幹実は農学者（津田仙の弟子）で、俳人・書家であった。

五、六歳のころ「ツクリョーシ」（ツクツクボウシ）に魅せられてから、生涯にわたりセミと深くかかわる路線が敷かれたそうである。

その後、一家は東京に移住し、小学生のときから昆虫採集をしたり、浅草の「昆虫館」に通ったりした。中学生時代は、春から夏にかけては昆虫採集に、秋と冬には飛行機見学に熱中するようになった。卒業後、三等飛行機操縦士の免許を受けている（一九二二）。

一九二三年、かねて念願の昆虫採集と研究のため、台湾に渡った。そして、嘉義農事試験場支所や総督府中央研究所（台北）で農業害虫の研究に従事するとともに、昆虫採集にも努めた。

この台湾在住の五年間は、加藤の一生のうちで〝昆虫三昧〟の最も充実した日々だったのではないだろうか。

一九二八年に帰国し、まず『趣味の昆虫採集』(一九三〇)を刊行した。これは加藤の処女出版であるとともに、その後の数ある著書のなかでも最高の名著である。この本は「総べて著者の経験を基礎とした」と「まへがき」にあるように、きわめて実用的であり、古今の類書中の白眉といってよいであろう。発刊当初から好評を博し、のちに改訂を加えて重版され、一九四五年には二六版におよんでいる。私にとっても、この本は文字どおり座右の書であった。

本書には昆虫の採集法と標本製作法のすべてが盛り込まれている。この分野で、これほど周到な手引はほかに見当たらない。ただし、今日さかんなオサムシ誘引トラップやベルレーゼ漏斗《ろうと》(落葉層の昆虫採集装置)などは、まだなかった。この名著の紙型《しけい》は戦災で消失したので、加藤は戦後その「第二世」と自称する『昆虫採集』(一九五二)を著したが、あまり普及しなかったようである。

さて、加藤はこの『趣味の昆虫採集』の成功に自信を得て、一九三二年秋「昆虫趣味の会」を設立し、翌年二月には、機関誌『昆虫界』を創刊した。

この昆虫誌(初め隔月、のち月刊)は、アマチュア昆虫家(とくに青少年)に報文発表の機会を与えて、交流や登竜門としての場を提供した。当時『昆虫界』で活躍した青少年で、そのまま専門家への道を歩んだ人も少なくない。私も毎月送られてくる同誌を、むさぼるように読んだものである。

この『昆虫界』は惜しくも戦局の悪化とともに、一一七／一一八号（一九四四）で終刊を余儀なくされた。戦後二回（！）復活したが、一二七号（一九六二）でついに廃刊になった。昆虫誌の世界も、すでに様変わりしていたのである。

ところで、加藤は六十余点におよぶ著書を残し、そのなかには『蟬の研究』（一九三二）と、その増訂版ともいうべき『蟬の生物学』（一九五六）のような大著がある。そして、この後者により北海道大学から理学博士の学位を授与された（一九五八）。「セミ博士」と称し称されるゆえんである。

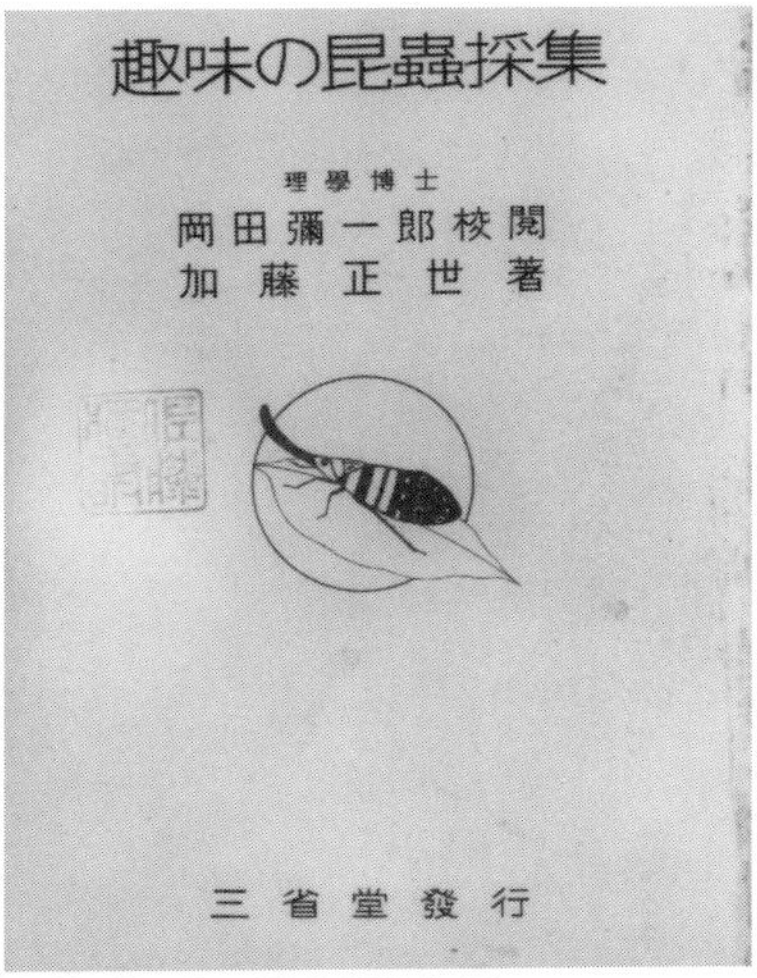

名著『趣味の昆虫採集』扉

『蟬の研究』扉

加藤はセミ科とツノゼミ科をはじめ、同翅目やその他の昆虫に約四〇〇の新名（属、種、変種など）を命名している。けれども、これらには他の研究者により、かなりの改変が加えられているようである。

さて、加藤は一九三五年、東京・石神井《しゃくじい》公園の隣接地（一〇〇〇坪）に「加藤昆虫研究所」を設立し、また一九三八年には同地に「蟬類博物館」をつくって一般公開した。このセミの博物館は、世界にも類のない珍しいものである。ここにあった貴重な標本や資料は、一九七四年から長野県茅野《ちの》市の「加藤昆虫記念館」に保管されている。

以上のように、加藤は在野の独学研究者として孤軍奮闘しつつ、全国に多数の昆虫青少年を育てて、昭和前期の昆虫趣味黄金時代の出現に原動力としての役割を果たした。今日の日本に、アマチュア昆虫家の拠りどころとなる、加藤のような人物ははたしているであろうか。

「天才」昆虫漫画家

小山内 龍

1904－1946

小《お》山《さ》内《ない》龍《りゅう》は、一九〇四年、北海道亀田郡大野村（現・函館市大野町）に生まれた。本名は澤田鐵三郎である。

地元の高等小学校の高等科を卒業すると、下駄工場ではたらいた後、貨物船の船員となり、ボーイや火夫（ボイラーをたく係）を経て一等火夫になった。ところが、一九二六年、最初の心臓発作におそわれたため下船し、上京してアナーキスト（無政府主義者）たちとつきあい、その運動にも参加した。

そのころの小山内は、工事人夫、沖仲士、行商、大道易者やその他いろいろな職業を点々とした後、生来うまかった絵の勉強を独学で始めた。そして、『週刊アサヒ』の懸賞漫画に入選したのをきっかけに、一九三二年、設立まもない「新漫画派集団」（戦後の「漫画集団」）に参加した。その当時、先輩の近藤日出造や横山隆一は、小山内を「天才」と評したそうである。

一九三五年、仲間たちと森永製菓会社のキャラメルの内箱に昆虫漫画を描くことになり、集団員十余名は石井悌の指導により、神奈川県稲田登戸《いなだのぼりと》で昆虫採集会を行った。小山内はこれに触発されて幼いころの虫好きがよみがえり、昆虫の採集や飼育にのめりこんでいった。そして石井とギフチョウの採集に出かけたり、オオムラサキ、ヤママユやオオミズアオなどの幼虫の飼育に熱中したりして、「アマチュア農学博士」気取りであった。

こうした日常の〝昆虫生活〟を『オール女性』誌に連載したものを単行本にまとめ、『昆虫放談』(一九四一、大和書店) が出版された。

これは全編ユーモアにあふれ、その簡明で歯切れのよい文体 (分かち書き) は、今日でもそのまま通用する。多用される片カナの使い方も絶妙である。私の中学時代の愛読書の一つであった。

ところで、この本は好評を博し、一九四三年には三版が出た。戦後は、まず組合書店版 (一九四八) が刊行されて、翌年再版、ついでオリオン社の改題版『昆虫日記——ある漫画家の昆虫記』(一九六三) は、発行一二日後には「二〇版」に達している。さらに、一九七八年には家蔵の大和書店版を底本として築地書館が復刻し、これも重版 (五刷、一九八四) された。

ちなみに、『昆虫放談』は一九四一年と一九七八年にＮＨＫラジオで放送されている。それほど、この本はだれが読んでも面白いということなのであろう。

さて、小山内の著書は約二〇点あり、絵本以外の単行本には『昆虫放談』のほか、船員時代の自伝『黒い貨物船』（一九四二）や、学童向けの『昆虫たちの国』（一九四四）があり、後者は三版（一九四六）まで出た。

私は平塚武二（文）、小山内（画）の『ムシノユーランバス』という絵本の未刊稿本を古書展で入手し、珍蔵している。これは割り付けまで済んでいるから、おそらく戦局が悪化して出版できなくなったものであろう。一九四四年前後の作品かと思われる。

ユーモアにあふれた『昆虫放談』表紙

一般に小山内の絵は太くて力強い線で構成され、ひといきにサッと描く画風である。それでいて、画材（昆虫など）の特徴をよくつかんでいる。そして、全体としてロマンとユーモアのただよう作品になっている。小山内は、他の著者の本の表紙絵や挿絵も数多く描いているが、すぐにそれとわかるほど独特の画風である。

小山内の絵本（七―九歳向け）

で昆虫にかかわるものは、『昆虫ノハナシ』（一九四二）、『ホタルトヤンマ』（同前）、『ノハラノムシ』（同前）。昆虫以外では、「コグマ」をテーマにしたものが多く目につく。

一九四五年四月、小山内は東京・目黒区で空襲で焼け出され、七月に郷里の北海道亀田郡大野村に一家五人を連れて疎開した。その翌年一一月、持病の心臓弁膜症が悪化して函館市の医院で逝去した。まだ四三歳という、はたらきざかりであった。長姉に看取られながら「残念だ」とのことばを遺して逝《い》ったそうである。これは、私たち虫好きにとっても、ほんとうに残念なことであった。小山内には、さらに多くの「放談」を続けてほしかったのに……と惜しまれてならない。

『ホタルとヤンマ』表紙

チョウ研究の啓蒙

新村太朗

1917–1951

新村《にいむら》太朗《たろう》は一九一七年、長野県下諏訪町に生まれた。地元の下諏訪小学校では、昆虫家として知られる細野淳教諭の指導を受け、とくにチョウに興味をもつようになった。生家近くの諏訪神社・秋宮の森にはチョウが多く、オナガアゲハ、ゴマダラチョウ、ムモンアカシジミやオナガシジミなどとともに育った。

県立下諏訪中学校でも博物学の良い教師に恵まれ、夏休みの宿題にりっぱなチョウの標本を何箱も提出して、級友の北沢右三（のち都立大学教授、植物生態学）をおどろかせたそうである。

中学を卒業（一九三五）すると、ただちに上京して平山修次郎経営の平山博物館に昆虫研究生として入館し、のち同館研究員となった。一九三八年には国立科学博物館昆虫研究室に勤務。その後、太平洋戦争の開戦にともない、海軍軍属としてニューギニア民政府嘱託となり（一九四二）、昆虫の研究に従事した。このときの観察記を「ニューギニアの昆虫」（宝塚昆虫館報、三九号、一九四三）で発表し、そのころ中学生の私はトリバネチョウの話などを胸躍らせて読んだものである（まもなく日本が惨敗することも知らずに……）。新村はニューギニアに引き続き、中華民国海南島に海軍病院昆虫研究室主任として出向し（一九四三）、マラリアの研究にたずさわった。

戦後に帰国して国立科学博物館に復帰し（文部技官）、動物学課で昆虫の研究を再開した。新村はニューギニアでトリバネアゲハ類を、海南島では「スカシアゲハ」などの華麗蝶を観察して帰国し、かえって日本のチョウの美しさや興味深さが、よくわかるようになったそうである。

そして、主著『蝶の生活』（一九四八、日本教育出版社）が中学生の「自由研究ガイドブック」として書かれた。この本は、彼が書きためてきたメモを整理してできたものである。執筆の動機は、だいぶ以前に欧米で書かれた本、たとえば、F・W・フローホークの『英国産蝶類大全』（一九三四）などを「唯一の御手本」として、日本産チョウの生活の研究が進められている、当時の情勢にたいする〝反省〟の意図もあったようである。

その頃、イギリスではE・B・フォードの名著『チョウ類』（一九四五）が出版されたが、敗戦混乱期の日本では入手する由もなかった。このような体系だった参考書もなしに、チョウの成書を著した新村の意気は壮とすべきであろう。本書は全一五章から成り、「蝶の生活史一覧」（第一三章）は最新の知見を盛り込んだ労作である。ちなみに、本書の表紙と口絵にはオオミスジの生活史が図示されているが、これは日本最初の記録だという。当時はその程度のレベルだったのである。

この『蝶の生活』は、新村の没後「改訂版」（一九五一、北隆館）が発行された。この版は「チョウの越冬にかんする問題」という一章を巻末に追録したもの。これらの主著の姉妹編として『日本の蝶』（一九五〇）が書かれた。

そのほか中学生向けの啓蒙書には、『新しい昆虫採集と標本の作り方』（一九四九）、『昆虫の世界』（一九四九）、『蠅《はえ》・蚕・紋白蝶――自然観察の方法』（一九五一）、『ミツバチの生活――

主著の『蝶の生活』

『蝶の生活』改訂版表紙

養蜂《ようほう》と自然観察』（一九五二）などがある。

いずれも著者の経験を主体として平明に書かれており、刊年（一九四八―五二）をみると、かなりの速筆家であったと思われる。代表的な論文は「日本への新来者としてのアメリカシロヒトリ」（一九四九、英文）である。また、分布のギフチョウ線(*Luehdorfia* line)の提唱（一九四〇）でも知られている。

新村は学歴のハンディキャップを負いながら昆虫学者への道をこころざし、ひたすら努力し続けた篤学の士であった。けれども、三四歳という若さで突然「心臓麻痺《まひ》」（狭心症とも）で急逝した。

九大教授・江崎悌三（一九五一）は、「あまりにも若くこの世を去った有為の昆虫学者の死を恨《うら》む情の切なるものがある」と、その死を惜しんでいる。この哀惜《あいせき》の思いは、彼を識《し》る人びとに共通のものであったことであろう。私の脳裏には、ありし日の新村の若々しい笑顔が今もそのまま残っている。

孤高の「天才昆虫学者」
河野広道

1905
｜
1963

河《こう》野《の》広《ひろ》道《みち》は一九〇五年、高名な北海道史研究家・河野常吉の次男として札幌市に生まれた。小学生のころから昆虫に深い興味を抱き、それが将来の進路を決めることになったのである。

旧制中学校四年（ふつうは五年）から北海道帝国大学予科（現・北海道大学）に入学し、次いで農学部農業生物学科に進み、松村松年教授指導のもとに昆虫学を専攻した。

その間、北樺太・大雪山・台湾（新高山）等の昆虫を採集・調査し、多大の成果を挙げている。とくに大雪山ではウスバキチョウやアサヒヒョウモンを初採集し、これらは松村により命名されている（一九二六）。

農学部を卒業（一九二七）後、大学院に残り、その修了後、助手となった（一九三〇）。河野は当初、オトシブミ類の生活史を手がけたのをきっかけに、広くゾウムシ類全般の分類に進み、「日本産象鼻虫科の研究」（独文）により農学博士の学位を授与された（一九三二）。ときに弱冠二七歳、当時の制度下では異例の早さである。

その後、昆虫学教室で授業嘱託をつとめることになったが（一九三四）、その翌年、労働運動の指導者（共産党員）にお金を都合したという「内部告発」があり、治安維持法違反の疑いで拘留された（留保処分）。これが原因で北大の退職を余儀なくされたが、その後、農学部副手（一九三七）、ついで講師（一九三八）として復職した。一九四二年、北大を退職して北海道新聞社北方研究室長に転じた。

以上のような逆境にあっても、学問を熱愛する河野は昆虫学の研究を精力的に続け、偉大な業績を残した。その研究分野はゾウムシ類の分類・生態、甲虫の分類、昆虫の分布、森林害虫の分類・生態、人体害虫の分類など多岐にわたっている。

昆虫学の論著は約二二〇編にのぼり、うち半数近くが欧米論文（おもに独文）である。著書は一〇点におよぶ（分担執筆をのぞく）。

主著としては、『北方昆虫記』（一九五五）をとりあげることにする。この本は諸誌に発表したエッセイをまとめたもので、「昆虫のアイヌ名」、「アイヌが矢毒に用いた昆虫」、「大雪山の

主著のエッセイ集『北方昆虫記』表紙カバー

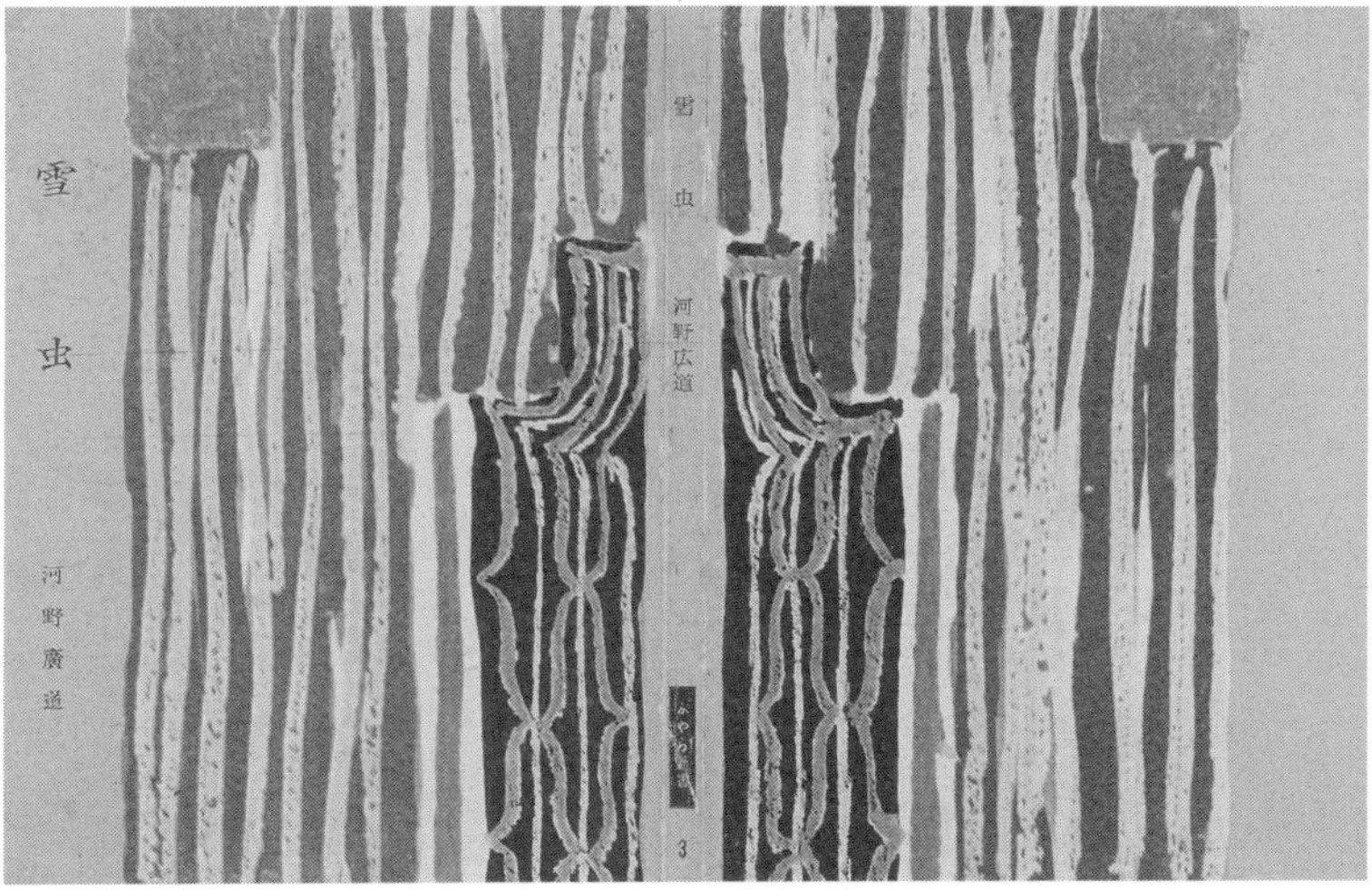

アイヌの厚司（あつし）をモチーフとした「雪虫」（映画シナリオ）表紙

蝶」など、まさに北海道らしい昆虫記である。

河野は筆がよく立ち、辛苦の末にみずから解明したトドノネオオワタムシの生活史を、科学映画のシナリオとして書いた『雪虫』（一九六二）は、「あふれる詩情に文芸家を驚嘆させ」たそうである（高倉新一郎、一九六三）。

ちなみに一九八九年、NHKテレビは「夢の雪虫――河野広道博士と森の妖精たち」を制作し、アンコールに応えて再三全国に放映した。そのなかで河野は「天才昆虫学者」と表現されている。なお、彼の遺稿が『森の昆虫記』1（雪虫篇、一九七六）、2（落し文篇、一九七七）として出版されている。

また、河野には北海道の考古学・人類学・民族学に関する論著も多数ある。これは父ゆずりの学問領域だが、これらの業績が評価されて、敗戦後ほとんど定職のなかった河野は北海道学芸大学札幌分校教授（考古学）として迎えられた（一九五五）。ようやく彼の才能が報いられた観がある。一般に河野を昆虫学界では昆虫学専門、考古学界では考古学専門と思いがちなのは無理もないことで、彼はこの両分野でともに白眉《はくび》の存在だったのである。

河野は生来、頭脳明晰《めいせき》にして理論家であり、語学の才能にも恵まれていた。彼の性格は純真そのもので、正義感が強く、反骨精神が旺盛《おうせい》で権力に屈せず、逆境にあっても人を恃《たの》まず、常に孤高の姿勢をくずさなかった。

一方、彼は人情に篤《あつ》く、よく後進の面倒をみた。アルコールは「サッポロビール」一辺倒で、酔うとアイヌの歌や踊りが出るという陽気な面もあった。

遺跡発掘等の過労で、晩年の二年間ほどは坐骨神経痛に悩まされ、再度の手術のかいもなく五八歳という若さで亡くなった。もし、河野が昆虫学者として然るべき所を得て永く存分に活躍できたとしたら、日本の昆虫学は今とは違う様相を呈していたかもしれない。

天敵による害虫防除

安松京三

1908
|
1983

安松京三《やすまつけいぞう》は一九〇八年、東京に生まれた。少年時代から大の虫好きで、幅広い分野に興味をもっていた。これは、その後の安松の学風によく投影されている。

福岡高等学校（旧制）に入学（一九二七）すると、同好の学友らと語らって「福岡高等学校虫の会」を設立した（一九二八）。発足後まもなく機関誌『むし』が発刊され（一―二巻は謄写版）、その編集やガリ版切りには安松があたった。

この会は、のちに「福岡虫の会」と改称され、安松の九州帝国大学（現・九州大学）農学部進学（一九三〇）とともに、同学部昆虫学教室の江崎悌三教授のバックアップにより全国的な虫の会に発展し、『むし』も権威ある専門誌（三巻から活版印刷）となり、一九巻以降は欧文の国際誌として重きをなすにいたった。

安松は終始、熱意をもって同誌の編集・発行にあたり（一九七六年、四九巻まで）、『むし』

は「安松の雑誌」であったと称されている（中尾舜一、一九八五）。

さて、安松は一九三三年、九大を卒業してそのまま昆虫学教室などで研究を続け、一九四二年には助教授となり、江崎教授の死去にともない教授に昇任し（一九五八）、一九七一年に定年退職するまで同教室を主宰した。その間、多くの俊才を育成して世に送っている。

安松の学位論文（農博）は「昆虫の成長に関する若干の解析――とくにクマモトナナフシについて」（英文、一九四五）である。彼は戦時中、ミクロネシア（一九四〇）や中華民国山西省（一九四二）の昆虫相調査などのため出張し、多大の成果を挙げた。

ところで、安松は終戦の年（一九四五）、九大農学部植物園でゲッケイジュの枝に寄生しているルビーロウカイガラムシを多数採集し、ガラス管に入れておいたところ、まもなく小型の寄生バチが羽化してきた。このカイガラムシはミカンの大害虫なので、福岡市周辺をはじめ寄生率がきわめて高いことが判明した。

一方、この寄生バチは本州や四国のミカン園からは発見されなかったので、九州産の寄生バチをこれらの地に移入して放飼した。こうして、数年後には日本の主要なミカン産地から、ルビーロウカイガラムシはほとんど姿を消すにいたったのである。安松はこの功績により日本農学賞（一九五三）および朝日賞（一九五九）を受賞している。

ちなみに、この寄生バチ（ルビーアカヤドリコバチ）は新種であることがわかり、石井悌と共著で命名・記載された（一九五四）。その後このコバチは中国やインドからも発見されたので、九州には（中国から？）偶然に輸入されたものであろうといわれている。

安松はハチの分類、ナナフシやノミなどの研究者として著名だったが、このルビーアカヤドリコバチにかかわって以来、天敵による害虫防除を強く志向するようになった。その一環として、九大農学部に「生物的防除研究施設」を創設している（一九六四）。

安松は多作家で、論著は六百数十編におよび、そのうち天敵や生物的防除に関するものが約一三〇編である。著書は六点、訳書は一点で、ほかに共著や分担執筆のものが多数ある。主著は『天敵―生物制御へのアプローチ』（一九七〇）。これは天敵の利用に関する啓蒙書で、害虫の生物的防除の考え方や可能性について一般読者に普及するとともに、「生物農薬」（量産して

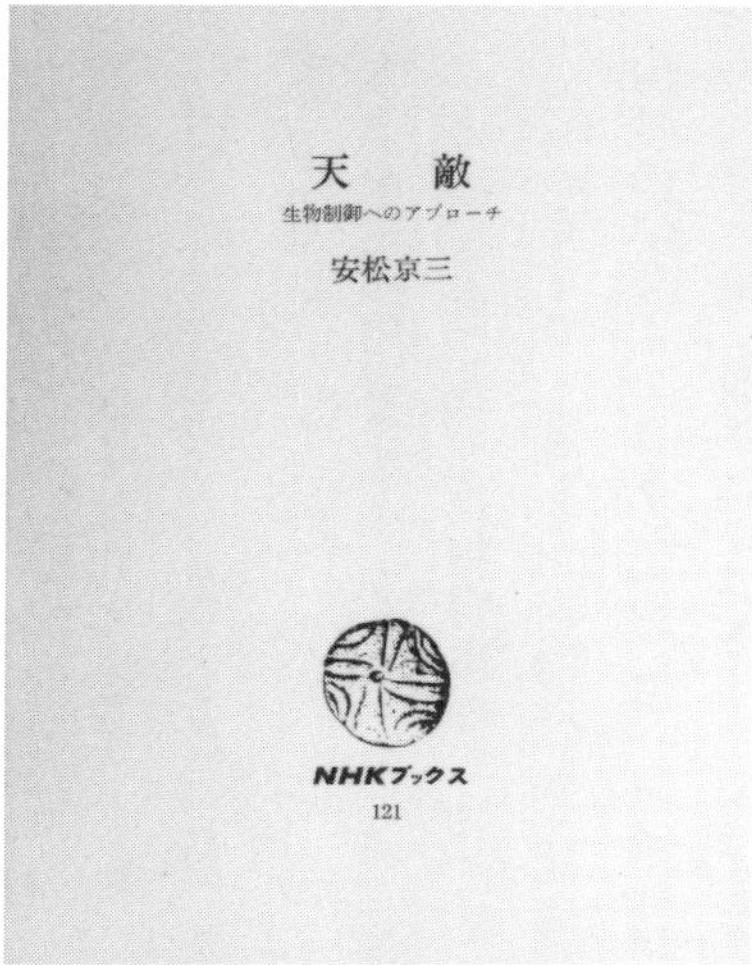

主著の『天敵―生物制御へのアプローチ』表紙

昆虫と人間のかかわり合いのエピソード集『昆虫物語』表紙

毎年〝散布〟できる天敵）への道を示唆している。

また、『昆虫物語―昆虫と人生』（一九六五）は、昆虫と人間とのかかわりあいに関するエピソードを集めたもので、増訂・改題版『昆虫と人生』（一九六八）も出た。彼は編纂《へんさん》力に優れ、『蟻と人生』（一九四八）というユニークな本を編んでいる。

九大を定年退職後も、ＦＡＯ（国連食糧農業機関）やＪＩＣＡ（国際協力事業団）から東南アジアに派遣され、作物害虫の生物的防除の指導にあたった（一九八〇年まで）。彼は才気煥発《かんばつ》型の秀才で、「学者」には珍しく社会的常識も発達していた。

内外の学会――日本昆虫学会、日本応用動物昆虫学会、ハワイ昆虫学会、国際昆虫学会議などの名誉会長に推されている。安松は基礎・応用の両分野をカバーする、国際感覚ゆたかな日本の代表的昆虫学者であった。

博学多識の「虫聖」

江崎悌三

1899–1957

江《え》崎《さき》悌三《ていぞう》は一八九九年、江崎政忠の三男として東京市牛込区に生まれた。父は富裕な出自で、東京帝国大学林学科第一回生、帝室林野局技師である。

江崎は典型的な昆虫少年で、大阪府立北野中学校時代には、竹内吉蔵・芝川又之助・野平安芸雄・戸澤信義（同学年）など、大阪の名だたる昆虫採集家と親交を結び、昆虫熱はますます高揚した。そして、これらのメンバーに鈴木元次郎（京都）も参画して『昆虫学雑誌』を創刊し、続いてその発行母体として「大日本昆虫学会」を設立した（一九一五）。この創刊号に江崎は「発刊の辞」を書き、また新種「タイワンマルミヅムシ」を記載（英文）している（現在は無効名）。この〝神童〟ぶりには舌を巻くばかりだが、昆虫学者志向の意気は壮とすべきであろう。

さて、江崎は北野中学校を卒業（一九一七）後、鹿児島の第七高等学校造士館を経て（一九二〇）東京帝大理学部動物学科に進み、一九二三年三月に卒業した。同年七月には、在学中から内定していた九州帝大農学部助教授に就任し、ただちに昆虫学を講じた。そして、同年一一月から一九二八年九月までイギリス、ドイツをはじめヨーロッパ各国に留学（私費滞在をふくむ）し、博物館や大学で半翅類などの分類を研究した。

帰国後、九大農学部教授となり（一九三〇）、同年、東大より理学博士の学位を受けている。世俗的な意味では、上記の一連の経歴は異例のスピード出世と称してよいであろう。

ところで、江崎は東大学生時代から台湾や樺太に採集旅行を行い、九大在任中には奄美大島・琉球諸島・台湾・南洋群島・支那・満洲・仏領インド支那などに採集や調査のため旅行している（戦前〜戦中）。

彼は強健な体力と旺盛な知識欲により、これらの「彷浪《ほうろう》生活」（上野益三。一九八四）を敢行したのである。

江崎は語才に恵まれ、ヨーロッパ数ヵ国語に通じていた。それを駆使して学は古今東西にわたり、その博識は日本では比類のないものであった。それで、彼の上京時には有志が集い「虫聖会」（江崎博士にものを聞く会）が開かれ、また『エントモフィリア』というリーフレット（ガリ版）も限定配布された。ちなみに、この「虫聖」の対語として「虫匪《ちゅうひ》」ということばがある。

江崎はまれにみる多作家だったが、志半ばにして病（肺がん）に倒れたので、没後に未亡人の江崎シャルロッテ（編）『江崎悌三随筆集』（一九五八）が出版され、さらに上野益三・長谷川仁・小西正泰（編集・解題）による『江崎悌三著作集』全三巻（一九八四）が刊行された。その第一巻は来朝外人、第二巻は昆虫学史、第三巻は紀行を主体としたものである。これらに採録されなかった著作も多数ある。そのなかには、江崎ならではという名著が少なくない。

たとえば、『昆虫類―系統学』（一九三三）、田中義麿ほか『科学論文の書き方』増訂第五版（一九三四）中の「書誌学綱要」などである。後者は文・理系を問わず、いやしくも学術論文を書こうという人にとって必須《ひっす》の内容だが、この基本をわきまえない「学者」も多いようである。

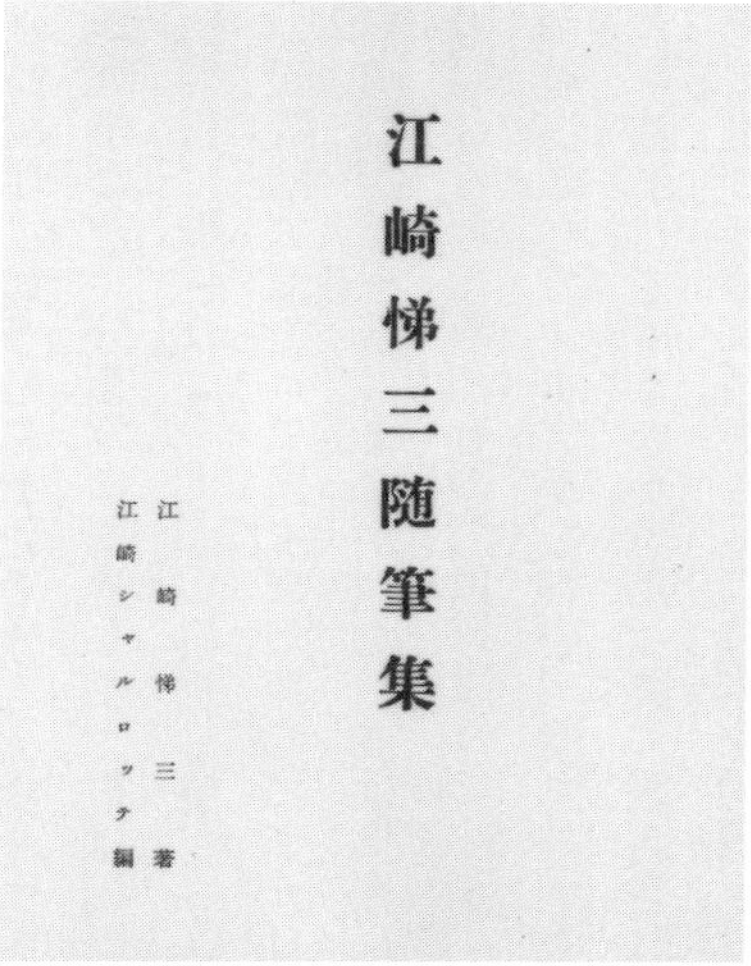

『江崎悌三随筆集』扉

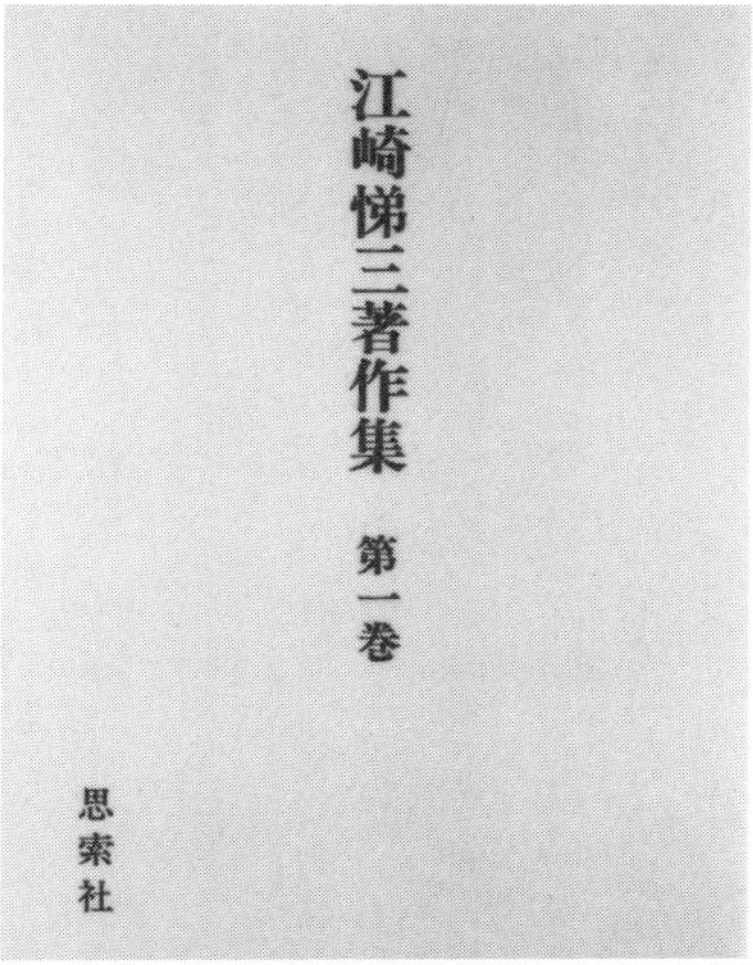

『江崎悌三著作集』（全三巻）の第一巻扉

「江崎学」は多岐にわたるが、大別すると昆虫分類学（半翅類・チョウ類）、動物学史、動物地理学など。分類学に関連して、彼は国際動物命名規約に精通しており、動物命名法国際委員会委員に推され（一九五〇）、一九五三年にはこの要務を帯びてヨーロッパ諸国に出張した。

江崎はアマチュア昆虫家の育成により日本の昆虫学の裾野《すその》を広げることに努め、だれにでも懇切な指導を惜しまなかった。彼は生まれついての蒐集家《しゅうしゅう》で、その対象は標本・文献・切手その他もろもろの〝もの〟におよんでいる。

端正にしてノーブルな容姿、落ち着いた口調、尽きることのない豊富な話題などで、接する人を魅了してやまなかった。彼に献名された日本産昆虫の学名は属名が一、種小名は七七をかぞえる。江崎は名実ともに日本を代表する国際的な昆虫学者であった。

「生物分類学の父」
カール・v・リンネ

1707–1778

カール（またはカルル）・リンネ（Carl Linné）の姓は、正しくはリネーだが、日本ではリンネと慣用されているので、ここではリンネを使うことにする。ちなみに、カロルス・リンネウス（Carolus Linnaeus）はラテン語化した別称である。

さて、リンネは一七〇七年、スウェーデンのロースフルトの副牧師の家に生まれた。父が植物好きだったので、その影響を受けてリンネは幼いころから花や虫が大好きだった。父は息子を仕立屋か靴屋の職人にしたかったが、寄宿学校の校長（医師）のすすめで医学を学ぶことになり、ルンド大学に入り、ついでウプサラ大学に移って勉強した。

学生時代のリンネは、靴も買えないほど窮乏したが、彼の才能を認める教授などの援助によって学業に専念することができた。これも彼の勤勉と快活な人柄のたまものであろう。

卒業後、リンネは、「間歇《かんけつ》熱の原因に関する新仮説」という論文により、オランダで医学博

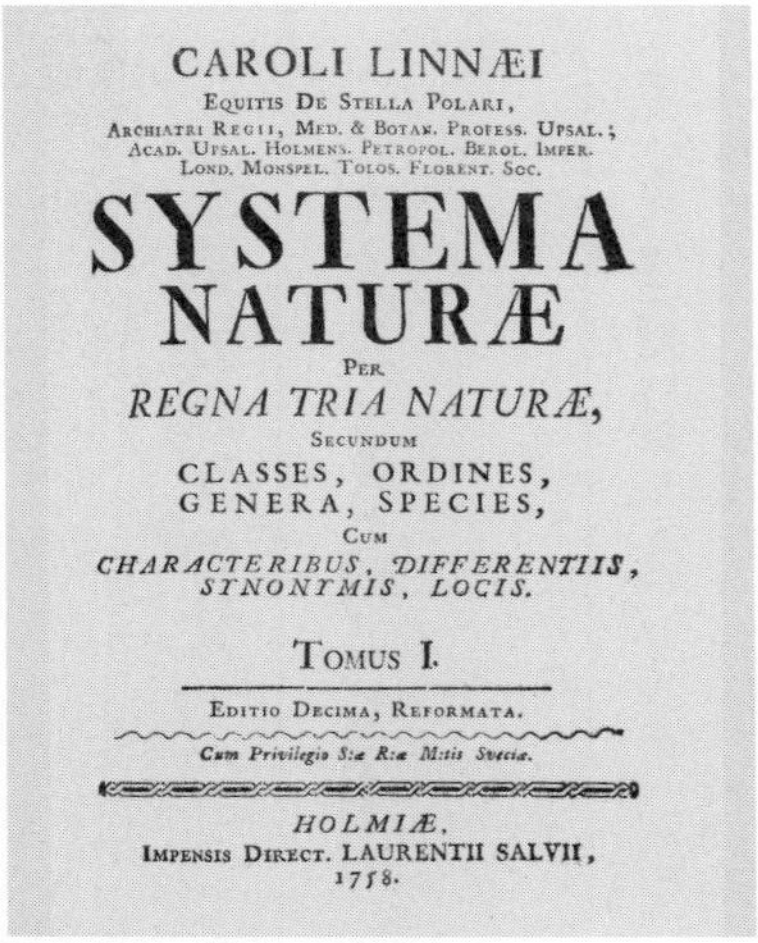
CAROLI LINNÆI
EQUITIS DE STELLA POLARI,
ARCHIATRI REGII, MED. & BOTAN. PROFESS. UPSAL.;
ACAD. UPSAL. HOLMENS. PETROPOL. BEROL. IMPER.
LOND. MONSPEL. TOLOS. FLORENT. SOC.
SYSTEMA
NATURÆ
PER
REGNA TRIA NATURÆ,
SECUNDUM
CLASSES, ORDINES,
GENERA, SPECIES,
CUM
CHARACTERIBUS, DIFFERENTIIS,
SYNONYMIS, LOCIS.
TOMUS I.
EDITIO DECIMA, REFORMATA.
Cum Privilegio S:æ R:æ M:tis Sveciæ.
HOLMIÆ.
IMPENSIS DIRECT. LAURENTII SALVII,
1758.

代表作の『自然の体系』扉

士の学位を取得した（一七三五）。その後、首都ストックホルムで開業医をしていたが、一七四一年に母校ウプサラ大学の教授に迎えられ、植物学・栄養学や薬剤学などを担当し、一七六三年に退職するまでこの地位にあった。リンネの講義と人柄の魅力にひかれて、国の内外から多数の学生が集まり、彼は学内で最も人気のある教授であった。学長も三度つとめている。

その間、リンネは植物学を主体として多くの著書を発表したが、その代表作は『自然の体系』である。

この本の最大の意義は、生物の種の学名（ラテン語）を属名と種小名を結合して表記する「二名式命名法」を確立し（創案ではなく）、一七六〇年代末までには広く定着させたことにある。この命名法は、後世に制定された「国際動物（植物）命名規約」において厳格に規定され、今日におよんでいる。そして、二名式命名法の起点は、動物では本書の第一〇版（一七五八）がそれに定められている。それで、リンネは「近代生物分類学の父」と称され、生物学史においても「リンネ前」と「リンネ後」という時代区分がなされることが、よくある。

さて、『自然の体系』は自然界の動物・植

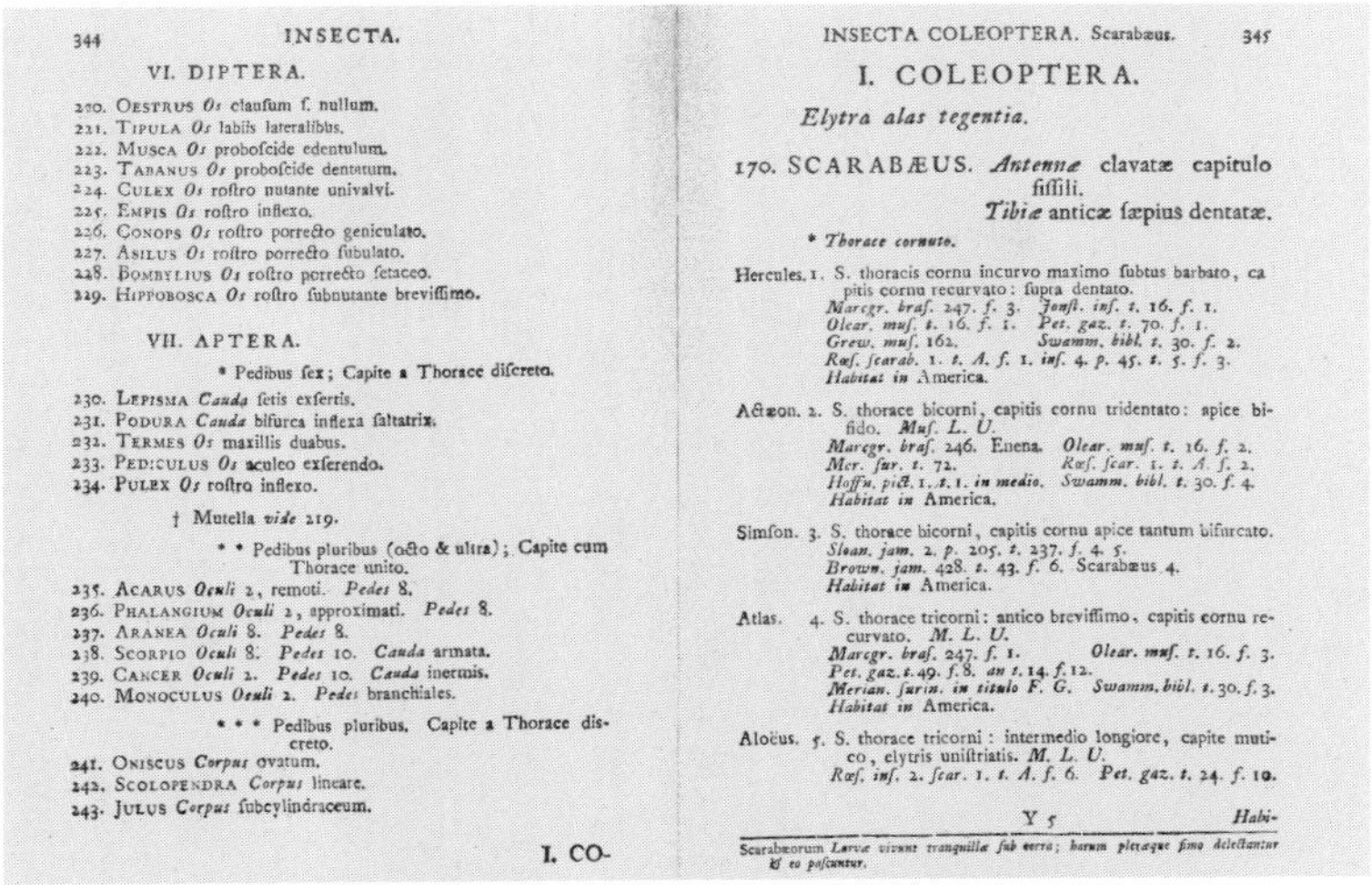

344 INSECTA.

VI. DIPTERA.

220. Oestrus *Os* clauſum f. nullum.
221. Tipula *Os* labiis lateralibus.
222. Musca *Os* proboſcide edentulum.
223. Tabanus *Os* proboſcide dentatum.
224. Culex *Os* roſtro nutante univalvi.
225. Empis *Os* roſtro inflexo.
226. Conops *Os* roſtro porrecto geniculato.
227. Asilus *Os* roſtro porrecto ſubulato.
228. Bombylius *Os* roſtro porrecto ſetaceo.
229. Hippobosca *Os* roſtro ſubnutante breviſſimo.

VII. APTERA.

* Pedibus ſex; Capite a Thorace diſcreto.

230. Lepisma *Cauda* ſetis exſertis.
231. Podura *Cauda* bifurca inflexa ſaltatrix.
232. Termes *Os* maxillis duabus.
233. Pediculus *Os* aculeo exſerendo.
234. Pulex *Os* roſtro inflexo.

† Mutella *vide* 219.

* * Pedibus pluribus (octo & ultra); Capite cum Thorace unito.

235. Acarus *Oculi* 2, remoti. *Pedes* 8.
236. Phalangium *Oculi* 2, approximati. *Pedes* 8.
237. Aranea *Oculi* 8. *Pedes* 8.
238. Scorpio *Oculi* 8. *Pedes* 10. *Cauda* armata.
239. Cancer *Oculi* 2. *Pedes* 10. *Cauda* inermis.
240. Monoculus *Oculi* 2. *Pedes* branchiales.

* * * Pedibus pluribus. Capite a Thorace diſcreto.

241. Oniscus *Corpus* ovatum.
242. Scolopendra *Corpus* lineare.
243. Julus *Corpus* ſubcylindraceum.

I. CO-

INSECTA COLEOPTERA. Scarabæus. 345

I. COLEOPTERA.

Elytra alas tegentia.

170. SCARABÆUS. *Antennæ* clavatæ capitulo fiſſili.
Tibiæ anticæ ſæpius dentatæ.

* *Thorace cornuto.*

Hercules. 1. S. thoracis cornu incurvo maximo ſubtus barbato, capitis cornu recurvato: ſupra dentato.
Marcgr. braſ. 247. *f.* 3. *Jonſt. inſ. t.* 16. *f.* 1.
Olear. muſ. t. 16. *f.* 1. *Pet. gaz. t.* 70. *f.* 1.
Grew. muſ. 162. *Swamm. bibl. t.* 30. *f.* 2.
Roeſ. ſcarab. 1. *t. A. f.* 1. *inſ.* 4. *p.* 45. *t.* 5. *f.* 3.
Habitat in America.

Actæon. 2. S. thorace bicorni, capitis cornu tridentato: apice bifido. *Muſ. L. U.*
Marcgr. braſ. 246. Enena. *Olear. muſ. t.* 16. *f.* 2.
Mer. ſur. t. 72. *Roeſ. ſcar.* 1. *t. A. f.* 2.
Hoffn. pict. 1. *t.* 1. *in medio.* *Swamm. bibl. t.* 30. *f.* 4.
Habitat in America.

Simſon. 3. S. thorace bicorni, capitis cornu apice tantum bifurcato.
Sloan. jam. 2. *p.* 205. *t.* 237. *f.* 4. 5.
Brown. jam. 428. *t.* 43. *f.* 6. Scarabæus 4.
Habitat in America.

Atlas. 4. S. thorace tricorni: antico breviſſimo, capitis cornu recurvato. *M. L. U.*
Marcgr. braſ. 247. *f.* 1. *Olear. muſ. t.* 16. *f.* 3.
Pet. gaz. t. 49. *f.* 8. *an t.* 14. *f.* 12.
Merian. ſurin. in titulo F. G. *Swamm. bibl. t.* 30. *f.* 3.
Habitat in America.

Aloëus. 5. S. thorace tricorni: intermedio longiore, capite mutico, elytris uniſtriatis. *M. L. U.*
Roeſ. inſ. 2. *ſcar.* 1. *t. A. f.* 6. *Pet. gaz. t.* 24. *f.* 10.

Y 5 *Habi-*

Scarabæorum *Larvæ vivunt tranquillæ ſub terra; harum pleræque fimo delectantur & eo paſcuntur.*

『自然の体系』第10版。甲虫目コガネムシ属についての記載（345ページ）

物・鉱物をリストアップして、その体系化をこころみたものである。リンネは造物主としての神の存在を信じていたから、自然界に散在する神の（不変の）作品を枚挙して、神の栄光を賛美しようとしたのである。動植物の配列にあたっては、綱・目《もく》・属・種および変種（植物のみ）の階層を設けて体系化しており、とくに種の概念の確立は重要な貢献とされている。

『自然の体系』は初版（一七三五）以来、増補しつつ版を重ねた。昆虫は初版では四目、四一属、七一種が記載され、一二版（昆虫、一七六七）では七目、七七属、約二二〇八種になっている。昆虫の目は、翅の状態にもとづく「翅式分類」で、植物の雄しべや雌しべによる「性体系」よりも自然分類に近いと評価されている。

　リンネは学問上の功績により、スウェーデン国王によって貴族に列せられ（一七六二）、それからはカール・フォン・リンネ（Carl von Linné）と名乗るようになった。ただし、近年は種の学名の命名者としてはLinnaeusのほうが使われている。

ところで、リンネの遺品（標本・文献・書簡など）は、その息子「小リンネ」（〝世襲〟の植物学教授）の死後、イギリスの富裕なナチュラリスト、スミス（James Edwrd Smith 一七五九―一八二八）が父リンネの遺族から一〇八八ポンド余で買収した（一七八四）。この国宝級の資料を満載した英国船を、スウェーデン国王の命令により軍艦が追跡して取りもどそうとしたが、果たさなかったという「伝説」もある。

リンネに関するこれらの貴重な資料は、その後ロンドンに設立（一七八八）された「リンネ協会」が保管、管理している。昆虫の標本は三一九八個体ある。

リンネは生来、名誉欲が強く、また自信家でもあったので、それらが原動力となって前半生の逆境にもめげず、「自然の体系」化という大業をくわだてたのだろう。そして、『完璧なナチュラリスト』（W・ブラント、一九七二）として今日も畏敬されているのである。

リンネ前昆虫学の集大成
ルネ＝A・F・レオミュール

1683
｜
1757

ルネ＝アントワーヌ・フェルショー・ド・レオミュール（René-Antoine Ferchault de Réaumur）は、一六八三年、フランス西部のラ・ロシェル市で貴族の家に生まれた。彼は生来、自然観察を好む性格であった。

はじめはパリで法律を学んだが、まもなく数学、物理学、動物学など科学系に転向した。そして一七〇八年、二四歳のとき幾何学の論文を発表して認められ、王立科学アカデミーの会員に選ばれた。彼の公的な肩書は、生涯これだけである。

レオミュールは多能かつ独創性に富む優れた人物で、鋼鉄の生産技術、アルコール温度計の考案（「列氏温度計」）、陶磁器の製法など技術面の発明で貢献した。一方、動物学の分野でも生理学・生態学・発生学などで先駆的な研究を行っている。これらに一貫しているのは、かならず「実験」と「実見」をともなっていることである。すなわち、レオミュールの学風は机上の空論ではなく、みずから確認したデータに基づいて立論したものであるため広く受け入れられ、かつその所説はながく命脈を保った。

　このようにレオミュールは広い学問領域で活躍したが、もっとも著名なのは昆虫の研究である。彼の論著の代表作は『昆虫誌論集』（以下『昆虫誌』と略称）六巻（一七三四―四二）で、この四つ折版の大著は全一〇巻の予定で書き進められていたが、未完で終わっている。第七巻の遺稿は科学アカデミーに遺贈され、今世紀になってから復刻された。この巻はアリの部（一九二六［英訳とも］、一九二八）および甲虫（「スカラベ」）の部（一九五五）の二冊から成る。ちなみに第七巻までの合計は四五八二頁、二八八図版である。

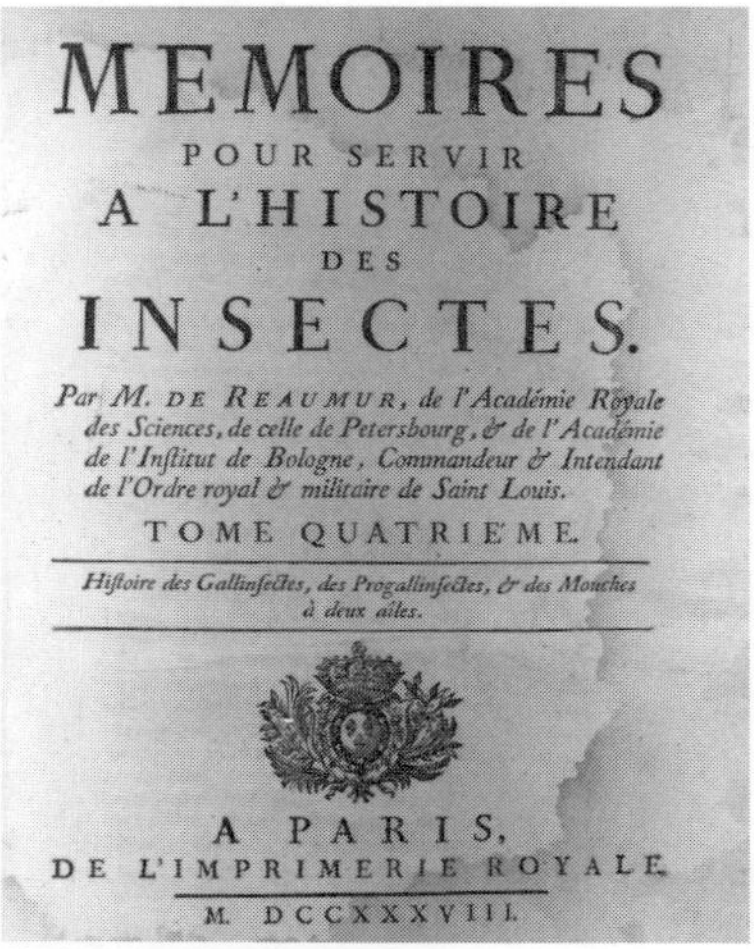

MEMOIRES
POUR SERVIR
A L'HISTOIRE
DES
INSECTES.

Par M. DE REAUMUR, de l'Académie Royale des Sciences, de celle de Petersbourg, & de l'Académie de l'Inftitut de Bologne, Commandeur & Intendant de l'Ordre royal & militaire de Saint Louis.

TOME QUATRIEME.

Hiftoire des Gallinfectes, des Progallinfectes, & des Mouches à deux ailes.

A PARIS,
DE L'IMPRIMERIE ROYALE.
M. DCCXXXVIII.

代表作の『昆虫誌論集』

　レオミュールのいう「昆虫《アンセクト》」とは「地を這うもの」の意で、節足動物はもちろんのこと、両生類や爬虫類（クロコダイルも！）まで入っている。これは、わが江戸時代の「虫類」と同じような用法である。ただし、『昆虫誌』の第七巻までに昆虫綱以外の虫類は記載されていない。

　さて、この大作は昆虫の形態と生態を主体として記述し、それを豊富な図（線画）で補完している。これらの図の多くは、科学アカデミー所属の画工（二名）を指導して描かせたもので、たいそう精巧なできばえである。

レオミュールは、昆虫を飼育してその変態、生活史や習性などを調べて記載し、ときにはイガ（衣蛾）類の駆除法にも言及している。ミツバチの巣箱の側板をガラス張りにして、巣の内部を外側から観察し、女王・働きバチ・オスの三階級とその役割について正しく認識している。また、アリの階級とその相互の関係や結婚飛行、さらにアリとアブラムシの共生関係などに関しても正確に把握している。昆虫の解剖については、マルピーギの『カイコの研究』（一六六九）を参考にして研究を進めた。

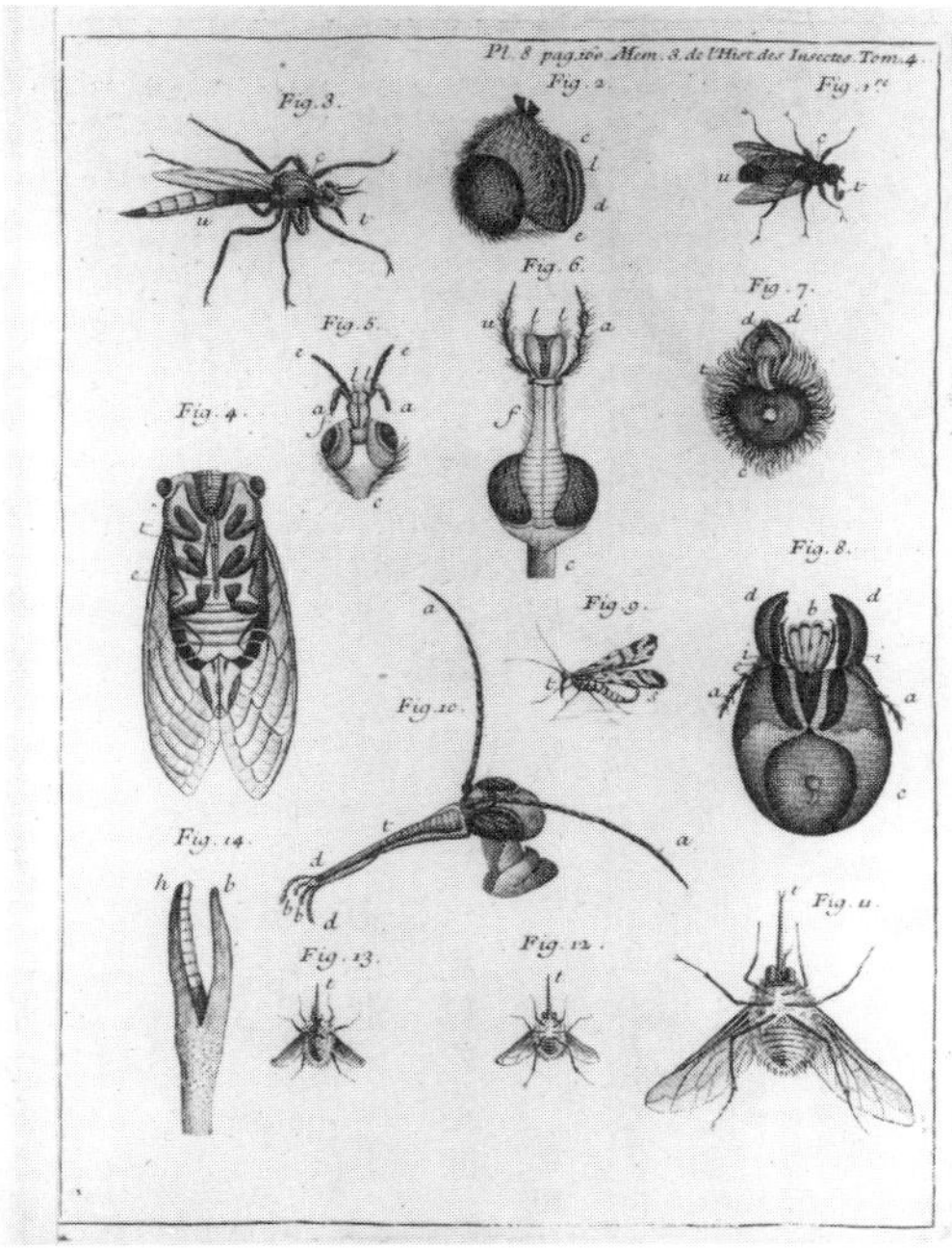
『昆虫誌論集』第４巻の図版

『昆虫誌』は、その当時における昆虫学の最新かつ最精の著作であり、リンネ前の昆虫学の集大成といってよいだろう。同時代の人びとは、博識なレオミュールを「一八世紀のプリニウス」と讃えた。蛇足ながら、プリニウス（二三頃―七九）は古代ローマの百科全書的ナチュラリストで、『博物誌』三七巻の著者として知られる。また、「ダーウィンのブルドッグ」ことT・H・ハクスリー（一八二五―九五）は、レオミュールをC・ダーウィンと対比すべき碩学として評価している。

レオミュールは明るく温雅な人柄で、またウイットやユーモアにも富んでいた。父祖伝来の財産にめぐまれて職業につくことなく、また結婚もせずに学問ひとすじの生涯を送ることができた。ライフワークの『昆虫誌』も、このような〝殿様生物学〟の所産である。

彼の学風はフランス、スイス、スウェーデンなどの研究者に継承され、それぞれみごとに花開いた。彼は国外でも高い評価を受け、英国王立協会やプロシア、スウェーデン、ロシア各国の科学アカデミーなどの会員に推されている。これは在野の学究として異例の栄誉といってよいだろう。

「昆虫学のプリンス」
ピエール・A・ラトレイユ

1762
|
1833

ピエール・アンドレ・ラトレイユ（Pierre André Latreille）は、一七六二年フランスのリムーザン州（現コレーズ県）ブリーヴ町で、J・J・S・ダマルジ男爵の私生子として生まれた。ラトレイユの苦難に満ちた生涯は、このときから始まったのである。それでも、「父」は彼が大学を卒業するまでの生活費と学資を援助してくれた。

ラトレイユは幼少のころから博物好きで、パリでの大学生時代にはパリ郊外で昆虫採集に熱中した。一七八〇年、パリ大学を卒業（文学修士）後、しばらくは教会の助祭ないし司祭をつとめていた。

当時のフランスにはしばしば政変があり、ラトレイユは、ある宣誓のための出頭を怠ったとがにより、ボルドーの刑務所に収監された（一七九三—九五）。そのとき獄内で「珍しい」小甲虫アカクビホシカムシを発見して採集したのが機縁で、「昆虫学者」として処遇されるよう

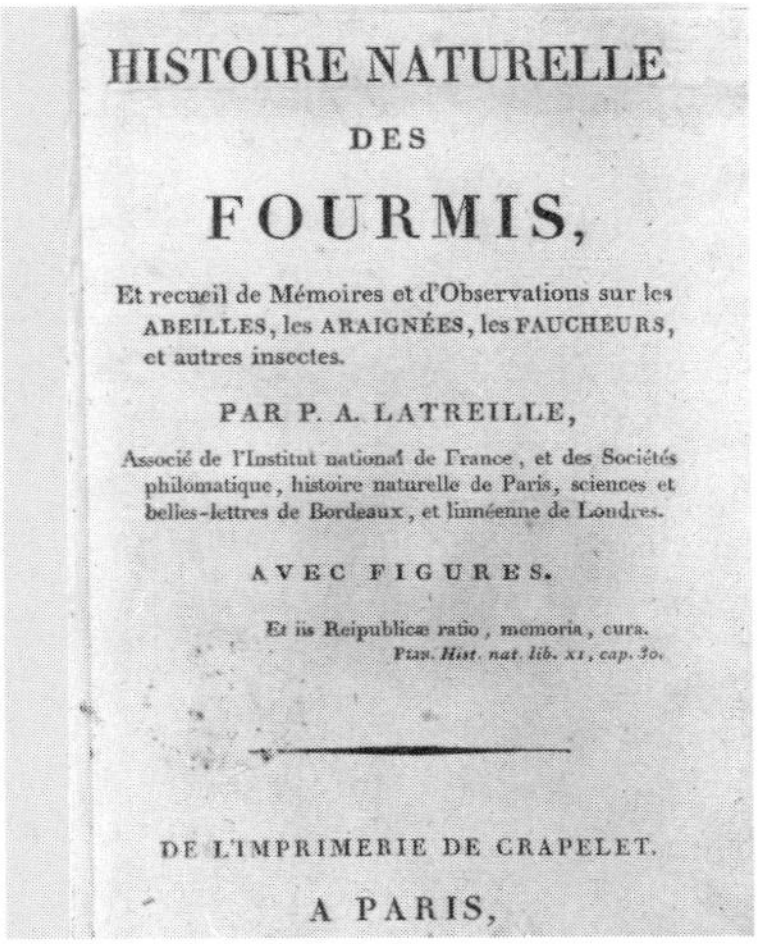

フランス産アリ類をまとめた『アリの自然史』扉

になり、まもなく釈放されたのである。このエピソードにちなみ、この甲虫は「ラトレイユのホシカムシ」と愛称されている。

その当時のたび重なる政変に巻き込まれるのに嫌気《いやけ》がさして、ラトレイユは聖職に見切りをつけ、好きな博物学の道に専念することにした。一七九六年、彼は『昆虫の属の特徴の概要』を自刊した。これは節足動物にかんする最初の自然分類法であり、属と目《もく》との間に「科」の概念を導入した画期的なものである。

この業績が認められて、ラトレイユは一七九八年に国立研究所（解剖学・動物学部門）の準メンバー、次いで国立自然史博物館でラマルクの助手になり、一八一四年には科学アカデミーのメンバー（無給）に指名された。その間、貧苦の生活を余儀なくされたが、精力的に論文や本を書いて、学究として充実した日々を送ることができたのである。

ところで、ラトレイユは当初から膜翅類、とくにアリを好んで研究し、『アリの自然史』（一八〇二）を著した。この本はフランス産アリ類をまとめたもので、種の分類と記載を主としており、精細な図版が付されている。後半はアリ類のほかにミツバチ類、クモ類やザトウムシ類などについて書いてある。

ラトレイユの論文は約七〇編、著書は約一〇点である。主要な著書として、『甲殻類と昆虫類の属』全四巻（一八〇六―〇九）およびキュヴィエ『動物界』（新編）のうち第四、五巻（一八二九）などがある。

彼は多数の新属や新種を記載しているが、実際はより上位の分類単位（科や目）を対象にした「大分類」の改革を志向していた。

それまで昆虫の分類体系は、スワンメルダムの変態、リンネの翅式、ファブリチウスの口式による分類法が代表的なものだったが、ラトレイユは虫体のあらゆる部分の形態的特徴を使った自然分類法を提唱したので、折衷式分類法（または総合的分類法・リンドロート一九七三）とよばれている。

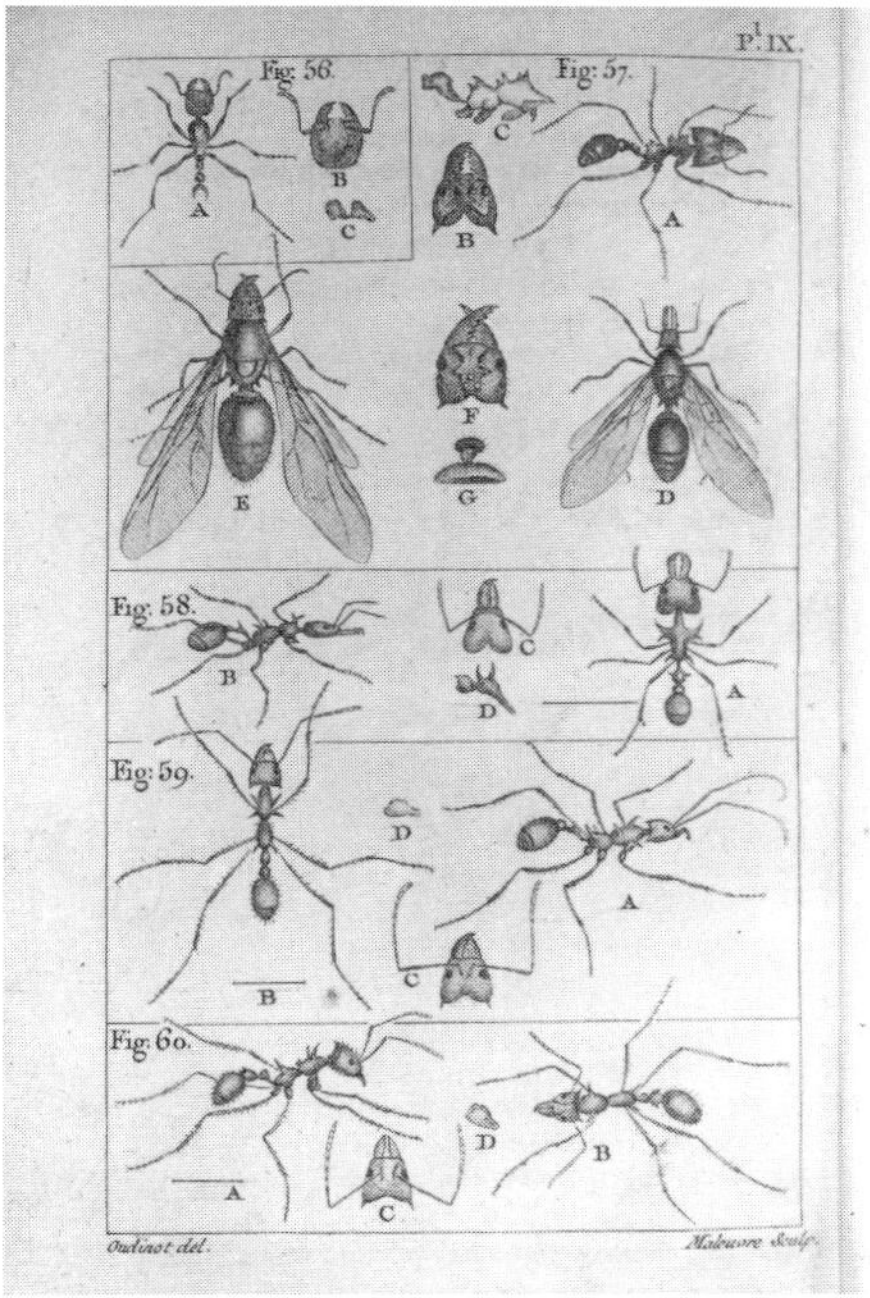

『アリの自然史』図版

ラトレイユは昆虫を初めは一四目（クモ類、甲殻類をふくむ）に（一七九六）、のち一二目

（真性の昆虫類のみ）に分けている（一八三一）。直翅目、異翅目や隠翅目などは、彼が創設したものである。

一八三〇年、彼は国立自然史博物館の教授職（環節動物）になった。時に六八歳。彼の一生は、たまたまフランスの動乱期に当たり、不幸な出自と不安定な世情にもまれて、公私とも不遇な一生であった。

それでも自らの才能と努力により、学究として大成することができた。これには勤務先の博物館で、ラマルク、ラセペード、キュヴィエやジョフロア・サンチレールなど諸先輩の物心両面にわたる支援も大きくあずかっている。このような背景にはラトレイユのノーブルで誠実な人柄もプラスにはたらいたことであろう。

ラトレイユは、最晩年にはフランス昆虫学会の創立会長となり（一八三二）、没後、同学会の呼びかけにより、エスト墓地に彼の胸像を載せた記念塔（高さ九フィート）が建立された。同時代の昆虫学者は、ラトレイユを「昆虫学のプリンス」（ファブリチウス）や「当代最先の昆虫学者」（シェンヘル）と、最高の讃辞を送っている。

「英国昆虫学の父」ウィリアム・カービー

1759－1850

ウィリアム・カービー（William Kirby）は一七五九年、英国サフォーク州で生まれた。聖職者となるため、ケンブリッジ市のカイウス・カレッジで教育を受け、一七八一年に卒業した。その後一七九六年、サフォーク州バーラムの教区牧師に任ぜられ、終生その地で神に奉仕するとともに、好きな昆虫の研究にも励んだのである。

カービーは生来、非常に有能かつ良識ある人物であり、また細心な研究者でもあった。それで、彼の著作はその正確さのゆえに、つねに注目されていた。処女論文「カメノコハムシ属三種の生活」（一七九七）ほか三五編の論著がある。

それらのなかで最も著名なのは、実業家ウィリアム・スペンス（一七八三―一八六〇）との共著『昆虫学入門』（An Introduction to Entomology）四巻である（一八一五―二六）。カービーは一八〇八年にスペンスと知り合うと、すぐに意気投合して昆虫学の入門書を一緒に書くことになった。こうしてこの本が生まれたのである。初巻の巻頭には、王立協会会長ジョーゼフ・バンクス卿への献辞がある。

本書（初版）は合計二四三〇頁、三〇図版の大冊で、七版まで版を重ねている。彩色図版（五枚）は高名な昆虫画家、ジョン・カーティス（一七九一―一八六二）の初期の作品である。なお、ドイツ語、オランダ語、ロシア語にも翻訳され、国外でも広く読まれた。

その内容は、当時の昆虫学のほとんどすべての分野にわたっており、アマチュアの身でよくぞこれまでと感嘆するほどだ。構成は手紙の形式をとっているが、これはギルバート・ホワイトの『セルボーンの博物誌』（一七八九）のひそみにならったのかもしれない。

この本が出版されたころ、昆虫は植物とは違ってほとんどかえりみられておらず、「昆虫学者」というのは、無駄で子どもっぽいあらゆる事物と同義であるといわれていた（前書き）。そのような時代であるにもかかわらず、昆虫の外部形態や内部形態など、かなり細部までよく調べられ、図示されている。

同時代の日本の「虫譜」類と比べてみると、格段の差が認められる。第四巻の「昆虫の病気」はユニークなテーマであり、近年著しく進展した昆虫病理学の先駆をなすものであろう。また、同巻の「昆虫学の歴史」では、目《もく》や科などの大分類法を主体として七期に時代区分している。参考までに、それを紹介することにしよう。

（1）古代期、（2）中世の暗黒時代後の科学復興期、（3）スワンメルダムとレイ時代（変態式）、（4）リンネ時代（翅式）、（5）ファブリチウス時代（口式）、（6）ラトレイユ時代（折衷式）、（7）マックレイ時代（五点式）となっており、カービー自身も（7）の影響を受けた独自の分類法を述べている。

この本について、英国のデイヴィッド・E・アレン（一九七六）は、「博物学の準専門的な本で、これほど変わりない喜びをもって読め、また読み返すことのできるものはまずない」（阿部治・訳）と激賞している。

ナチュラル・ヒストリーの本場で、このように高い評価を受けるのは、たいそう名誉なことといってよいであろう。

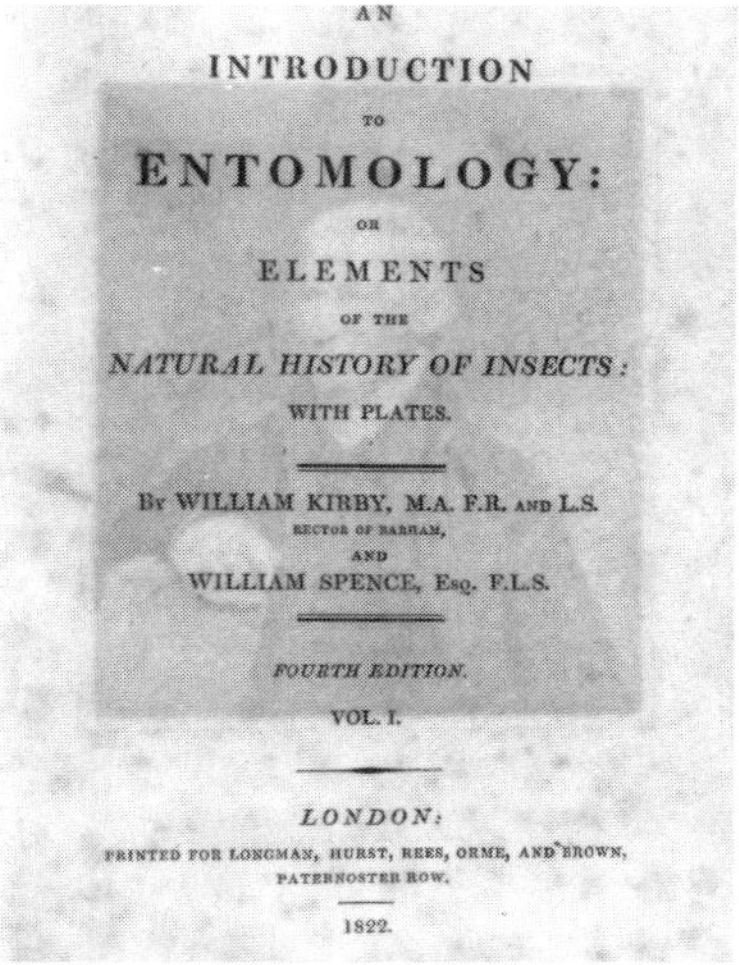
AN
INTRODUCTION
TO
ENTOMOLOGY:
OR
ELEMENTS
OF THE
NATURAL HISTORY OF INSECTS:
WITH PLATES.
By WILLIAM KIRBY, M.A. F.R. AND L.S.
RECTOR OF BARHAM,
AND
WILLIAM SPENCE, Esq. F.L.S.
FOURTH EDITION.
VOL. I.
LONDON:
PRINTED FOR LONGMAN, HURST, REES, ORME, AND BROWN,
PATERNOSTER ROW.
1822.

高い評価を受けた『昆虫学入門』

『昆虫学入門』第１巻の図版の一例

カービーは、とくに分類学に造詣が深く、ネジレバネ目（Strepsiptera）は彼の提唱によって新設された目である。また膜翅目、甲虫目をはじめ、異翅目、同翅目や鱗翅目の新種（新属をふくむ）を記載した。彼の標本は、大英博物館（自然史）とリンネ協会に保存されている。

こうして、カービーは「英国昆虫学の父」と謳《うた》われ、名門・ロンドン昆虫学会の終身名誉会長（一八三三―五〇）をはじめ、王立協会、リンネ協会ほか内外の各種学会のフェローなどに推された。

カービーは、カール・リンネと同じように、生物を神の創造物として真摯に見つめていた。そういえば、上記のギルバート・ホワイト（一七二〇―九三）や、遺伝学の創始者グレゴル・ヨハン・メンデル（一八二二―八四）なども同じく神に仕える身であった。彼らにとって、自然を探求するといういとなみは、すなわち神の御業《みわざ》を賛美することにほかならなかったのである。

「純正」と「応用」の両刀
ジョン・カーティス

1791
｜
1862

ジョン・カーティス（John Curtis）は一七九一年、英国ノーフォーク州のノリッジ市で石彫り・看板屋の第三子として生まれた。父は夭折したので、一家は窮乏に苦しんだ。

カーティスは幼少のころから生物に興味をもち、とくに昆虫が好きであった。そして、池や沼で水生昆虫や植物を採集しては調べていた。

少年時代、有名なE・ドノヴァンの『英国産昆虫の博物誌』全一六巻（一七九二―一八一三）を知人から借りて、その写本をつくり始めた。それが欲しくてたまらなかったのだが、高価で買えなかったからである。

彼は一六歳のとき、地元の弁護士事務所の書記になり、母親をはじめ家族の生計を支えるため、四年間そこで働いた。その間、近くに住む裕福な若い昆虫コレクターのS・ウィルキンと親交を結び、ウィルキンと同居して生活面での援助を受けるようになった。

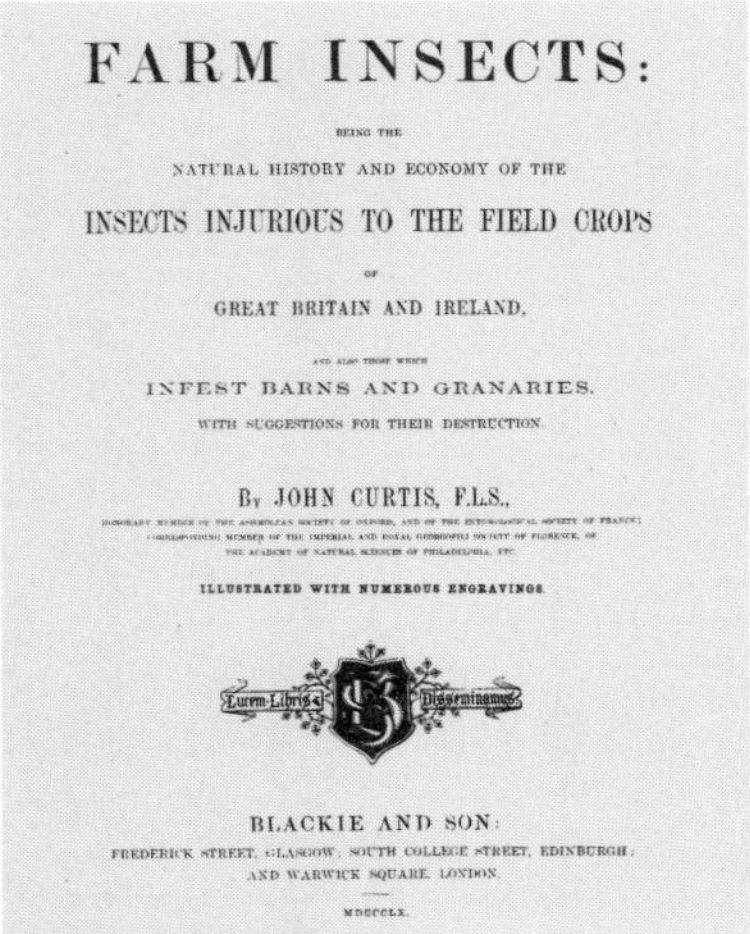
FARM INSECTS:

BEING THE

NATURAL HISTORY AND ECONOMY OF THE

INSECTS INJURIOUS TO THE FIELD CROPS

OF

GREAT BRITAIN AND IRELAND,

AND ALSO THOSE WHICH

INFEST BARNS AND GRANARIES.

WITH SUGGESTIONS FOR THEIR DESTRUCTION.

By JOHN CURTIS, F.L.S.,

HONORARY MEMBER OF THE ASHMOLEAN SOCIETY OF OXFORD, AND OF THE ENTOMOLOGICAL SOCIETY OF FRANCE; CORRESPONDING MEMBER OF THE IMPERIAL AND ROYAL GEORGOFILI SOCIETY OF FLORENCE, OF THE ACADEMY OF NATURAL SCIENCES OF PHILADELPHIA, ETC.

ILLUSTRATED WITH NUMEROUS ENGRAVINGS.

BLACKIE AND SON:

FREDERICK STREET, GLASGOW; SOUTH COLLEGE STREET, EDINBURGH; AND WARWICK SQUARE, LONDON.

MDCCCLX.

大冊『農園の害虫』扉

カーティスは二〇歳ころ、それまでにつちかってきた昆虫学と昆虫画の才能を活かすべく、いろいろな昆虫家、たとえばW・カービーやW・スペンスなどの面識を得た。彼らは共著の『昆虫学入門』全四巻（一八一五―二六）に使う昆虫の図をカーティスに依頼した。そのカラー図版は一―二巻に計五枚入っており、これがカーティスの昆虫版画家としての最初の仕事である。

彼は一八一七年、ロンドンに出てきた。そこで富裕な昆虫家J・C・デール（一七九二―一八七二）と知り合って終生の友となり、デールはパトロンとしてカーティスに多大の援助をした。おかげで、カーティスは大著『英国昆虫学』全一六巻（一八二四―四〇）を完成することができた。このシリーズは、英国産昆虫の属の図解と記載から成っている。この本における昆虫の分類体系は、P・A・ラトレイユのそれをモディファイしたものである。

この大作をなしとげると、カーティスは『王立農業協会』誌に農作物の主要な害虫の生態や防除についての記事を連載するようになった（一八四一―五七）。これらはたいそう好評を博し、その登載号は通常よりも多く売れたそうである。カーティスはこれらの記事を増補して一六分冊で再刊した。

それを一冊にまとめて刊行したのが『農園の害虫』（一八六〇）で、五二八頁、一六カラー図版の大冊である。この本もよく売れて、重版（一八六二。一八八三）されている。本文中の防除法において、天敵による生物的防除のアイディアを、この用語を使わずに示唆していることは注目に値する。

なお、カーティスは『ガードナーズ・クロニクル』（園芸家の新聞）にルーリコラ（Rurico-la：ラテン語で農夫）のペンネームで、園芸害虫の啓蒙記事を一二〇編も寄稿している。ちなみに、当時、英国には農業害虫の研究者はおらず、E・A・オームロッド（一八二八―一九〇一）が彼の後継者にあたる。

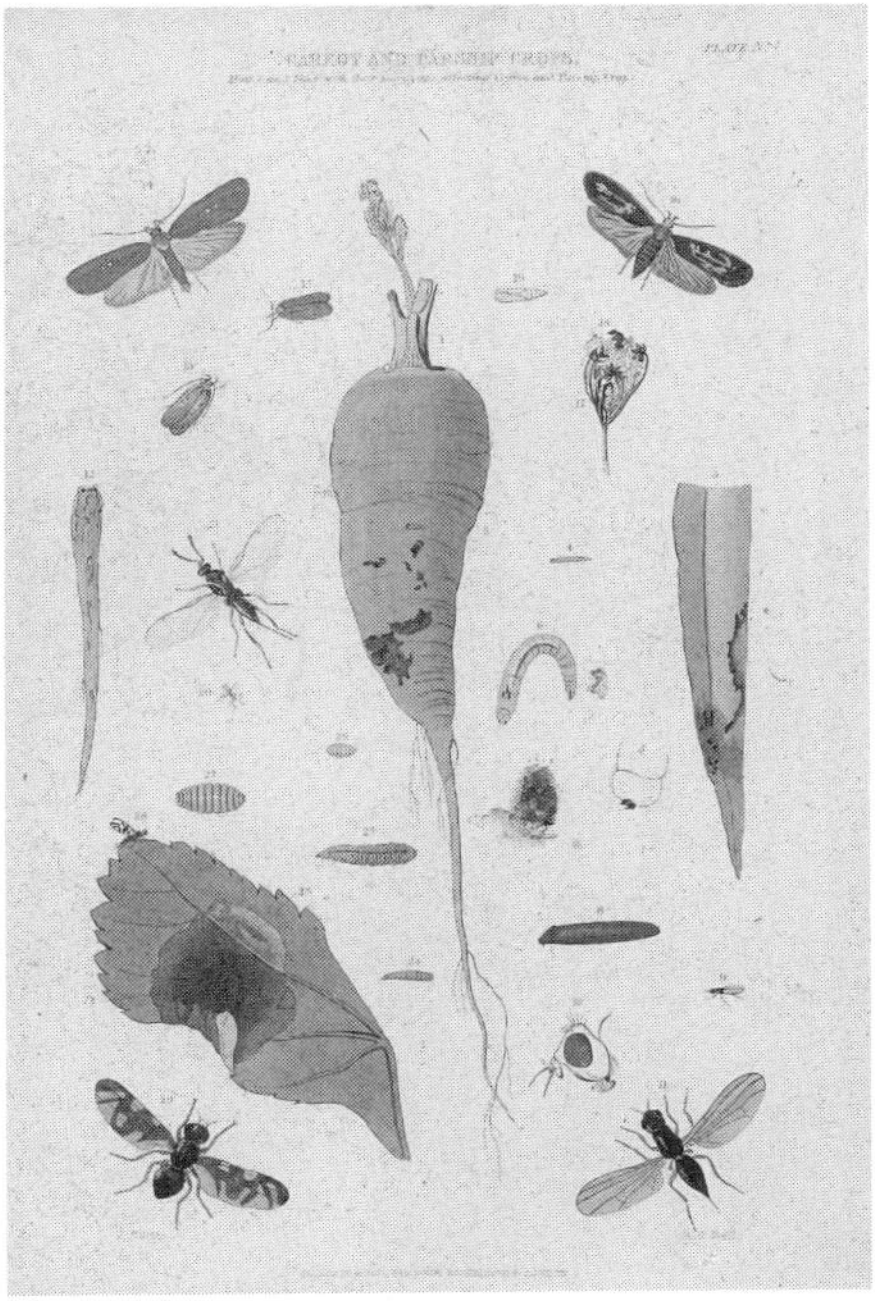
『農園の害虫』図版の一例

さて、『農園の害虫』は鳴門義民により「摘訳」され、『哥氏田圃虫書』（一八八二）という表題で出版された（農商務省農務局蔵版）。訳書ではカーティスを「弌《ヂヨン》　哥爾質《コルチス》」と表記しているので、原著者は「哥氏」となったわけである。訳書中に「農圃虫学」という語が見られる。原著も訳書も、明治時代の農業害虫研究者によく利用されたようで、諸著書の参考書としてしばしばあげられている。

カーティスはそのほか三十数編の報文を発表しており、画才とともに科学者としての才能も発揮した。彼は活動期の前半に「純正《ピュア》」昆虫学を、後半に「応用《アプライド》」昆虫学を研究した両刀使いであった。当時の昆虫学の主流は分類学であり、害虫の研究を志向する学者は、どこの国でも少なかったのである。それでL・O・ハワードは、カーティスが一九世紀後半の米国昆虫学者たちにおよぼした影響はきわめて大きいと評価している（一九三〇）。

ところで、カーティスの人柄は、J・O・ウエストウッドの追悼文によると「たいそう愛すべき、温かくて純粋な心をもち、そして尊敬すべき人物」であったそうである。学界での評価も高く、ロンドン昆虫学会会長（一八五五）やフランス昆虫学会名誉会員などに推されている。カーティスの昆虫標本の主要部分は没後に競売に付され、オーストラリアの国立メルボルン博物館に保管されている。

「最後の何でも屋」ジョン・O・ウェストウッド

1805
|
1893

ジョン・オーバダイア・ウェストウッド（John Obadiah Westwood）は一八〇五年、英国のサウス・ヨークシャー州のシェフィールド市に生まれた。父はメダル製造や浮き彫りなどを業とし、両親ともクエーカー教徒である。それで、息子のジョンも地元のフレンド・スクールで教育を受けた。

その後、ウェストウッドは事務弁護士や弁理士など法律関係のいろいろな資格を取得し、ロンドンでしばらくこの分野の仕事にたずさわっていた。また、彼は細密画が得意で、アングロサクソンや中世の写本の複写の専門家としても知られていた。

その一方、ウェストウッドは法律書をひもとくよりも、博物学の本を読むほうが好きであった。一八二〇年ころには昆虫採集を始めている。そして一八三三年、ロンドン昆虫学会の創立会員となり、その翌年から同学会の名誉主事をつとめ（一八三四―四七）、のちに会長に三回、一八八三年には終身名誉会長に推された。

ところで、この学会の第二代と第四代会長をつとめたホープ（Frederick William Hope 一七九七―一八六二）は一八四九年、オクスフォード大学に昆虫など無脊椎動物の莫大な標本と図書を寄贈し、その管理人として旧知のウェストウッドが指名された。

その後一八六一年、同大学に「ホープ教授」制が新設されたとき、ウェストウッドはその初代教授の椅子を占めた。

ウェストウッドは多作な昆虫学者で、一八二七年から一八九二年までの間に、およそ六〇〇編におよぶ論著を発表している。単行本には『昆虫学者の教科書』（一八三八）など四点があり、代表作は『現代昆虫分類学入門』（An Intoroduction to the Modern Classification of Insects）二巻（一八三九。一八四〇）である。

第一巻は一―八章（四六二頁）、第二巻は九―一六章（五八七頁）および巻末の「英国産昆虫の属の摘要」（一五八頁）から成っている。ちなみに、この本はまず一章ずつバラで印行され（一八三八―四〇）、それらをまとめて単行本として出版したものだそうである（F・J・グリフォン、一九三二）。

この大著は、当時知られている英国産昆虫の全目（一三目。トビムシやシラミなど無翅のものを除く）全科全属をあつかったもので、まさに驚嘆に値する労作といってよいであろう。

ウェストウッドが、良い意味での「最後の何でも屋」のひとり（C・H・リンドロート、一九七三）と称されるゆえんである。

その分類体系はラトレイユ（前出）の方式とマクレイ（W.S. Macleay 一七九二―一八六五）の方式との複合であるといわれている。

本書は各国で高い評価を受けている。英国では一八五五年、王立協会から金メダルを授与された。この受賞にはダーウィンの推薦が大きくあずかっている。けれども、ウェストウッドは終生、徹底した反ダーウィニスト（反進化論者）の立場をつらぬきとおした。

また、ドイツでは発刊当時「昆虫学者のバイブル」と呼ばれ（A・Z・スミス、一九八六）、アメリカでも「画期的な著書」（L・O・ハワード、一九三〇）と称賛されている。この本は、

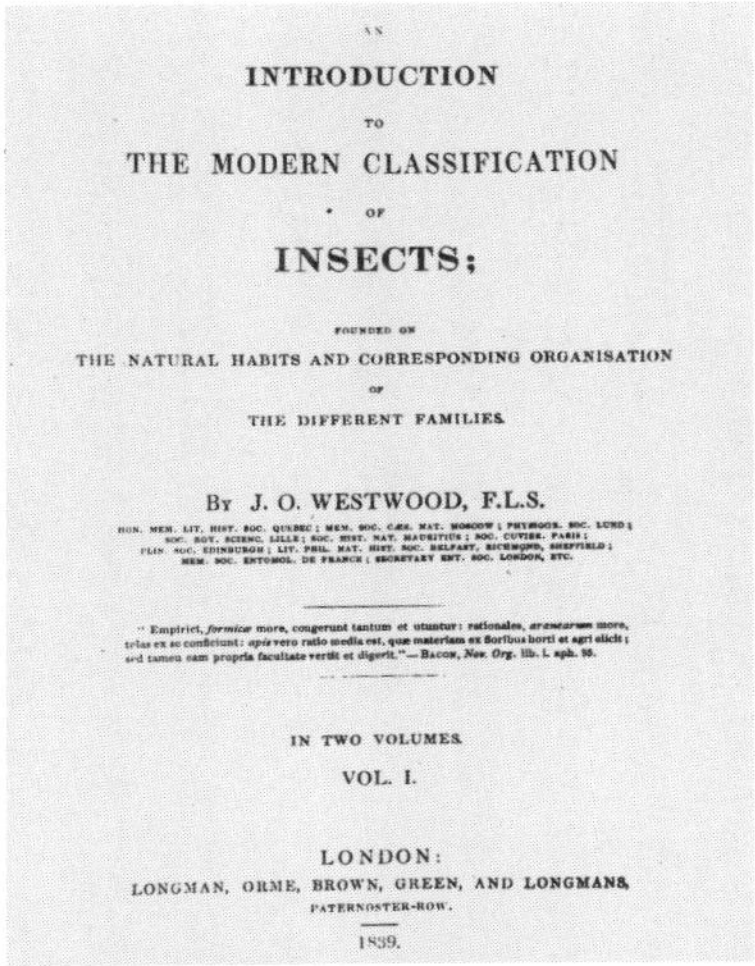
AN
INTRODUCTION
TO
THE MODERN CLASSIFICATION
OF
INSECTS;
FOUNDED ON
THE NATURAL HABITS AND CORRESPONDING ORGANISATION
OF
THE DIFFERENT FAMILIES.

BY J. O. WESTWOOD, F.L.S.

" Empirici, *formicæ* more, congerunt tantum et utuntur: rationales, *aranearum* more, telas ex se conficiunt: *apis* vero ratio media est, quæ materiam ex floribus horti et agri elicit; sed tamen eam propria facultate vertit et digerit."—BACON, *Nov. Org.* lib. I. aph. 95.

IN TWO VOLUMES.
VOL. I.

LONDON:
LONGMAN, ORME, BROWN, GREEN, AND LONGMANS,
PATERNOSTER-ROW.
1839.

代表作の『現代昆虫分類学入門』第１巻扉

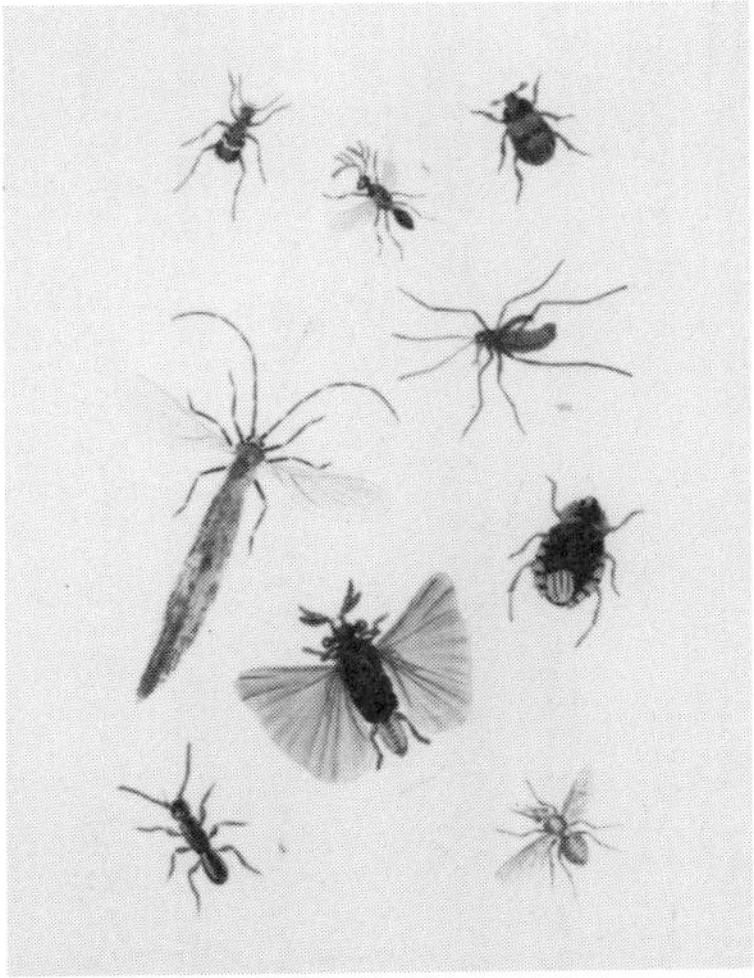

『現代昆虫分類学入門』第１巻口絵（画も著者）

それほどの名著だったのである。

ウェストウッドは、「ものを無駄にしない。欲しがらない」をモットーに勉学に努めた。厖大な原稿も反故《ほご》（紙）を利用して書いたそうである。彼は一般に「ユーモア感覚を欠如する」と評されている。けれども、貴重な時間を浪費しないで「くそまじめ」だったからこそ、この本のような体系だった仕事を残すことができたのだという評価もある。

ウェストウッドは長寿を保ち、晩年には内外の多くの昆虫学会の名誉会長に推された。彼の昆虫標本のコレクションは、ホープ・コレクション（オックスフォード大学博物館）、大英博物館（自然史）、ロンドン昆虫学会やリンネ協会に保存されている。

なお、ウェストウッドは考古学についても造詣が深く、この分野でも専門家の域に達していた。この昆虫学者兼考古学者という学風は、日本では河野広道（前出）が対比されるであろう。これは、両分野とも多くの資料（標本）を収集し、比較研究して体系化するという手法が同根だからなのであろうか。

「英国応用昆虫学の開祖」エリナ・A・オームロッド

1828｜1901

エリナ・アン・オームロッド（Eleanor Anne Ormerod）は一八二八年、英国グロスターシャー州のセドバリー・パークで、一〇人兄弟の末子として生まれた。父のジョージ・オームロッドは高名な歴史家である。彼女は幼いころから自然に親しんで育った。二四歳のとき、J・F・スティーヴンズの『英国産甲虫便覧』（一八三九）を手にしたのがきっかけで、昆虫の研究を始めるようになったそうである。

一八六八年、パリで害虫に関する大展覧会がもよおされたとき、オームロッドは王立園芸協会の依頼を受け、多数の害虫標本を集めて出品した。

それ以来、彼女はとくに農業害虫についての研究を生涯にわたり続けたのだ。その学風はきわめて実用的であり、多くの害虫を飼育して生活史を解明し、それに基づいた予防法や駆除法を研究して栽培者に普及した。

オームロッドは自ら行った研究の結果を『害虫の観察ノート』として、一八七七年から死去前年の一九〇〇年まで年報形式（通巻二四巻）で自費出版している。その当時、米国農務省では昆虫局長C・V・ライリー（一八四三—九五）が中心となり、『昆虫の生活』という定期刊行物を出版しており、これは農業害虫の生態と防除の分野で欠かすことのできない文献になっていた。オームロッドは、すべて個人だけの努力で、よくこれに対比すべき「英国版」を自刊していた。

彼女はほかに著書四点、報文約七〇点を書いている。師と仰ぎ、あるいは親交を結んだ昆虫学者は内外に数多く、たとえば英国ではJ・O・ウェストウッド（一八〇五—九三）やJ．カーティス（一七九一—一八六二）、カナダではJ・フレッチャー（一八五二—一九〇八）、米国ではC・V・ライリー（一八四三—九五）やその後任者L・O・ハワード（一八五七—一九五〇）など。

ところで、オームロッドの著書の代表作は『害虫便覧』（A Manual of Injurious Insects. 一八八一、増補再版一八九〇）で、これは食用作物、林木、果樹の害虫の生態と防除法について集成したものである。彼女は、その自伝（一九〇四）の編者R・ウォーレス宛の私信に、「私の『害虫便覧』よりも平明な類書がもしあったら知りたい」と、自信のほどを率直に表明している。なお、彼女は自分の研究だけでなく、先学たちの業績を平易に解説して普及する労もとっていた。

著書はほかに『昆虫の生活法へのガイド』（一八八四）や、『英国における農園・森林・果樹・庭園の害虫』（一八九〇）、『果樹害虫のハンドブック』（一八九八）がある。いずれも正確な図が入っているが、それらの多くは彼女の姉ジョージアナ（一八二三—九六）が描いたものである。

ちなみに兄の医師エドワード（一八一九—七三）は、『英国の社会性ハチ類』（一八六八）というモノグラフ（二七〇頁）により、昆虫学者としても高く評価されている。

先にも述べたように、オームロッドの研究は常に実用を旨としたから、たとえば、米国で発見された殺虫剤パリス・グリーン（砒素剤）を導入し、普及している。当初はその薬害のゆえ

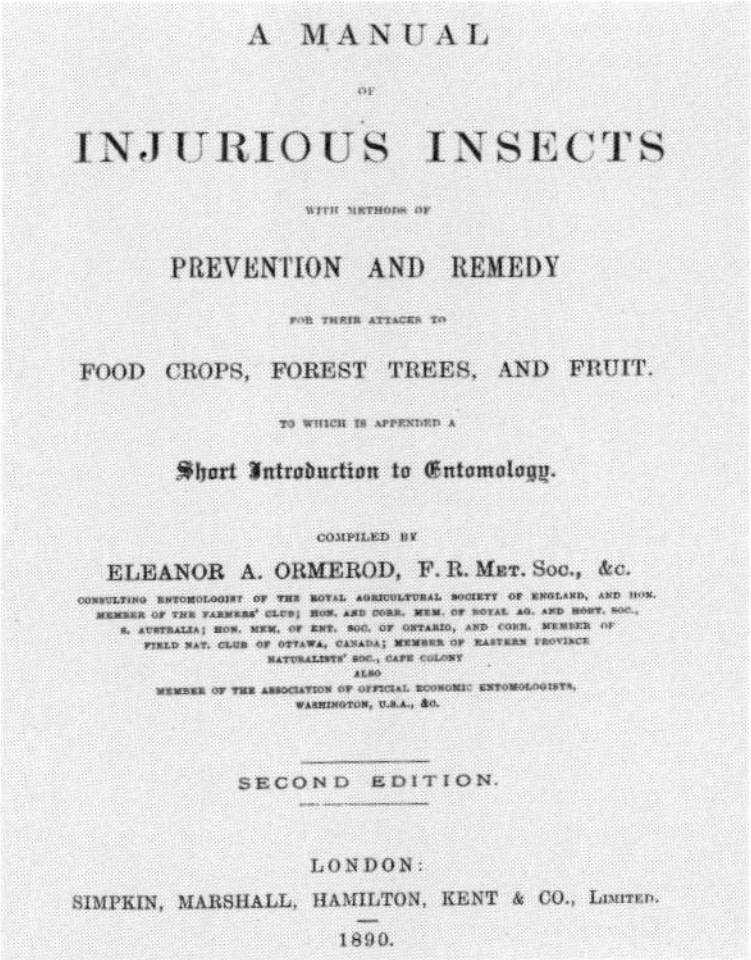

A MANUAL
OF
INJURIOUS INSECTS
WITH METHODS OF
PREVENTION AND REMEDY
FOR THEIR ATTACKS TO
FOOD CROPS, FOREST TREES, AND FRUIT.
TO WHICH IS APPENDED A
Short Introduction to Entomology.

COMPILED BY
ELEANOR A. ORMEROD, F. R. MET. SOC., &c.
CONSULTING ENTOMOLOGIST OF THE ROYAL AGRICULTURAL SOCIETY OF ENGLAND, AND HON. MEMBER OF THE FARMERS' CLUB; HON. AND CORR. MEM. OF ROYAL AG. AND HORT. SOC., S. AUSTRALIA; HON. MEM. OF ENT. SOC. OF ONTARIO, AND CORR. MEMBER OF FIELD NAT. CLUB OF OTTAWA, CANADA; MEMBER OF EASTERN PROVINCE NATURALISTS' SOC., CAPE COLONY
ALSO
MEMBER OF THE ASSOCIATION OF OFFICIAL ECONOMIC ENTOMOLOGISTS, WASHINGTON, U.S.A., &C.

SECOND EDITION.

LONDON:
SIMPKIN, MARSHALL, HAMILTON, KENT & CO., LIMITED.
1890.

代表作の『害虫便覧』

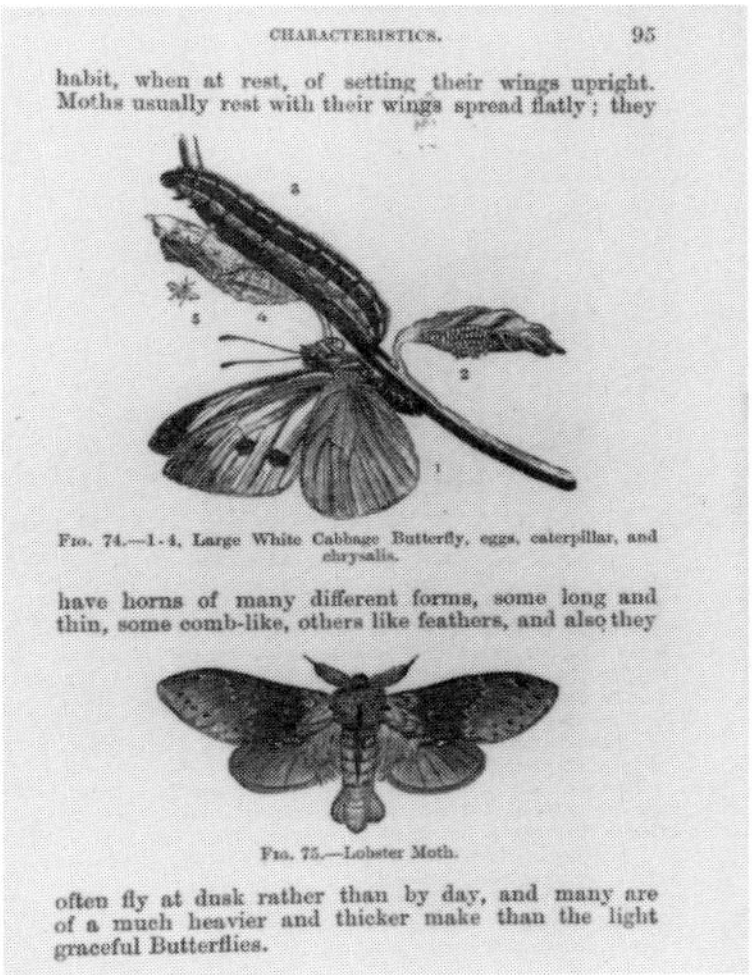

CHARACTERISTICS. 95

habit, when at rest, of setting their wings upright. Moths usually rest with their wings spread flatly; they

Fig. 74.—1-4, Large White Cabbage Butterfly, eggs, caterpillar, and chrysalis.

have horns of many different forms, some long and thin, some comb-like, others like feathers, and also they

Fig. 75.—Lobster Moth.

often fly at dusk rather than by day, and many are of a much heavier and thicker make than the light graceful Butterflies.

『昆虫の生活法へのガイド』本文

か、専門家や農家からの使用反対が多く、たいそう苦労したが、導入成功後の功績は多大なものであった。

こうしてオームロッドは一生を独身でとおし、農業害虫の研究を個人的に遂行して奉仕した。彼女の没後、英国政府は害虫研究の重要性をあらためて認識し、その研究機関を新設することになった。彼女が「英国応用昆虫学の開祖」と称されるゆえんである。ハワード（前出）も大著『応用昆虫学史』（一九三〇）のなかで、しばしば彼女に言及し称賛している。

オームロッドは、生前、気象学会の女性初のフェロー（一八七八）や、ロンドン昆虫学会のフェロー（一八七八―一九〇一）、英国国立農業協会の顧問昆虫学者（一八八二―九一）などに指名され、またエディンバラ大学からは名誉博士の学位を授与された（一九〇〇）。このように、オームロッドは人格・学識ともヴィクトリア朝時代にふさわしい希有の才女であった。

私はふと、芋虫や毛虫をこよなく愛して飼育したという、平安時代の「虫めづる姫君」（『堤中納言物語』）を思い浮かべた。

博物学の普及者
ジョン・G・ウッド

1827
|
1889

ジョン・ジョージ・ウッド（John George Wood）は一八二七年、英国ロンドンで病院の外科医J・F・ウッドの長男として生まれた。幼少のころは病弱だったので学校には入らず家庭で教育を受けた。

そのころ一家はオックスフォードに移転し、ジョン少年はゆたかな自然のなかで水泳、山登り、魚つりなどに親しんだ。また、コウモリ、ヤマネ、ヘビや昆虫など、いろいろな動物を自宅で飼育して観察した。こうして健康な体になり、ナチュラル・ヒストリー（博物学）への興味がはぐくまれたのである。

一八三八年、ウッドはダービーシャー州の中等学校に入学し、六年の歳月をすごした。そこを卒業後オックスフォードにもどってマートン・カレッジに進学し、学資は奨学金や家庭教師などでまかないながら三年後に卒業した（一八四七）。

その後、アンデレ（使徒）になるための準備をしながら、H・アクランド教授の個人的指導のもとで動物の比較解剖学を学んで、「体の構造は習性によって決定される」という法則を確信するに至り、一生これを固守した。

一八五二年、めでたくアンデレの試験に合格し、牧師となったが、この聖職は激務であるうえに収入が少なかったので、まもなく専任からは退《ひ》いた。そして、好きな博物学の著作と、のちには講演旅行により生計を立てることとなった。

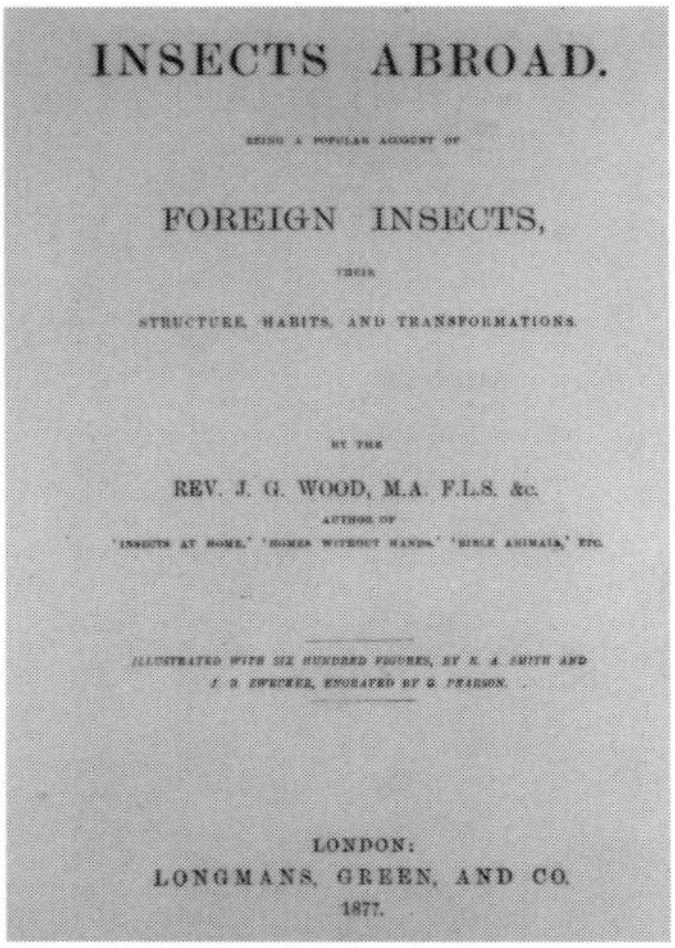
INSECTS ABROAD.

BEING A POPULAR ACCOUNT OF

FOREIGN INSECTS,

THEIR

STRUCTURE, HABITS, AND TRANSFORMATIONS.

BY THE

REV. J. G. WOOD, M.A. F.L.S. &c.

LONDON:
LONGMANS, GREEN, AND CO.
1877.

昆虫の代表作『国外の昆虫』扉

ウッドは執筆にあたり、資料を集めるためには労力と費用を惜しまなかった。彼は驚くほどの多作家で、約六〇点の著書（編著を除く）を残している。処女作は『図解博物学』（一八五一）。これは豊富な細密ペン画が好評を博し、増訂しつつ版を重ねた。日本では全三巻の豪華版（一八六二―六三）が「ウッドのナチュラル・ヒストリー」と呼ばれて流布した。明治期に育った動物学者でこの本を愛読しなかった人はいないといってもよいほどである。昆虫は第三巻に登載されている。

一般にウッドの著書は、みごとな挿絵の多いことが特徴である。昆虫を主題にした本には、

『国内の昆虫』（一八七二）や『国外の昆虫』（一八七四）など七点がある。代表作は前著『国外の昆虫』（一八七七版、七八〇頁）で、これを書くためにほぼ二年間をついやしている。種名の同定には大英博物館の専門家が協力した。こうして、約八六〇種が記載され、そのうち約六〇〇種が図示してある。日本特産のマイマイカブリも珍虫として、成虫の生態図とともに詳述されている。

ウッドはたいそう記憶力がよく、一度読んだことはけっして忘れず、必要に応じていつでも利用できたといわれる。それで、広範にわたる分野の本を著すことができたのである。

『国外の昆虫』の口絵

ところで、ウッドは一八七九年以来、秋冬には一般大衆を対象にした講演旅行を頻繁におこない好評であった。彼は大きな組立て式黒板（カンバス製）を持参し、それに手早く数色のパステルで彩色図を描いて説明した。このやり方は「スケッチ講演」と呼ばれている。ウッドは、晩年の講演旅行先コヴェントリ市で急性腹膜炎をおこして急死した。

よく英国はナチュラル・ヒストリーの故郷《ふるさと》であるといわれるが、その普及にはウッドのようなポピュラライザー（普及家）の活躍が大きくかかわっていると思う。

ウッドの著作にたいしては、しばしば誤りが認められ、科学的正確さを欠如しているという批判もある。けれども、彼の時代のナチュラリストの裾野を広げ、また一部の専門家を育て上げることに大きく寄与し、ひいては今日の博物学再興の基盤を築いたという功績を忘れてはならないであろう。

ちなみに、彼の詳伝（一八九〇）を著した長男T・ウッド師（一八六二―一九二三）は英国産甲虫の著名な研究者である。父の薫陶よろしきを得たものであろう。

「スーパー・ヒューマン」ジョン・ラボック

1843–1913

ジョン・ラボック（John Lubbock）は一八四三年、英国ロンドン西郊のイートン・プレースで、一一人兄弟の長男として生まれた。父の准男爵J・W・ラボック卿（一八〇三―六五）は銀行経営者であるとともに、すぐれた数学者・天文学者でもあった。こうして、ジョンは名門の嫡男としてめぐまれたスタートを切ったのである。

ラボックは伝統あるイートン校に入学したが、卒業前に父が健康をそこねたので、すぐに退校して銀行業を手伝わなければならなくなった。まだ一四歳のときのことである。

ラボック家の邸宅は、ケント州ダウンの三〇〇〇エーカー（約一二〇〇ヘクタール）の広大な敷地にあり、その隣接地には進化論のC・ダーウィン家が引っ越してきた。ダーウィンは二五歳年少のラボック少年をかわいがり、博物学の手ほどきをしたので、ラボックのこの分野への才能がみごとに花開いたのである。自習自学のラボックは「ダーウィンこそわが師」として、終生尊敬していた。

一方、ラボックもダーウィンの、種と変種の差異に関する研究で、数学上の計算の前提に誤りがあることを指摘したことが、ダーウィンの「分岐の原理」成立のきっかけとなったそうである。

一八六五年に父が亡くなるとラボックは銀行と准男爵の位階を継承し、一八七〇年には下院議員に当選し、一九〇〇年までこのポストにあって活躍した。この年、彼は多年の功績により、上院に列せられるとともに男爵に叙せられて貴族となり、エイヴベリー卿（Lord Avebury）と呼称された。

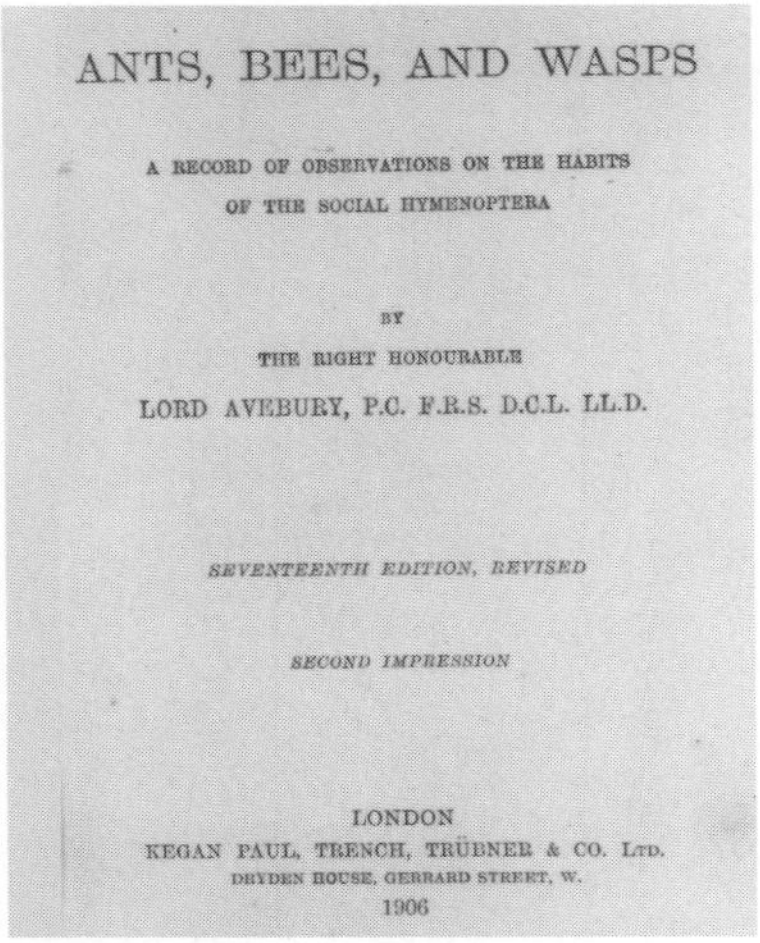
ANTS, BEES, AND WASPS

A RECORD OF OBSERVATIONS ON THE HABITS OF THE SOCIAL HYMENOPTERA

BY
THE RIGHT HONOURABLE
LORD AVEBURY, P.C. F.R.S. D.C.L. LL.D.

SEVENTEENTH EDITION, REVISED

SECOND IMPRESSION

LONDON
KEGAN PAUL, TRENCH, TRÜBNER & CO. LTD.
DRYDEN HOUSE, GERRARD STREET, W.
1906

主著の『アリ・ミツバチ・ハチ』扉

ラボックは下院および上院の議員に在任中、三〇の立法を主導した。特に「銀行休日法」（一八七一）は一般国民から歓迎され、「聖ラボックの日」という戯称まで生まれたほどである。公務多端の中、ラボックは動物学・植物学・人類学や地質学などを精力的に研究し、多くの論文や著書で発表した。

その著書は三十数点に及び、主要なのは昆虫学と考古学に関するもの。昆虫学では『トビムシ目とシミ目のモノグラフ』（一八七一）、『昆虫の起源と変態』（一八七三）、『アリ・ミツバチ・ハチ』（一八八二）、『英国の野花と昆虫の関係』（一八八二）などがある。主著はこの『アリ…』で、これは改訂されて一七版（一九〇六。四三六頁）まで出ている。

ラボックは、アリについて多くの独創的な研究をおこなった。以下にそれらを列挙する。

○アリの飼育には、両面にガラス板を使って巣の内部を観察できる巣箱を創案し、これは「ラボック式」と称して広く利用された。

○アリの背面にペイントで小点をマークして、その個体の行動を正確にトレースした。

○トビイロケアリとクロヤマアリの働きアリは少なくとも七年間、女王アリはそれぞれ一三年と一四年間以上も生存することを確かめた。

○アリには色を識別する能力があり、紫外線を知覚することも実験により証明した。

○アリの聴覚器官は脛節にあることを発見した。

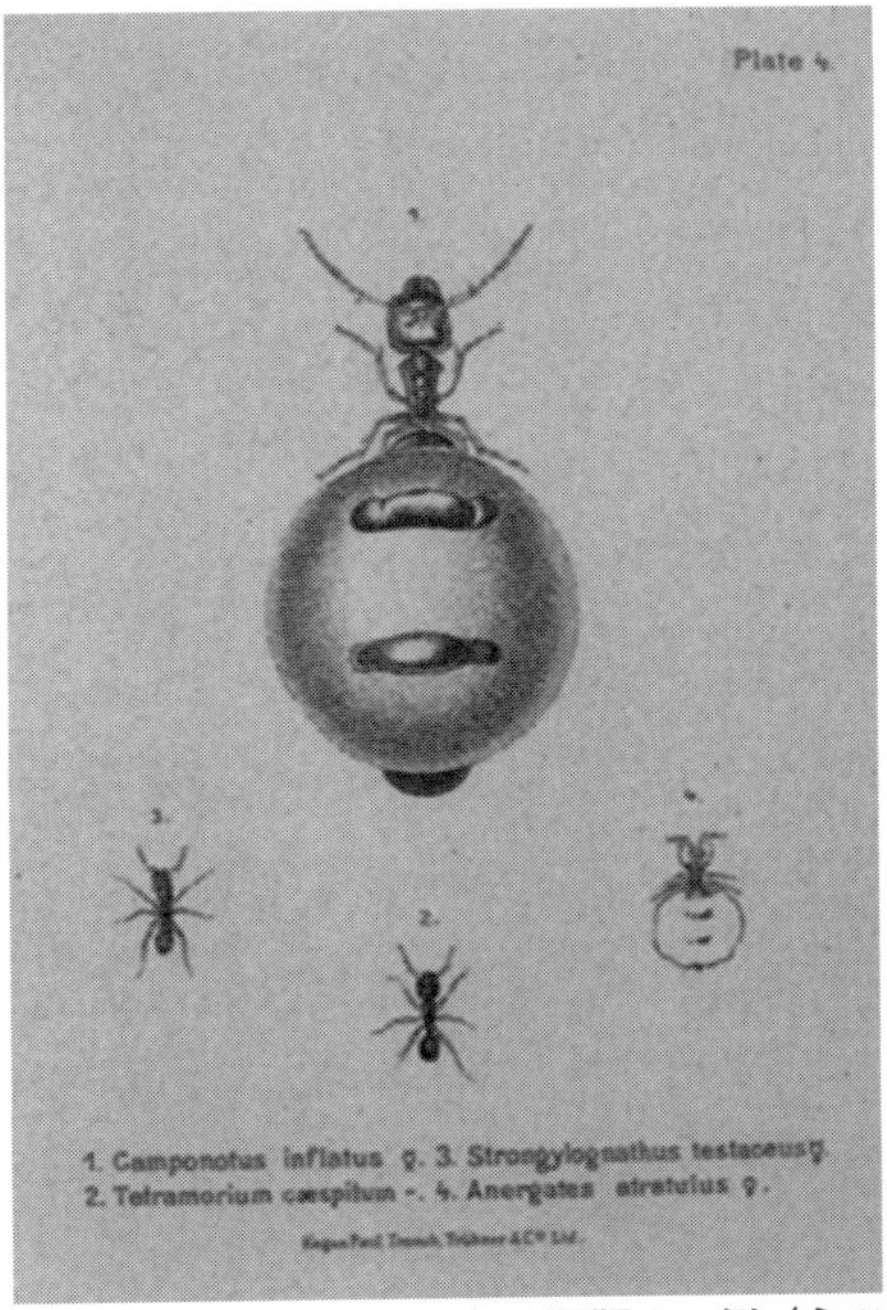

『アリ・ミツバチ・ハチ』の図版の一例（ミツツボアリなど）

○アリの巣中に同居するアブラムシの生活史や、ハエ・トビムシ・ダニを発見した。
○オーストラリア産ミツツボアリの二新種を記載した。

また、ラボックは『先史時代』（一八六五）で、現在も使われる「旧石器時代」と「新石器時代」という区分と用語を創唱している。

以上のように、ラボックの研究は広くかつ深かったうえに、公職でも大活躍したので、当時の人びとは彼を「スーパー・ヒューマン」（超人的）と称賛した。

彼やダーウィンのように、生活の心配なしに学問を楽しむ階級を、英語では「ジェントルマン・スカラー」と呼んでいる。

ラボックは推されて、多くの公的な要職についている。銀行協会初代会長、王立協会副会長、ロンドン昆虫学会会長、リンネ協会会長などである。

彼の著書は、日本でも『自然とその驚異』、『自分を考える』、『どう生きるか』、『生き方の知恵』などが訳されている。ラボックの人生観は、「余暇のある知的な生活をする」ことに集約されている。これこそ今日においても、万人が憧憬してやまない理想像ではないだろうか。

英国蝶譜の完成

フレデリック・W・フローホーク

1861
|
1946

フレデリック・ウィリアム・フローホーク（Frederic William Frohawk）は一八六一年、英国ノーフォーク州の東ディアラムの近くで、五人兄弟（三男二女）の末子として生まれた。生家は農家である。このフローホークという姓はオランダ系のもので、英国には珍しいそうである。

幼年時代を自然ゆたかな田園地帯で過ごしたフローホークは、四歳のころから昆虫、鳥や動物たちを深い興味と楽しみをもって観察するようになった。父の死後、一家は転々とし、生活は窮乏したようだが、生まれつき画才にめぐまれた彼は、動物画を描いて一家の生計を支えた。

その画才については、こんなエピソードも伝えられている。一三歳のころ、雪のなかに死んでいた子羊を見つけたとき、急に「絵心」が動いて油絵で精細に写生した。それを、ある絵画展に出品したところ、すぐに買い手がつき、そのうえ一等賞をもらったそうである。

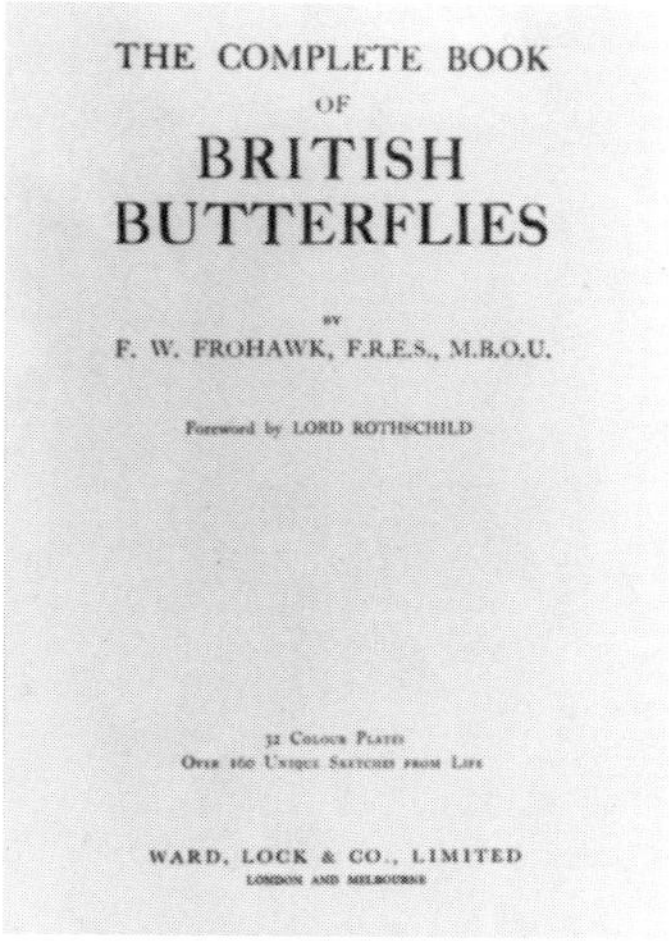
THE COMPLETE BOOK
OF
BRITISH
BUTTERFLIES

BY
F. W. FROHAWK, F.R.E.S., M.B.O.U.

Foreword by LORD ROTHSCHILD

32 Colour Plates
Over 160 Unique Sketches from Life

WARD, LOCK & CO., LIMITED
LONDON AND MELBOURNE

広く読まれた『英国蝶類大全』扉

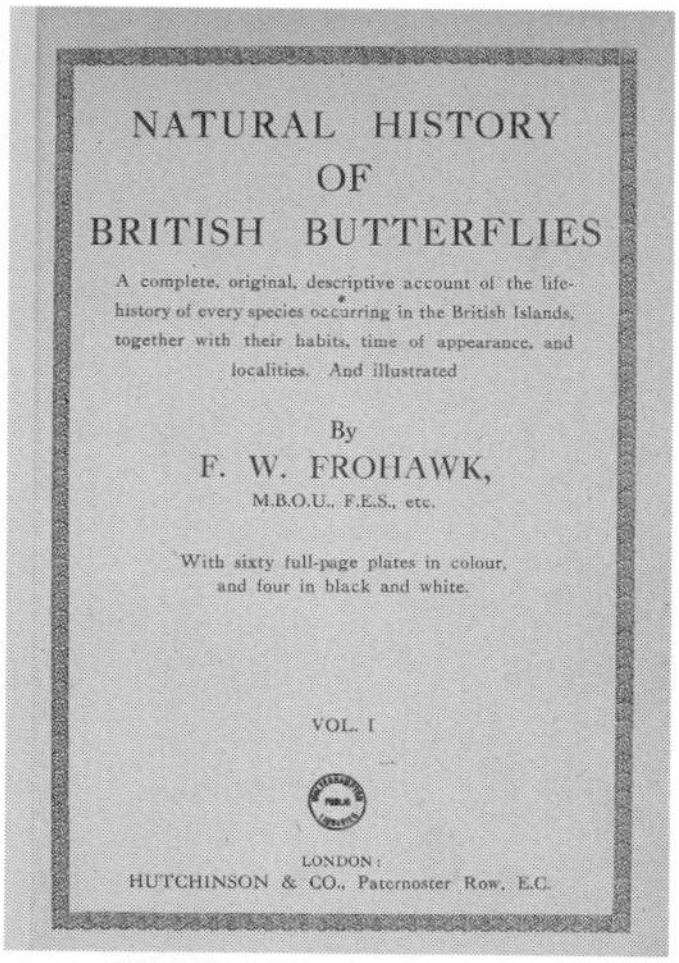
NATURAL HISTORY
OF
BRITISH BUTTERFLIES

A complete, original, descriptive account of the life-history of every species occurring in the British Islands, together with their habits, time of appearance, and localities. And illustrated

By
F. W. FROHAWK,
M.B.O.U., F.E.S., etc.

With sixty full-page plates in colour, and four in black and white.

VOL. I

LONDON:
HUTCHINSON & CO., Paternoster Row, E.C.

大冊『英国産蝶類の自然史』第１巻の扉

フローホークは幼少時、重い腸チフスにかかり、その後遺症で片目はほとんど失明していた。それにもめげず、のちに動物画家として大成したのには、感嘆させられる。ちなみに、彼は絵を描く技術について、正規の教育は受けたことがなかった。やはり「天才」なのであろう。

年を追ってフローホークの才能は認められ、画業は多忙を極めるようになった。とりわけ、名門誌『ザ・フィールド』の自然史部門の編集・執筆（絵と文）や大英博物館（自然史）からの仕事が主なものである。

仕事の合間に、フローホークは大好きなチョウの採集や飼育をこつこつと続け、その生活史を図と文で克明に記録した。それらをまとめて大著『英国産蝶類の自然史』二巻（一九二四）ができあがったのである。

この本は計画から完成までに三〇年をついやしている。それだけに、大冊（クォート版）で携帯に不便なうえに高価なので、あまり普及しなかった。

これらをカバーするために、『英国産蝶類大全』（The Complete Book of British Butterflies）一巻（一九三四）が刊行された。図なども、すべて新たに描いたものである。全三八四頁、カラー図版三二枚から成り、英国産チョウ類全種（六八種）の生息場所、分布、成虫の出現期、越冬、産卵、卵、幼虫、さなぎ、成虫、成虫の寿命、翅の模様の変異などの各項目について簡潔に記し、適宜モノクロの図も付されている。

また、巻のはじめにはチョウの研究に必要な一般知識が六項にわたって述べてあり、まさに「大全」の名にふさわしい内容である。

『英国産蝶類の自然史』図版（キアゲハ）

『英国蝶類大全』図版の一例

この名著は各国で広く読まれ、日本でも「フローホークのコンプリート・ブック」の名で親しまれている。戦後の日本におけるチョウの生活史解明ブームの指導者、磐瀬太郎（一九〇六―七〇）が一念発起したのも、戦前この本との出合いがきっかけになったそうである。その意味で、フローホークは日本の昆虫学史にも大きくかかわっていると思う。

フローホークはチョウの翅の紋様の変異に興味をもっていたので、その後『英国産蝶類の変異』（一九三八）を著し、彼のチョウ類三部作の一つとなった。

ところで、フローホークは末娘にミドリヒョウモンのメスの美しい型名にちなみヴァレジーナ（Valezina）と名付けて熱愛し、幼いころから採集にはいつも連れて歩いた。娘は父の研究によく協力したので、『大全』は彼女に献辞されている。

ヴァレジーナは、その後ボリングブルック伯爵夫人となり、父フローホークの思い出を綴った小編を二冊印行している（一九七七。一九八八）。彼女によると、父の性格の特徴は誠実、温和、質素、親切、謙譲だそうである。この親子の、チョウを接点とした心の通い合いには、人の胸を打つものがある。

フローホークは一九二六年、ロンドン昆虫学会の特別終身会員に推薦された。昆虫画家兼昆虫学者という、いかにも英国の本格派ナチュラリストらしい充実した生き方であった。

孤高の女流探検家
ルーシィ・E・チーズマン

1881
|
1969

ルーシィ・イーヴリン・チーズマン（Lucy Evelyn Cheesman）は一八八一年、英国ケント州のウェストウェルに生まれた。四人兄弟の三番目。幼いころから、ゆたかな自然にひたり切って幸せな日々を送っていた。

あるとき、両親から有名なJ・G・ウッドの博物書を与えられ、姉のイーディスは哺乳類の分冊を、兄のアーネストは鳥を、そしてルーシィは昆虫をというように分け合った。長じて、それぞれ動物画家、鳥類学者、昆虫学者へと進んだ。つまり、生家は博物一家だったようである。

チーズマンは少女時代、家庭や私設学校で教育を受けた。そのときフランス語とドイツ語を身につけたので、家庭教師としてドイツに渡ったこともあった（一九〇四—〇五）。その後二年間、王立科学専門学校でM・レフロイ教授の昆虫学を受講した。

ところで、ロンドン動物園には「インセクト・ハウス」（一八八一年創設）があり、レフロイの推薦により、チーズマンはその管理者となった（一九二〇―二六）。そこでは越冬前のクジャクチョウやヒオドシチョウ類をクリスマスのころから一月末まで飛ばせるように工夫したり、虫好きの子どもたちにいろいろなチョウの幼虫を送ってもらって飼育したりした。ときには、大きなムカデやオオツチグモ類（いわゆるタランチュラ）に指や腕を咬まれるというアクシデントもあったそうである。

　その間、「セント・ジョーンズ探検隊」に昆虫学者として公式参加し、西インド諸島、パナマ、ガラパゴス諸島、マルケサス諸島、ソシエテ諸島などで採集した（一九二三―二五）。これがきっかけになって、その後、南太平洋の未開の地を「探検」する人生が始まった。その行き先は、ニューヘブリディズ諸島（一九二八―三〇）、パプア（一九三三―三四）、オランダ領ニューギニア（現・西イリアン）など（一九三五―三六、一九三八―三九）、ニューカレドニア（一九四九―五〇）、アーナイチューム島（再訪、一九五四―五五）などである。

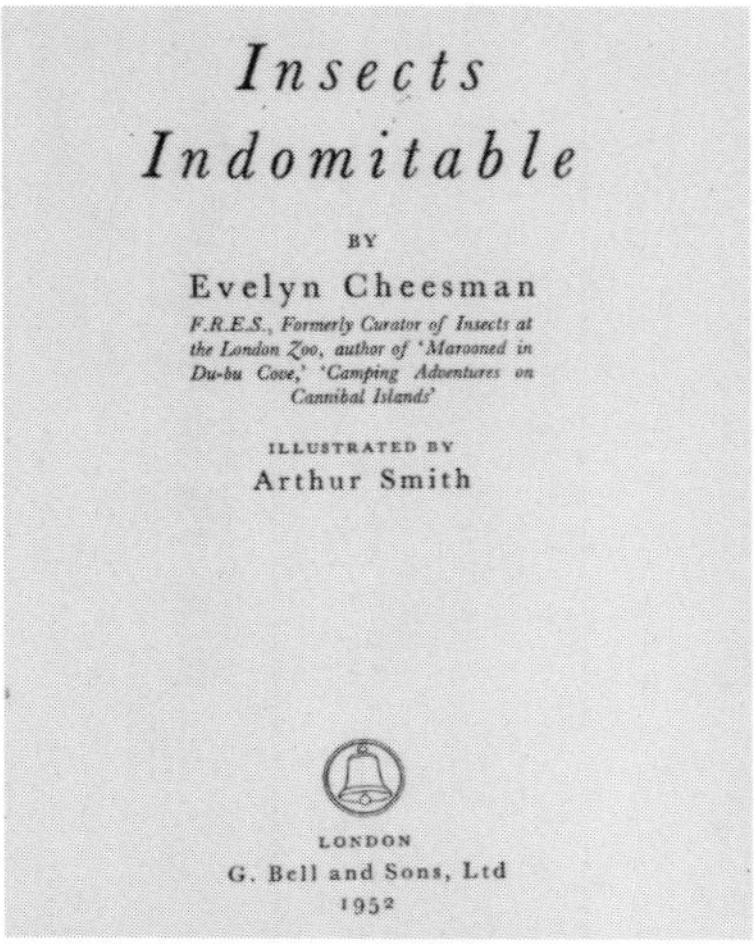
Insects Indomitable

BY

Evelyn Cheesman

F.R.E.S., Formerly Curator of Insects at the London Zoo, author of 'Marooned in Du-bu Cove,' 'Camping Adventures on Cannibal Islands'

ILLUSTRATED BY

Arthur Smith

LONDON

G. Bell and Sons, Ltd

1952

代表作の『不屈の昆虫たち』扉

　生来、チーズマンは勤勉で進取の気性に富み、

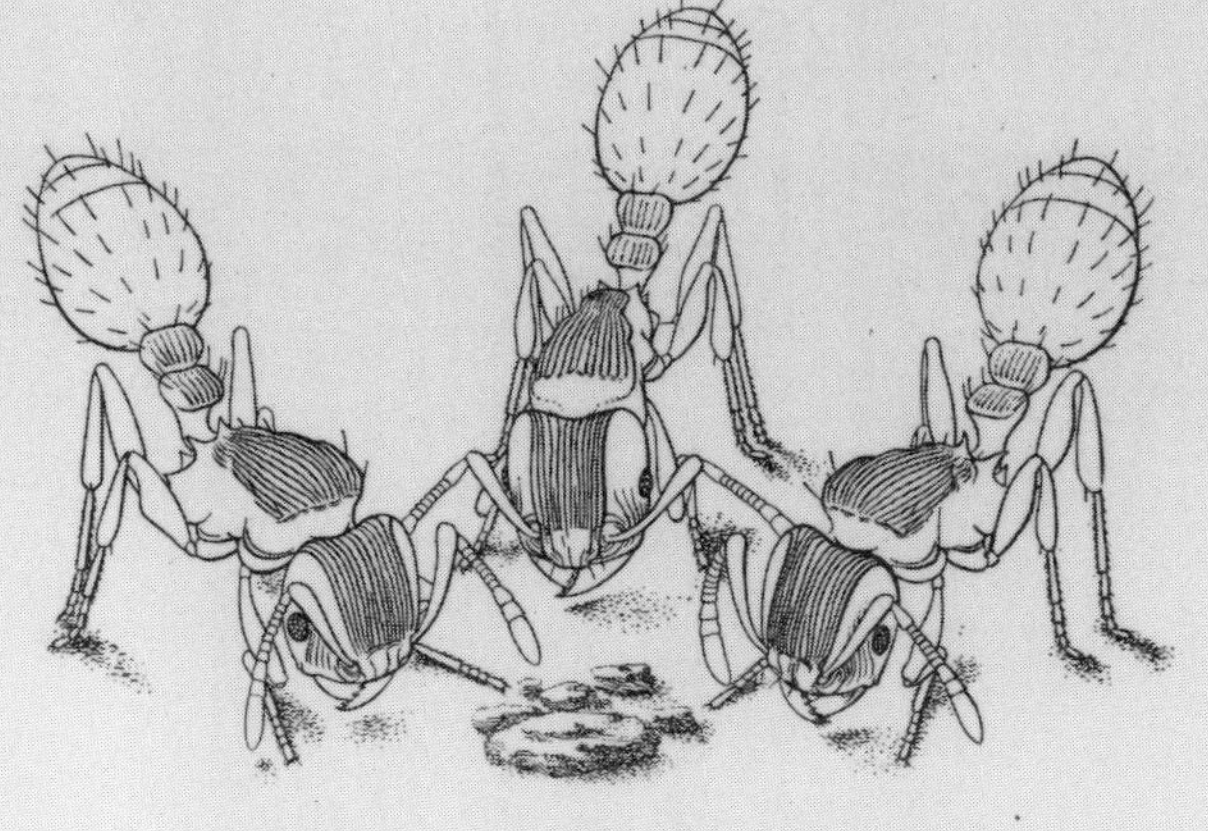
14. Ants squirting fusillades of formic acid at their rivals

『不屈の昆虫たち』図版の一例

またたいそう気丈な女性であった。それで、これらの僻地《へきち》には自らの意欲と資力で単身出かけたのである。彼女の本来の目的は昆虫採集だが、同時に行き先ごとに異なる原住民の種族にも興味を抱き、その風俗・習慣などについても旅行記に書き残した。

チーズマンの昆虫学上の専門は分類学（膜翅目、異翅目）と生物地理学で、これらに関する論文は四三編ある。著書は二三（他に共著三）点におよび、私は一〇年近くかけて、そのうち一四冊を外国の古書店から入手した。昆虫を主題にしたものは『昆虫の日日の生活』（一九二四）、『大きくて小さな昆虫』（一九五二）、「南海に虫を捕る」（一九三二）、『不屈の昆虫たち』（一九五二）など。ほかの多くの本では、探検地の景観や原住民の習俗などを紀行風に書いている。

さて、チーズマンの昆虫書の代表作は上記の『不屈の昆虫たち』(Insects Indomitable) である。この本は全一一章(二五〇頁)から成り、昆虫の多様な生態を主材にしたものである。平明な文章が美しい挿絵と相まって、子どもたちにも広く読まれ、今も「古典」として人気が高く、別の版元からの異版も刊行されている。

チーズマンは、終生独身をとおして南海の地に虫を追い続け、わが道を行った。原住民のあいだでは、「歩きまわる女性」として伝説的な存在になっているそうである。女性の身ながら、予期される数々の危険をもかえりみず、初志を貫いたチーズマンは「非常の人」と評されている。その当時の現地は、有吉佐和子の『女二人のニューギニア』(一九六九)のころよりも、はるかに「探検」と呼ぶにふさわしい状況にあったといってよいであろう。

チーズマンは王立ロンドン昆虫学会やロンドン動物学会のフェローに推されている。努力の結晶である昆虫標本五万頭余は、大英博物館(自然史)に寄贈された。こうしてチーズマンは『価値あることども』(自叙伝、一九五七)をなしとげ、八八歳の天寿をまっとうした。体力、気力ともに充実した不屈の生涯であった。

昆虫学教科書の名著

オーガスタス・D・イムス

1880
｜
1949

オーガスタス・ダニエル・イムス（Augustus Daniel Imms）は、一八八〇年イギリスのウースターシャーのモーズリ（のちバーミンガム市）で生まれた。父は銀行員で、その第一子（妹と二人兄弟）である。少年時代からひどい喘息《ぜんそく》に悩まされ、これは終生の業病となった。バーミンガムの高校生時代、ノーサンプトン博物学会に加入し、そこで昆虫の生活に興味をもつようになり、またチョウやガの標本製作法などもおぼえた。この時期の体験がイムスのその後の進路を決めたのである。

ついで同市のメイスン・カレッジの科学クラスに入学した。父は息子が工業化学に進むことを希望したのだが、イムス自身は生物学のほうに、はるかに強い魅力を感じていた。その後ケンブリッジのクライスト・カレッジに入り、ハマダラカ類幼虫の内部形態を研究した。

イムスはケンブリッジ動物学博物館の「昆虫室」でＤ・シャープらの講義を受けた。イムスがユスリカ科昆虫の新属を発見したとき、シャープはその命名・記載をすすめたのだが、イムスは記載分類学には興味をもたず、広く双翅目の研究をおこなった。その材料の同定には、G・H・ヴェラルなど専門家が援助を惜しまなかった。

一九〇七年、イムスはバチェラー・オブ・アーツ（ケンブリッジ）を、同年ドクター・オブ・サイエンス（バーミンガム）の学位を取得した。彼は昆虫学でのポストを探したがどこにもなかったので、インドのアラハバード大学の新設の生物学教授を引き受けた。そこは設備も人手もなく、四年間独りで授業をおこなった。

一九一一年、インド政府の「森林昆虫学者」に任用され、北部のデラ・ドゥーンに移り住んだ。ここでも新しい研究設備をつくりながら、ラックカイガラムシや針葉樹林の害虫を研究した。

一九一一年、イムスは健康上の理由で帰国を決め、翌年マンチェスター大学の農業昆虫学の講師となった。しかし、ここも彼の理想とする研究機関とはほど遠いものだったので、一九一八年農業省ロサムステッド試験場の主任昆虫学者（助手二名付き）のポストに移った。イムスはここでも新設の植物病理学研究所のための設備を創案することになった。この研究所からは、一九三一年までの在職期間中、多くのすぐれた業績が生み出された。

一方、イムス自身の努力は昆虫学の教科書の著述に投入され、一九二五年に名著『昆虫学の一般教科書』を刊行した。

ところで、ケンブリッジ大学はイムスを昆虫学講師として招聘した（一九三一）。それで、彼は五回目の転職をして、またもや新しい昆虫学部門の組織、設計と設備を準備することになった。

上記の教科書によるイムスの名声を慕って、世界中から多くの学生が集まり、彼らは卒業後、各地で昆虫学の重要なポストについた。彼は一九四五年に定年退職した。

イムスは論文四六編、著書五点、編著一点を書いている。著書は上記の「教科書」をはじめ、『昆虫学最近の進歩』（一九三一）、『昆虫の社会的習性』（一九三一）、『昆虫学綱要』（一九四二）および『昆虫の博物誌』である。この教科書はバランスのとれた昆虫学汎論として全世界で広

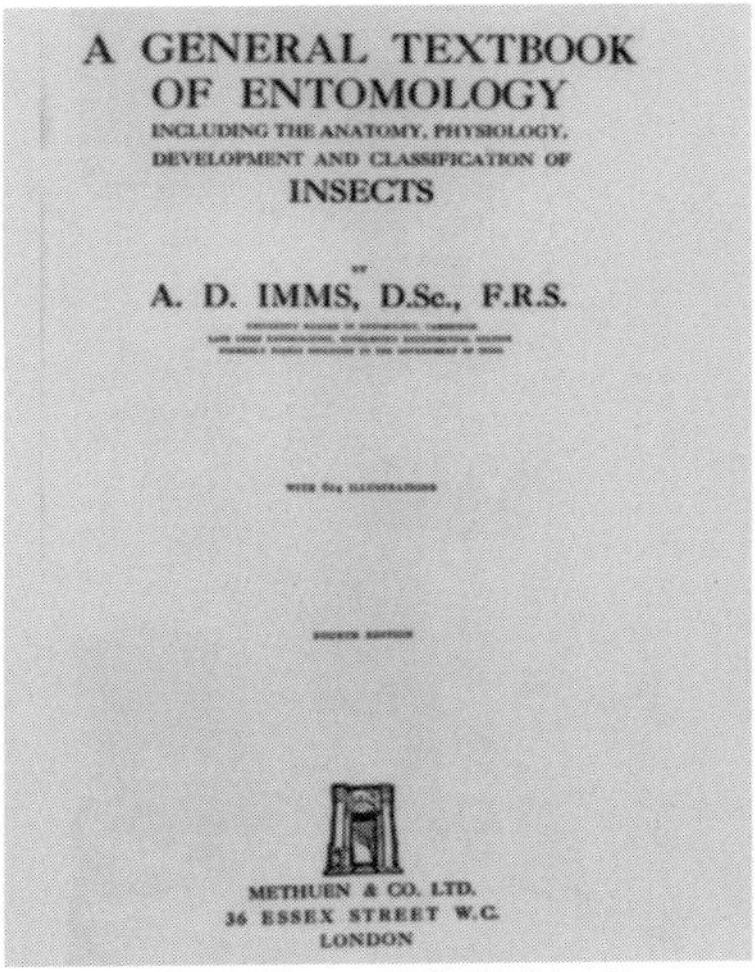
A GENERAL TEXTBOOK
OF ENTOMOLOGY
INCLUDING THE ANATOMY, PHYSIOLOGY, DEVELOPMENT AND CLASSIFICATION OF
INSECTS

BY
A. D. IMMS, D.Sc., F.R.S.

METHUEN & CO. LTD.
36 ESSEX STREET W.C.
LONDON

名著の『昆虫学の一般教科書』扉

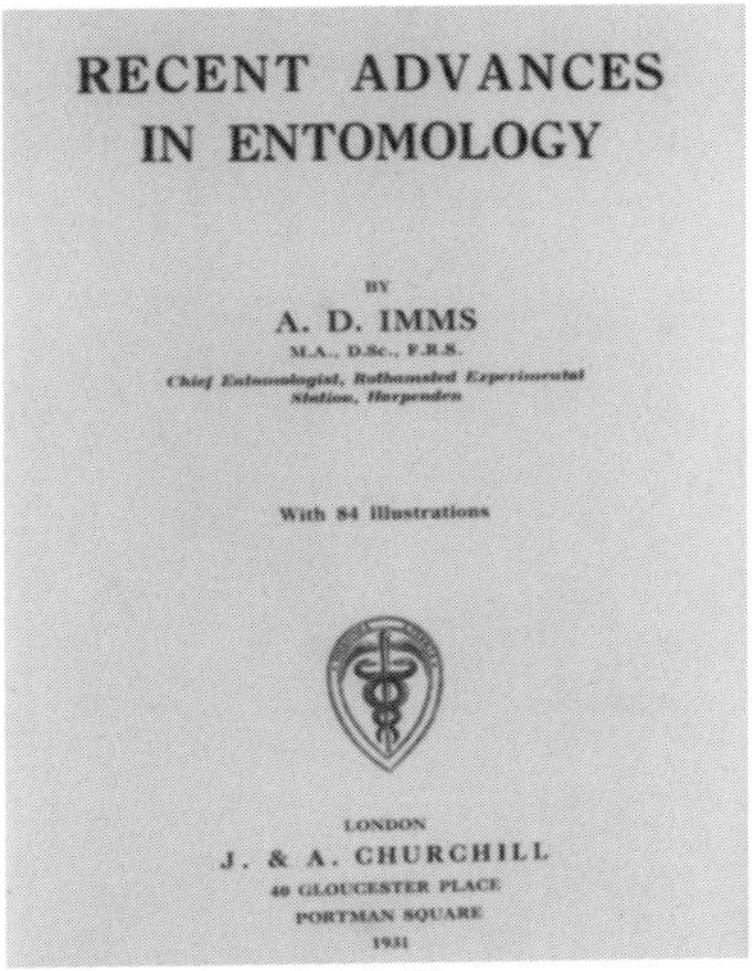
RECENT ADVANCES
IN ENTOMOLOGY

BY
A. D. IMMS
M.A., D.Sc., F.R.S.
Chief Entomologist, Rothamsted Experimental Station, Harpenden

With 84 illustrations

LONDON
J. & A. CHURCHILL
40 GLOUCESTER PLACE
PORTMAN SQUARE
1931

『昆虫学最近の進歩』扉

く読まれて版を重ね（第四版一九三八。七二七頁）、第九版（一九五七）からはO・W・リチャードとR・G・ディヴィスによって大改訂され（『イムスの昆虫学一般教科書』と改題）、第一〇版（一九七七）は全二冊（一三五二頁）となり、いまも世界の昆虫学徒の座右の書となっている。

また、『昆虫学最近の進歩』は、石倉・深谷により邦訳され（一九四三）、広く読まれた。これらの両著にみられるように、イムスは編纂力《へんさんりょく》のすぐれた博学の士であった。

イムスは感受性が強く、シャイな性格であり、熱心に学生を指導した。王立協会のフェロー、ロンドン昆虫学会の会長などをはじめ、諸外国の各種学会の名誉職にも推されている。

彼ほどの学究が転職を繰り返したあげく、やっと志を果たすことができたということは、人間の一生は才能だけではなく、時の運や人脈によっても左右されるものであることを、よく物語っているのではないだろうか。

「近代バッタ学の父」
ボーリス・P・ウヴァロフ

1889–1970

ボーリス・ペトロヴィッチ・ウヴァロフ（Boris Petrovitch Uvarov）の出自は白系ロシア人で、一八八九年ロシア南部のウラリスクで三人兄弟の末子として生まれた。父は銀行員。生地はゆたかな自然にめぐまれていたので、ウヴァロフは幼少のころから生物に強い興味を抱き、少年時代は昆虫採集に熱中した。そんな彼に、父はA・E・ブレームの『動物の生活』全六巻（ロシア語訳）をプレゼントした。ウヴァロフは、この本によってますます昆虫のとりこになっていく。

ウヴァロフは一九〇四年、エカテリノスラフの鉱山学校に入り、一九〇六年サンクト・ペテルブルク大学の生物学部に進学した。そこではS・M・シムケヴィッチ教授やW・A・ワグネル教授の一般生物学や動物心理学の講義を聴き、大きな影響を受けた。

一方、ウヴァロフ自身は昆虫学、とくに分類学と生物地理学を志向しており、ロシア昆虫学

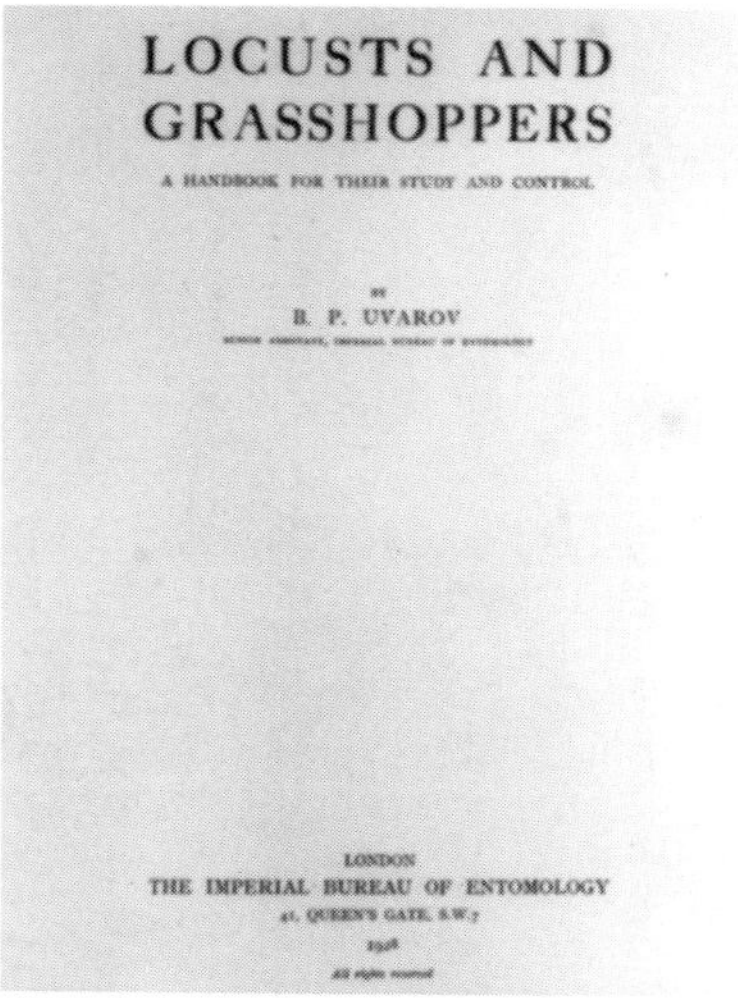

主著『バッタ類—その研究と防除のためのハンドブック』扉

会の各種会合に参加するとともに、科学アカデミー動物学博物館において昆虫分類学を研究した。卒業論文は「ウラル地方の直翅目相への貢献」（一九一〇）で、六新種の記載を含んでいる。

大学卒業（一九一〇）後の国内における職歴などは、つぎのとおりである。

一九一〇：トランスカスピアの綿農園。

一九一一：ペテルブルクの農業局。

一九一二—一五：北コーカサスのスタヴロポリ昆虫局の局長。この期間の研究でトノサマバッタの「相」説を発想、一九二一年発表。

一九一五—一九：南コーカサスのグルジア州ティフリス植物保護局の局長。

一九一九—二〇：グルジア州立博物館昆虫学部門の管理者、ティフリスの同州立大学の昆虫学講師。

ところで、「十月革命」（一九一七）後のロシア国内は政情不安定で、ウヴァロフの研究環境も悪化しつつあった。それで、彼は英国への亡命を決意し、一九二〇年ロンドンの帝国昆虫局助手のポストを確保したうえで、急遽、祖国を脱出した。この決断がその後の運命をよい方向に大きく変えたのである。

渡英後のウヴァロフは、一九二一年、勤務先の『昆虫学研究報告』にトノサマバッタ属（*Locusta*）に関する画期的な論文を発表した。すなわち、*Locusta* に属する *migratoria* と *danica* は同一種であり、前者は群生性の型（飛蝗）、後者は孤独性の型であることを立証したのである。そして、この現象を「相」（phase）と呼ぶことを提唱している。この相説は、今日では広く容認されており、さらにアワヨトウ、ウンカ類やアブラムシ類などにも適用されている。

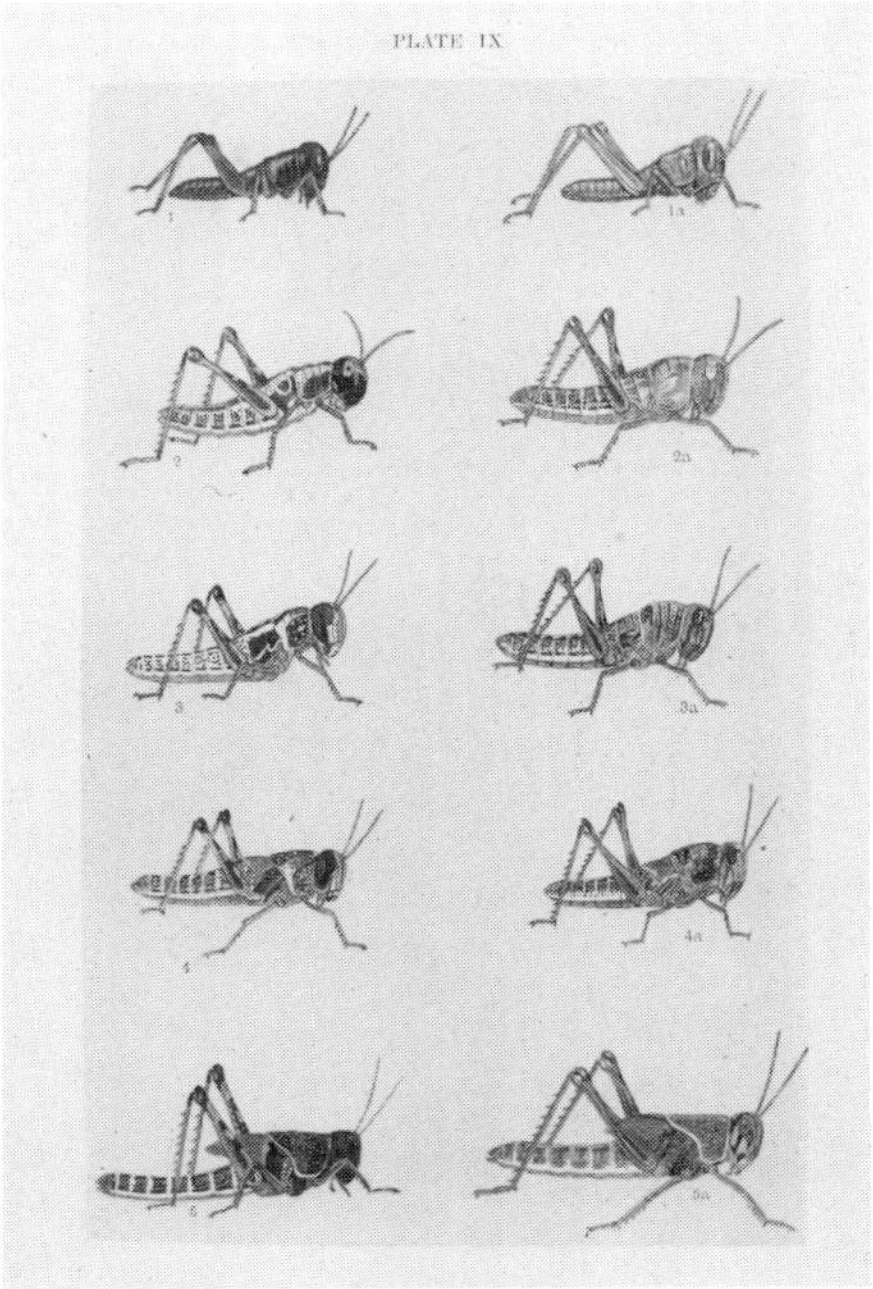

『バッタ類—その研究と防除のためのハンドブック』図版の一例

ウヴァロフは一九二〇年代の終わりころ、通称「国際バッタ研究センター」という小ユニットで飛蝗の研究を続けた。これは一九四五年、公的に「対飛蝗研究センター」となり、一九七一年にはこれが発展的解消して「海外害虫研究センター」となっている。

さて、ウヴァロフの著作は四

三一編あり、そのうち二三〇編以上が直翅目の分類に関するものである。著書には『バッタ類—その研究と防除のためのハンドブック』（一九二八）、『バッタ類—一般バッタ学ハンドブック』第一巻（一九六六）があり、その第二巻（一九七七）は没後に彼のスタッフが完結して出版した。主著は最初の本で、今日でも古典的名著とされており、これにより、相変異説は世界に普及した。

また、ウヴァロフが『王立ロンドン昆虫学会会報』に発表した綜説《そう》「昆虫の栄養と新陳代謝」（一九二九）および「昆虫と気候」（一九三一）は、それぞれ江崎悌三（一九三一）と素木得一（一九三五）の邦訳により出版され、日本でも広く読まれた。

ウヴァロフは「直翅目の分類学者」を自称しているが、その学問領域は生態学、生理学、生物地理学や防除など広範におよんだ。彼は自然と科学を熱愛し、その生涯をバッタ類の研究にささげた。「近代バッタ学の父」と尊称されるゆえんである。

彼の性格は素朴、謙譲で名利を追わず、ユーモアのセンスにも富んでいた。また、組織力と指導力に優れ、飛蝗問題に関する彼の影響は世界中におよんだ。ウヴァロフは一九六一年ナイトに叙せられ、卿《サー》となった。これは亡命者の彼にとって異例の栄誉であり、それほど彼の功績は偉大だったのである。

「米国応用昆虫学の始祖」
サディアス・W・ハリス

1795｜1856

サディアス・ウィリアム・ハリス（Thaddeus William Harris）は一七九五年、米国マサチューセッツ州ドーチェスターで教会の聖職者の長子として生まれた。父はナチュラリストで、『聖書の博物学』（一八二〇）という著書がある。母も生きものが好きで、多年にわたりカイコを飼育して自家用の生糸をつむいでいた。このような家庭環境は、息子のハリスにも大きな影響を与えたにちがいない。

一六歳のとき（一八一一）、ハリスはハーバード大学（当時カレッジ）に入学し、一八一五年卒業後も同学で医学の勉強を続け、一八二〇年に学位（医博）を取得した。在学中、彼はW・D・ペック教授の博物学の講義を受けて昆虫学への興味が開発され、それが大きく発展することとなった。

ハリスは、しばらくのあいだボストン市近郊で開業医をやっていたが、あまり熱が入らなか

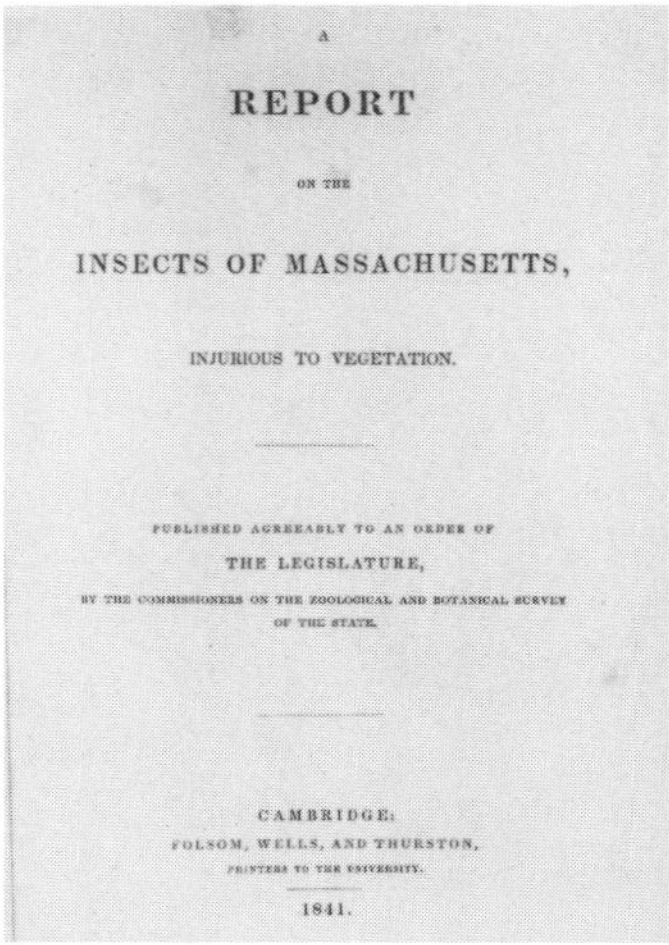
A

REPORT

ON THE

INSECTS OF MASSACHUSETTS,

INJURIOUS TO VEGETATION.

PUBLISHED AGREEABLY TO AN ORDER OF

THE LEGISLATURE,

BY THE COMMISSIONERS ON THE ZOOLOGICAL AND BOTANICAL SURVEY OF THE STATE.

CAMBRIDGE:

FOLSOM, WELLS, AND THURSTON,

PRINTERS TO THE UNIVERSITY.

1841.

世評の高い『マサチューセッツ州の植物害虫に関する報告』扉

った。それで、転職を希望していたところ、一八三一年にハーバード大学の図書館員のポストが空き、そこに勤務することとなった。そして、彼は後半生の二五年間、この職にあって精励した。

この職務は非常に多忙であったため、昆虫学などを研究する余暇はほとんどなかった。それでも、休日は採集や研究のためフルに活用するよう努めた。ちなみに、欧米には「日曜昆虫学者」ということばがあるほど、ノンプロ研究者には自由になる時間が貴重なのである。

一八三七―四二年、ハリスは同学で週二回、ボランティアとして博物学を講義した。その受講生のうち一二名ほどが毎週一夕、彼の私設昆虫教室に集まって勉強した。これらの奉仕的授業は一八四二年、高名な植物学者A・グレイが正式の博物学教授に任命されたため中止になった。

その当時、昆虫学はヨーロッパでは隆盛の気運にあったが、米国には昆虫学者がきわめて僅少であった。それで、ハリスは「孤独な米国昆虫学者は科学のロビンソン・クルーソーである。昆虫の宝島に住んで、あらゆる研究の帝王みたいなものである」と、こぼしている。

ところで一八三三年、ハリスはA・ヒチコックの『マサチューセッツ州の地質・鉱物・動植物学』中に「昆虫目録」（二三〇〇種）を発表した。これは当時の米国で最初にして最大の昆虫目録である。

また、彼は昆虫の分類だけではなく、その生態についても研究した。それで、ハリスは一八四一年『マサチューセッツ州の植物害虫に関する報告』（四五九頁）を同州ケンブリッジから刊行した。この本はその後一八四二年、一八五二年および一八六二年に改題（「報告」→「論文」など）ないし増補されて重版された。

『マサチューセッツ州の植物害虫に関する論文』（改題、増補版）図版の一例

最終版（一八六二）以外は図が一つもない〝無味乾燥〟なもので、序論に続いて各種作物の主要害虫の生態と素朴な防除法が記載されている。C・L・フリントによる増補版（一八六二。六四〇頁）はハリスの没後に出版され、みごとな図版（八枚）と挿絵（二七八図）が加えられて最もよく流布した。

この版を入手したのがきっかけとなり、昆虫学に進んで大成した人物には、Ｊ・Ｈ・カムストックやＬ・Ｏ・ハワードがいる。

これら一連のハリスの本は、一九世紀における米国応用昆虫学最高の著作であり、今日でもその古典的価値は高く評価されている。一八二三年以来、彼が発表した報・論文は約一一〇篇で、農業誌に寄稿した害虫関係のものが主体である。

ハリスの体格は長身でやせぎす、性格は穏和、勤勉、真摯で、礼儀正しく寡黙な魅力ある人物であった。一二人の子福者で、生涯清貧に甘んじた。彼の没後、標本（一万個体、一四〇タイプ）や蔵書はボストン博物学会に購入され伝存している。

非職業的昆虫学者でありながら、ハリスは「米国応用昆虫学の始祖」（ハワード）と尊称されている。これは「英国応用昆虫学の開祖」と謳われたＥ・Ａ・オームロッド女史と同様に、自発の営為から生まれた栄誉なのである。

昆虫学書誌の礎石

ヘルマン・A・ハーゲン

1817–1893

ヘルマン・アウグスト・ハーゲン（Hermann August Hagen）は一八一七年、東プロイセン（旧ドイツ北部）ケーニヒスベルク市（現ロシア共和国カリーニングラード市）に生まれた。祖父・父とも地元の大学教授である。

ハーゲンは高等学校を卒業すると、ケーニヒスベルク大学で医学を学んだ。そこでは、フォン・ベア、フォン・ジーボルトやM・H・ラトゥケなど、すぐれた動物学者の薫陶を受け、彼らのすすめもあって昆虫学を専攻することになった。とくにラトゥケの影響は大きく、この師に随伴してノルウェー、スウェーデン、デンマークやドイツ各地を歴訪し、昆虫学の図書館や標本室で研鑽《けんさん》を積んだ。

まず興味をもった昆虫はトンボ類である。そのきっかけは、ハーゲンが初めて採集したトンボが、たまたま未記載種であったことによる。「東プロイセンのトンボ類目録」（一八三九）が彼の処女論文である。その翌年、論文「ヨーロッパのトンボ類」を提出してケーニヒスベルク大学から医学の学位を受けた。

その後、ベルリン、ウィーン、パリで医学の勉強をつづけて一八四三年に帰郷し、しばらくのあいだ外科病院に勤務した。そして、この本業がきわめて多忙であったにもかかわらず、ベルギーのド・セリー＝ロンシャン男爵との共著もふくめて、トンボの分類に関する多数の論文を発表し、また「シロアリ類のモノグラフ」（一八五五―六〇）や「北米産脈翅目の概要」（一八六一）などを精力的にまとめた。このことは、ハーゲンの学問にたいする情熱をよく物語っている。

一方、昆虫学に関する古今東西の文献目録の編纂を志し、大著『昆虫学書誌』全二巻（一八六二。六三。ライプチヒ）を完成した。これは古代から一八六二年にいたるまでの昆虫学文献を著者別にリストアップしたもので、計一〇七八頁におよぶ労作である。

この資料収集作業中、ハーゲンは五〇ポンド（約二三キログラム）もある原稿を、町から町へ、図書館から図書館へと重そうに持ちはこんで進めていた。その様子を目にしたドイツの高名な双翅類学者H・レーブは、「これはとても私が引き受けられるような仕事ではない」と感嘆している。

その後、この『昆虫学書誌』を大幅に増補（一八六三年まで）したW・ホルンとS・シェンクリングの『昆虫学文献索引』シリーズⅠ、全四巻（一九二八―二九。ベルリン―ダーレム）

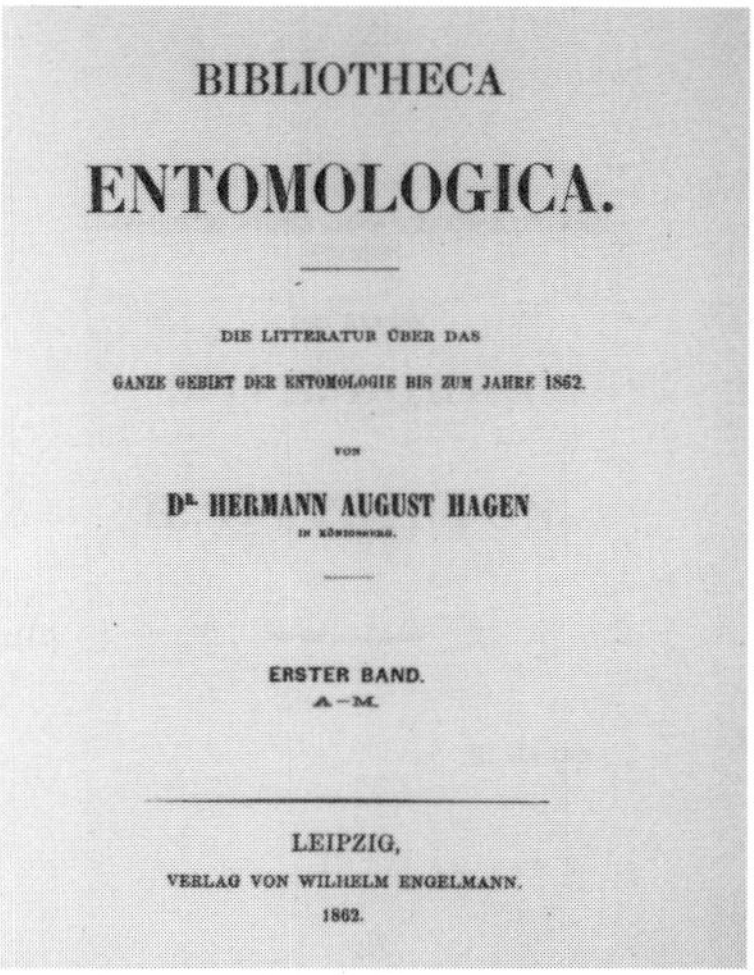
BIBLIOTHECA

ENTOMOLOGICA.

DIE LITTERATUR ÜBER DAS
GANZE GEBIET DER ENTOMOLOGIE BIS ZUM JAHRE 1862.

VON

Dr. HERMANN AUGUST HAGEN
IN KÖNIGSBERG.

ERSTER BAND.
A—M.

LEIPZIG,
VERLAG VON WILHELM ENGELMANN.
1862.

大著『昆虫学書誌』第1巻扉

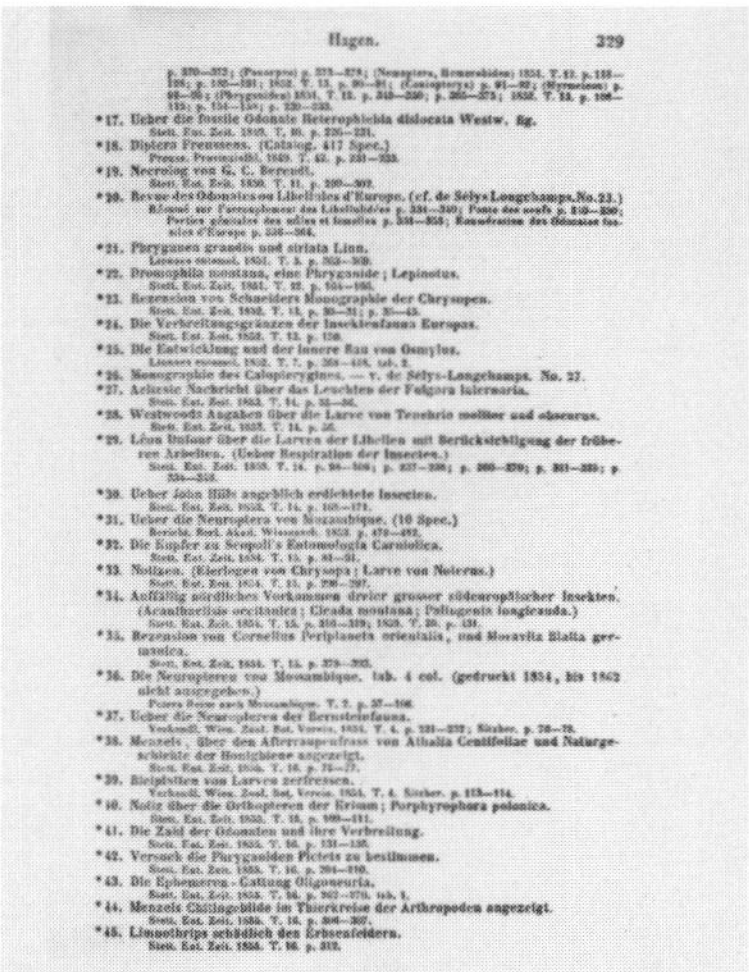
Hagen. 329

*17. Ueber die fossile Odonate Heterophlebia dislocata Westw. fig.
*18. Diptera Preussens. (Catalog. 417 Spec.)
*19. Necrolog von G. C. Berendt.
*20. Revue des Odonates ou Libellules d'Europe. (cf. de Sélys-Longchamps. No. 23.)
*21. Phryganea grandis und striata Linn.
*22. Dromophila montana, eine Phryganide; Lepinotus.
*23. Rezension von Schneiders Monographie der Chrysopen.
*24. Die Verbreitungsgränzen der Insektenfauna Europas.
*25. Die Entwicklung und der innere Bau von Osmylus.
*26. Monographie des Calopterygines. — v. de Sélys-Longchamps. No. 27.
*27. Aelteste Nachricht über das Leuchten der Fulgora laternaria.
*28. Westwoods Angaben über die Larve von Tenebrio molitor und obscurus.
*29. Léon Dufour über die Larven der Libellen mit Berücksichtigung der früheren Arbeiten. (Ueber Respiration der Insecten.)
*30. Ueber John Hills angeblich erdichtete Insecten.
*31. Ueber die Neuroptera von Mozambique. (10 Spec.)
*32. Die Kupfer zu Scopoli's Entomologia Carniolica.
*33. Notizen. (Eierlegen von Chrysopa; Larve von Noterus.)
*34. Auffällig nördliches Vorkommen dreier grosser südeuropäischer Insekten. (Acanthaclisis occitanica; Cicada montana; Palingenia longicauda.)
*35. Rezension von Cornelius Periplaneta orientalis, und Moravitz Blatta germanica.
*36. Die Neuropteren von Mossambique. tab. 4 col. (gedruckt 1854, bis 1862 nicht ausgegeben.)
*37. Ueber die Neuropteren der Bernsteinfauna.
*38. Menzels, über den Afterraupenfrass von Athalia Centifoliae und Naturgeschichte der Honigbiene angezeigt.
*39. Bleipfatten von Larven zerfressen.
*40. Notiz über die Orthopteren der Krimm; Porphyrophora polonica.
*41. Die Zahl der Odonaten und ihre Verbreitung.
*42. Versuch die Phryganiden Pictets zu bestimmen.
*43. Die Ephemeren-Gattung Oligoneuria.
*44. Menzels Chitingebilde im Thierkreise der Arthropoden angezeigt.
*45. Limnothrips schädlich den Erbsenfeldern.

『昆虫学書誌』におけるハーゲンの自著目録の一例

が編まれ（計一四二六頁）、さらにこれにつづく一八六四―一九〇〇年までの分が、W・デルクセンらにより『昆虫学文献索引』シリーズⅡ、全五巻（一九六三―七五。東ドイツ）として刊行された（計二六二三頁）。これらの大事業も、ハーゲンの労作が基礎になって刊行されたわけである。どれもドイツ人によって完成されたことは、基礎を重んずる堅実な国民性をよく反映したものといってよいであろう。

ところで、ハーゲンは一八六七年、米国マサチューセッツ州ケンブリッジ市のハーバード大学比較動物学博物館の昆虫学部門管理者のポストにつくため故国を離れた。彼の着任後、同館の昆虫標本は急速に充実し、その質・量ともに全米博物館の範とすべきものになった。

一八七〇年、ハーゲンは同大の昆虫学教授となり、専攻生に講義を行い、常に「科学への愛のために」昆虫を研究するよう指導したそうである。彼の発表論文は一二〇余編で、在米中の主要な研究には脈翅目の分類や昆虫の色彩擬態などがある。ハーゲンは応用昆虫学の分野は不得手だったが、イースト（酵母）を作物に散布しておき、バッタなどの害虫の孵化幼虫に食わせて病死させようというアイディア（一八七九）は、誤ってはいたが、害虫の微生物的防除の先駆的なものの一つであった。

ハーゲンの性格は率直・親切・寛大で礼儀正しく、また几帳面であった。英会話はドイツなまりが強くて「極度にへた」だったが、彼の人格と学識を慕って、多くの同学者が彼との交遊を楽しんだ。彼を識《し》る人は、その時代の米国で最も博識な昆虫学者と評している。ハーゲンは資料の収集と整理を得意とするドイツ人の一典型であったが、国籍を超えて昆虫学の恩人となったのである。

米国初期昆虫学のリーダー
A・S・パッカード

1839
|
1905

アルフィアス・スプリング・パッカード（Alpheus Spring Packard）は一八三九年、米国メーン州のブランズウィックで生まれた。父はボードイン・カレッジのギリシア語とラテン語の教授で神学博士、母はこのカレッジ学長の娘である。

パッカードは生来のナチュラリストであった。一四歳のとき、自宅に貝殻など博物標本を集めた小部屋をもっていた。そして、ボードイン・カレッジの図書館にあるたくさんの博物書を自由に読むことが許可されていた。T・W・ハリスの植物害虫書は、パッカードが昆虫研究を始めるきっかけとなった。

一六～一七歳ころ、彼はおびただしい昆虫と植物の標本を集め、植物標本室《ハーバリウム》をつくったほどである。こうして、大学進学前に、生物学に進む方向づけが確定していた。

一八五七年、パッカードはボードイン・カレッジに入学し、規定のカリキュラム以外に昆虫学と地質学を受講した。

一八六一年に同校を卒業すると、講師のハーバード大学教授ルイ・アガシーのすすめで同大学の比較動物学博物館の助手を三年間勤めた。一八六四年、メーン医学学校で医学博士、ローレンス科学学校で理学士（B．S．）の学位を受けている。

その後一八六五年、ボストン博物学会の司書およびキュレーター、一八六七年セイレムのピーボディ科学アカデミーのキュレーター（のちディレクター）として勤めた。これに続く二、三年間、彼はメーン州立農科大学で応用昆虫学を、ボードイン・カレッジで昆虫学と比較解剖学を講義している。一八七八年、彼はロード・アイランド州の名門ブラウン大学の動物学および地質学の教授となり、終生この地位にあった。

パッカードは多作家であり、約二四〇編の報・論文、十余点の単行本を書いている。彼の論文は昆虫のほとんどの目《もく》をカバーし、さらに蛛形綱《しゅけいこう》・倍脚綱・少脚綱・甲殻綱・軟体動物門や苔形《たいけい》動物門などにもおよんでいる。命名した新名は五〇属五八〇種にのぼる（主に鱗翅《りんし》目）。分類学のモノグラフは、マルハナバチとその寄生バチ、シャクガ科、カイコガ科、洞穴動物相に関するものなど。

単行本のうち、昆虫書は『昆虫の研究案内書』（一八六九。七〇二頁）、『普通にみられる昆虫』（一八七三）、『昆虫との半時間』（一八七七）、『初学者のための昆虫学』（一八八八）、『昆虫学教科書』（一八九八）。これらのうち最も広く読まれ、また増訂して重版されたのは『…案内書』で、これは九版（一八八九）まで出版されている。この本と『普通に…』は松村松年の『日本昆虫学』（一八九八）に参照されているから、パッカードはわが国の昆虫学にも影響をおよぼしているわけである。『…案内書』は、当時米国産昆虫について国内の学徒用に書かれた唯一の本であった。

後年の『…教科書』は、新たな構想のもとに解剖学、生理学、発生学や変態などを加えた体系的な大著（七二九頁）である。こうして、一九世紀の米国昆虫学をリードした昆虫書は、前述のハリス害虫書とパッカードの著書（二点）ということになる。

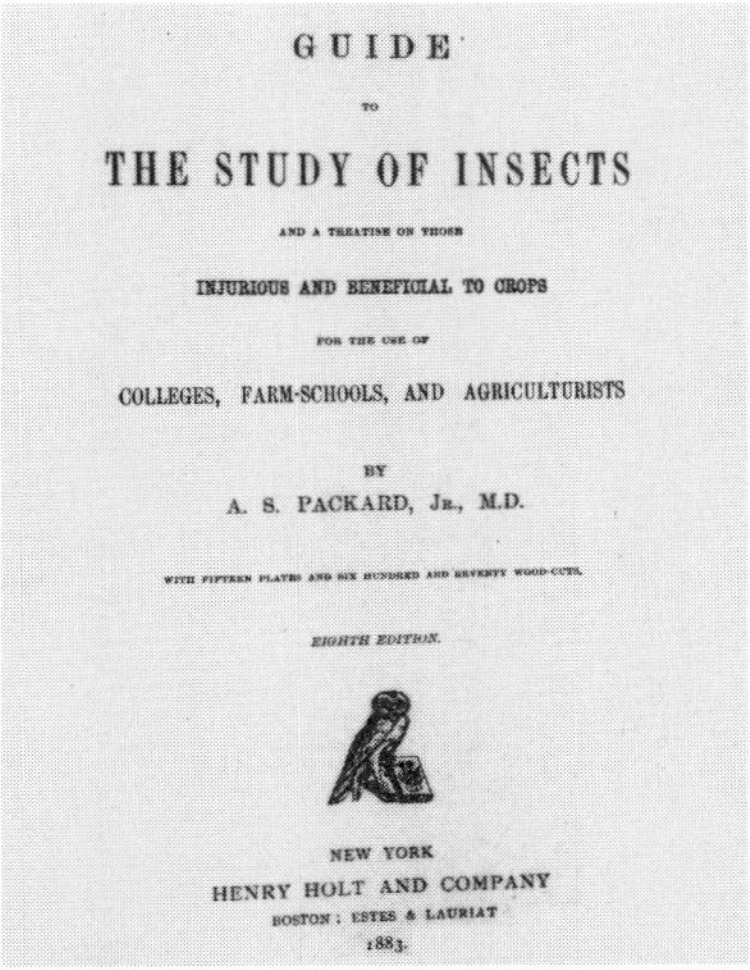
GUIDE
TO
THE STUDY OF INSECTS
AND A TREATISE ON THOSE
INJURIOUS AND BENEFICIAL TO CROPS
FOR THE USE OF
COLLEGES, FARM-SCHOOLS, AND AGRICULTURISTS
BY
A. S. PACKARD, Jr., M.D.
WITH FIFTEEN PLATES AND SIX HUNDRED AND SEVENTY WOOD-CUTS.
EIGHTH EDITION.
NEW YORK
HENRY HOLT AND COMPANY
BOSTON: ESTES & LAURIAT
1883.

広く読まれた『昆虫の研究案内書』扉

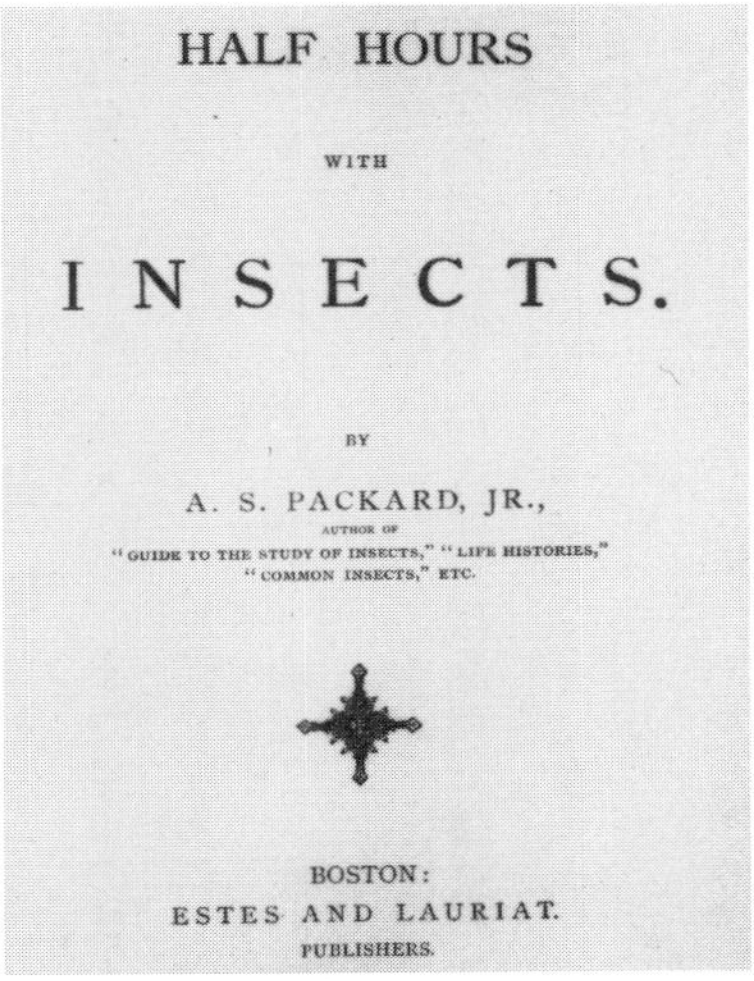
HALF HOURS
WITH
INSECTS.
BY
A. S. PACKARD, JR.,
AUTHOR OF
"GUIDE TO THE STUDY OF INSECTS," "LIFE HISTORIES,"
"COMMON INSECTS," ETC.
BOSTON:
ESTES AND LAURIAT.
PUBLISHERS.

『昆虫との半時間』扉

パッカードは、昆虫の種の分類よりも、むしろ上位の分類体系に強い関心をもって研究し、Thysanura（総尾目）をOrthoptera（直翅目）から独立させ（一八八〇）、また昆虫の目をそれまでの八目から一六目に分類した（一八九九）。ちなみに、現在は三二目に分けられている（『オーストラリアの昆虫』一九九一）。彼はネオラマルキズムの主唱者の一人で、大冊のラマルクの評伝を著した（一九〇一）。

パッカードは長身でやせており、全体として上品な容姿であった。性質は温和で謙譲、親切で礼儀正しく、威厳がある半面、ウイットにも富んでいた。音楽、観劇や美術を愛好し、みずからも標本画を描いて自著に使用している。

彼は昆虫の全目をカバーする博学なので、「アメリカのウェストウッド」と尊敬されている（エッシグ、一九三一）。パッカードは一九世紀後半の米国昆虫学のリーダーであった。

米国初の昆虫学教師

ジョン・H・カムストック

1849–1931

ジョン・ヘンリー・カムストック（John Henry Comstock）は一八四九年、米国ウィスコンシン州で生まれた。父は結婚後まもなく、借金で買った農場を残して急死した。農場は人手にわたり、母は幼いカムストックを孤児院にあずけ、家政婦などで生計をたてた。こうして彼の人生は、まず逆境から始まったのであった。

その後、少年時代は五大湖のスクーナー（帆船）の船員（コック）になったりした。カムストックは勉強が好きで、自活しながら大学予備校に学び、二〇歳で修了した。そのころ、波止場の本屋でたまたまT・W・ハリスの『植物を加害する数種昆虫に関する論文』（一八六九）という本（六四〇頁）を見つけたが、一〇ドルもするので買えなかった。それでも一晩考えたすえ船主から給料を前借りして、翌朝飛んで行きやっと手に入れた。この「一冊の本」が彼の一生を昆虫学へと向かわせることになったのである。

さて、カムストックは一八六九年、その前年に創立されたばかりのコーネル大学（ニューヨーク州）に入学し、学内のチャイム係や実験助手など、いろいろなアルバイトをしながら勉強を続けた。一八七三年、まだ学生の身ながら、昆虫学（応用昆虫学が主体）講師になった（その翌年、卒業して理学士）。これは、ほぼ同年輩の学生たちの要請によって新たに開講されたものである。こうして、カムストックの昆虫学ひとすじの一生は軌道に乗った。

彼は一八七六年に助教授となり、そのころ教え子だったアンナ・ボッフォード（一八五四―一九三〇）と一八七八年に結婚した。これは二人にとって最良のめぐり合わせであり、生涯を通じて公私にわたり協力し合い、理想的な家庭を築き上げた。

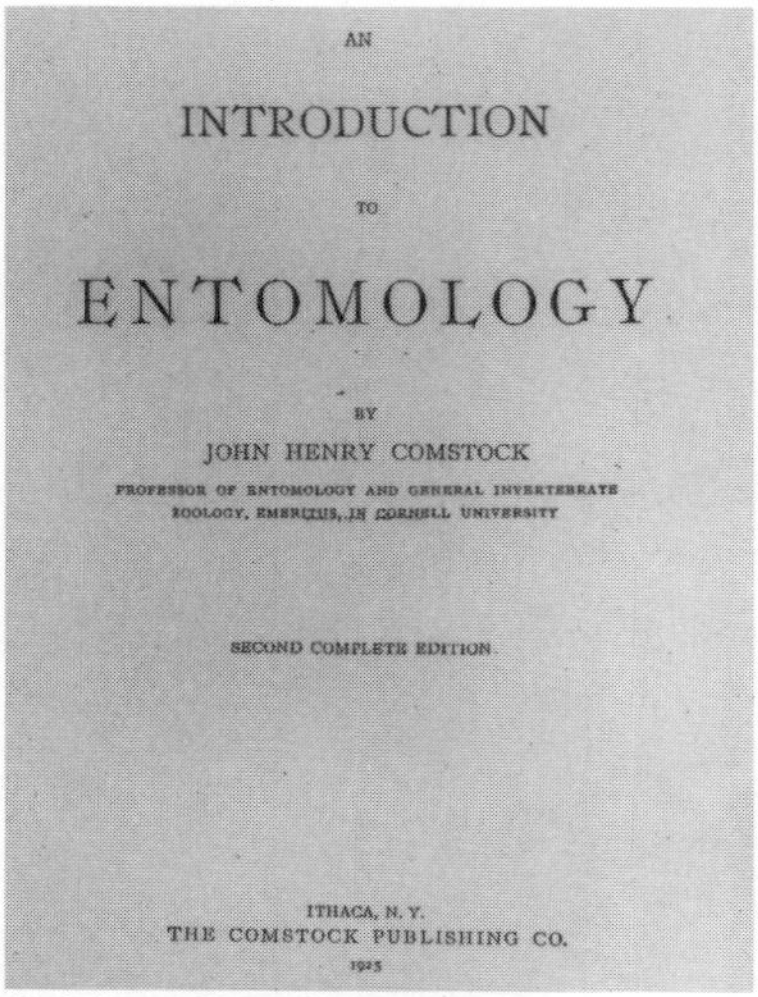

代表作の『昆虫学入門』扉

カムストックは一八七九―八一年、米国農務省の主任昆虫学者として招請された。その間、カンキツ類の害虫の研究をおこない、それが彼の専門分野の一つ、カイガラムシの分類の端緒となった。

一八八一年、彼は母校に復帰し昆虫学を講じた。のち昆虫学および一般無脊椎動物学の教授となり、六五歳で退職するまでに約五〇〇〇人の学生を教育した。彼の教育方針は、

『昆虫の生活』図版（画はアンナ夫人による）

まず一般昆虫学で基礎的な力をつけて、将来特定のテーマに取り組めるようにすることだった。そのため、年に講義は三時間、実習は四二時間という時間割りになっている。

カムストック夫妻は、学生のために家庭を開放してもてなし、そこは教室の延長になった。この「塾」はいつも活気と和気が満ちあふれており、弟子たちに多大の影響を与えた。その陰にはアンナ夫人の献身的な協力があったのである。ちなみに、彼女は一八八五年、母校で学位を授与され、助教授（一八九八）を経て一九二〇年、自然研究部の教授となった。

ところで、カムストックには著書が八冊あり、夫人も六冊（ほかに小説一冊）書いている。彼の著書の図のほとんどは夫人が描いたものである。代表作は『昆虫学入門』（An Intoroduction to Entomology, 一九二四）である（一〇六四頁、一二二八図)。第一部「昆虫の構造と変態」、第二部「昆虫の分類と生活史」から成っている。本書は好評を博し、一九三六年には九版をかぞえた。

カムストックの教え子からは高名な学究が輩出している。たとえばD・S・ジョーダン、L・O・ハワード、V・L・ケロッグ、C・P・アリグザンダーなど。なお、日本人では堀健《すぐや》(一八七一〜?)、桑名伊之吉(一八七一—一九三三)が彼のもとで学んだ。とくに桑名は後年、カイガラムシの分類の碩学《せきがく》となり、よく恩師の学統を継承した。

こうして、カムストックはコーネル大学に拠《よ》って米国の「第一世代」昆虫学者を育成し、彼ら「カムストッキアン」が国内の大学や官公庁で活躍して次代を育て、今日の隆盛の基礎を築いた。

彼に対して「米国最初の偉大な昆虫学教師」(ハワード、一九二八)、「カムストック、コーネル(大学)、昆虫学はシノニム(同義語)」(スミス、一九七六)という讃辞がある。げにもカムストック夫妻は、学識・人格ともに卓越し、万人から敬慕された魅力あふれる人物であった。

米国害虫行政の確立
リーランド・O・ハワード

1857―1950

リーランド・オジアン・ハワード（Leland Ossian Howard）は一八五七年、米国イリノイ州のロックフォード市で三人兄弟の長子として生まれた。父は弁護士である。

ハワードは七、八歳ころからチョウやガの採集を始めたので、両親はまずM・トリートの『チョウのハンター』を、また一〇歳のときT・W・ハリスの『植物の害虫』を買いあたえた。これらの本は、ハワードの将来の進路に大きな影響をおよぼしたことであろう。

私設学校を経てコーネル大学に入学し、はじめは母（未亡人）のすすめにしたがい土木学に登録したが、まもなく医学への進学準備のため、博物学コースに転向した。

そこではフランス語、ドイツ語、イタリア語を学び、とりわけフランス語の会話にすぐれ、のちに「国際昆虫学使節」と尊称されるほど流暢だったそうである。彼はJ・H・カムストック教授の最初の研究生となり、昆虫学を専攻した。卒業論文は「ヘビトンボ類幼虫の呼吸系」

である。

その後、一時期コロンビア大学の夜学生として医学を学んだが、これは中断した。C・V・ライリーの招きにより、米国農務省に書記として就職したからだ。この両者はのちに不仲となる。ハワードは、同省昆虫部（のち昆虫局）の創設に尽力し、ながくこれを主宰した（在勤一八七八―一九三一）。

ハワードの発表論文数は約一〇五〇編で、当時の昆虫学の基礎から応用まで全分野にわたっている。

著書には『昆虫の本』（一九〇一）、『蚊―その生活、病気の伝播者』（一九一一）、『応用昆虫学史（やや逸話風の）』（一九三〇）、『昆虫の脅威』（一九三一）、『昆虫との戦い―ある昆虫学者の物語』（一九三三）、そのほか共著に『北米・中米および西インド諸島の蚊』全四巻（一九一三―一七）がある。

これらのうち、主著は『応用昆虫学史』で、本文五四五頁、図版（昆虫学者の顔写真）五一枚から成る大冊である。

その範囲は北米、ヨーロッパ、アジア、アフリカ、オーストラリアと太平洋地域、中南米と西インド諸島におよんでおり、これら諸地域の主として農業昆虫学にかかわる各章と、さらに衛生昆虫学および天敵昆虫の国際的利用の歴史もふくまれている。単独の著者によるグローバルな昆虫学史としては、F・S・ボーデンハイマーの『リンネ以前の昆虫学史資料』全二巻

（一九二八―二九）とともに双璧を成すものである。

日本の行政、研究などの諸機関や、それらに所属する昆虫学者についても、来日したことのあるC・P・クラウセンの情報に基づいて記されている。ちなみに、ハワードはコーネル大学に在学中、「才気に富んだ」植物学者・矢田部良吉（一八五一―九九、帰国後、東大教授）と机を並べたことがあるそうである。

ハワードは、研究者としても行政官（管理職）としてもきわめて有能な人物だった。また、正義感の強い自由人で良識があり、快活、親切、率直で、その明るい容貌とウイットあふれる会話などが渾然《こんぜん》となって、彼を識る人びとを魅了した。

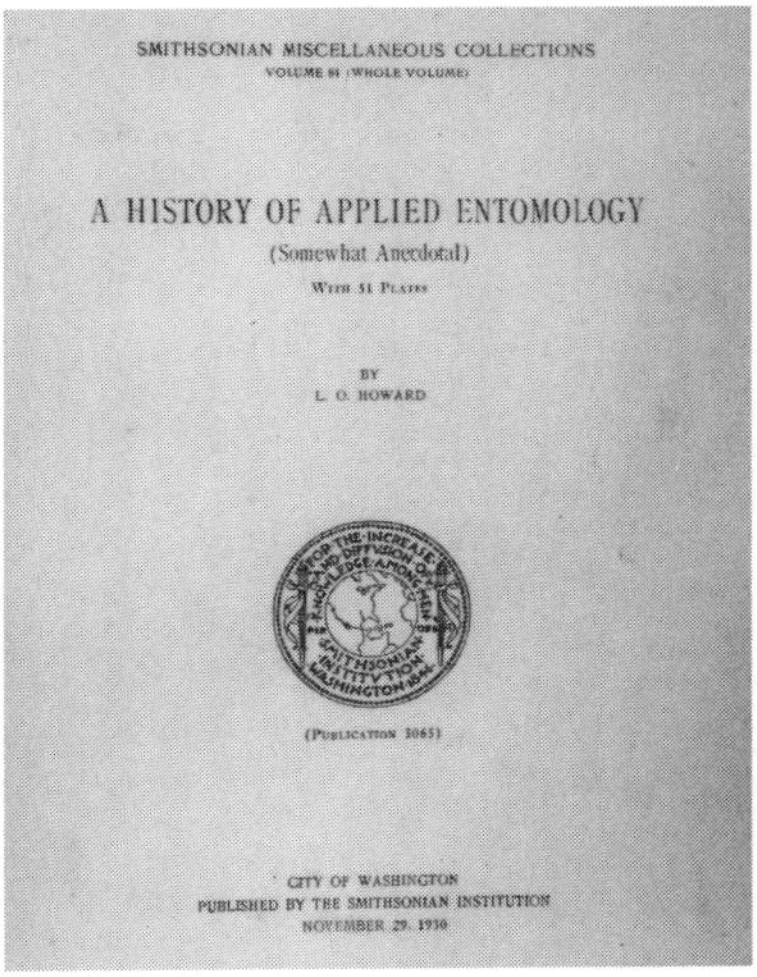
SMITHSONIAN MISCELLANEOUS COLLECTIONS
VOLUME 84 (WHOLE VOLUME)

A HISTORY OF APPLIED ENTOMOLOGY
(Somewhat Anecdotal)
WITH 51 PLATES

BY
L. O. HOWARD

(PUBLICATION 3065)

CITY OF WASHINGTON
PUBLISHED BY THE SMITHSONIAN INSTITUTION
NOVEMBER 29, 1930

主著『応用昆虫学史』扉

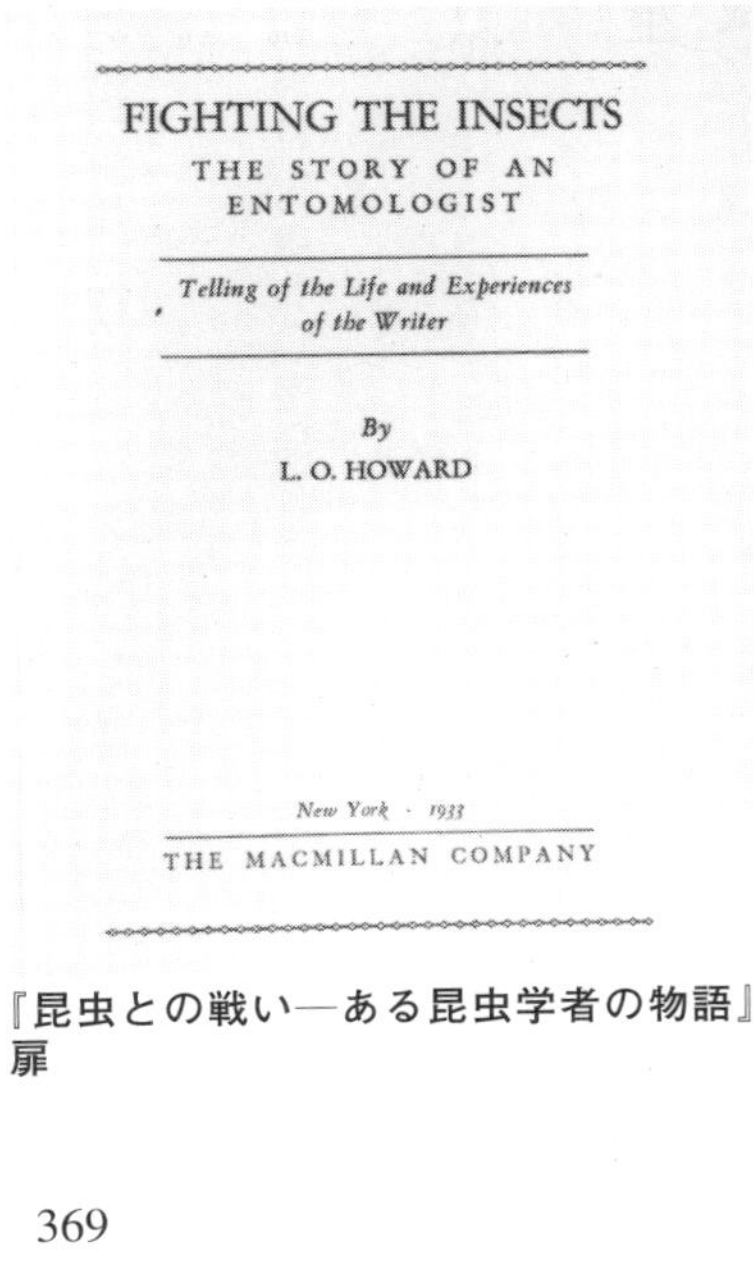
FIGHTING THE INSECTS
THE STORY OF AN ENTOMOLOGIST

Telling of the Life and Experiences of the Writer

By
L. O. HOWARD

New York · 1933
THE MACMILLAN COMPANY

『昆虫との戦い―ある昆虫学者の物語』扉

彼は米国の諸大学から名誉医博、法博、理博などの学位を授与され、また諸外国からも多くの栄誉を受けた。国内の学会ではアメリカ昆虫学会の会長、ワシントン昆虫学会の会長と名誉会長などに推された。

ハワードは農務省に昆虫局という、世界最大級の農林害虫行政・研究機関の創設にかかわり、ながくそこに拠《よ》ってその基盤をつくり、国際的なネットワークを通じて害虫の生物的防除事業を国内外に普及した功績は不滅のものである。日本もその恩恵をこうむっている。

自伝『昆虫との戦い』を、ハワードは「私のながい人生のすべてを昆虫学にかけることができて幸せである。その間、昆虫学の偉大な発展を当事者の一人として、内部からつぶさに見守ってきたことに感謝している」と結んでいる。

アリ学の集大成
ウィリアム・M・ウィーラー

1865
|
1937

ウィリアム・モートン・ウィーラー（ホイーラーとも。William Morton Wheeler）は一八六五年、米国ウィスコンシン州のミルウォーキー市で生まれた。幼いころから自然を愛し、身近の昆虫やクモなどに興味をもって育った。

生地の公立高等学校を中退してドイツ系の学校に移り、そこで古典をはじめとして、ドイツ的教養を身につけることができ、これはその後の学風に大きな影響をあたえている。一八八四年に同校を卒業した後の職歴などは次のとおり。

一八八四—八五：ニューヨーク州ロチェスター市の博物標本商ウォードのもとで、動物標本の同定と目録作成。

一八八五—八七：ミルウォーキー高等学校のドイツ語、生理学の教師。

一八八七—九〇：ミルウォーキー公立博物館の管理者。アリス臨湖実験所の所長C・O・ホイットマンなどの指導により、発生学を学ぶ。ホイットマンは元東京大学の動物学教授(一八七九—八一)。

一八九〇—九二:クラーク大学のフェローシップを受けるとともに、形態学の助手をつとめる。一八九二年、同学より「昆虫発生学への寄与」で学位(Ph. D.)を取得。

一八九二—九九:シカゴ大学の発生学講師、一八九七年助教授。その間一八九三—九四年、ドイツのヴュルツブルク、イタリアのナポリ、ベルギーのリエージュに遊学。

一八九九—一九〇三:テキサス大学の動物学教授。アリの分類と生態の研究を開始。

一九〇三—〇八:アメリカ自然史博物館の無脊椎動物学部門の管理者。アリの研究が急速に進展。

一九〇八—三三:ハーバード大学の応用昆虫学教授(一九〇八—二六)、昆虫学教授(一九二六—三三)。

以上のようにウィーラーの正規の学校教育は高校レベルまでで、その後はよき指導者にめぐまれて、自らの才能を十分に伸ばした。彼の学問の軌跡をみると、最初は発生学を専攻し、のちにアリの研究に転じて不滅の業績を挙げた。

ウィーラーは約五〇〇編の論文を発表し、約一〇点の著書(共編著をふくむ)を書いている。手もとにある主要な著書を紹介することにしよう。

まず、代表作は『アリ類—その形態、発生および習性』(一九一〇)である。これは当時までのアリに関する知見を集大成した「アリ学大全」ともいうべき大著（六六三頁）で、こんにち最も重要なアリ学の古典になっている。『昆虫の社会生活』（一九二三）は、ボストンのロウエル研究所での講演をまとめたもので、邦訳書がある（渋谷寿夫訳、一九四一、補注版一九八六）。『砂塵《さじん》の悪魔――昆虫の習性の研究』（一九三〇）は、アリジゴクの生活史に関するユニークな本で、昆虫学史にかかわる重要な章もある。『レオミュール著　アリの自然史』（一九二六）はフランスのレオミュール（一六八三―一七五七）の未刊稿本を活字化し、これを英訳したものである。この本からはウィーラーのフランス語に対する深い学殖が読みとれる。

生来ウィーラーは語才にめぐまれており、ギリシア、ラテン、ドイツ、フランス、イタリア、

代表作の『アリ類―その形態、発生および習性』扉

『砂塵の悪魔―昆虫習性の研究』扉

スペインなど各国語に通じていた。また幅の広い読書家であり、その分野は生物学はもとより、社会学、心理学、哲学、形而上学、ギリシア語やラテン語の古典などにもおよんでいる。それで、ウィーラーの学風には百科全書派的な傾向がある。

ウィーラーは謙譲の美徳をそなえた、情熱的な学究だった。愛煙家で、室内や野外で研究中もよくパイプをくゆらしていたそうである。

このへんで、ウィーラーと日本とのかかわりについて少し触れておこう。まず、日本産のアリ類については、一九〇六―三三年の間に、合計二九種（亜種、変種をふくむ）に命名している。その種小名に姓を献名された日本人は、渡瀬、寺西、深井、吉岡の四人。また、矢野宗幹はサムライアリの学名を命名するにあたり、ウィーラーの助言により、種小名にサムライ（*samurai*）と付けている（一九一二）。

ウィーラーは、アメリカ昆虫学会会長、フランス昆虫学会名誉会員など、内外の諸学会の要職や名誉職に推された。その後、ウィーラーが構築したアリ学や昆虫社会学は、近年興った社会生物学（行動生態学）の成立にも、多大の貢献をしている。

博学な人道主義者

V・L・ケロッグ

1867–1937

ヴァーノン・ライマン・ケロッグ（Vernon Lyman Kellogg）は一八六七年、米国カンザス州エンポリア市で生まれた。父は同州立師範学校の初代校長で、子ぼんのうな人であった。ケロッグは、スケート・水泳・わな掛け・狩猟・魚つり・植物や鳥など、スポーツと自然に親しみ、幸せな少年時代を過ごした。そして、このときの原体験が彼をスケールの大きなナチュラリストに育てあげたのである。

一八八五年、ケロッグはカンザス大学に入学し、昆虫学者F・H・スノー教授に師事して、公私にわたり多大の影響を受けた。彼は大学で野球チームの投手をやり、ダンスが上手なので学内の社交クラブのリーダーを務めたりして、学生生活をエンジョイしたようである。

その後のケロッグの経歴は入り組んでいるので、簡略な年表で示すことにする。

学歴・研究歴

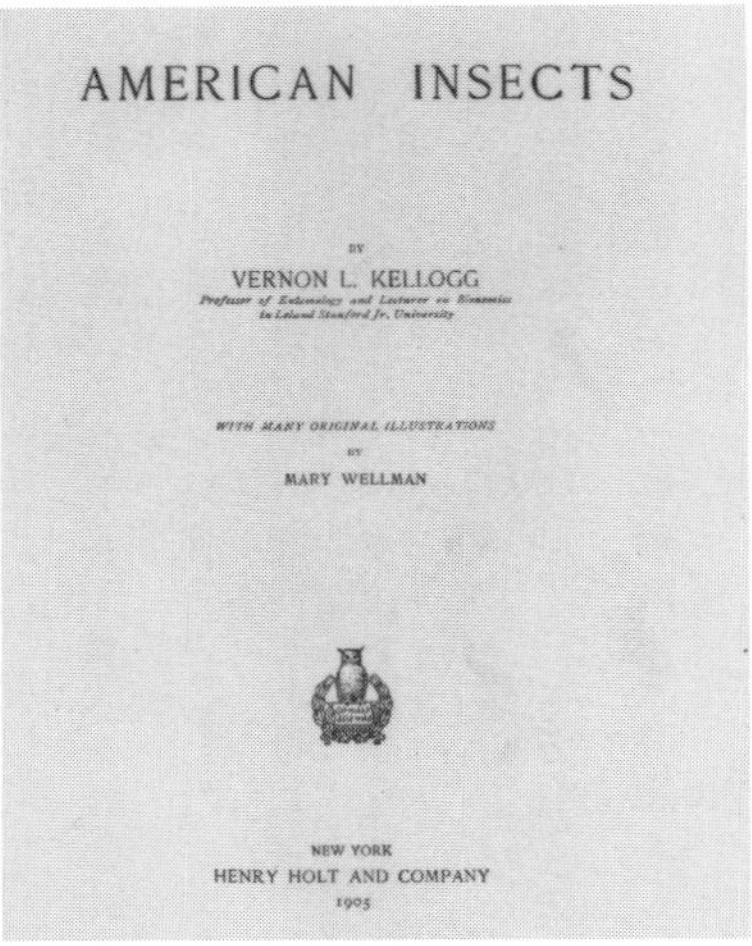
AMERICAN INSECTS

BY

VERNON L. KELLOGG

Professor of Entomology and Lecturer on Bionomics
in Leland Stanford Jr. University

WITH MANY ORIGINAL ILLUSTRATIONS

BY

MARY WELLMAN

NEW YORK
HENRY HOLT AND COMPANY
1905

主著『アメリカの昆虫』扉

一八八九：カンザス大学卒業。バチェラー・オブ・アーツ。
一八九一―九二：コーネル大学で研究。J・H・カムストック教授に師事。
一八九二：カンザス大学でマスター・オブ・サイエンス。
一八九三―九四：ライプチヒ大学で研究。
一九〇四―〇五。一九〇八―〇九：パリ大学で研究。

職歴
一八九〇―九三：カンザス大学助教授～準教授（昆虫学）。
一八九三―九四：スタンフォード大学助教授～準教授（昆虫学）。
一八九六―一九二〇：同大教授。
一九一五―一九：ベルギー救援米国委員会ディレクター。
一九一九―三一：国家研究会議（ワシントン）の設立に参画。当初は農業・動植物学部門の議長、のち終身主事～名誉主事。

以上の経歴をみると、同じ年度に複数の事項が錯綜《さくそう》しており、このようなことは日本の〝常識″からは奇異に感じられる。いずれにしても、ケロッグは常によき師と理解者にめぐまれて、充実した人生を送ることができたのである。

ところで、ケロッグの昆虫学上の専門は、ハジラミ目《もく》の分類と分布、昆虫の口器の形態、カイコの生物学、そのほか多岐にわたる。彼は博学なナチュラリストなので、多くの報・論文を発表している。著書も一三冊ほどあり、昆虫に関するものは次のとおりである。

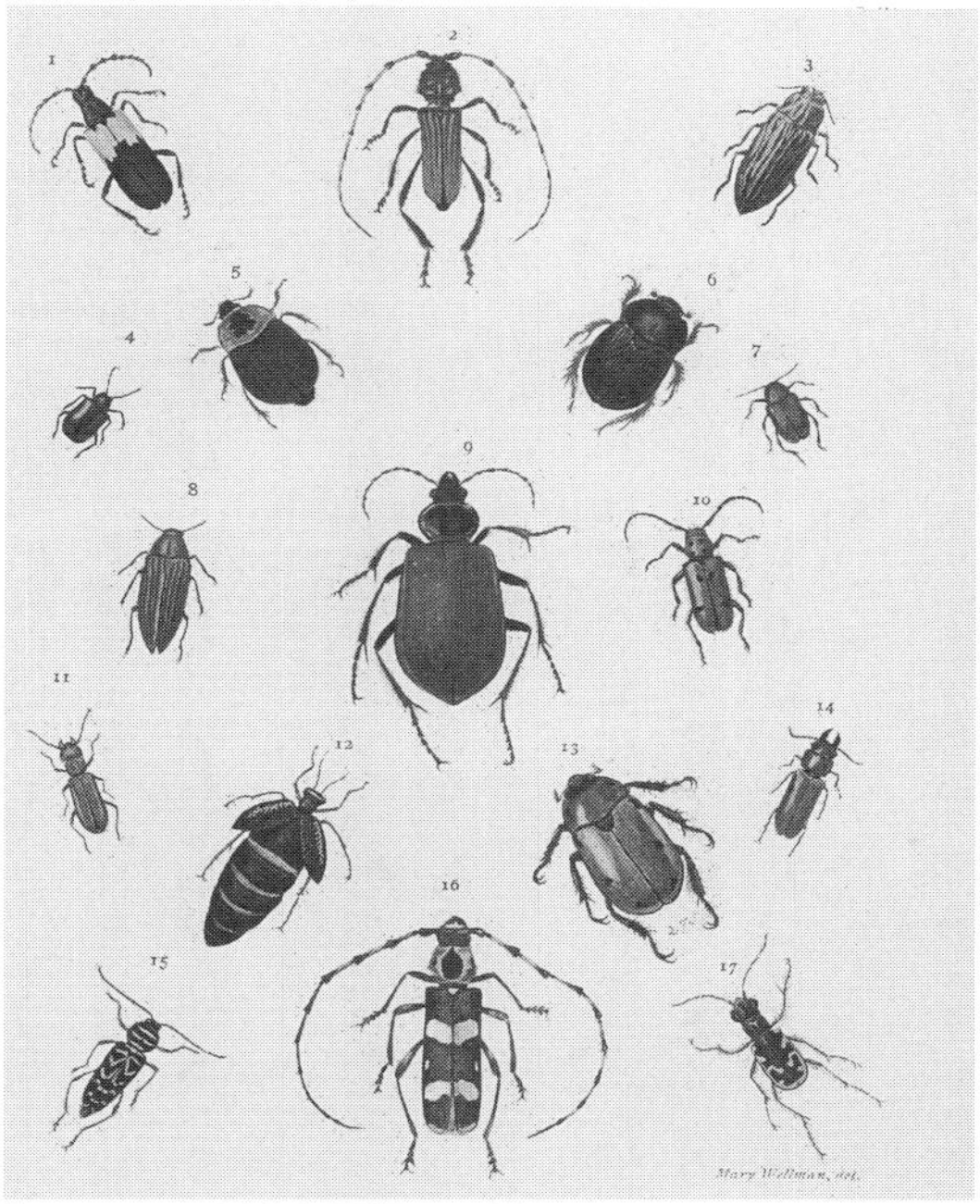

『アメリカの昆虫』図版の一例

『カンザス州の普通害虫』（一八九二、官庁刊行物）、『昆虫解剖学初歩』（一八九五、カムストックとの共著）、『アメリカの昆虫』（一九〇五）、『昆虫物語』（一九〇八）、『応用昆虫学および動物学』（一九一五、R・W・ドーンとの共著）、『Nuova：新しいハナバチ』（一九二〇）など。

これらのうち、主著は『アメリカの昆虫』（六七四頁）で、

A・S・パッカードの『昆虫の研究案内書』と双璧をなす大著であり、一九一四年には増補第三版が出ている。ケロッグは昆虫の一八目を無翅と有翅で大別し、後者を咀嚼《そしゃく》口と吸収口に分けており、この方式は当時としては新しい試みであった。

ケロッグはスタンフォード大学で見込みのある昆虫専攻生には、教授研究室に机を与えて指導し、自分と共著で論文を発表させた。このスキンシップは学生に学問への情熱を生涯持続させるのに、大いに役立ったようである。後世、大成した高名な弟子には、R・E・スノドグラスやG・F・フェリスらがいる。

ケロッグの人となりは誠実で温和、よい意味での政治力があり、また人道主義者であった。それで第一次世界大戦の戦中・戦後のベルギーをはじめヨーロッパ諸国やロシアなどの救援活動に奔走したのである。その実績を買われて、米国政府と科学を結びつけるための「国家研究会議」を設立すべく、彼はワシントンに招かれてその実現と運営に深く関わることになった。

彼の昆虫学上の才能を知る人からは、ケロッグが研究の第一線から退いたことを惜しむ声もあった。ついでにいうと、彼が応用昆虫学にはほとんど手を染めなかったことを遺憾とした人もいる（ハワード、一九三〇）。けれども彼のように昆虫学、動物学や進化論などの分野でリーダーシップを発揮するとともに、後半生は公の政策面でも活躍できたのは、とかく「変人」あつかいされがちな昆虫学者のなかでは、珍しいタイプの人物といってよいのではないだろうか。なお、ケロッグの昆虫標本はスタンフォード大学に保存されている。

ユニークな昆虫学テキスト

J・W・フォルソム

1871
|
1936

ジャスタス・ウォトスン・フォルソム（Justus Watson Folsom）は一八七一年、米国マサチューセッツ州ケンブリッジ市で生まれた。少年のころから虫が好きで、将来は昆虫学者になることを夢見ていた。

長じてハーバード大学に学び、一八九五年卒業、トビムシ目の発生に関する研究で理学博士の学位を取得した（一八九九）。フォルソムの初期の昆虫学上の研究は、解剖学・生理学や発生学に関するものが主体である。

一八九九―一九〇〇年、フォルソムはアンティオク・カレッジで教壇に立ち、次いでアーバナ市のイリノイ大学で昆虫学の講師を務め（一九〇〇）、のちに助教授となった（一九〇八―二三）。彼は情熱をもって講義をおこなったので、学生たちに深い感銘をあたえたそうである。

このイリノイ大時代の初期に、フォルソムは有名な『昆虫学』（一九〇六）を著した。このテキストはその副題（後記邦訳書の項参照）に見られるように、当時としては斬新な視点から書かれており、また簡にして要を得たものであったから、米国産昆虫を主体としたものであるにもかかわらず、ヨーロッパ諸国で広く読まれた。それで、一九一三年（改訂第二版）、一九二二年（改訂第三版）と版を重ね、一九三四年にはミネソタ大学のR・A・ワードルによって増訂され、これも普及している。

本書（初版）の構成は、つぎの一三章から成る。分類、解剖と生理、発生、水生昆虫の適応、色と色彩、適応色、適応ならびに種の起源、昆虫と植物との関係、昆虫とほかの動物との関係、昆虫相互の関係、昆虫の行動、分布、昆虫と人との関係。そして巻末には、各課題ごとの詳細な参考文献目録が付されている。「解剖と生理」の章では、ある種のガや甲虫のオスはメスの出すにおいに誘引されて集まってくることを引例し説明しているが、このにおいは今日いう性フェロモンのことである。

日本では、三宅恒方と内田清之助が共訳し『ふをるそむ氏昆虫学——特に生態学上並に応用上の見地より論ず』（一九一〇）として発行されて好評を博し、翌年には再版された。この原書の邦訳をすすめて校閲の労をとったのは、東京帝大理科大学の五島清太郎教授で、彼は米国留学中（一八九五—九六）、ハーバード大学でフォルソムと机を並べた仲であった。

訳書の序文（五島）中にあるエピソードによると、フォルソムはあるとき五島に「父は私が実業に就くことを望んだので、どうにかそれにしたがったけれども、自力で相当の学資を得たので、ただちにもともと好きな昆虫学を修めるようになった」（大意）と語ったそうである。そういえば、洋の東西を問わず、かつての昆虫少年には労苦を重ねた末、初志を貫徹して大成した人も少なくない。

この訳書で訳出された術語は、その後、三宅の名著『昆虫学汎論』にも踏襲され、その大部分のものは今日におよんでいる。その意味でも、フォルソムは日本の昆虫学に大きな影響をおよぼしているといってよいであろう。

また、フォルソムはトビムシ目およびシミ目の分類では米国における第一人者である（「新北区産ツチトビムシ科」一九三七など）。日本産のトビムシ目についても一八九八―九九年に

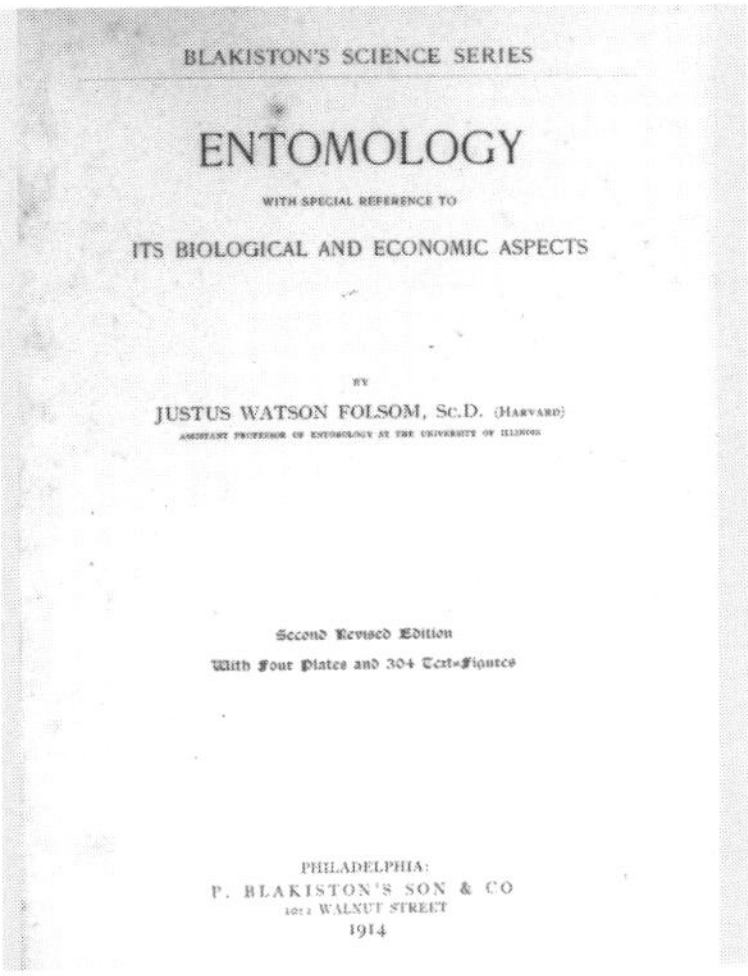
BLAKISTON'S SCIENCE SERIES
ENTOMOLOGY
WITH SPECIAL REFERENCE TO
ITS BIOLOGICAL AND ECONOMIC ASPECTS
BY
JUSTUS WATSON FOLSOM, Sc.D. (HARVARD)
ASSISTANT PROFESSOR OF ENTOMOLOGY AT THE UNIVERSITY OF ILLINOIS
Second Revised Edition
With Four Plates and 304 Text-Figures
PHILADELPHIA:
P. BLAKISTON'S SON & CO
1012 WALNUT STREET
1914

著名な『昆虫学』扉

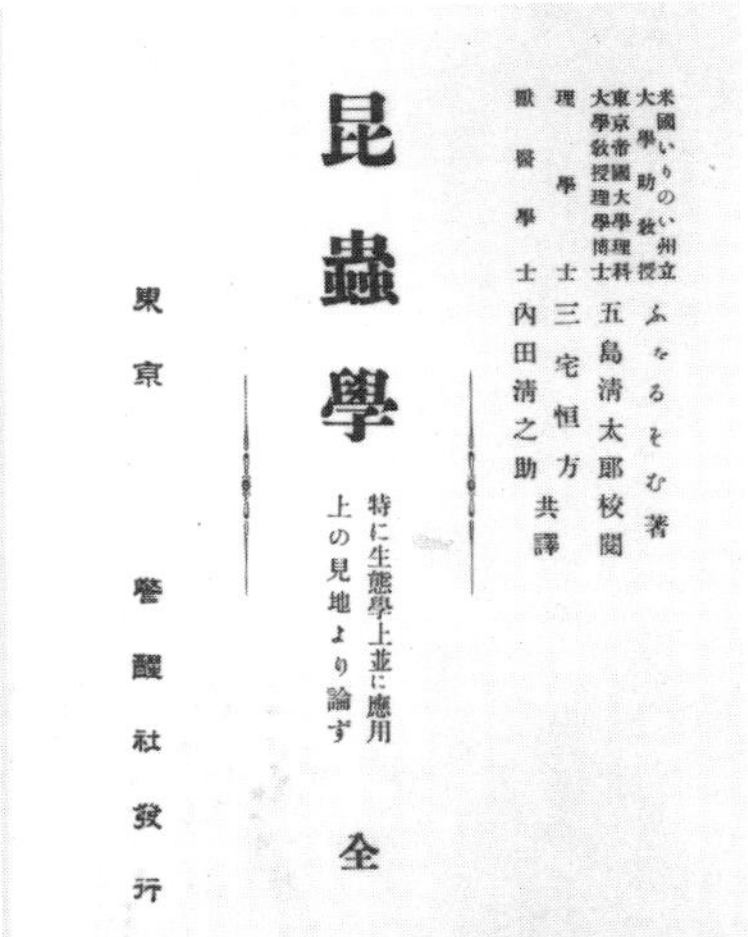
米國いりのい州立大學助教授　ふなるそむ著
東京帝國大學理科大學教授理學博士　五島清太郎校閲
理學士　三宅恒方
獣醫學士　内田清之助　共譯
昆蟲學
特に生態學上並に應用上の見地より論ず
全
東京　警醒社發行

『昆虫学』邦訳書の扉

二編の論文を発表しており、これらはその後の邦人研究者の基本文献となっている。

ところで、多年勤めたイリノイ大学を辞したフォルソムは一九二五年、米国農務省昆虫局の準昆虫学者となり、ルイジアナ州タリューラの植物検疫所でワタの害虫を研究し、これは彼が病気で倒れるまで続けられて、この分野に多大の貢献をした。

フォルソムの性格は温厚で謙譲、彼を知る人々を魅了した。多くの昆虫学会に関係して活動し、一九三一年にはアメリカ昆虫学会会長を務めている。

私見になるが、フォルソムの一生をかえりみて、青壮年期の幅広い学殖を勘案すると、彼は公的にもっと重用されてもよかったのではないかという気がする。これは私のひいき目によるものであろうか。

「加州応用昆虫学の父」E・O・エッシグ

1884–1964

エドワード・オリヴァー・エッシグ（Edward Oliver Essig）は一八八四年、米国インディアナ州アーケディアの農家に、二人兄弟の弟として生まれた。一家はカリフォルニア州やオレゴン州を転々と移住した。農業だけでは家計を支えられなかったからである。

エッシグは、少年時代から学業成績が抜群であった。周囲のすすめで、彼はポモーナ大学予備校を経てポモーナ大学に進学した。当初は宗教奉仕を学ぶ計画だったが、同大学でA・C・クックおよびC・F・ベイカーという、すぐれた昆虫学者の影響を受けて、昆虫学を専攻するようになった。

彼は自分で学資を稼がなければならなかったので、大学のベル・タワーに起居して鐘を鳴らす仕事を引き受けた。少年時代、彼はカリフォルニア州のミカン栽培地帯で育ったので、その主要害虫であるアブラムシ類とカイガラムシ類にとくに関心をもち、両教授の指導のもとでこれらの分類と防除について研究し、学生の身ながらひとかどの専門家の域に達した。こうして彼はポモーナ大学で理学士（一九〇九）および理学修士（一九一二）を取得した。

卒業後エッシグはカリフォルニア州の園芸委員会などに勤務し、その間に、『カリフォルニア州の害虫および益虫』全二冊を著し、一九一五年には改訂増補した。一九一四年、彼はバークレー市のカリフォルニア大学の昆虫学講師に任命され、助教授、準教授、教授（一九二八）と順次昇進して、昆虫学・寄生虫学部門を主宰した。

彼の豊かな学殖と情熱は、応用昆虫学の講義においてフルに発揮され、受講生を魅了した。学生たちは多年にわたり「フィッチア」というグループをつくり、毎月一、二回エッシグの自宅や野外で課外授業を楽しみながら勉強した。このグループ名は、米国最初の応用昆虫学者A・フィッチ（一八〇九―九七）にちなんだものである。

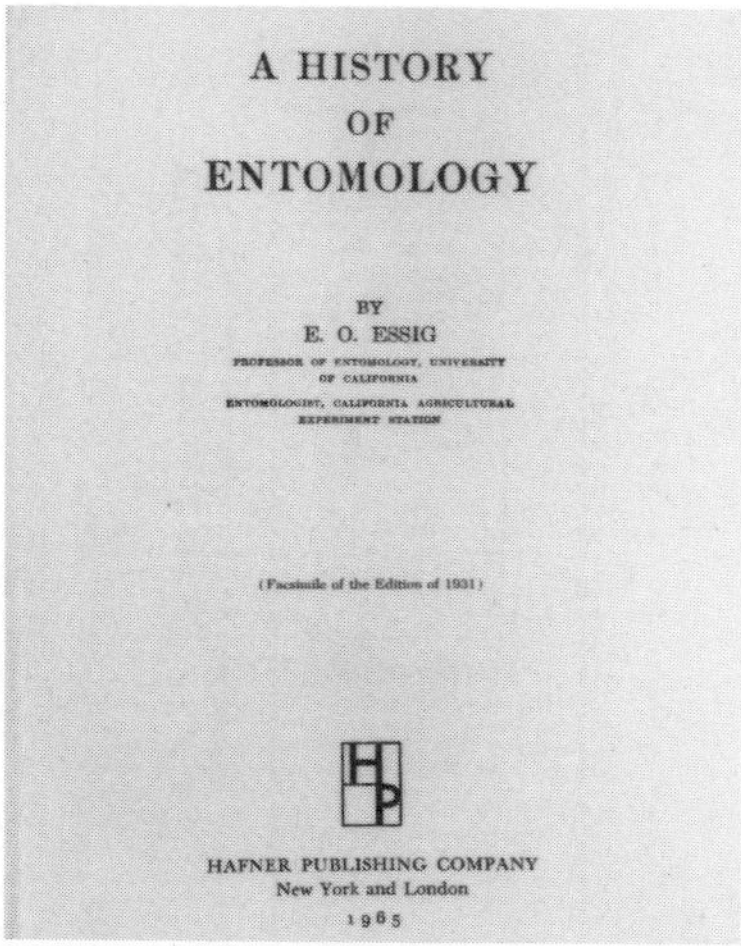
A HISTORY
OF
ENTOMOLOGY

BY
E. O. ESSIG
PROFESSOR OF ENTOMOLOGY, UNIVERSITY OF CALIFORNIA
ENTOMOLOGIST, CALIFORNIA AGRICULTURAL EXPERIMENT STATION

(Facsimile of the Edition of 1931)

HAFNER PUBLISHING COMPANY
New York and London
1965

代表作の『昆虫学史』扉

エッシグは卒業生もふくめて教え子たちのことを決して忘れず、彼らもまた決して師のことを忘れなかった。そして、彼は「学生のベスト・フレンド」として敬慕されていた。第二次大戦中、彼は世界各地に散在する弟子たちに数

Fig. 32.—A sketch showing the methods employed by the Indians in catching the caterpillars of the pandora moth, *Coloradia pandora* Blake. At the left is an earthen cone at the base of the tree surrounded by a trench in which the larvæ were trapped. At the right the ground has been cleared of rubbish and the area surrounded by a trench. The smoke from the fire causes the caterpillars to drop from the pine trees and they are gathered by the women.

パンドラ蛾幼虫をいぶして捕集する図（『昆虫学史』より）

百通の手紙を書いて激励したそうである。

ところで、エッシグはまれにみる多作家であった。論文は五一八編あり、大冊のものが少なくない。著書には上述のほか、『北米西部の昆虫』（一九二六）、『昆虫学史』（一九三一）および『大学（用）昆虫学』（一九四二）がある。その代表作は『昆虫学史』（写真右上。一九六五年版）である。表題は本来『カリフォルニア州昆虫学史』とすべきところ、出版社の強い意向により変更されたものだそうである。

本書は広い視野で書かれた大著（一〇二九頁）で、カリフォルニア・インディアンの食虫習俗（写真上）などにも触れている。主要な章には、果樹の重要害虫や害虫の生物的防除、殺虫剤の歴史が詳細に述べられており、応用昆虫学史書のなかの白眉である。エッシグは花卉《かき》にも造詣が深く、自庭にシャクヤクやアイリスを多数栽培し、とくに後者の交配による新品種の作出は有名であった。彼がこれらの花とかかわった歳月のほうが、昆虫とのそれよりも長かったそうである。

彼の人柄は親切でやさしく、また雄弁でウイットに富み、常に相手に喜びと力をあたえた。服装には無頓着で、容貌は一見ナポレオン一世に似ていたそうである。頭髪は短くて禿げており、青い目はいつも輝いていた。エッシグは大学を退職（一九五四）するときの送別の辞で、「カリフォルニア応用昆虫学の父」と讃えられた。

エッシグは現役時代、アメリカ昆虫学会、米国応用昆虫学者協会、太平洋沿岸昆虫学会などの会長に推されている。彼が多年収集した昆虫標本と文献はカリフォルニア科学アカデミーおよびカリフォルニア大学に遺贈された。学生時代の刻苦勉励が実を結び、学者として、また教育者としても充実した人生をかちえたのである。

昆虫学史の泰斗

F・S・ボーデンハイマー

1897
|
1959

フレデリック・ジーモン・ボーデンハイマー（Frederick Simon Bodenheimer）は、一八九七年ドイツのケルン市で生まれた。父はユダヤ人で、熱烈なシオニスト（ユダヤ人の祖国再建運動家）であった。この父の主義は息子にも継承されて、その生涯にわたり強い影響を与え続けた。

ボーデンハイマーは少年時代から動物が好きで、自宅でマウスを飼ったりミミズの再生実験をやったりしたが、意外にも昆虫にだけは関心をもたなかった。

彼は大学で動物学に進みたかったのだが、両親はこれに大反対であった。学問はユダヤ人には向かないという考えからである（かのアインシュタインやゴルトシュミットはユダヤ人である！）。それで、一時はフランクフルトの大学で医学を学んだが初心忘れがたく、いつしか動物学を専攻するようになった。

彼が昆虫学に進路を定めたのは、アメリカのハワードが提唱した「自然界の平衡理論」に触発されたのがきっかけである。フランクフルトとボンの大学での勉学を終えてから、ガガンボの一種（*Tipula paludosa*）の生物誌を研究してボン大学から学位を授与された（一九二一）。

一九二二年にシオニスト連盟がテルアビブに新設した農業試験場に、昆虫部（定員一名）主任として勤務した（一九四七年まで）。その間、ユダヤ人の手によりエルサレムに創立されたヘブライ大学の教授として、一般動物学、生態学および昆虫学を担当した（一九三一—五三）。

ボーデンハイマーの学問領域はきわめて広く、大別すると農業昆虫学、イスラエルの動物相・動物生態学および生物学史などにおよんでいる。彼は多作家で、論文三五七編、著書（モノグラフや訳書をふくむ）六二点にのぼる。

労作『リンネ以前の昆虫学史資料』第１巻扉

これらに使用した言語は、多い順にイギリス・ドイツ・ヘブライ・フランスおよびトルコの各国語である。彼の母国語はドイツ語だが、ナチスへのレジスタンスから、一九三五年以降はドイツ語での著作をやめた。

著書は主要なものだけを挙げることにする。まず農業昆虫学では『中東におけるカンキツ類の昆虫学』（一九五一。六六三頁）がある。イスラエル動物相では『パレスチナの動物生活』（一九三五）を著し、原生動物から哺乳類におよぶ動物の全グループをカバーしており、ナチュラリストとしての彼のスケールの大きさを示している。動物生態学では『人間の食料としての昆虫——人間生態学の一章』（一九五一）というユニークな一書がある。これは古今東西にわたり散在している食虫習俗の資料を集大成したもので、民俗（民族）学者にも珍重されている名著である。もちろん日本での事例も収録されている。

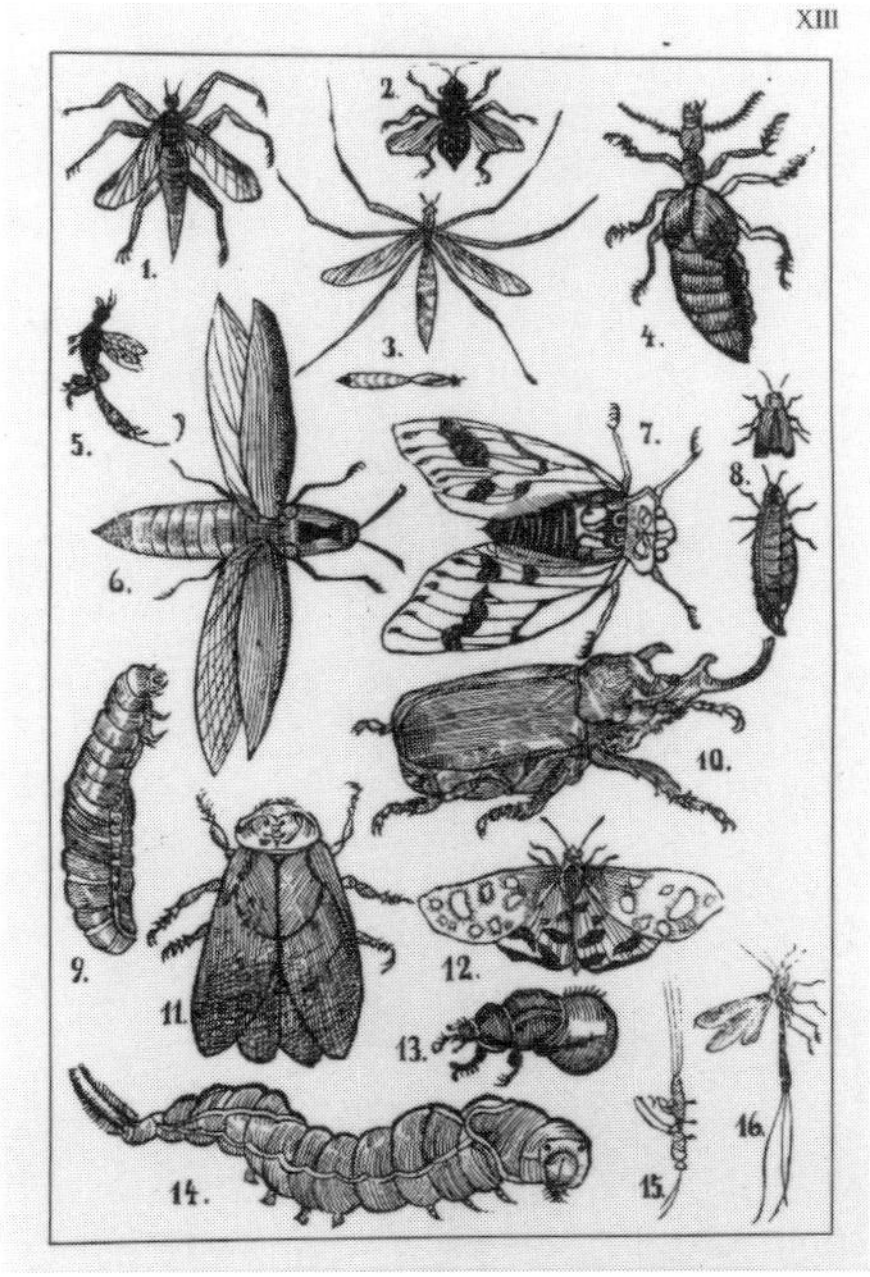

『リンネ以前の昆虫学史資料』第１巻図版の一例（ムフェット『昆虫の劇場』より）

生物学史では、ドイツ語で書かれた『リンネ以前の昆虫学史資料』全二巻（一九二八—二九）がある。これは昆虫学史に関する世界で最も重要な労作であり、ボーデンハイマーの主著とすべきものである。すなわち、リンネ以前の東西にわたる一次資料を広く渉猟して、図も豊富に引用した一〇〇〇頁におよぶ大判（ローヤル・オクタヴォ）の大著である。時代は古代ギリシアのアリストテレスから一八世紀のリンネの前まで、地域はヨーロッパをはじめ、オリエント、アジア、北アメリカ、ラテンアメリカや北アフリカなどにおよんでいる。

この本の製本済みの在庫品は、第二次大戦中ナチスの手により「ユダヤ人の書いた本」という理由で、すべて焼き捨てられてしまった。そのうえボーデンハイマーがこの本を書くため、ヨーロッパ各地の図書館や大学で参照した貴重な資料の一部も、戦火で焼失した。

また、彼のようにヨーロッパの数ヵ国語に通じた碩学《せきがく》でないと、史料を読みこなすことも不可能であろうと思われる。したがって、この本を超えるような類書の出現は、今後望めないのではないだろうか。なお、彼の編著になる『生物学の歴史　入門書』（一九五八）も、ユニークな資料集として高い評価を受けている。

ボーデンハイマーは六二年の生涯のうち、兵役で七年、病床にあって六年、合計一三年間も研究生活をロスした。これは学究として取り返しのつかない不毛の歳月であった。晩年には科学史の分野で重きをなし、国際科学史学会会長を務めている（一九五三―五六）。彼はかつての両親の危惧《きぐ》にもかかわらず、不世出の碩学となったのである。

ミツバチの「ことば」を解読
K・v・フリッシュ

1886
｜
1982

カール・フォン・フリッシュ（Karl von Frisch）は一八八六年、オーストリアのウィーンで四人兄弟の末子として生まれた。父は大学教授（外科医）、父方の祖父は陸軍軍医総監、また母方の祖父はプラハ大学教授（哲学）という名門の出である。そして、フリッシュは知的な天分を両親から受け、また経済的にもめぐまれた家庭に育った。

フリッシュは幼少のころから動物が好きで、ギムナジウム（中等学校）時代には、哺乳類九種、鳥一六種、爬虫類と両生類二六種、魚二七種および無脊椎《むせきつい》動物四五種を自宅で飼育していた。この経験は、動物の習性を詳細に観察する習慣を育てるのに、たいそう役立ったことであろう。ギムナジウムの最終学年（一七歳）のころから採集欲が頭をもたげ、チョウや甲虫など昆虫のほか、いろいろなグループの動物（とくに魚）の採集に熱中し、この情熱は生涯にわたり持続して、晩年にはそのコレクションは五〇〇〇〇点におよんでいる。

父のすすめにしたがって、フリッシュはウィーン大学医学部に進学した（一九〇五）が、やはり動物学への初心もだしがたく、実験動物学のパイオニアの一人ミュンヘン大学のO・ヘルトヴィヒに師事することになった（一九〇八）。このことは、フリッシュのその後の学風に大きな影響をおよぼしている。

一九一〇年、フリッシュはウィーン大学で学位を取得し、同大学の助手を経て動物学と比較解剖学の講師になった。次いで一九二一―二三年はロストク大学教授、一九二三―二五年のブレスラウ大学教授に続いて、一九二五年にミュンヘン大学にもどったが、そこの動物学研究所が第二次世界大戦中に破壊されたので、一九四六年にグラーツ大学に移り、一九五〇―五八年には再びミュンヘン大学で教授を務めた。

ちなみに、故・内田亨（北大名誉教授）は、一九二九年一〇月から半年間フリッシュのもとに留学し、淡水魚の味覚について研究したことがある。そして、内田は後年フリッシュのミツバチの著書を邦訳している（後出）。

ところで、初期のフリッシュは魚が明るさの違いと色彩を区別できることを研究して学位論文を書いた。また、ミツバチを訓練して味とにおいを区別させることに成功した（一九一九）。フリッシュの代表的な業績は、ミツバチのコミュニケーションに関するものである。彼はハチに印をつけて個体を識別し、その行動を特製の観察用巣箱を使って研究した。そして、食物源から帰ってきた働きバチが巣板でダンスをすることがあるのを発見したのである。このダンスを見た他のハチたちが、あらかじめ隠しておいた餌場に群れをなして集まってきたのを見たときのフリッシュの気持ちは「ショックに近いもので、自分の目に映ったものを信じたくないような気持ちであった」（自伝）そうである。

その後のフリッシュの研究により、食物源が巣箱から一〇〇メートル以内のときは単純な円形ダンスを、それよりも遠い場合には複雑な尻振りダンスをすることが解読された。つまり、これらのダンスはミツバチの「ことば」であることが解明されたのである。

さらにフリッシュは、尻振りダンスは巣板から食物源までの距離だけでなく、その方向も伝達すると主張した（一九四三）。この画期的な学説は学界にセンセーションを巻きおこし、称

The Dance Language and Orientation of Bees

Karl von Frisch

Translated by Leigh E. Chadwick

With a New Foreword by Thomas D. Seeley

Harvard University Press
Cambridge, Massachusetts
London, England 1993

主著『ダンスによる言葉とミツバチの定位』扉

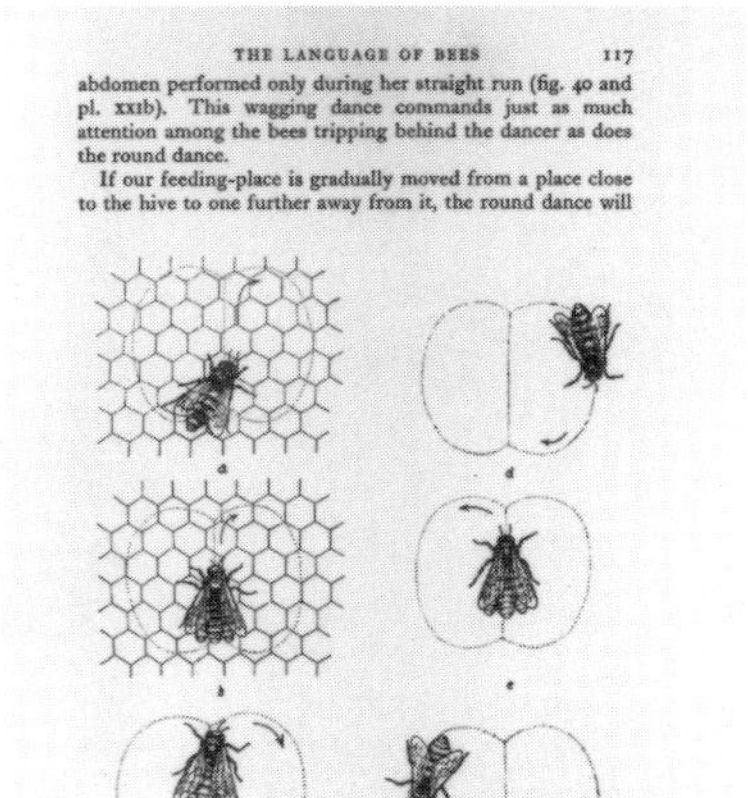
THE LANGUAGE OF BEES 117

abdomen performed only during her straight run (fig. 40 and pl. XXIb). This wagging dance commands just as much attention among the bees tripping behind the dancer as does the round dance.

If our feeding-place is gradually moved from a place close to the hive to one further away from it, the round dance will

Fig. 40. The wagging dance

『ダンスをするミツバチ』（英訳版より）

賛と共に異論も少なくなかった。現在でも異説を唱える人がある。たとえば、米国のA・M・ウェンナとP・H・ウェルズの『論争の解剖――ミツバチの「ことば」への疑問』（一九九〇）などである。

フリッシュは論文・著書共に多作家であり、論文は百数十編、著書は十数点におよぶ。著書の邦訳には、桑原万寿太郎訳『蜜蜂の生活より』（一九四二）、内田亨訳『ミツバチの不思議』（一九七〇）、伊藤智夫訳『ミツバチの不思議（第二版）』（一九八六）、伊藤智夫訳『ある生物学者の回想』（一九六九）、桑原万寿太郎訳『十二の小さな仲間たち』（一九七八）、木下治雄監訳『ミツバチとの対話（講演集）』（一九七九）などがある。フリッシュの主著は『ダンスによる言葉とミツバチの定位』（英訳版一九六七。五五六頁、和訳なし）である（写真上）。なお、ミツバチの生活と感覚を一般向けに総括して書かれた『ミツバチの生活より』（一九五三）の英語版（一九五四）、『ダンスをするミツバチ』からダンスを図示する（写真下）。

フリッシュはミツバチの感覚生理とコミュニケーションに関する一連の研究に対して、一九七三年にノーベル医学生理学賞を授与された。彼は学究としてすぐれていただけではなく、誠実・真摯《しんし》な人柄のゆえに、国の内外に知己や支援者が多く、母国（ドイツ）の二度の戦禍と敗戦にもかかわらず、終生、研究を続けることができたのである。

「虫・人・本」の連載を終わって

雑誌（『インセクタリゥム』三〇巻一二号、一九九三）で連載の欄を無事に終わり、ほっとしたところである。四年間（四八回）のロングランというのは、私にとっても初めての長丁場であった。編集部からの当初の執筆依頼は「旧刊紹介」だったのだが、本というのは、著者の生い立ち、性格や力量とともに時代的・社会的な背景もかかわって成立するものであるとの考えから、「虫・人・本」の表題のもとで書くことになった（すべてを本章に収録）。

初めは日本人だけにする予定だったが、この機会に外国（欧米）人もとりあげることにした。外国人については〝本邦初公開〟の人物や著書が少なくないと思う。この企画のおかげで、多年にわたり集めてきた資料の一部を活用することができた。

まず、人物については次の基準により、順不同でかなり恣意《しい》的に選択した。すなわち、（1）故人であること。（2）「名著」とされる著書があること。これをクリアしても、さらに（3）主著、（4）伝記または評伝、（5）ポートレートの〝三点セット〟が手もとにあることが必須条件となる。これらのうち、（4）と（5）は意外に難関で、一部の資料については長谷川仁氏、田中誠氏、英国のパメラ・ギルバート女史など内外の知友から借用したものもある。

また、著書については、日本の学者のなかには虚名のみ高く、その社会的立場にふさわしい

「名著」とも称すべきものがないため、とりあげなかった人物もある。比較的めぐまれた環境にある（と思われる）プロフェッショナルな学者は、後世に残る著書などにより、その学殖の一端なりとも社会に還元する責務があるのではないだろうか。

ちなみにアメリカの学界では次のようなことがいわれているようである。たとえば、「出版せよ、しからずんば死滅する」(Publish or perish) というのが研究者のモットーになっているほど、生存競争がはげしいといわれる。そして、博士号保持者は平均して一年に一編の論文を書き、七年に一冊の著書を出すそうである（中山茂・石山洋『科学史研究入門』一九八七）。また、S・チャップマン教授（宇宙空間物理学）は、「日本の学者たちはよい論文を書くけれども、ほとんどの人に著書がない。私たちは研究を立派にするだけでは十分ではなく、自分の学問体系について、著書にして世に問うべきなのだ。これは大切な義務なのだ」といっている（桜井邦明『大学教授　そのあまりに日本的な』一九九一）。

西欧の人物については、原則として後《ポスト》リネーで時代を区分したため、前《プレ》リネーの昆虫学の総括者ルネ＝A・F・レオミュールを例外として、ほかは割愛した。それで、たとえばT・ムフェット（一五五三―一六四七）、F・レーディ（一六二六？―九七）、J・スワンメルダム（一六三七―八〇）やM・S・メーリアン（一六四七―一七一七）など高名な人物もとりあげなかった。

ところで、洋の東西を問わず後世に名を残すほどの学者のなかには、生まれ育った家庭環境や学歴などの点でめぐまれなくても、生来の才能と自らの努力でカバーして大成した人物も少なくない。そして、この場合はハングリー精神と向上心、および緊張した生活姿勢を持続するという共通項があるようである。それには、昆虫学はそれほど魅力ある分野であることもかかわっていると思う。昆虫学は、二〇世紀初めには「科学界のシンデレラ」と称されたように、若さあふれる学問だったのである。

私は、このシリーズでとりあげた人物にたいしては感情移入があるため、たとえ人間くさい裏面史を知っていても、筆を抑制するよう心がけた。それは、昆虫学者といえども生身《なまみ》の人間だからという仲間意識によるものである。

◆とりあげた日本人（生年順）

佐々木　忠次郎　1857.8.10〜1938.5.26
名和　靖　1857.10.8〜1926.8.30
長野　菊次郎　1868.9.27〜1919.8.11
桑名　伊之吉　1871.5.17〜1933.7.14
松村　松年　1872.3.5〜1960.11.7
宮島　幹之助　1872.8.12〜1944.12.11
神田　左京　1874.7.8〜1939.7.7

三宅　恒方	1880.5.14～1921.2.2
岡崎　常太郎	1880.7.21～1977.5.26
素木　得一	1882.3.9～1970.12.22
荒川　重理	1884.1.14～1976.2.16
高野　鷹蔵	1884.3.14～1964.9.28
高橋　奨	1887.5.16～1935.6.29
平山　修次郎	1887.7.18～1954.11.7
丸毛　信勝	1892.1.18～1977.1.18
石井　悌	1894.8.6～1959.11.19
横山　桐郎	1896.9.25～1932.8.1
大町　文衛	1898.3.27～1973.1.10
加藤　正世	1898.4.19～1967.11.7
江崎　悌三	1899.7.15～1957.12.14
小山内　龍	1904.3.1～1946.11.1
河野　広道	1905.1.17～1963.11.12
安松　京三	1908.3.1～1983.1.25
新村　太朗	1917.7.7～1951.4.20

◆とりあげた欧米人（国別・生年順）

アメリカ

サディアス・W・ハリス	Thaddeus William Harris	1795.11.12～1856.1.16
ヘルマン・A・ハーゲン	Hermann August Hagen	1817.5.30～1893.11.8
アルフィアス・S・パッカード	Alpheus Spring Packard	1839.2.29～1905.2.14
ジョン・H・カムストック	John Henry Comstock	1849.2.24～1931.3.20
リーランド・O・ハワード	Leland Ossian Howard	1857.6.11～1950.5.1
ウィリアム・M・ウィーラー	William Morton Wheeler	1865.3.19～1937.4.19
V・L・ケロッグ	Vernon Lyman Kellogg	1867.12.1～1937.8.8
ジャスタス・W・フォルソム	Justus Watson Folsom	1871.9.2～1936.9.24
エドワード・O・エッシグ	Edward Oliver Essig	1884.9.29～1964.11.23

イギリス

ウィリアム・カービー	William Kirby	1759.9.?-～1850.7.4
ジョン・カーティス	John Curtis	1791.9.3～1862.10.6
ジョン・O・ウェストウッド	John Obadiah Westwood	1805.12.22～1893.1.2
ジョン・G・ウッド	John George Wood	1827.7.21～1889.3.3
エリナ・A・オームロッド	Eleanor Anne Ormerod	1828.5.11～1901.7.19

ジョン・ラボック	John Lubbock	1834.4.30～1913.5.28
フレデリック・W・フローホーク	Frederic William Frohawk	1861.7.16～1946.12.10
オーガスタス・D・イムス	Augustus Daniel Imms	1880.8.24～1949.4.3
ルーシィ・E・チーズマン	Lucy Evelyn Cheesman	1881.?～1969.4.15

フランス

ルネ=A・F・レオミュール	René-Antoine Ferchault de Réaumur	1683.2.28～1757.10.17
ピエール・A・ラトレイユ	Pierre André Latreille	1762.11.29～1833.2.6

スウェーデン

カール・v・リンネ	Carl von Linné	1707.5.23～1778.1.10

ドイツ

カール・v・フリッシュ	Karl von Frisch	1886.11.20～1982.6.12

ロシア（イギリスに帰化）

ボーリス・P・ウヴァロフ	Boris Petrovitch Uvarov	1889.11.5～1970.3.13

イスラエル

F・S・ボーデンハイマー	Frederick Simon Bodenheimer	1897.6.6～1959.10.4

第４章

虫に魅せられて

小泉八雲（高田力『小泉八雲の横顔』1934）

小泉八雲と虫

虫ケラという言葉のニュアンスからもわかるように、ふつう虫はいわれもなく毛ぎらいされたり、心にもかけられなかったりすることが多い。それでも、文筆家のなかには虫好きとして知られる人が少なくない。小泉八雲（ラフカディオ・ハーン）もその一人である。

八雲は、けっして妥協をゆるさない硬骨の士であるとともに、すべての生きものに、ひたむきな愛情をかたむける心のやさしい人でもあった。それには、こういう話が伝わっている。彼はうるさくつきまとうハエやカさえも、ただ払うだけで、ついぞたたいたりすることはなかった。また、庭でアリの穴を見つけると、そこに家族たちを呼び集めて何時間もすわりこんでながめたり、アリのはたらきぶりを例にひいて訓話をしたりしたそうである。

さらに、八雲の虫への傾倒ぶりを示す好例がある。愛煙家の彼は日本の刻み煙草も常用したが、一〇〇本に近いキセルの大部分には虫の模様がついていた。それだけではない。茶器・ペン皿・文鎮や根付けにいたるまで、ことごとく虫の模様をしつらえたものばかりであった。虫のなかでも、彼はとりわけ鳴く虫に魅せられたようで、虫屋から入手できるほとんどの種類をみずから飼って、そのなかから珠玉の名編「クサヒバリ」が生まれたのである。

八雲が日本にやってきてからの作品には、虫を主題にしたものが多く見られる。「チョウ」、

「アリ」、「ハエ物語」、「ホタル」、「トンボ」、「セミ」、「虫の楽師」、「クサヒバリ」や「カイコ」などである。また、東大では虫をうたった古今東西の詩歌について、ユニークな講義をおこなった。そのなかで、「本当に虫を愛する人種は日本人と古代のギリシァ人だけである」と結論している。

戦後まもないころ、私はある昆虫誌の依頼で、虫屋の歴史について書いたことがある。そのときは、かなりの資料をあたってみたが、けっきょく八雲の「虫の楽師」にある記事が最もくわしく、かつ信頼できるものであった。ほかの著者のは、どれもこの一文を借用しているに過ぎないことがわかったのである。

それからというもの、私はこの帰化日本人が一体どうやって、このような文化史上の特殊な問題について調べあげたのかが、いつも気にかかっていた。それで、機会あるごとに八雲にかかわる資料を集めて調べたところ、やっとこのナゾが解けるようになった。

まず、八雲の虫に関する素材は、彼の松江中学校時代の教え子で、のちに旧制の第四高等学校教授になった大谷正信（俳名は繞石）が、その多くのものを提供している。これは大谷が自分でも、いろいろな機会に公表していることである。ところが、その宣伝が過ぎたのだろうか、彼はのちに八雲から破門同然にうとんじられている。さて、問題の虫屋の歴史の素材は、大谷が「自白」しているとおり、ほとんどそっくり『日本社会事彙』に負ったものである。けれどもこの原資料の筆者（無記名）がだれであるかは、まだわかっていない。

虫についての有力な素材提供者は、実はほかにもいた。たとえば八雲夫人・節子の遠縁にあたる三成重敬《みなりしげゆき》（当時、東大史料編纂部）は、八雲の依頼でホタル・カ・アリ・チョウやハエに関する古歌や俳句をさがして提供している。

また、ホタルについては東大の動物学者・渡瀬庄三郎から贈られた論文を引用している。この論文は、渡瀬がアメリカに留学中、一八九五年にウッズ・ホール研究所で講演したものを印刷した「動物の燐《りん》発光の物質的基礎」（英文一八頁）であろう。

いまの富山大学には、八雲の旧蔵書を一括保存した「ヘルン文庫」があって、そのなかには渡瀬の『学芸叢談　螢《ほたる》の話』（一九〇二）があるが、八雲が「ホタル」を書くのに参考にしたのはこの本ではなく、渡瀬が東京動物学会でおこなったホタルなど発光動物に関する講演（一九〇〇）である（ホタルの講演要旨は「蛍の説」の題で、「動物学雑説」一三七号、一九〇〇年に所載）。

そのほか、八雲は折にふれて家族や知人をはじめ、たくさんの人たちから話を聞いては、作品のうえに生かしていたものらしい。また、彼は生物学や昆虫学の専門書（欧文）もかなり持っており、それらをしばしば引用している。

八雲の引用書のなかで、とりわけ私の興味をひくのは「トンボ」に出てくる『虫譜図説』である。これは江戸末期の本草家、飯室楽圃《いいむろらくほ》の作（一八五六年完成）であるが、一二巻からなる大冊なので、その写本もきわめて少ない。

そういえば数年前のこと、東京・神田の古書展で渡瀬の蔵書印と書き込みのある、この虫譜の写本を見かけたが、もしかしたら八雲が（渡瀬から借りて?）参照したのは、この本ではなかったろうか。そのときは、ふところ具合とのかねあいもあって、つい見送ってしまったが、いまでもそれが悔やまれてならない。

虫愛ずる女性たち

大の虫好きで知られる小泉八雲は、東大での講義のなかで「本当に虫を愛する人種は日本人と古代のギリシア人だけである」と述べている。これはうれしい評価である。

古く平安時代の『堤中納言物語』のなかの「虫愛《め》づる姫君」にも〝女だてらに〟虫を愛してやまない、さる姫君の生活と意見が生き生きと描かれている。これはアーサー・ウェイリー（一九二九）、エドウィン・ライシャワーおよびジョゼフ・ヤマギワ（一九五一）、平野梅代（一九六三）などによって英訳もされ、広く紹介されている異色の作品である。

この短編にもみられるように、かつては洋の東西を問わず女性が虫を愛することは珍しいことで、その周囲からも奇異の目でながめられることが多かったらしい。それにもめげずに、虫を愛してその研究に一生をささげた女性たちのことを述べてみたい。

マリア・シビラ・メーリアン

日本ではあまり知られていないが、メーリアン（一六四七—一七一七）は西欧では昆虫および植物画の先駆者として有名である。彼女は著名な銅版画家マテウス・メーリアンの第五子としてドイツのフランクフルトに生まれた。幼いころカイコが卵・幼虫・さなぎから成虫へと変態するのを見て強い興味をいだき、ほかのガやチョウの変態も観察するようになった。一八歳で結婚してからも、チョウやガの飼育とその変態のようすの写生にますます打ちこんで、『青虫変態図集』（一六七九）という銅版画集を自費出版して好評を博した。これは世界で最初のチョウ・ガにかんする成書といわれる。

その間に二人の娘が生まれたが、一六八四年に離婚してアムステルダムに移り住んだ。ここでオランダ領のスリナム（現・南アメリカ北東部の共和国）産の華麗なチョウの標本を見て驚喜し、これらの熱帯チョウの生活史を研究するため、一六九九年に下の娘をつれて二年間をスリナムで過ごした。

そこで健康を害して帰国ののち、『スリナム昆虫変態図集』（一七〇五）という豪華な彩色銅版画集を出版して名声をほしいままにした。メーリアンには花の画集もあり、これらの昆虫や花の写生画は「科学と芸術の結合」をはたしたものとして、今日でも高く評価されている。

ところで、一八—一九世紀のフランスやロシアの上流階級では、彼女の作品を所有することが一つのステータス・シンボルとして流行した。

そのなかでも、未発表の原画を多数ふくんでいるロシアのロマノフ王家のコレクションは最良のものであった。この秘宝も一九一七年のロシア革命のとき散逸したかとあやぶまれていたけれども、ソビエト政府の探索によって一九七二年に完全な状態で発見された。

そして、レニングラード（現・サンクト・ペテルブルク）の科学アカデミーの尽力によって『レニングラードの水彩画』（一九七四）および『チョウ・甲虫・その他の昆虫』（一九七七）という豪華版が限定出版され、メーリアンの作品は美術史および昆虫学史の両面からその真価を問い直されつつある。

エリナ・アン・オームロッド

オームロッド（一八二八―一九〇一）は、イギリスのグロスターシャーの名門に生まれた。父は高名な歴史家ジョージ・オームロッドである。

幼いころから自然に親しみ、二四歳のときスティーヴンズの『英国産甲虫便覧』（一八三九）に触発されて昆虫の研究を始めた。そののち一八六八年にパリで害虫にかんする大展覧会が開かれたとき、彼女は英国王立園芸協会の依頼により、多くの害虫標本を集めて出品した。

オームロッドはとくに農業害虫について研究を進め、一八七七年から一九〇〇年まで『害虫の観察ノート』という年報を自費出版した。その間に『害虫便覧』（一八八一）ほか三冊の害虫書を出版している。薬剤による害虫の防除試験もおこなっており、ひ素系の塗料パリス・グリーンの殺虫剤としての普及については、関係者の猛反対にあってその実現には苦労したようである。

このように、彼女はビクトリア時代の英国の応用昆虫学を個人の奉仕によってになってきた。そして、独身のまま終生を害虫の研究にささげたのである。

一九世紀後半の英国は、チャールズ・ダーウィンと彼をめぐるアルフレッド・ウォレス、トマス・ハックスリなどの活躍によって、生物学の分野では一頭地を抜いたが、そのまばゆいばかりの舞台とは別なところで、一女性が重要な課題である害虫の研究を独自で進めてきたことは、他国にはみられない希有なことである。

ミリアム・ルイザ・ロスチャイルド

一九八〇年五月初め、世界的な富豪として知られるロスチャイルド家（ロンドン）のミリアム（一九〇八―）が、「美術に現れたチョウの博士」という名刺を持って来日した。そのとき一席お招きを受けたが、私の都合がわるくてせっかくの歓談の好機を逸してしまった。

彼女もアマチュア昆虫学者で、ノミについて総計五〇万語におよぶ論文を発表している。その父ナサニエル・チャールズ・ロスチャイルド（一八七七―一九二三）は銀行や保険会社を経営するかたわら、財力にものをいわせて世界最大のノミのコレクションをつくりあげた。そういう家庭に育ったミリアムが、ノミのとりこになってしまったのは当然のことかもしれない。ただし、父はノミの分類を、彼女はノミの生理や生態を専門にしている。

ノミの研究者には女性が多いようで、たとえば中国の李、ソビエトのダルスカヤ、米国のジャクソンなどが有名である。男性よりも女性のほうにノミがたかりやすいのは、ノミが人間の卵巣ホルモンに誘引されるからであるという最近の学説があるが、それとこれとは無関係のことなのであろう。

日本も開花が楽しみ

一九八〇年八月に京都で開催された第一六回国際昆虫学会議で配布された『日本の昆虫学』という小冊子には、三〇人近い女性研究者の名前が登載されている。とかく「虫けら」といって嫌われがちな昆虫の分野に、これほどの数の女性が参入しているということは、この学問のもつ魅力と発展性を示唆するものであろう。これからのウーマン・パワーの開花がたのしみである。

ホタルに魅せられた男──神田左京伝

かつての日本にはホタルがほうぼうにたくさん見られたので、このありふれた小さな虫をあらためて研究しようという篤学《とくがく》の士は、大正期まではほとんど現れなかった。その先駆者こそ、神田左京である。

いまでこそホタルに学術的な関心をもつ人の間では、神田左京という名前はほぼ周知されるようになったが、彼の人物像がおぼろげながらもわかってきたのは、この十数年前からのことにすぎない。

私は昆虫学を専門とするものであるが、それに関連して内外の昆虫書を集めるとともに、その著者の人となりについても興味をもって調べている。その一環として、神田左京は終戦まもないころから、私の心を惹きつけてやまない存在であった。その誘引力の源は、彼のライフワーク『ホタル』（一九三五）にある。

ところが調べはじめると、神田についての資料はなかなか集まらなかった。まるで自らの存在の証明を拒否しているかのように思えたほどである。しかし、一九七八年、神田についての小文を新聞や雑誌に書いたところ、それが意外な反響を呼んで、入手不能とあきらめかけていた彼の写真をはじめ、いろいろな新しい資料が各地から私のもとに寄せられた。そのおかげで、神田の人間像はある程度まで描けるようになってきた。

だが、やはり神田左京という人物は、ひとことでいえば〝孤高の人〟であり、生前から自らについて多く語ることを拒み、写真に撮られることさえ極度に嫌っていた。彼の死後、生い立ちなどについての資料がわずかしか残されていないのは、彼にとって、本意なことなのであろう。

生物学者として

神田左京（一八七四—一九三九）は、長崎県北松浦郡佐々《さざ》村で五人兄弟（三男二女）の第二子（長男）として生まれた。父は神田米男という旧・平戸藩の下級武士であった。左京は地元の高等小学校を卒業後、家を出て兵庫県西宮の関西学院《かんせいがくいん》普通部を経て高等部に学んだ。卒業（一九〇一）後、上京して成城学校の英語教師を務めた（一九〇四—〇七）。

在京中、神田は日本ユニテリアン協会（キリスト教の一派）に属し、そこで協会幹部の神田佐一郎の知遇を得て、一九〇七年に佐一郎が公用で渡米するとき随伴させてもらい、そのまま八年間アメリカに留学した。

神田はまずマサチューセッツ州の私立クラーク大学に入学し、奨学金を受けつつ学んでマスター・オブ・アーツとなる（一九一二年。専攻は不詳）。

その後、動機は不明だが生物学を志向し、同州のウッズホール臨海実験所と、ニューヨーク市のロックフェラー研究所においてジャック・ロエブ博士に師事し、「ゾウリムシの走光性に関する研究」をおこなった（一九一二—一四）。ロエブの機械論的生命観と実験生物学の——死物学でない生物学に、化学と物理学の手法をとり入れて研究する——学風は、神田の研究生活のバックボーンとなった。続いて神田は、州立ミネソタ大学において「巻貝類の走地性に関する研究」をおこない、ドクター・オブ・フィロソフィー（Ph.D.—理学博士）の学位を取得した（一九一五）。

孤軍奮闘

一九一五年、神田は帰国したが、日本での学閥とは無縁の彼は、終生まともな収入のある定職につくことはできなかった。何をおいても研究を続けたかった彼は、各地の大学や研究所で助手や無給の嘱託ばかりを職としたのである。それには、彼のかたくなで決して妥協を許さない性格もあずかっていたことであろう。

また、同学者の研究には常に手厳しい批判的な姿勢をとっていたために、学友も少なかった。だがこの当時、九州帝国大学で出会った宮入慶之助（教授）とは意気投合し、公私にわたり何くれとなく庇護を受けたようである。この関係は、神田の死去まで続いている。

上京後、神田は宮入の紹介により麹町の眼科医・大島涛兎《とうと》宅に寄寓し、衣食住の面倒をみてもらった。それ以前は神田と同郷の実業家・浜野治八に生活費と研究費を援助してもらっている。神田の人物と才能を見込んだ具眼の士も、わずかながらいたのである。

ところで、神田はかねてウミホタルやホタルなどの発光のメカニズム、とくにその物質的基礎の研究をテーマにしており、多くの論文を書いている。けれども、その当時は生化学や化学分析技術のレベルがまだ低かったので、神田は孤軍奮闘するがついに手には負えなかった。この課題は一九六一年、アメリカのE・H・ホワイトらによってやっと解明された。神田の研究テーマは時代に先行しすぎていたのであろう。

一九三〇年、神田のもとにイギリスの皇太子から王立協会会員になるよう推薦状が送られてきたが、権威嫌いの彼はあっさり辞退している。

「心中の墓碑」

神田は『光る生物』（一九二二）、『不知火・人魂・狐火』（一九三一）などの著書を書いている。このように、彼は「光るもの」なら何にでも興味をもって研究対象としたのである。それには、留学中のゾウリムシの走光性に関する研究が原点になっているのかもしれない。

神田は自ら「心中の墓碑」と称した大著『ホタル』を、借金までして自費出版した。これは「ホタル百科全書」とも称すべき内容で、とくにゲンジボタルやヘイケボタルなど計六種類のホタルの生活史の解明は先駆的な業績である。このアウトサイダーの労作に、当時の学界も驚嘆と称賛を惜しまなかったという。

この『ホタル』を命がけで完成したあと、過労のため、慢性肺結核症が悪化し、一九三九年、療養中の神奈川県藤沢町の病院で、ついに生命の灯は燃え尽きてしまった。遺体は宮入と学友・羽根田弥太の二人に見守られて、東京帝国大学医学部で研究用に解剖された。彼は生涯独身であったため遺族がおらず、遺骨の所在は現在も不明のままである。

いま全国的にホタル・ブームだが、その原点には神田左京がいる。彼は早くも一九二二年、ゲンジボタル多産地の保護を新聞紙上で力説していた。〝孤高の人〟神田左京は、自然保護の先覚者でもあったのである。

私には、神田の生きざまは同時代人《コンテンポラリー》の南方熊楠《みなかたくまぐす》(一八六七―一九四一年。民俗学者、博物学者)のそれと重なってイメージされる。両者とも海外へ留学し、帰国後は定職もないまま野《や》にあって研究に没頭し、その業績は外国、とりわけイギリスで高く評価されていた。いずれも孤高の精神に富み、権威に反発し、さらに頑固(神田)と奇行(南方)も加わって、世には容れられなかった。

彼らのような気骨ある学究がまれになった今日、ともに再評価されている風潮は喜ばしいことである。

政治家と昆虫

昆虫はどこにでもいるし、また種類も多いから、私たちと接触する機会が多い。そして、その関わりかたも、人によってさまざまである。

私は昆虫にたいする愛着や好奇心がこうじて、昆虫そのものだけではなく、いろいろな分野の人物と昆虫とのかかわりあいについても、折にふれて調べている。ここでは、内外の政治家を例にとって、その一端を記してみよう。

尾崎行正と長男の行雄

まず、尾崎行雄（一八五八―一九五四、咢堂と号す）は、よく知られているように、明治・大正・昭和の三代にわたって活躍した「憲政の神様」である。この生粋の政治家が、近ごろ世界中で熱心に研究されている、昆虫の性フェロモン（同じ種類の異性をひきつけるために分泌される物質）に深い関係のあることがわかった。

というのは、彼の父・尾崎行正は明治一〇年（一八七七）に『山蚕或問《わくもん》』という上下二巻の本を書いている。この本は、山蚕（ヤママユ）と野蚕（クワゴ）の養蚕技術について述べたものである。そして、長男の行雄（当時二〇歳）が「琴泉」という号で、父の書いた漢文の序文を墨書しており、さらに本文の添削をおこない、出版人にもなっている。

そのなかに、クワゴの卵を採る方法として、まず雌のガをかごに容れておくと、雄のガが外からかならず飛んでくるから、それを捕らえてかごのなかに入れ、交尾させる方法をすすめている。

これは、ファーブルの『昆虫記』第七巻（一九〇一）にある、オオクジャクガとカレハガの一種を使った性フェロモン（彼はこれをエーテル波と考えた）に関する有名な実験に二四年も先駆するものであり、昆虫の性フェロモンを実地に応用することを記した世界最初の文献であろう。そして、こんなところにも、ある現象をとらえて、まずその応用に思いをめぐらす日本人と、分析的な考えかたを重んずる西洋人との発想法のちがいが現れているように思う。

セミに熱中の東京市長

また、奥田義人（一八六〇―一九一七、法学博士）は、大正初期に文部大臣、司法大臣、東京市長を歴任した人物である。この人は、高位高官の身でセミ捕りに熱中したことでも有名であった。

彼は、夏になると近所のわんぱく小僧たちを引きつれては、屋敷町をセミ捕りでねり歩いたという。そのときのいでたちは、浴衣がけにぞうりばきで、つば広の麦わら帽をかぶり、小さな網をつけた長い竹ざおをかついでいたと伝えられる。

この無邪気な振る舞いは、当時の東京市民からもたいそう親しみを持たれたというから、セミ捕りは〝スマイル〟（美濃部元都知事のトレードマーク）にも劣らない効用を持っていたようである。

ところで、外国ではオーストラリアの首都、ウィーン市長のカイエタン・フェルダー（一八一四―九四）が、チョウやガの収集家として名高い。彼はその大コレクションを一人息子のルドルフに研究させて、多くの論文を共著の形で発表している。

そのなかには、シーボルトの日本での採集品もふくまれる。たとえば、ホソバセセリ、クロセセリ、オオウラギンヒョウモン、ゴマダラチョウなどのチョウが新種として発表されている。

ワシントンの害虫研究

つぎに、一国の元首級の人物にも目をむけてみよう。まずアメリカ合衆国の初代大統領、ジョージ・ワシントン（一七三二—九九）は、二八歳のとき、マウント・ヴァーノンで農園を経営していたころ、ムギの大害虫であるムギタマバエを防除するため、いろいろな物質を使って試験をおこなっている。

また、ドイツの生んだ文豪、ヨハン・ヴォルフガング・フォン・ゲーテ（一七四九—一八三二）は、一〇年余、ワイマール公国の宰相として活躍したから、ここに取りあげてみよう。彼は、チョウ・ガ類を飼育してその変態を観察し、昆虫の変態と植物の変態の比較をこころみている。そのうえ、彼の死後に『ノミの法律論』（一八三九）という奇書が出版されているが、これは他人の著作に名前だけ盗用されたもののようである。

終わりに、私たちにもなじみの深いイギリスの名首相だったウィンストン・チャーチル（一八七四—一九六五）は、庭にいろいろなチョウが飛び交うのをながめるのが好きで、チャートウェルにある別荘には、わざわざチョウの飼育小屋をつくり、卵や幼虫から育てたチョウが羽化すると庭に放してやっていた。また、そこで園遊会をもよおすときは、専門業者から多数の生きたコヒオドシやクジャクチョウのような華麗なチョウを取り寄せて庭に放し、来客たちを歓迎した。

近ごろは、ちっぽけな昆虫などに心を寄せるほど、ゆとりのある政治家は見当たらなくなったようだし、身近な昆虫も少なくなってきた。心さびしいことである。

ファーブル——孤高のフランス人アマチュア

日本においては、ファーブル（ジャン＝アンリ・ファーブル、一八二三—一九一五）ほど老若を問わず周知されている昆虫学者はいない。その背景には、わが国のようにファーブルにかかわる本（とくに児童向け）の出版件数の多い国はないという事情がある。いまだにその完全な書誌はつくられていないが、今後も現物を一ヵ所に完集することは至難の業と思われる。ここでは、まず『昆虫記』の完訳版の書誌的なことを中心に述べることにしたい。

『昆虫記』邦訳書の書誌

まず、いわゆる『昆虫記』の正式な表題は、『昆虫学的な回想録—昆虫の本能と習性の研究』である。全一〇巻（一八七九—一九〇七）から成る。

この『昆虫記』が邦訳されるまでは、ファーブル（ファブル）の名は、いろいろに表記された。たとえば、「ふぇーばー」（三宅恒方・内田清之助）、「ファブレ」（牧茂市郎・賀川豊彦）、

「ファバー」（神田左京）など。

日本で『昆虫記』の一部が最初に単行本として翻訳されたのは、英義雄（訳）『蜘蛛の生活』（一九一九）で、その原著は英訳版である。大杉栄によると、これは「実に生硬極まる訳文」であり、そのせいか「余り読まれてゐないやうだ」という。

次いで、叢文閣が『昆虫記』の全訳を企画した。その底本は、図・写真入りの「決定版」（仏文）である。第一巻は大杉栄の訳で発刊された（一九二二）。

大杉は、もともと生物学に興味を持っており、C・ダーウィンの『種の起源』（一九一四訳）やP・クロポトキンの『相互扶助論』（一九一七訳）などを訳出している。『昆虫記』についても、賀川豊彦に『昆虫の社会生活』（英語版）を借りてから興味を抱くようになり、豊多摩監獄に入獄中（一九一九年一二月―二〇年三月）、英訳版を数冊読んで魅了されてしまった。そして、全巻を訳す意欲がわいてきたという。その準備のためと、昆虫の生活への興味から、一九二一年の夏、大杉は変名で岐阜市の名和昆虫研究所にしばらく通って勉強している。

ところが、大杉は『昆虫記』第一巻発刊の翌一九二三年九月一日の関東大震災のあと戒厳令下の九月一六日、憲兵大尉・甘糟らにより扼殺《やくさつ》されたので、その後継者として椎名其二が起用された。彼も大杉と同じくアナーキストである。この椎名も第二―四巻を訳出した後、日本脱出のため渡仏したので、そのあとを社会主義者の鷲尾猛、木下半治、小牧近江、土井逸雄で継続し、全一〇巻で完結した（初版、普及版、布装版の三異版あり。完結年は一九三四年またはそれ以前)。

この叢文閣版は終戦後、河出書房が委員会を設けて校訂、推敲して再刊された(一九五三―五四)。これには三好達治が共訳者として加わっている(第一〇巻)。

また、これに先立ちアルス社版の『ファブル昆虫記』全一二巻(一九三〇―三一)が出版された。これは全巻予約制の「非売品」であり、完訳された年代は日本で最も早い。安谷寛一が「アルス研究室」に拠って統括し、岩田豊雄(獅子文六)、小林龍雄、根津憲三、落合太郎+河盛好蔵、平林初之輔、内田伝一、神戸孝、三好達治、豊島与志雄+川口篤、山田珠樹および安谷寛一が各一巻ずつ分担している。豪華な顔ぶれである。

第一一巻はG・V・ルグロ著『ファブルの生涯』にあてられる。この巻の訳者序文(安谷)には「一九二一年の春、私は偶然、ファブルを読み、故人大杉栄と共にファブルの全著述の邦訳完結を誓った。が、私の怠慢はいつしかこれを等閑に附してゐた。そして関東大震災は私の相棒を拉し去った」とある。つまり、安谷は大杉の同志であった。

ところで、総じてアルス版の昆虫名の訳語は、他社版よりもユニークである。安谷はこのことについて「これは、筆者が、命名法を、分類法を、なほ一層既成昆虫学を信じないが故に殊更にした相違」であるという。これはファーブルの反体制的姿勢に荷担した、素人の驕言であろう。ちなみに、このアルス版『昆虫記』は戦後(一九四六)、壮文社から再刊された(全部か一部かは不詳)。この版は、写真図版の一部や挿絵が省略されている。

さて、現在のところ『昆虫記』全訳の決定版は、林達夫、山田吉彦（きだみのる）「共訳」の岩波文庫版『ファーブル昆虫記』全二〇冊とされている。このうち一〇冊は山田訳であり、共訳の場合は、まず山田が訳出し、これを林が原文と校合《きょうごう》して加筆したものである。

この岩波文庫版は一九三〇年二月五日（第一〇分冊）に始まり、一九五二年二月二五日（第一九分冊）に完結したというのが、当の岩波書店側資料をもふくめた〝定説〟である。けれども、家蔵の第一分冊初版（一九四二年一一月二五日刊）の巻末には、全二〇冊分の「主要虫名索引」が二八頁にわたり付されている。この「索引」の日付と、「完結」の日付との関係はどうなっているのであろうか。このシリーズを仮に「旧版」と呼ぶと、その「新版」（新字、新仮名などへの改訂）は、一九五八年から六八年までかかって刊行された。ちなみに、岩波文庫版の昆虫名の訳語は、昆虫学者、古川晴男の教示を得ているが、かならずしもそれを採用していない。

最近、この文庫の新版を大型化した「愛蔵版」の『完訳ファーブル昆虫記』全一〇冊（一九八九―九〇）が刊行されている。

話題は変わるが、ファーブルの伝記は、前出ルグロの『一門弟によるナチュラリストJ＝H・ファーブルの生涯』（一九一三）が最も権威あるもので、他のほとんどのファーブル伝は、これを下敷きにしている。この邦訳は多数ある。

伝記の邦訳書には、ほかに英国のエレノア＝ドーリー著、榊原晃三・訳の『虫の詩人』（一九七二）、およびロシアのエ・ワシリエワ、イ・ハリフマン共著、杉山利子・訳の『ファーブル』（一九七四）がある。邦人の原著では、津田正夫の『ファーブル巡礼』（一九七六）がオリジナリティーがあり、出色である。諸説のあるファーブルの出生日付も、一二月二一日であることを生地の村役場で確認している。ちなみに、ルグロの伝記では一二月二二日である。

『昆虫記』の今日的評価

ファーブルは世間一般には「偉人」として尊敬されており、この傾向は日本でとくにいちじるしい。これはファーブルの貧乏にもめげず、刻苦勉励してついに大成した生きざまが、「手本は二宮金次郎」の日本人的好みに合っているからかもしれない。ここでは、生物学ないし昆虫学のうえからの評価をこころみることにする。

まず生物学史の洋書で、ファーブルのために一章を設けているのは、私の知るかぎりではJ・A・トムスンの『偉大な生物学者たち』（一九三二）およびD・C・ピーティの『緑の月桂冠』（一九三六）くらいのものである（いずれも米国出版の英書。邦訳なし）。有名なC・シンガーの『生物学の歴史』（改訂版一九五九）では、ファーブルを「孤高のフランス人アマチュア」という肩書のもと、わずか五行しか触れていない。

邦書では、中村禎里が『生物学を創った人びと』（一九七四）で「ファブル――習性学と進化論」という一節を、また長野敬が『生物学の旗手たち』（一九七五）で「非正統の実証主義者――「ファーブル」という一章を設けている。

以上のような例外はあるにせよ、ファーブルは生物学史の枠外にある人物と見なしてよいようである。

さて、『昆虫記』を現代の知見や視点から評価してみよう。まず、ファーブルによる先駆的業績としては、つぎのことが挙げられる。

一、行動観察に実験を導入

昆虫の行動の観察に、簡単なものではあるが実験という手法をとり入れた。これによってファーブルの研究は、いちじるしく分析的になるとともに深化された。

ファーブルのポートレート

『昆虫記』登場のタマオシコガネの図

二、性フェロモンの「発見」

オオクジャクサン（ヤママユガ科）を材料として、雌ガの発散する香気（性フェロモン＝腹端から放出して同種の異性を誘引する微量な化学物質）の存在に気がつき、その受容器官が雄の触角であることを実験により確かめた。このような分泌物は、一九五九年以来「性フェロモン」と呼ばれるようになった。ただし、アメリカでは森林害虫マイマイガを防除するため、雌の出すにおいで雄を誘殺する実用試験を行っている（フォーブッシュとファーノルド、一八九六）。

一方、『昆虫記』にみられるファーブルの学問の限界や前時代性などについて述べる。

一、進化論の否定

当時、時流にのったダーウィンの進化論を、ファーブルは一貫して否定している。彼のような実証主義者は、目の前で「進化」が演じられるのを、みずから確認しないかぎり信じようとしなかったのであろう。にもかかわらず、この両者はたがいに相手に敬意を抱いて著書の寄贈や文通もしている。ダーウィンは『種の起源』（一八五九）でファーブルを「比類なき観察者」と讃え、ファーブルはこの本のなかに自分の名が三度も引用されたことに大喜びしたという。

二、文献の軽視

ファーブルは他人の書いた論文をほとんど集めたり読んだりしなかった。ひたすら自分の眼による観察を信じたのである。このような学風は、まず観察の対象とする昆虫の同定（種名の決定）に支障をもたらすことになる。

たとえば、『昆虫記』のなかの種名は、しばしば誤っていることが、近年いろいろと指摘されている。最も著名なヒジリタマオシコガネも、実はティフォンタマオシコガネが正しいという。また、狩りバチの種名にも誤同定や混同があり、虫好きな二男ジュールに献名した三つの「新種」も、同物異名《シノニム》として抹消されている。ファーブルのような文献軽視は、分類学においては、とりわけ致命的な欠陥なのである。

三、微生物学の拒否

ファーブルは、碩学L・パストゥールがカイコの病気（微粒子病）の予備調査のため、アヴィニョンにあるファーブル家に来訪したときの確執がもとで、終生、微生物学には関心を示さなかった。このことは、ファーブルの学問領域やものの考え方にも偏向をもたらしたことであろう。

四、観察の誤り

遺作となった最晩年の観察記録（一九〇九）、「キャベツのアオムシ」（オオモンシロチョウの幼虫）には大きな誤りが認められる。

すなわち、ファーブルはアオムシコマユバチがオオモンシロチョウの卵に寄生することを力説しているが、実際にはこのハチは幼虫（アオムシ）の体内に産卵し、この卵が多胚生殖し、その幼虫はアオムシの体内を食い荒らして体表に脱出し、ただちにまゆをつくって蛹化《ようか》するのである。また、ファーブルはこのチョウのさなぎへの寄生バチの存在を否定しているが、アオムシコバチという別種がさなぎに寄生する。

以上のように、ファーブルの学風は進化論や微生物学（生物の自然発生説を打破した）のような、当時、急激に興隆した新しい学問の潮流に背を向けていた。このことは、ファーブルの学問的評価をうんぬんする際、大きなマイナス要因になっている。たとえば、ファーブルをエソロジー（動物行動学）の源流に据える人がある半面、進化論を否定しているからエソロジストの仲間に加えるべきではないとする人もいる。

ところで、『昆虫記』と前後する時代に、フランス語で書かれた著名な昆虫文学が四つある。その一つはフランスの歴史家、J・ミシュレの『博物誌　虫』（一八五七）である。ファーブルは『昆虫記』でクモについて書くとき、「ぜひともミシュレのあの筆がほしい」といっている。

あとはベルギーの詩人・劇作家、M・メーテルリンクの昆虫三部作『蜜蜂の生活』（一九〇一）、『白蟻の生活』（一九二六）、『蟻の生活』（一九三〇）である。これらは、いずれも社会性昆虫に関するものであり、孤独性狩りバチが大きなウエートを占めているファーブルとは対照的である。

ファーブルのこの偏向は、彼のアンソーシャルな性格を反映したものであろうか。あるいは、ファーブルがL・デュフールの論文に触発されて書いたコブツチスガリについての処女論文

（一八五四）が、フランス学士院の実験生理学賞を受賞（一八五六）したという〝原体験〟に由来するものかもしれない。

これまで、ファーブルにまつわることどもを書き記してきたが、彼の『昆虫記』はすでに古典としての確固たる地位を保持している。時代を超えて永く読み継がれることであろう。

「尾張のファーブル」吉田雀巣庵

水谷豊文亡き後、伊藤圭介と一緒に嘗百社《しょうひゃくしゃ》を引き継いだ吉田雀巣庵《じゃくそうあん》（一八〇五—五九）。彼の残した『蜻蛉譜』は日本初のまとまったトンボ図鑑として評価されている。豊文の没後、もっとも熱心に物産会を主催したのも雀巣庵であった。嘗百社の知られざる偉人、尾張のファーブル・吉田平九郎の足跡を探る。

江戸時代は世情の安定とともに、年を追って広い分野にわたる文芸が興隆した。博物学もその一つであり、江戸後期（特に一九世紀前半）に急速に花開いた。

この博物学は発祥の地により、それぞれ特色がある。すなわち、京都学派のトラディショナリズム、江戸学派のアカデミズム、そして尾張学派のアマチュアリズムである。このアマチュアリズムは、よい意味での同好会的キャラクターと言い換えてもよい。好きでなければ、博物学のような〝不要不急〟の学問は成立しないのである。

さて、尾張学派は「嘗百社」というグループにより形成される。嘗百とは百草を嘗《な》めて、その能毒を分別するの意である。この結社は広く他地域の同好の士に呼びかけて、博物標本の交換や交遊を求めるため、一枚刷りの趣意書を作成した。その末尾に同人六名の氏名が列記されている。すなわち、石黒重敦《しげあつ》、伊藤舜民《しゅんみん》で、いずれもその道では著名な人物であり、その中の一人、吉田高憲が小文の主役である。

生い立ち

吉田高憲、通称は平九郎（世襲）、字《あざな》は地岳、号は雀巣庵と称した。文化二年（一八〇五）、尾張藩士・吉田平九郎の長子として出生。父の没後、馬廻《うままわり》組を経て寄合組となり、禄高《ろくだか》百石であった。性格は淡泊な好人物で、長いひげをたくわえ、同人たちからは「平九さん」と呼ばれて親しまれた。

安政六年（一八五九）、当時流行していた「コロリ」（コレラ）にかかって急逝した。享年五十四歳。稲園山の長福寺に葬られた。戒名「秋興院地岳奇雲居士」。墓所はその後移され、市内昭和区八事の七ツ寺共同墓地に現存する。墓碑には「高春居士　雀巣庵吉田地岳之墓　雪花院寒光大姉」とある（石田昇三、一九八八）。

生来、博物を好み、動植鉱物を採集して研究するかたわら、古器や古銭も収集した。このように収集欲が強いうえに、画才にもめぐまれ、記録癖もあって、博物家としての適性をよく備

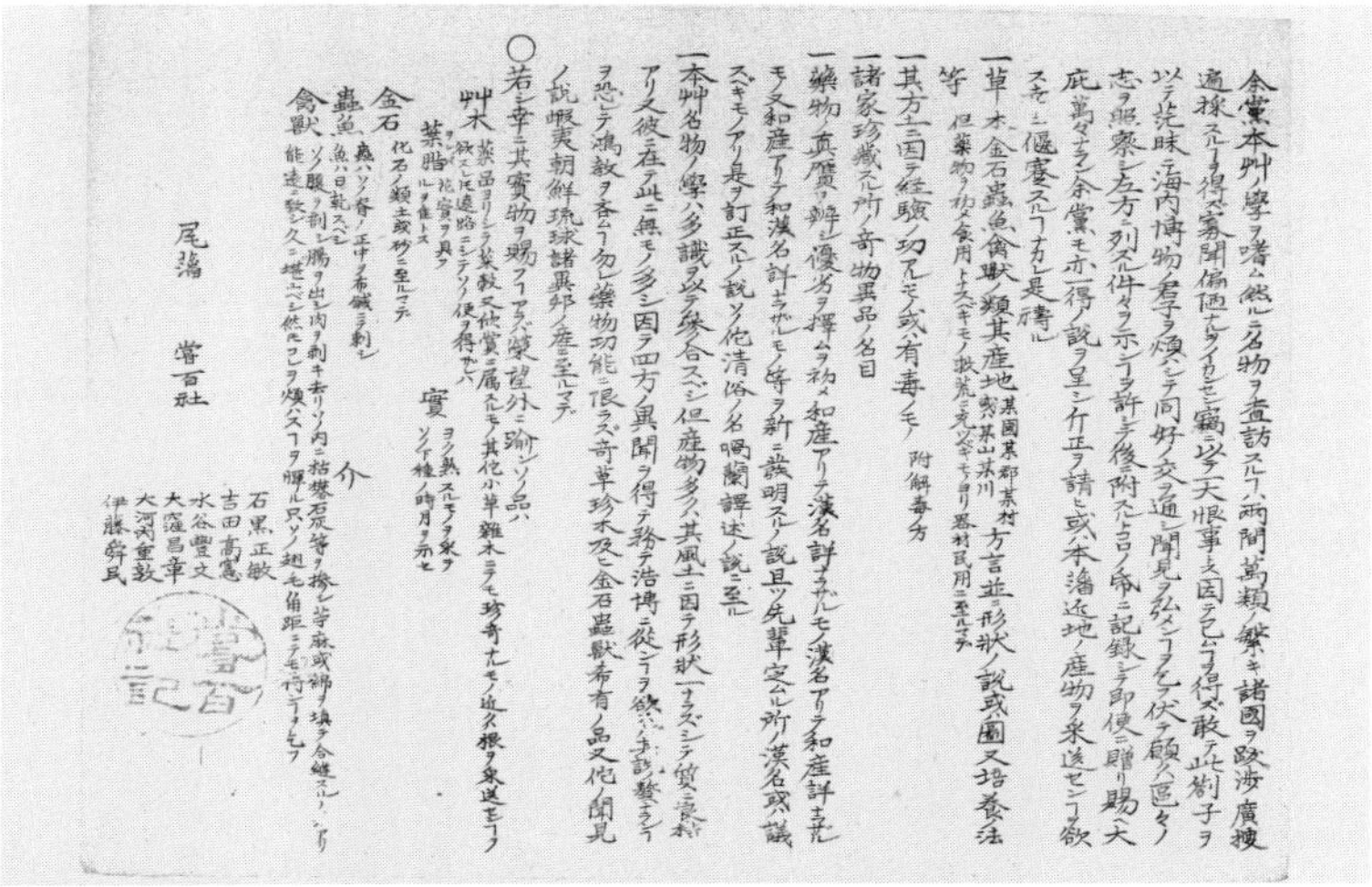

尾張学派「嘗百社」による博物標本の交換、交遊の呼びかけ文

えていた。

毎年正月二五日には自宅で「博覧会」を開き、計二〇回におよんだ。このことからも、彼の几帳面《きちょうめん》な性格がうかがわれる。

雀巣庵は「実験」（実際に見たり験《ため》したりすること）を重んじたので、各地の高山に登って珍しい動植鉱物の採集に努めた。居間の壁や鴨《かも》居《い》には、チョウやトンボが針で留められていたと伝えられる。この針で虫体を刺して固定するという洋式の方法は嘗百社の〝御家芸《おいえげい》〟だが、これはシーボルトの伝授によるものであろうか。

また、彼は動植物の名称などについて詳しいことでは同人中随一であった。昆虫は独壇場であり、植物についても大著『草木図説』全二〇巻（一八五六―六二）を完成した飯沼慾斎《いいぬまよくさい》が、しばしば教示を受けるほどの博識であった。

著作『虫譜』を中心に

雀巣庵は絵をよくしたので、図説した著作が多い。それらは彼の没後、近親や門弟などに分与されたため各所に散在したり、あるいは滅失したりしている。

私はかつて国立国会図書館、東京大学総合図書館、名古屋市博物館、武田科学振興財団杏雨《きょうう》書屋などに所蔵される雀巣庵の著作（写本をふくむ）を閲覧する機会をもつことができた。以来、主にそのときの知見に基づいて紹介することにしている。

雀巣庵の著作には動植物に関するものが多い。代表作は『虫譜』（『雀巣庵虫譜』など）である。この『虫譜』には写本や伝写本がいろいろあるが、はたして自筆稿本が伝存しているかどうかを私は確認していない。

尾張博物家の研究者、吉川芳秋（一九四九。一九五一）はその「原本」（八巻、計二四九枚）を実見したというが、その所在は明記されていない。さらに吉川（一九五四）によると、「名古屋地方関係者宅には今猶《なお》『虫譜』の自筆本数冊が大切に秘蔵されている」という（一九五四）。名古屋が生んだ雀巣庵という碩学を顕彰する意味でも、「秘蔵」者がこの「自筆本」を公開してくださることをお願いしたい。ちなみに、私は一九七六年、吉川氏宅を訪問したことがあるが、このことについてはうかがえなかった。同氏は一九九二年に逝去された。

ところで、吉川（一九五一）によると、この「原本」の構成は次のとおりである（ふりがな以外は原文のまま）。

震（蜂譜《はちふ》）　三八枚
巽（蜻蛉《とんぼ》譜）　二五枚
艮（蟹《かに》譜）　一三枚
坎（貝譜）　三一枚
離（蝶《ちょう》、ヒトデ等）　二七枚
坤（蜂、カヘル、蜘蛛《くも》、蜻蛉、貝類、蛇、ヤモリ等）　三九枚
兌（ヒル、ケムシ、蜂、サンセウウヲ、蝶等）　三八枚
乾（蝸牛《かたつむり》、蠅《はえ》、毛虫、ヒル、蛔《かい》虫、蝶等）　三八枚
（以上　八巻、二四九枚）

つぎに、私が実見した東大総合図書館蔵の雀巣庵『虫譜』全一一巻（五冊）について寸記する。

巻之一　蜂類　六七枚
巻之二　蜂類、蝶類　四九枚
巻之三　蛾《が》類　五八枚
巻之四　蛾類　五八枚
巻之五　甲虫類　五八枚
巻之六　甲虫類　七四枚

巻之七　蠅類　五六枚
巻之八　雑虫類〔半翅《はんし》類〕　六六枚
巻之九　蟲螽類〔バッタ類〕　六三枚
巻之十　蜻蜓類〔トンボ類〕　四四枚
巻之十一　蜘蛛類　二九枚
（以上　一一巻、六二二枚）

この東大本は、もっとも浩瀚《こうかん》である。これは明治期の写本（彩色）で、分類上の配列は旧蔵者の田中芳男が製本時に按配《あんばい》したものであろう。

これまで私が寓目《ぐうもく》した雀巣庵の『虫譜』は九種類あるが、図の枚数（これは虫の種数と直結する）、精粗および巧拙などの差がいちじるしい。一般に博物図譜の写本の場合は、その模写者の描画力が強く反映する。それで、原本を特定できない場合は、その図譜の正鵠《せいこく》を得た評価はむずかしくなる。また、写本の作者が自分の知見や図を新たに追加する場合もあるかもしれないから注意を要する。

雀巣庵の『虫譜』の写本で、その模写者の氏名が判明しているのは小塩《おしお》五郎（一八三一？—一八九四）だけではなかろうか。小塩は名古屋在住の博物家で絵をよくし、雀巣庵の『虫譜』などを模写した。また、みずから写生した『昆虫図譜』二巻（国立国会図書館蔵）も遺《のこ》している。

この小塩が模写した雀巣庵『虫譜』四巻が、名古屋市博物館に所蔵されている。これは江崎悌三《ていぞう》（元九州大学教授）の旧蔵書である。その構成は次のとおり。

第一巻　〔蜂譜〕、〔蜻蛉譜〕、諸虫　二一丁
第二巻　諸虫（ダンダラテウ〔ギフチョウ〕、マツモムシなど）　二二丁
第三巻　諸虫（バビホウ〔馬尾蜂〕、ハンミョウなど）　二五丁
第四巻　諸虫（ホタル、ゴキブリなど）　二四丁

以上、彩色図は少ないが良質の本であり、とくに「蜂譜」の内容は秀逸である。旧蔵者の江崎は、かつてこの虫譜について言及している。まず「ヌカカ〔ガ〕ラベットウ」（タテハチョウ科のスミナガシ）を飼育して、第三巻にその幼虫、さなぎ、成虫を図示したことを写真とともに紹介した（江崎、一九二九）。

また、「これら（江崎蔵の写本）の中で、特に内容の立派なものは『蜂譜』と『蜻蛉譜』とであり、共に立派な着色図譜で、その正確なことは江戸時代虫譜中この右に出るものがない」（江崎、一九五二）と絶賛する。そして、この『蜂譜』について「各種の蜂類の写生図のほかに、その巣を描きまた習性を詳記したものがはなはだ多く、最も興味深い」という。すなわち、このハチ類の観察記録が基になり、雀巣庵は「尾張のファーブル」と呼ばれるのである。

さらに日本博物学史の泰斗、上野益三《ますぞう》（一九六〇）は雀巣庵の『虫譜』について「中でも『蜻蛉譜』は最も卓越し、昆虫図譜として現今行われるものに比べても遜色《そんしょく》あるものではない」と激賞している。この『蜻蛉譜』については、小塩写本の伝写本が土井久作により写真複製

（モノクロ）された（一九三八）。これは奥村定一により同定されている。この種名は松井一郎により一部改訂され、種数は四七種になるという（一九五六）。

また、国立国会図書館蔵の『虫譜』には、甲虫の部分拡大図やテントウムシ類を集めた図などがある。これらが後人による追補でなければ、雀巣庵の先駆性を示すものである。

雀巣庵の著作（共著をふくむ）には、昆虫のほかに動物では獣、鳥、魚、介などの図譜がある。また、植物の著作も数点あるが、ここでは代表作『植物印葉図』五巻（東大総合図書館蔵）について述べる。これは木本植物二九九種の葉の墨拓集である。この方法はドイツ（エルフルト）のJ・H・キニホフ『植物印葉図』（一八世紀半ば刊）から導入されたもので、尾張博物学の特徴の一つになっている。押し葉よりも手間はかかるが保存しやすく、十分に同定可能である。

この機会に、吉田雀巣庵について地元での研究が興隆することを期待したい。

プロとアマ

野球やゴルフなどにプロフェッショナルとアマチュアがあるように、いろいろな分野にもプロとアマが存在する。それを生業とするかしないかを別にすると、実力においてはプロとアマの区別をつけがたい場合もある。

昆虫学の世界にも「くろうとはだし」、つまりプロ顔負けのアマがしばしば見受けられる。その実力のほどはさておいても、この道にかける情熱においては、プロに勝るとも劣らないアマも珍しくない。それで、虫好きの間では、たわむれに次のような定義がささやかれることがある。

勤めから帰ると研究するのはアマ
帰宅後は研究しないのがプロ
定年退職後も研究に熱中するのはアマ
退職すると研究をやめるのがプロ

これには一部のプロから反論があるかもしれないが、ある一面をよく突いていると思う。一般に趣味というのは自発の行為であって、それには打算がない。それで、博物学（ナチュラル・ヒストリー）の分野では江戸時代の大名、明治後には華族や皇族に至るまで、博物学ないし生物学に熱中して、すぐれた業績を残した人びとがいる。これらのやんごとない人物の実績をまとめた『殿様生物学の系譜』（朝日新聞社、一九九一）という本がある。私も数章について執筆している。

その最初に登場するのが熊本藩主、細川重賢《しげかた》（一七二〇―八五）で、私はこの名君を博物大名のパイオニアとして位置づけている。ちなみに、細川護熙・元首相はその末裔《まつえい》である。皇族では昭和天皇（ウミウシ類の分類）と今上陛下（ハゼ類の分類）が筆にのぼされている。私は今上陛下に拝謁のおり、この本を「おもしろく読みました」とのお言葉をいただいた。

もともと、本書に登場するような「金と暇」のある人びとは、学問——とりわけ博物学や生物学をやるのにふさわしい立場にある。イギリスでは進化論のチャールズ・ダーウィン（一八〇九—八二）や、男爵で博物学者のジョン・ラボック卿《きょう》（一八四三—一九一三）のような人を「ジェントルマン・スカラー」（働かなくても生活できる学者）と呼んで、知識人の理想像としている。

私の少年時代は、日本で「食べられない」学問のワースト・スリーは昆虫学、鳥類学と考古学というのが通説であったように思う。これらは王侯貴族の学問領域という先入観でみられていたのである。それでも、将来はどうしても昆虫学者になりたいという昆虫少年もいて、その初志を貫徹した人も、それほどまれではなかった。現に、私の中学校（旧制）同級生の三人は、大東亜戦争という非常事態にもめげることなく、そろって念願の昆虫学者になっている。

ところが、近年はそのような初志をもっていても、それを成就するのがむずかしくなってきた。それは、仲間うちでいう「虫屋の三大障壁《バリア》」があるからである。すなわち、（一）受験、（二）就職、（三）結婚という難関をすべてクリアしないと、あたら少年の夢もかなえられないことになる。

まず、当世の子どもたちは親に学習塾通いなどを強制されて、昆虫趣味は抑圧される。たしかに昆虫採集などにうつつを抜かしていると、きびしい受験戦争を勝ち抜くのはむずかしい。次に、幸い志望の大学に進学して昆虫学を専攻したとしても、それを生かすことのできる就職先は意外に狭き門なのである。とりわけ分類学に固執すると就職はできなくなる。こうして、日本ではプロとしての昆虫分類学者は「絶滅」しつつある。

最後の障壁である結婚は、いまどき「虫めずる姫君」はきわめてまれだから、虫好きの男性は変人あつかいされて、ベターハーフにめぐりあう確率も低くなる。そのうえ家族サービスを無視した、休日の昆虫採集にもクレームをつけられる。

私のまわりにも、これらのどれかに引っかかって、わき道（むしろ正道？）にそれた人たちもいる。あるいは、自らの意志であえてわが道をゆき、「昆虫浪人」として生きがいのある人生を送っている人もいる。どの分野でも、もし諸般の事情がゆるすなら、好きな道に情熱をかたむけて、心ゆたかな充実した人生を送るのが、いちばん幸せなことであると思う。たとえそれがプロであってもアマであっても……。

昆虫書の運命

私は本が好きである。集めるのも読むのも好きだが、やはり自分の蔵書でないと読むのに身が入らない。できれば初版本がよいけれど、あとで文庫や新書版になったのを、元版と重複して買うこともある。ちなみに、雑誌（学会誌など）は「本」ではないので、読めればコピーでもかまわない。

ところで、私は幼いころから虫が好きで、五歳のとき父が買ってくれた岡崎常太郎著『コンチュー700シュ』（一九三〇刊）という総カナ書きの原色図譜を就学前から読み込んで、将来は昆虫学者になろうと固く心に決めていた。まさに「一冊の本」である。この本がきっかけで、長じて専門家になった同年輩の〝虫友《ちゅうゆう》〟は数人いる。

一般に昆虫愛好家（虫屋という）には収集欲の強い人が多い。虫も本もその対象になる。そして珍品への欲求も強い。だから、古書展（店）から目録が送られてくると、注文が重複することも多い。そのときは先着順か抽選になる。このような友人関係を、私は「虫友書敵」と呼んでいる。

私は古今東西の昆虫書を集めているが、この幹に枝葉が茂って集書の分野は広がるばかりである。それで、私の書庫に予備知識なしに入って棚をながめても、持ち主の専門や職業はわからないのではなかろうか。

それらの本（和書）の入手源は、東京では主として神田や本郷の古書店、および神田と高円寺での古書展などである。最近は、欲しい本の出物はほとんどなく、入手可能なものは買い尽くしたかの感もある。終戦直後からの本漁《あさ》りだから無理もない。しかし、古書は「不要不急」のものだから、手に入らなくても別に困りはしない。新刊書で良いものもあるが、珍本ではないから入手したときのヨロコビがうすいことは否めない。つい「……ない」が続いてしまった。レトリックのうえからは好ましくない。

一方、洋書は奥が深い。国の数が多く、言語の種類がちがうことにも関係があろう。欧米の古書店からひんぱんに目録が直送されてくるが、近年は円高のおかげもあり、よく買っている。かつての「洋書は高いもの」という印象は変わってしまった。

ロンドンの博物学関係の老舗《しにせ》の言によると、いまや日本が最大の得意先で約六〇〇人に目録を送っているという。私たち日本人が個人でよく本を買うのは、公共の図書館の数が少ないうえに、その蔵書の質・量ともにプアなことによるものだろう。事実、私は図書館をほとんど利用していないし、国会図書館にない本もけっこう家蔵している。

蔵書家の共通にして最大の悩みは、自分の死後の本たちの運命である。私は最近、明治以来の狭義の昆虫書の書誌（約一三〇〇冊）を『昆虫の本棚』（八坂書房、一九九九）にまとめておいた。これで、将来たとえ家蔵書が散逸するようなことがあってもどうにか安心立命できそうである。

（付記）ロンドンの「老舗」は数年前に廃業した。

当世古書事情

一般に昆虫の研究者には収集欲の強い人が多い。これは標本の収集と通底している。その対象はいろいろあるが、本も主要なものの一つである。

昆虫家のあいだには、虫書の「四天王」ということばが定着している。これは、かつて私が朝日新聞の「日記から」という連載コラムに書いた、ある日の題名である。つまり、虫の本を集めている四傑を四天王に見立てたもので、それ以来このことばはよく引き合いにだされる。その四人とは、白水隆（九大名誉教授）、長谷川仁（日本昆虫学会名誉会員）、大野正男（東洋大学教授）、それにかくいう私である。ひと口に虫書といっても、細かな収集対象はそれぞれ異なっており、蔵書を本棚にならべると、背の厚さでいずれも三〇〇メートル台をクリアしており、大野氏のごときは、一〇〇〇メートルを超えている。

在京の収集家の珍本入手源は主として古書即売展であり、主要な会場は神田（A会場）と高円寺（B会場）の古書会館である。前者は月に三、四回、後者は二、三回、週末に二日間ずつ開かれる。どちらも常連には、あらかじめ出品目録が郵送されるから、それを見て予約する。予約が重複すると「厳正抽選」される。この段階ではよく同士討ちとなり、本の世界ではおたがいに「虫友書敵」ということになる。

ところで、この会場にはいると、頭は本のことでいっぱいで、この本はすでに持っているかいないか(これはよく間違える)、必要かどうか、高いか安いかなど、フル回転して総合判断する。そのうえ立ち放しということもあって、会場を出たときは、心身ともにかなり疲れている。だから、古本探しというのは意外に重労働なのだが、それを楽しさがカバーしているのである。

会場外では思わぬトラブルもある。たとえばかぎのないかさ立てには「かさを間違えないように」との張り紙があるにもかかわらず、よく「間違え」られる（A会場）。夕立のときなど、とくにひどい。また、B会場では靴を会場外の土間に脱がされるが、新品はよく「間違え」られる。私もやられたが、最近はかさも袋に入れれば、入口であずかってくれるようになった。これで後顧の憂いなく本探しができる。ただし、「防犯カメラ作動中」の張り紙は顧客にたいして失礼であろう。「袋物」は入口であずけることになっているから、客は「丸腰」なのである。

さて、つぎは古書の価格について一言――。同じ会場で同じ本が複数の店から出品されている場合、同程度の条件の本でも倍くらいも値段が開いていることがある。そのようなとき、古本には、いったい相場があるのかと不審の念にかられる。

また、初版しか出ていない本にまで目録や、署名・価格を書いた「帯」に「初版」と特記したがる店もあるが、これは自らの不勉強を告白していることになる。それに、特別なケースは別にして、「初版本ブーム」はすでに去っているのである。

そういえば、バブル経済も崩壊して地価をはじめ諸物価が低迷しているなかで、私の見聞するかぎりでは、古書価は下がって（下げて？）いないように思われる。昨今の不況期には、古書は概していえば「不急」のものだから、値付けにあたっては時勢を反映した配慮も必要なのではなかろうか。新刊書にも、良い本がたくさん出ているから、なおさらのことである。

蛇足ながら、洋書の表題の邦訳は正確を期してほしい。ハウス（家）をホース（馬）に、インセスト（近親相姦）をインセクト（昆虫）などとやられると、目録で注文したときなど、つい泣き寝入りすることもある。

ところで、洋書はこのところの円高により、非常に買いやすくなった。とくにドルとポンドは対円で大幅に下落している。一般に洋書は高いものというイメージが根強いが、博物書については内容の質の高さを勘案すると、むしろ邦書よりも割安のような気もする。私自身についていうと、この二、三年は洋書購入のほうが、点数も支払い金額も、邦書を上まわっている。

外国の古書店から送ってくる目録は、分類、保存程度、内容の摘要などについても、きちんと記載されているから、未見の本でも安心して注文できる。ロンドンの、ある高名な博物書専門の古書店は、日本人六〇〇名に目録（年約四回）をDMで送っているという。それほど、日本人は洋書をよく買うということなのであろうが、これを裏返すと、日本では公共図書館が不備だから、その面を個人が私財でカバーしているということにもなる。

図書館や博物館（とくに自然史）は、その国の文化のバロメーターといわれる。経済大国日本は、その意味ではとても先進国とは呼べないのが現状である。

（付記）その後、古書価も落ち着き、とくに全集、叢書、百科事典など、かさの張るものは下落が著しい。

虫友書敵

「類は友を呼ぶ」というのは本当である。およそ昆虫のような〝変わったもの〟に心をうばわれた人たち――虫屋とよばれる――は、たがいに心をゆるしあって同志的な友情で結ばれることが多い。ひと口に虫屋といっても、細かくはチョウ屋、セミ屋、カミキリ屋などのように多くの宗派にわかれており、それぞれに教祖的な人物が在《まし》ますのもおもしろい。

一方、虫なら何でもという「博愛虫に及ぼす」一派もある。かくいう私もその何でも屋に属している。そして、いつのまにやら虫そのものよりも、むしろ虫にまつわる本に心ひかれている非正統派である。つまり「虫の本の虫」とでもいえようか。

実は、そういう〝異端の徒〟が私のまわりには何人かいる。いずれも、こと虫の本にかけては、おぞましいくらいうるさい。散在している古今東西の虫書の収集を生活の中心に据《す》えているといってもよいほどである。したがってこの連中に虫の本を語らせると、たちまち談論風発、経験ゆたかな古本屋や大図書館の司書たちが束になってかかっても、かなうものではないと思う。

こういう書痴の二、三人が毎週土曜日の午後、東京は神田の古本街でおちあって、古書即売展をはじめ、おもだった古本屋をめぐり歩く。ところが、おたがいのねらいが同じものだから、ほしい本がよくぶつかる。それで、あらかじめ出品目録で予約したときなどは抽選で運を競わなければならないし、場合によってはその会場で〝先手必勝〟に賭《か》けることもある。そうなると、長年の虫の友も本ゆえに敵同士になってしまう。

それでも、ときにはこのてはむしろあなた向きだというので、あっさり権利?を放棄してしまうこともあるし、あるいは手もと不如意で書敵の手中に落ちて涙をのむこともある。一方、この仲間たちは見つけた稀覯書《きこう》が第三者の手にわたってゆくえ不明にならないように、無理をしてでも共同作戦で防衛買いに努めることも少なくない。

ときどき、何の因果でこんなに本悩のとりこになるのだろうと思うことがある。

昆虫図譜との出合い

早いもので、六〇年近い歳月を虫のとりこになって過ごしてきた。それには「一冊の本」が深くかかわっている。

秋田県の山村で育った私は、幼いころからヒトの子よりも虫を友として遊んでいた。そんな私に子ぼんのうな両親がオカザキツネタロー（岡崎常太郎）著『コンチュー700シュ』という、総カナ書きの昆虫図譜を版元からとりよせてくれた。

当時六歳の私はまだ字が読めなかったが、身近な虫の名前知りたさに、両親にカナを教わりながら、一所懸命この本を判読した。こうして、小学校入学前には完全にこの本を読み、「モンシロチョーハ　モンノ　アル　シロチョート　ユー　イミデ　アル。モンシロノ　チョート　ユーノデハ　ナイ」式の文を暗誦するほどになっていた。そして、大きくなったら何がなんでも「昆虫学者」になるんだと固く心に決めていた。これがそのまま固定観念となって、今日におよんでいる。

一般に虫好きには収集欲の強い人が多い。私の場合は、はたちごろから虫そのものよりも、虫の本に収集欲が向くようになった。そして今では、家中からはみ出た本が庭の二つ［現在は三つ］の書庫にもあふれている。

かつて私は、朝日新聞の「日記から」という連載コラムに「四天王」という題で、虫の本集めのビッグ・フォーのことを書いたことがある。この四人（私もそのひとり）は、それぞれ一万〜二万冊以上の蔵書を持っている。ある特定の分野について、この程度の参考資料が手もとにあると、ものを調べたり書いたりするのに、たいそう便利である。こうして、私はこれまでにいろいろな本を書いてきた。

近年は、興味の対象が虫から派生してほかの動物、さらに植物へと広がり、つまり生物全般におよんでいる。それにつれて、集める本の範囲も広くなってくる。けれども、時間が足りなくて「つんどく」になりがちである。それでも本に囲まれて仕事をしているときは最高に幸せで、疲れもストレスも消しとんでしまう。

ところで、最近の「円高」のおかげで洋書が買いやすくなり助かっている。ヨーロッパの本屋から送ってくるカタログで、直接注文して買いこむ。邦書とちがって、洋書にはよくもこんな本が……と思うようなテーマの本もある。

一冊の本がきっかけで、虫だけではなく本にまでとりつかれてしまった。生あるかぎり、この楽しみはやめられそうもない。

古書店・古書展

虫への愛着が高じて、いつしか私は虫にまつわるものなら何でも集めるようになった。とりわけ、本にたいする執心には自分ながらあきれるほどである。それだけに集書と読書は、私の人生を心ゆたかなものにしてくれている。

一般に虫好きには収集欲の強い人が多い。私の場合、虫そのものへの収集欲が途中で虫の本へと転移したものといってよい。こうして、終戦直後から古今東西の虫書を集め続けて三十余年が過ぎた。その集積が、よく私が冗談半分にいう「形而上《けいじ》昆虫学」の基盤になっている。

本を買う楽しみは、新刊書よりも古書のほうがはるかに大きい。それは、ちょうど釣《つり》の心境にも似て、きょうはどんな大物がかかるだろうという期待感と、たまにそれが満たされたときの充実感とに負っている。

私は、週に一度は神田か本郷の古書店街を〝パトロール〟しないと気がすまない。それには、自分の知らないうちにどんな大物が人手に渡ってしまうかわからないという被害妄想もあずかっている。ところで、私のような重度のマニアは、やはり神田の東京古書会館でほとんど毎週、金・土曜日にもよおされる古書展にもっとも強い魅力を感じる。会場では、出品店ごとに何の秩序もなく並べられた本の表題に一冊ずつ目をとおしていく。

その間、私の全神経はぴんと張りつめ、頭のなかもコンピューターのように忙しく作動し続ける。この本は自分に必要かどうか、値段は妥当か、いま買わないとあとで入手しにくいか、保存状態の良否など——これらは多年の経験と勘にもとづいて、ほんの一瞬に判断される。

会場でいつも不快に思うのは、見なれた古本業者が掘り出しものをたくさんかかえ、いわゆる「せどり」をしている姿が目につくことである。これらの本は、いずれ高値に化けて私たち一般客に転売されることが多い。また、重版もされなかった本に、れいれいしく「初版」と銘うって馬鹿値をつけたり、数年前に出版された本で版元にはまだ在庫のあるものに、定価よりも高い値をつけたりしているのもときどき見受けられる。私は、そういう不勉強？な店の本は、いっさい買わないことにしている。

それでも古書展は私にとって、クリエーションの素材と、比類のないレクリエーションを与えてくれる楽園であることに変わりはない。

水辺の昆虫

日本国は蜻蛉なり

数ある水生昆虫のなかでも、トンボは私たちとの交友関係が最も古く、かつ深い。とりわけ日本においてはそうである。

まず、日本国の古名を秋津島（蜻蛉洲《あきつしま》）という。この「あきつ」とはトンボの古名である。これは『日本書紀』によると、神武天皇が大和国の腋上嗛間丘《わきのかみのほほまのおか》から国見をしたとき、日本の地形が「……蜻蛉の臀呫《となめ》（交尾）せる如し」という歌を詠んだことに由来する。

それで、日本の昆虫学者はトンボを日本列島と重ね合わせて、学会や学術誌のシンボルとして好んで使っている。また、トンボは古くから俗に「勝虫《かちむし》」と呼ばれて、武家の家紋にもデザインされ、武具などに彩りをそえてきた。これは、トンボが直進して飛び、かつ小虫を素早く捕食することから生まれたイメージである。

一方、英語ではトンボのことを、ドラゴン・フライ（竜《りゅう》バエ）をはじめ、悪魔のかがり針、魔女の針、馬刺し、蚊取り鷹、蛇飼いや蛇の医者（先生）などという。また、トンボは尾端で人体を刺したり縫い合わせたりする悪虫として恐れられている。

ところで、日本の子どもたちは、古い時代からトンボ捕りやトンボ釣りをして遊んできた。早くも後白河法皇撰の『梁塵秘抄《りょうじんひしょう》』（一一七九―八五年ごろ）には、トンボ捕りの歌が収録されている。

トンボの捕り方にはいろいろな方法があり、また地方による違いもある。長谷川仁（一九八六）は、素手捕り、ほうき捕り、もち（鳥もち）竿捕り、かご捕り、網捕り、餌捕り、引っ掛け捕り、おとり捕りなど、八種類を挙げている。なかには、トンボ（とくにギンヤンマ）の習性をよく観察して、その知識を応用した高等技術もある。

まず、引っ掛け捕りは東京以西にみられるもので、東京では「とりこ」、大阪では「ブリ」などと呼ぶ。これは、ギンヤンマが小虫と間違えそうな、にせの餌（小石や鉛玉など）を和紙で包んで六〇センチくらいの糸の両端に結び、ヤンマ目がけて空中に放り投げる。これに飛びついたヤンマは糸にからまって落ちてくる。そこを捕らえるのである。小寺玉晁《こでらぎょくちょう》の『尾張童遊集』（一八三二）には、この捕り方のときのわらべ歌と挿絵が載っている。

おとり捕りは、短い竿の先に一メートルくらいの糸をつけてギンヤンマの雌の胸を前・後翅の間でゆるくしばり、飛ばせながらゆっくり振りまわすと雄が飛びついてくるので、それを網や素手で捕らえるのである。寺島良安の『和漢三才図会』（一七一三）の「蜻蛉」の項に、「小児は雌を糸につないで雄を釣ってあそぶ」（もと漢文）とある。

以上に紹介した引っ掛け捕りやおとり捕りのような伝承童戯は、ターゲットのギンヤンマが希少になったため、すでに消滅したのではなかろうか。惜しまれることである。

幽かな光は黄泉の国から

ホタルは清少納言の『枕草子』や紫式部の『源氏物語』など、平安文学にもしばしば登場しており、万人にもてはやされつつ今日におよんでいる。そして、暗黒のスクリーンを神秘的な冷光で彩るので、初夏には欠かせない風物詩となっている。日本では、ふつうホタルというとゲンジボタルとヘイケボタルを指す。これらは雌雄とも翅があってよく飛ぶことができる。ところが、ヨーロッパの代表的なホタルは、雄には翅があるが、雌は翅が退化して飛ぶことができず、尾端で光りながら這いまわる。英語では有翅のホタルをファイア・フライ（火の飛虫）、無翅の成虫をグロウ・ワーム（光るうじ）と呼びわける。

ヨーロッパ諸国では、一般にホタル（とくに無翅の雌）は気味悪がられているが、アメリカでは無翅の雌は幸福や繁栄をもたらす虫として好感をもたれている。

日本では、ホタルは人の霊魂と見なされることもある。平安中期の歌人、和泉式部は「物思へば沢の蛍も我が身よりあくがれ出づる魂《たま》かとぞ見る」と、切ない恋心を絶唱している。また、宇治川（京都）のホタルは、平等院付近では源三位頼政の亡霊であると伝えられている。頼政は平氏追討をはかって失敗し、平等院で自殺（一一八〇）した武将である。江戸時代には、このあたりのホタルは、まりのように丸くなって群飛し、「蛍合戦」をするといわれた。これは源平戦のイメージに由来したものであろうか。

江戸中期のホタル名所では宇治と石山（滋賀）が有名で、シーズンには蛍船や蛍茶屋が出てにぎわった。貝原益軒《かいばらえきけん》（一六三〇—一七一四。江戸前・中期の儒学者）は『大和本草《やまとほんぞう》』（一七〇九）に、宇治の蛍売りについて「蛍火《ほたる》ヲ売ル事和漢メツラシ」と特記している。江戸市中にも多くのホタル名所があり、名所案内や浮世絵に描かれている。いま東京では大料亭の庭園などで毎年「ホタル観賞の夕」がもよおされ、他県産のホタルを「特別料金」で鑑賞することができる。

孫太郎虫はいっさいの妙、

孫太郎虫《まごたろうむし》というのは、アミメカゲロウ目のヘビトンボ科に属するヘビトンボの幼虫の俗称である。幼虫は流水に棲んで、いろいろな昆虫（幼虫）を捕食する。

成虫は翅を広げると一〇センチ以上もある。頭が平らで一見ヘビの頭に似ており、翅もトンボのようなのでヘビトンボと名付けられた。

孫太郎虫は多くの薬用昆虫のなかでも最も有名で、現在も漢方薬舗で売られており、子どもの疳《かん》の虫（ひきつけなどの神経症）によく効くという。商品としては五匹ずつ竹ぐしに刺し、焼いて乾燥したものを売る（一包装五〇匹で二五〇〇円。安江安宣、一九八七年による）。明治までは、つぎのような売りことばで呼び売りされていた。

「奥州はァ斎《さい》川の名産ン――

まごたろうむしぃ――

五疳驚風いっさいの妙薬ゥ――」

けれども、売薬を規制する法律ができてからは苦肉の策として、この「妙薬」を薬ぬきで「妙」とうたったので、まったく妙なＣＭソングになってしまった。

孫太郎虫の主要な産地は宮城県白石市の斎川で、同地の田村神社境内には孫太郎虫の供養碑と資料館がある。山東京伝《さんとうきょうでん》（一七六一―一八一六。江戸後期の戯作者・浮世絵師）は同地の伝説をもとに、『敵討孫太郎虫』（一八〇六）という戯作《げさく》を書いている。その粗筋はつぎのとおりである。

むかし永保（一〇八一―八四）のころ、斎川村に亡父の仇討ちを志す桜戸という孝女が暮らしていた。その一子、孫太郎が疳の病に苦しんでいたため、桜戸は氏神に願をかけていたところ、お告げがあったので斎川に棲む虫を食べさせた。すると、たちまち病気がなおり、長じて首尾よく悲願を果たすことができた。

これが孫太郎虫という名称の起源である。

日本は水系がよく発達しており、そこに棲む生物相も豊富である。私たちの祖先は「生命の泉」である水辺で、生活を営んでいた。そこに生まれたわが国独自のフォークロアを、その母体となった豊かな自然とともに、永く後世に伝えたいものである。

トンボに魅せられて

トンボの故事

幼いころから私は虫が好きで、いわゆる昆虫少年として育ち、そのまま今日におよんでいる。旧制中学二年生のとき、日本は太平洋戦争に突入したため、戦況が悪化するにつれて若者の昆虫採集などは「非国民」呼ばわりされたものである。それでも私は〝転向〟しなかった。同様な「非国民」はクラスにもう二人おり、いずれも初志を貫徹して昆虫の専門家になった。虫はそれほど魅力ある生きものなのである。

日本列島は南北に細長い地形で、水系がよく発達している。それで幼虫（ヤゴ）が水生であるトンボ類の種類も多い（一九〇種）ことで知られる。

日本は「瑞穂の国」と美称されるように、古い時代から稲作の田んぼがあった。この水田を発生源として、「赤とんぼ」（とくにアキアカネ）が広域で発生していたことであろう。弥生時代につくられた銅鐸には、トンボをモチーフにした原始絵画が描かれたものもあり、これはアキアカネなどが稲の害虫を捕食して豊作になるよう祈願したものと解されている。

トンボの古名をアキツ（蜻蛉、秋津）、日本国をアキツシマ（蜻蛉洲、秋津島）と呼んだのは『日本書紀』（七二〇年編）の故事に由来する。すなわち、初代の神武天皇が大和国「腋上《わきのかみ》」（奈良県御所《ごせ》市）の丘の上から国見をしたとき、領国の地形はトンボが交尾している形のようだと言われたことによる。

また、第二一代の雄略天皇が吉野（奈良県南部）の原野で狩りをしたとき、アブがその腕を刺したところへトンボが飛来してこのアブをさらっていった。天皇は喜んで、この地を蜻蛉野《あきつの》と名付けられたという。

魅力いっぱいのトンボ

トンボは姿形が飛行機のようにスマートで、色彩や紋様も美しいものが多い。生息場所も水辺で清涼感があり、巧みに飛翔しながら蚊やハエなどの小虫を捕食する。このように日本では、トンボについては良いイメージばかりである。

また、トンボは勇ましく前進して飛翔するので、鎌倉時代以降の武士社会では「勝虫《かちむし》」や「勝軍虫」と呼ばれ、武運や勝利のシンボルとして武具（兜や陣笠）などの装飾に使われるようになった。

一方、欧米でのトンボ観は逆に良くない。たとえば、トンボの英名はドラゴン・フライ（竜の飛虫）で、この竜は悪竜である。そのほか、悪魔のかがり針、蛇の医者など多くの俗名があるが、どれも芳しくない。

トンボの魅力の一つは、飛翔力が強くて素早く飛び回ることである。このトンボの属性は、子どもたちの狩猟欲の格好のターゲットとなり、夏の水辺の遊びとして広く行われてきた。早くも一二世紀末、後白河法皇（撰）の今様歌謡集『梁塵秘抄』にはトンボ捕りの歌が採録されている。

くだって江戸中期、寺島良安の『和漢三才図会』には、小児がトンボの雌を糸につなぎ、雄を釣って遊ぶことを記している。この方法は「おとり捕り」と呼ばれ、とくにギンヤンマを対象にして近年まで盛んであった。これは中国や台湾とも共通している。

また、「引っ掛け捕り」は、東京では「とりこ」、関西では「ぶり」などと呼ぶ。これは、小石や鉛玉などを布に包んで六十センチほどの糸の両端に結び、ギンヤンマ目がけて空中に放り投げる。これを餌とまちがえて飛びついたヤンマが糸にからまって地上に落下したところを捕らえるのである。

トンボの捕り方には、さらに幾つかあるが、ここに紹介した二つの方法は、ギンヤンマの習性をよく観察して、その知識を応用した高度の技術であると思う。けれども、近年のギンヤンマなどの減少とともに、すでに過去のものとなってしまったかもしれない。惜しむべきことである。

トンボよ、戻れ

近年は自然保護運動の一環として、ビオトープ（生物のすみか）づくりへの関心が高まり、とりわけ「トンボ池」づくりが広く行われつつある。トンボは飛翔力が強いうえに、上空を飛びながら池の水面が光って見えると、そこに降下して交尾、産卵する習性がある。池の周囲に草むら、やぶ、木立などがあると好都合である。池の環境条件が良好だと数種から十数種のトンボが飛来、定着するようになる。

新たにトンボ池をつくらなくても、小学校のプールには前年から水が張ってあると、翌年夏のプール開きまでに、シオカラトンボやアキアカネほか、いろいろなトンボのヤゴが成長している。それで、一度に水を抜いたり消毒したりする前に、児童にもヤゴを捕集させて水槽で飼育し羽化させて放すという作業も普及しつつある。これなどは学童の総合的学習の一助となることであろう。

また、ハッチョウトンボやヒヌマイトトンボなど、希少種の発生地が土木工事などで消滅またはは改変されそうな場合、地域住民などにより、ヤゴを近くの安全地帯に緊急避難させたり、工事計画を変更させたりするケースも、しばしば見られる。

以上に述べてきたように、日本人とトンボとの永く親しいつきあいは、独自の「トンボ文化」を形づくってきた。もともと日本人は稲作を主体とした農耕民族であり、太陽と土と水の恵みのもと、水稲を育て収穫する生活を営んできた。それで水田を発生源とするアキアカネが広域において数の上でも繁栄を続け、今日におよんでいる。すなわち、アキアカネは代表的な人里昆虫であり、農村の原風景を象徴するものであろう。

この心象は日本人の自然景観にたいする共通のものであり、これは童謡「赤とんぼ」の普遍的な人気の高さからも感じとることができよう。

この赤とんぼ―夕焼け―田園―故郷という一連のイメージは、日本人の心の深層にあるノスタルジーをやさしく呼び覚ましてくれる。やはり日本には蜻蛉洲という古称がふさわしいようである。

第５章

日本人と虫の歩み

うちわ絵にみるチョウと花（安藤広重）

「鳴く虫文化」ノート

私たち日本人は、生まれつき虫の好きな民族として知られる。虫について多くのエッセイをものした小泉八雲（ラフカディオ・ハーン）は、古今東西の詩歌を調べたり、日本での生活体験などから、「本当に虫を愛する人種は日本人と古代のギリシア人だけである」という結論に達している。数ある虫のなかでも、日本人ととりわけかかわりが深いのは、秋の鳴く虫である。

鳴く虫の名前

まず、鳴く虫というとバッタ目のコオロギ科とキリギリス科の昆虫を指す。

現存する最古の歌集『万葉集』には多くの種類の昆虫が詠まれている。鳴く虫では「こおろぎ」をうたったものが七首ある。

「影草の生ひたる屋外《やど》の夕陰に鳴く蟋蟀《こほろぎ》は聞けど飽かぬかも」

この歌からは、万葉人の鳴く虫に寄せる愛情がよく伝わってくる。なお、この時代には、鳴く虫はすべて「こおろぎ」と総称されていたといわれる。

ついで、平安時代になると「こおろぎ」は姿を消す。清少納言は『枕草子』に好ましい虫の代表として九種の名を挙げた。そのなかに「すずむし、ひぐらし、松虫、きりぎりす、はたおり」の鳴く虫五種が選ばれている。この「きりぎりす」はコオロギ類、「はたおり」はキリギリスのことであるとされる。また、「すずむし」と「松虫」は、それぞれ今日のマツムシとスズムシのことである。つまり、時の流れのなかで名称が逆になっている。この逆転を明確に示す文献には、貝原益軒『大和本草』（一七〇九）および寺島良安『和漢三才図会』（一七一三）がある。以下、原文に続くカッコ内は、現代の名称を示す。

まず『大和本草』から鳴く虫をひろうと、促織《きりぎりす》（コオロギ類）、莎雞《はたおり》（キリギリス）、クダマキ（クツワムシ）、松虫（マツムシ）、ス丶ムシ（スズムシ）の五種がある。ちなみに、コオロギとキリギリスの関係は旧来どおりである。

つぎに『和漢三才図会』には、莎雞《きりぎりす》（キリギリス）、蟋蟀《こおろぎ》（コオロギ類）、松虫（マツムシ。「知呂林、古呂林」と鳴く）、金鐘虫《すずむし》（スズムシ。「里里林、里里林」と鳴く）、䗈《くつわむし》（クツワムシ）の五種がある。このように、本書ではキリギリス、コオロギ、マツムシ、スズムシとも、現代の用法と同じになっている。というよりも、これが規範となって今日におよんでいるのかもしれない。この本は日本で最初の図説百科事典であり、広く読まれたからその影響力も大きかったことであろう。

それでも、マツムシとスズムシの関係については、江戸後期に数種類の考証本が著されており、論争が続けられている。

一方、マツムシとスズムシの学名（ラテン語による科学名）はフォン・シーボルトの日本からの採集品に基づき、デ・ハーン（ライデン博物館）により一八四二年に命名されている。すなわち、国内において和名（日本語の俗名）でもめていた種類は、学界未知の「新種」だったわけである。ちなみに、クツワムシの学名も同年にデ・ハーンが命名した。

ところで、江戸後期には多くの「虫譜」（昆虫図譜）が作成された。その背景には、享保一九年（一七三四）から四、五年かけて、医官・丹羽正伯が「幕命」として全国各藩に提出させた「産物帳」の作成がかかわっている。すなわち、動植物を採集して写生するという手法が普及したのである。

虫譜の代表作の一つ、栗本丹洲の『千虫譜』（一八一一年成立）には、つぎのような鳴く虫が図説されている。これらを原則として原名を省略し、現代の名称で示す。

コオロギ科（七種）：エンマコオロギ、マツムシ、スズムシ、クサヒバリ、ヤマトヒバリ（ヤマトスズ）、カンタン、カネタタキ。

キリギリス科（六種）：キリギリス、ツユムシ、クビキリギス、ウマオイ、クツワムシ、ヤブキリ。

以上のように、この年代になると種類の識別もかなり進展している。

鳴く虫を飼う

私たちの先祖は、古来いろいろな方法で鳴く虫の声を愛でてきた。まず、自然にあるがままの声を楽しんだ好例が、冒頭に記した『万葉集』の一首である。

平安時代には、殿上人《てんじょうびと》たちが京の嵯峨野や鳥辺野あたりに行楽し、マツムシやスズムシを捕まえ、籠に入れて宮中に献上した。この清遊は「殿上の逍遥《しょうよう》」と呼ばれた。

また、この採集と献上を「虫選び（虫撰《えら》み）」と総称し、堀河天皇（在位一〇八六―一一〇七）の時代から始まった。この虫選びは、後に「虫合せ」（鳴く虫を詠んで競ったり、持ち寄った虫の鳴き声を比べ合ったりする遊び）のために、鳴く虫を採集する意味にも使われている。

この時代の採集法は「虫吹き」と称し、竹筒の片側に布をつけ、これで虫を押さえて、跳び上がろうとするのを布のついたほうから、入れ物のなかに口で吹き込むものである。

このようにして捕まえた虫を庭に放して、その声を愛でる「虫放ち」や、野外に出かけて鳴き声を楽しむ「虫聞き」なども行われた。

また、鳴く虫を身近に置いて、その声を楽しむため虫籠に入れて飼育することもあった。たとえば、紫式部の『源氏物語』の野分《のわき》の巻には、虫籠の虫に露を与えたり、ナデシコなどを折って入れたりする描写がある。

虫籠にも、時代や用途によっていろいろな形のものがある。手の込んだ格調高い例としては、前記した堀河天皇のころ、賀茂神社の社司からマツムシとスズムシを献上するとき使われた虫籠がある。これは、ヒノキの台の上にコケやヒノキの葉を設置し、その上につぼ型の籠をかぶせたもので、この様式は恒例となり後半まで続いた。

江戸時代の虫籠には、扇形、船形や箱形などのものがあった。大名などが用いる虫籠は、うるし塗りの木製台の上に竹製の立派な箱を載せたものなどがあった。つい先日（一九九六年六月）「シーボルト父子のみた日本生誕二〇〇年記念」展（江戸東京博物館）でつるべ形の虫籠（二個セット）を見た。珍しい意匠の高級品である。江戸期の虫籠は一般に京坂（阪）製のものは粗雑で、江戸製は精細であるという（喜田川守貞、一八五三）。

現代のものでは、伝統ある駿河竹千筋細工の「大和虫籠」が優品である。今はやりのプラスチック製の虫籠ではなく、昔ながらの手づくりの竹製虫籠で飼うと、その鳴き声も一段と風雅に聞こえるような気がする。

虫売り

鳴く虫を飼うという習俗が広まると、虫売り（虫屋）という商売が興るようになった。黒川道祐の『雍州府志《ようしゅうふし》』（一六八四）には、京都でマツムシ、スズムシやコオロギを売るという記述がある。

また、俳人・室井其角《きかく》の日記には貞享《じょうきょう》四年（一六八七）六月一三日、江戸市中でキリギリス売りを探し歩いたが、一人も見つからなかったと記されている。たまたまこの年は「生類憐《しょうるいあわれ》みの令」が発布されたので、虫売りも一斉に姿を消したのかもしれない。

その後、江戸市中で虫売りが本格的に盛んになったのは、寛政（一七八九―一八〇〇）からである。その元祖は神田のおでん屋、忠蔵といわれる。彼ははじめのうちは、根岸の里など野外で捕らえたスズムシを本業のかたわら売っていたが、それがけっこう繁盛したので、ついには虫売りに転業するようになった。

まもなく彼の顧客の桐山某という侍と協力してスズムシの養殖法を完成し、ついでカンタン、マツムシやクツワムシの養殖にも成功したといわれる。スズムシの場合は、秋口にかめのなかの土に産卵させたものを室内に置き、翌年二月ごろに加温し卵をかえして促成飼育し、野生のものに先がけて出荷し利益をあげた。この加温による飼育法は「あぶり」と呼ばれる。その起源は中国のコオロギ、あるいはカイコの飼育法にヒントを得たものかもしれない。

当時の虫売りは、市松格子の屋形に虫籠を満載して市中を「虫や虫」と節おもしろく呼び売りしたという。そして、二、三人の使用人に荷を担わせ、主人は透綾《すきや》の帷子《かたびら》に博多帯を締め、甲掛けに足袋脚絆《たびきゃはん》といった涼しげないで立ちで、風格をもって屋形のそばについていたという(荒川重理、一九一八など)。

維新後、虫売りも時の社会情勢とともに盛衰した。大正三―五年(一九一四―一六)は繁盛して、昭和五―一〇年(一九三〇―三五)が未曾有の盛況をみた。けれども戦中、戦後に衰微し、その後やや持ち直したものの、昭和四〇年代(一九六五)後半のテレビの「怪獣ブーム」に乗った「生きた怪虫」カブトムシやクワガタムシの人気に押されて、ふたたび衰退した。それにつれて商品の種類も減少し、昭和六〇年(一九八五)前後まで残ったのはスズムシ、マツムシ、カネタタキやキリギリスなどである。最近では都心のデパートのペット売り場などでも、鳴く虫の姿をほとんど見かけなくなった。代わりにスズムシやマツムシ飼育用の餌や床土が売られている。一般家庭では、比較的養殖しやすいスズムシが飼われているようである。

これらのほかに、かつて虫屋で売られていたが、そののち姿を消した鳴く虫には次のようなものがある。明治期のオオクサキリ（日暮《ひぐらし》、葦切《よしきり》。松浦一郎、一九八九）、大正期の朝鮮コオロギ（種名不詳）および第二次大戦後のヒメギス（両種とも加納康嗣、一九九〇）。

こうして日本人と鳴く虫とのかかわりをながめてみると、日本には「鳴く虫文化」とも称すべきものがあるように思う。この文化遺産を次代に継承したいものである。

虫売り事始め

鳴く虫を飼ってその音色をたのしむ風習は、とりわけ日本においてさかんである。それで、江戸時代から虫売りという商売が成立している。

これは最近の学説――日本人は鳥や虫の声を脳の左半球で聞くが、西洋人は逆に右半球で聞くということにかかわりがあるのかもしれない。つまり、日本人は虫の鳴き声をことばと同じく左脳で受け入れるのに、西洋人の脳では〝雑音〟として右へいってしまうというのである。

さて、日本で虫売りがいつごろから始まったのかは、さだかでないけれども、おそくとも一七世紀末に上方《かみがた》（京阪地方）には、この商売があったといわれる。そして、江戸で虫売りがはやるようになったのは、一八世紀末のことらしい。やはりこういうレジャー産業は、天下太平で文化が爛熟《らんじゅく》しないと発達しにくかったようである。

ちょうどそのころ江戸では花卉園芸がさかんで、サクラ・ツバキ・サクラソウやアサガオなどの栽培と品種改良が流行していた。鳴く虫の飼育も、そういう社会の風潮の一環としてもてはやされたので、その需要にこたえて虫売りが興ったものであろう。さらに、人家の増加につれて鳴く虫の生息場所が急に失われてきたことも、それにあずかったにちがいない。

江戸の虫売りの起源はわりあいに新しくて、寛政のころといわれる。その元祖は神田に住んでいたおでん屋の忠蔵という男で、根岸の里にたくさんいたスズムシを捕らえてきて家で飼っていた。すると、近所の住人たちがその美声に聞きほれて買いにきた。それから、さらに注文が多くなったので、とうとう虫売り専門に転業してしまったというのである。

はじめのうちは、捕ってきた鳴く虫だけを売っていたが、まもなく協力者があらわれて、スズムシ・マツムシ・カンタンやクツワムシの飼育に成功した。そして、産卵させた土の入っているつぼを暖かい部屋へおいておくと、野生のものよりも早く成虫になるので、商売の上で有利なことがわかった。

この温度を高めて促成飼育したものを「あぶり」と呼んでいたが、これは現代まで引きつがれているすぐれた技術である。ちなみにこの方法は、中国ではすでに一七世紀にコオロギの飼育で応用されていた。

そののち、江戸には虫売りがふえてきたので「江戸虫講」と呼ばれる組合組織がつくられ、同業者の数を三六人に制限するようになった。この商売は繁盛したから、なり手が多かったようである。ただし、この規制は「天保の改革」（一八四一—四三）のとき、老中の水野忠邦によって廃止されている。

くだって明治になると、維新後の文運の興隆と日清・日露の戦勝の気運に乗って、虫売りは中・後期ともよく栄えた。そして、飼育した鳴く虫をあつかう東京の「養成問屋」は、明治の末には代々木の川澄武吉、四谷大番町の川澄三郎（武吉の弟）、神田北神保町の小宮順舟の三軒であった。

この小宮順舟は、「小宮式嵐山鈴虫孵化養成所」という看板をかかげ、各地からスズムシを集めて、鳴き声のよい品種の改良につとめた。そして、宮城野産のスズムシは「鈴の振り方」が細かくてかわいいけれども、その音が低すぎるので嵐山産のものとかけあわせて良い品種の作出に成功した。

昭和の初期には、上記の川澄兄弟（下落合に移転）が大規模に養成を続け、卸問屋では下谷御徒町の角谷《すみや》号や浅草茅町の虫徳が盛業していた。時は移り、鳴く虫の養成問屋が姿を消してしまったのはさびしいかぎりである。

最近は、虫売りというと都会のデパートのペット売り場が主体である。そこでは、鳴く虫はすっかり影がうすくなり、カブトムシやクワガタムシが幅をきかせるようになった。これには、近年の怪獣ブームが深くかかわっているようである。

こうして虫売りのお客は、かつての大人から子どもへと移ってしまった。やはり昆虫は子どもの友だちなのである。

虫を使う

昆虫は種類も数も多くて人びとの目につきやすく、その生活も多様なので、古い時代からいろいろな特性に着目され、私たちの暮らしの面でも利用されてきた。ここでは江戸時代を中心に、いくつかの代表的な事例を紹介することにする。

カイコ

カイコは「飼《か》い蚕《こ》」の意。ガの幼虫がさなぎになるためにつくった繭《まゆ》から絹糸をつむいで衣料に利用するという発想は、人類の大発明の一つといってよいであろう。

この養蚕の発祥の地は中国であり、今から数千年前にさかのぼる。この技術が日本に伝来したのは弥生時代の中期後半のことで、おそらく朝鮮半島を経由して北九州地方に伝えられたものであろうといわれている。

当初の養蚕は帰化人の指導に依存していたのだろうが、時代とともに日本人の手によりその地域が広がり、また技術も高くなってきた。

江戸時代になると、世情の安定とともに絹の需要が増えて、中国産の生糸（白糸《しろいと》）の輸入も激増した。これは国産生糸の品質が劣ることにもよったので、幕府は全国的に養蚕を奨励し、各藩もその振興に力を入れた。そして、多くの養蚕技術書（蚕書）が刊行されたので、技術レベルも向上した。この江戸蚕書はおよそ八〇点におよぶ。

これと並行して、養蚕を画材にした浮世絵（蚕織錦絵《さんしょく》）も数多く描かれた（東京農工大学繊維博物館は約四五〇点収蔵）。

ところで、蚕書では但馬国（兵庫県）の上垣守国の『養蚕秘録』全三巻（一八〇三）がベストセラーで、これはJ・ホフマンが仏訳してパリとトリノで出版された（一八四八）。この本を日本の「技術輸出第一号」という人もある。ちなみに、江戸末期までには、蚕品種の選抜・改良や飼育温度の管理など、日本独自の技術が進展していた。

ミツバチ

江戸時代以前は、蜜蜂は希少な甘味料であったので、朝鮮半島などからの貢ぎ物としてしばしば伝来しており、神への供物あるいは薬用として珍重されていた。

江戸期には、いろいろな本にミツバチ（ニホンミツバチ）や養蜂のことが述べられている。

たとえば、蔀関月《しとみかんげつ》（画）の『日本山海名産図会』全五巻（一七九九）には「蜂蜜」の項があり、熊野地方の養蜂の実態について説明と図があって参考になる。採蜜するときは、まず巣箱のふたを「ホトホト」たたくと、（神経質な）ニホンミツバチ（成虫）は奥のほうへ移ってしまう。そのすきに巣の三分の二を切りとり、あとを残しておけばハチはまた修復するから、なんども採蜜できるということが書かれている。そのころ欧米では硫黄をいぶしたりして、ハチを皆殺しにしてから巣をつぶして蜜をしぼりとっていたので、日本の方法のほうが「人道的」といってよいであろう。

ところで、江戸時代には女王蜂のことを「王蜂」または「王」、つまり雄と考えていた。当時の昆虫図譜（虫譜）にも、ミツバチが図とともに説明を加えられている。代表的な虫譜の一つ、栗本丹洲の『千虫譜』（一八一一、序文）では女王蜂を「大将蜂」（「親蜂」）、雄蜂を「無能黒蜂」（「黒蜂」）、働き蜂を「役蜂」と呼んでいる。また、働き蜂の日齢による分業を「通蜂」、「門番」、「掃除蜂」、「花吸蜂」、「水吸蜂」、（巣内で働く）「工《たく》ミノ蜂」などと、詳しく観察しているのには感心させられる。

江戸末期の養蜂の実状は、博物館蔵版の『教草第廿四　養蜂一覧』（一八七二）という一枚刷りにより知ることができる。

ちなみに、一八七七年（明治一〇）、セイヨウミツバチがアメリカから輸入され、集蜜力と飼いやすさの点から、明治四〇年代には在来のニホンミツバチとの蜂種転換が急速に進んだ。

食用昆虫

昆虫を食べる習俗は、洋の東西を問わず古い時代から広くみられた。江戸時代に食用された代表的な種類には、つぎのようなものがある。（1）イナゴ（類）、（2）「蜂の子」（クロスズメバチ幼虫）、（3）「柳の虫」（ボクトウガ幼虫）、（4）「エビヅルの虫」（ブドウスカシバ幼虫）など。

ちなみに、昆虫学者の三宅恒方は全国の食虫調査を行い、五五種を挙げている（一九一九）。しかし、今日ではわずか数種が「珍味」として残っているだけである。

薬用昆虫

江戸時代の博物学は、中国の李時珍の『本草綱目』（一五九六）がその基盤をなしていたので、それに基づき多くの昆虫が薬用にされていたものと思われる。ここには、現代まで利用されている代表として、二つだけ挙げておく。

（1）ツチハンミョウ類

中型の甲虫で種類が多く、いずれも体にカンタリジンという有毒物質をふくんでいる。ギリシア時代から世界的に有名なのはスペインゲンセイである。カンタリジンは発泡剤、利尿剤、媚薬《びやく》や毒薬などとして使われてきた。江戸期には、ツチハンミョウ類と全く無毒のハンミョウ類が混同されることも多くあった。もちろん後者に効き目はない。

（2）孫太郎虫

孫太郎虫はヘビトンボ類の幼虫（水生）の俗称。江戸期から小児の疳《かん》（ひきつけ）の「特効薬」として「奥州斎川《さいかわ》名産、孫太郎虫～」と江戸市中でも呼び売りされて人気があった。強精剤や食用にも使われていたそうである。

その他の利用

（1）五倍子（付子）

ヌルデノオオミミフシアブラムシがヌルデの木に寄生してつくる虫こぶを五倍子《ふし》と呼ぶ。この虫こぶからタンニンを精製して、薬用やお歯黒染料などに利用する。「お歯黒」というのは歯を黒く染めることで、江戸時代には既婚の女性はすべて行う仕来《しきた》りであった。

（2）イボタロウムシ

カタカイガラムシ科の昆虫で、イボタなどモクセイ科樹木の枝に寄生する。雄の幼虫が分泌する白色のろう物質から「虫白ろう」をつくる。会津地方に多産するので「会津臘《ろう》」とも呼ばれた。煤《すす》がでない高級ろうそくの原料、刀剣の錆《さび》止め、いぼ取り、止血などに使った。中国が本場である。

（付記）近年、昆虫は「地上最大の未利用資源」として注目され、各国で多くの分野において研究がおこなわれつつある。

虫に苦しむ

現代の人びとは、よく昆虫を「害虫・益虫・ただの虫」と、きわめて単純かつ明快に大別する。昆虫全体からいうと、害虫の種類はごく一部にすぎないが、古来私たち人間の生活には大きな害をあたえてきた。

ここでは、それらのうち人体の吸血害虫の代表としてカ（蚊）を、また農業害虫の代表としてイネを害するウンカ類を防ぐ方法などについて書くことにしよう。

カ（蚊）

人間の血を吸うカには多くの種類があるが、吸血するのは雌だけである。

私たちの祖先は洞穴《どうけつ》に住んでいた時代から、その中でいろいろな植物をいぶしてカを防いでいたであろうといわれる。日本で最古の歌集『万葉集』（八世紀成立）の中でも「蚊火《かび》」（蚊やり火）が詠まれている。この蚊やり（蚊いぶし）は、江戸時代までは最も有効な方法の一つとして全国に普及していた。これに利用される植物としては、たとえばスギやマツの青葉、カヤやクスノキのおがくず、干したミカンの皮、ヨモギの葉などが好まれた。現代の蚊取り線香や電気蚊取り器も、古来の燻煙《くんえん》法の延長線上にあるといってよいだろう。

もう一つの有力な方法に蚊帳《かや》がある。この蚊帳の起源も古くて、中東では紀元前六世紀はじめには使われていたという。日本では八世紀はじめには使われ、中国から蚊帳の縫女《ぬいめ》も渡来している。

日本の蚊帳の構造も時代とともに簡便なものに変わってきた。当初は絹製で高価なので、貴人専用だったが、江戸時代には近江蚊帳が普及するようになった。それでも、麻製のもの（麻蚊帳）は高価だったので、庶民は木綿製（綿帳）や紙製（紙帳）のものを使った。

江戸の蚊帳売りは日本橋に店をかまえ、手代とやとい人が二人一組となり「もえ黄〔萌葱色〕のかやァー」と、呼び売りをして歩いた。なお、人が蚊帳に出入りするとき蚊が中に入りこむことがあるので、それを紙燭《しそく》（こよりに油をひたしたもの）でプツンと焼き殺したそうである。

余談だが、天才肌の平賀源内（一七二八―七九）は「マーストカートル」（回すと蚊取る）という、風車《かざぐるま》式の器具を発明したと伝えられるが、その現物は残っていない。

また、江戸末期には水鉢にキンギョやフナを放してボウフラを食わせたという記録（水野忠暁、一八二九）がある。これは害虫の生物的防除の、日本では初期の事例であろう。

ウンカ

数ある日本の農作物のうち、最も主要なものはイネ（水稲）である。そして、多くの種類の害虫に加害されてきた。それらのうちウンカ類（セミに似た小型の虫）とメイチュウ類（メイガ類の幼虫）が代表的なものであった。前者は茎や葉の汁を吸い、後者は茎の中に食い入る。

ウンカ類などが大発生すると、人力ではどうすることもできないので、はるか古い時代から神仏に祈って、その被害をまぬかれようとしてきた。最近の研究によると、縄文・弥生時代の石棒や銅鐸《どうたく》なども農作物の虫獣除けの祈りをこめてつくられたという説もある（岡本大二郎、一九九二）。その後、祈禱《きとう》や社寺が頒布するお札、お砂なども使われた。

江戸時代には「虫送り」（虫追い）が宗教的防除の主流になっている。これは、日が暮れると村人が集合し、わら人形を掲げて松明《たいまつ》をつらね、ほら貝を吹き大太鼓を打ち鳴らし、はやしながら農道をねり歩いて、村境あるいは川や海まで「害虫」（不幸な霊などの化身）を送り出す行事である。この方法の起源は、中国西南部あるいはマレーシアにあるのかもしれない。これらの地域には、虫送りによく似た習俗があるからである。

虫送りとならぶ主要な防除法は、「注油駆除法」（注油法）である。これは、まず鯨油《げいゆ》や菜種油など動植物の油を水田に注いで、水面に被膜をつくる。その上にウンカなどを棒で払い落とすと、虫体は油膜に包まれて動けなくなるとともに、胸や腹の側面にある気門（呼吸する孔）をふさがれて窒息死する。つまり、物理的に殺虫する方法である。

この注油法は筑前国（福岡県北西部）の農民により一七世紀後半から一八世紀前半にかけて数回にわたり「発見」されているが、寛文一〇年（一六七〇）の鯨油によるものが最も古い事績である。鯨《くじら》の種類では、ナガスクジラの油が最もよく使われた。

その当時、九州をはじめ米どころの諸藩では「備油《そなえあぶら》」の制度を設けて、あらかじめ鯨油をたくわえておき、ウンカ類が大発生するとそれを農民の水田面積に応じて配給した。幕府も天明七年（一七八七）および寛政八年（一七九六）には、各地の代官に鯨油による注油法を実施するようお触れをだしている。すなわち、鯨油は幕府お墨付きの唯一の農薬だったのである。

ちなみに、江戸時代には多くの種類の植物の煎《せん》じ汁や浸出液、あるいは木灰、石灰や硫黄なども殺虫剤として利用されていた。なかには、タバコ、アセビ、クララ、ビャクブ根や硫黄などのように近代まで使われた実効のあるものもみられる。

ところで、江戸時代にはイネの害虫を総称して「蝗」（いなむし、おおねむし）と呼んだが、主としてウンカ類を指していた。漢字の故郷、中国では蝗はトノサマバッタ（飛蝗《ひこう》）を指すから、日本でこの字を「イナゴ」と読ませるのは、じつは誤用である。それで、『聖書』で「いなご」と訳しているのは「ばった」とするのが正しい。『除蝗録《じょこうろく》』は、イネではなくイネの害虫、とりわけウンカ類の防除法について書いた本なのである。

ウンカ類が大発生すると、イネが凶作になりしばしば飢饉《ききん》がおこった。有名な「享保《きょうほう》の飢饉」（一七三二）では、ウンカ類を主体にした害虫の被害により約九七万人の餓死者が出た（『徳川実紀』）。その霊をなぐさめる「飢人地蔵《うえにんじぞう》」が福岡県ほか各地にある。

一方、害虫にたいしても「虫塚」、「虫供養塔」、「司蝗神」（中国起源）や「除蝗神」などが建立されている。佐賀市嘉瀬町の「虫供養塔」は現存する最古（一六八五）にして最大（高さ約二・四メートル）のもの（石版碑）である。

江戸時代の二大防除法のうち、虫送りは現在も一部の地方で観光用を兼ねたイベントとして温存されている。また、注油法は明治維新で鯨油から石油に替わったが、これも一九四九年に合成殺虫剤ＢＨＣの登場により終息した。しかし、鯨油だけで二〇〇年も続いた害虫防除技術というのは世界でも珍しい事例として誇ってよいことであろう。

江戸時代の昆虫学

江戸時代の昆虫学は、虫譜（虫類の図譜）の作成で特徴づけられる。この時代には昆虫でなくても、漢字に虫偏のつく小動物はほとんど虫類に入れられていた。たとえば、蜘蛛、蛇、蜥蜴《とかげ》、蛙、蝙蝠《こうもり》などである。虫譜は、これらの虫類を捕らえて着色して描き、目的に応じて名称、採集地、日付や習性などを記したものである。虫体の大きさは、ほぼ実物大の場合が多い。当時は標本の作製と保存の技術が稚拙であった。そのため標本は虫害やかび害により短期間で損なわれたので、虫譜の形で記録して後日の用に供する必要があった。虫譜の作者は本草家（博物家）が多い。彼らの身分は大名、武士、医師など生活に余裕のある階層に属していた。また、絵師が画技を磨くため、あるいは自らの楽しみとして虫類を画材とする場合もみられる。

このような次第で、いわゆる虫譜の範囲は確定しにくいが、これまでに二十数点の存在が知られている。未発見のものもまだあると思われる。虫譜の作成が盛行した年代は、一八世紀半ばから一九世紀半ばまでの約一世紀の間である。

ところで、虫譜の作成が興隆するのには、次のような素地があった。すなわち、八代将軍・徳川吉宗（在職一七一六―四五）の時代に本草学者・丹羽正伯《にわしょうはく》（一六九一――一七五六）が「幕命」によって一七三四年に全国の名産物の調査に着手した。

正伯は各藩に指示して領内に産する動植鉱物の種類のリストを提出させた。これを『産物帳』と総称し、必要に応じてその絵図や註釈の提出も求めた。この作業は三、四年後に終了したが、これを通じて動植物を採集し、その名称（方言）を調べ、標本を写生（着色）するという手法が全国に広く伝わった。これが源流となって「虫譜」が興隆するようになったものと考えられる。

ちなみに、国家的事業の所産ともいうべき『産物帳』は、正伯により私蔵されたらしく、活用されないままに散逸してしまった。幸い近年になって安田健博士らの尽力により、各地の『産物帳』作成元に残された控え本の所在が探索された。その発掘分は『享保元文　諸国産物帳集成』第一―一九巻（科学書院、一九八五―九五年。その後も続刊）として、影印（活字併記）、解題、索引等が刊行された。この大部の出版も、本来は国家的事業としておこなわれてもよいほどの価値あるものと思う。

虫譜の逸品

前段が長くなったが、数ある虫譜のうち私見でとくにすぐれた点のあるものについて述べる（成立年代順）。

（一）細川重賢《しげかた》（一七二〇―八五）は熊本藩主で、窮乏をきわめた藩財政を建て直し「肥後の鳳凰」と呼ばれた明君である。重賢は博物好きの大名で、動植物を採集し家臣や絵師に描かせて図譜をつくった。また押し葉標本もつくっているが、これは現存する日本最古のものであろう。

虫譜には『昆蟲胥化《しょか》図』（胥化＝変態。一七五八―六九）一冊および『蟲類生写《いきうつし》』（生写＝写生。一七五八―六六）一冊がある。これらは、いずれもチョウとガを幼虫から飼育して、変態の過程（幼虫、さなぎ、成虫）を食草とともに写生したものである。とくに注目すべきものに、モンシロチョウの飼育がある。このチョウは日本全土に広く見られ、キャベツなどアブラナ科野菜の大害虫だが、実は海外からの帰化昆虫なのである。その渡来年代については諸説があるが、私見ではこの重賢の飼育図譜の年代（一七五八年か）が最も古い。これは熊本で「リウキウハハビロナ」（琉球幅広菜。ハクサイの一品種か）で幼虫を飼育したものである。重賢の虫譜二点は日本最初の昆虫生態図鑑だが、この学風は他の虫譜作者にはほとんど継承されていない。なお、重賢をはじめ細川家の美術品等は一括して「永青文庫」に所蔵される。

（二）栗本丹洲の虫譜

栗本丹洲（一七五六—一八三四）は幕府の奥医師で、晩年は最高位の法印に叙された。生来、画才に恵まれており、薬材を鑑定する必要性から動植物を採集してその図説に努めた。三十数点の著作のうち、最も著名なのは『千蟲譜』二巻（一八一一）である。

これは江戸期の代表的な虫譜なのでその写本の数も最も多く、私が寓目したものだけでも十余点にのぼる。収載種数は五〇〇種前後で、写本により異同がある。丹洲は微小な昆虫の図については「顕微鏡」で見た旨を注記しているが、これは虫眼鏡（拡大鏡）の場合もあったかもしれない。なお、『千蟲譜』は私の解題を付して影印本（モノクロ）が刊行されている（一九八二、恒和出版）。

（三）吉田雀巣庵の虫譜

吉田雀巣庵《じゃくそうあん》は尾張藩士で、動植物ともに詳しかった。画才に恵まれ、鳥、魚、貝、虫、植物、菌などの図譜をつくった。『雀巣庵蟲譜』はライフワークであり、私は計九種類の写本を見ることができたが、「原本」は未見である。吉川芳秋の論文（一九四九。一九五一）によると原本は八巻あるという。現在この「原本」の所在は不明である。

雀巣庵の虫譜のなかで、内容がとくにすぐれているのは『蜂譜《はちふ》』と『蜻蛉譜《とんぼふ》』である。前者はハチ類の生態観察を主体としている。たとえば、クモを狩る狩りバチとシャクトリムシを狩る狩りバチ数種の巣を暴いて、ハチの成虫、巣、獲物などを図示し、それにやや詳しい説明文を付している。ほかに、狩りバチへの寄生バチ、ミツバチ類、キバチ類、ハバチ類などの図や記載がある。雀巣庵が「尾張のファーブル」と称されるゆえんである。

次に『蜻蛉譜』はトンボの図鑑で、約四六種が図示されている。奥村定一が全種に学名と和名を付し、これを土井久作が写真複製（モノクロ）にして刊行した（一九三八）。つまりこの『蜻蛉譜』の図は、それほど正確に描かれているということであろう。

（四）飯室楽圃の虫譜

飯室楽圃《らくほ》（一七八九—一八五八または五九）は旗本の士で、幼少のころからの虫好きであった。昆虫を採集しては写生して、『蟲譜図説』一二巻（一八五六）をつくった。およそ六〇〇種を収録し、明の李時珍『本草綱目』（一五九六）の分類にしたがって配列した。すなわち、卵生虫類、湿生虫類、鱗虫類という区分である。湿生虫類にはカッパまで登場し、鱗虫類にはヘビなど爬虫類が入る。

『蟲譜図説』の原本と確認できるものは未見だが、数種の写本を見たかぎりでは、描画はあまり巧みではないようである。また内容も独創性を欠く面があるが、日本の虫譜に初めて体系的な分類を試みたことで評価できる。

以上に述べた虫譜は重賢のものを除いて、いずれも原本が滅失ないし所在不詳である。写本は写し手の巧拙により、原本の真価はかならずしも正確に伝わらない。それで、虫譜の評価に当たっては、絵図の出来の良否だけではなく、描画の目的や手法、記載文の内容などを勘案しておこなうのがよいと思う。

なお、代表的な虫譜の一部をカラー写真等で紹介し、解説・解題した参考書を挙げておく。

○朝日新聞社出版局編『江戸の動植物図―知られざる真写の世界』（一九八八、朝日新聞社）
○奥本大三郎監修『虫の日本史』（一九九〇、人物往来社）
○下中弘編『彩色　江戸博物学集成』（一九九四、平凡社）

本草書など

江戸時代には多数の本草書が刊行されている。それらのうち、浩瀚《こうかん》な三点について述べる。

（一）『和漢三才図会』

寺島良安《りょうあん》（一六五四―？）は大坂（大阪）の医師で、『和漢三才図会』一〇五巻八一冊を著した（一七一三）。これは江戸期最大の図説百科事典である。動植物については、まず李時珍の『本草綱目』の所説が紹介され、続いて良安の自説が述べられている。これにより、当時の昆虫の名称や知識をうかがい知ることができる。たとえば、平安時代から混同されてきたキリギリスとコオロギ、マツムシとスズムシなどの名称は、今日の用法と同じである。また「蜚蠊」（ゴキブリ）の項には、今日のチャバネゴキブリ（油虫）およびクロゴキブリ（五器齧《ごきかぶり》）のことが書かれており、これらの外来種がすでに大坂に侵入していたことがわかる。さらに、今日のゴキブリはゴキカブリの誤記であることまで読みとることができる。

（二）『大和本草』

貝原益軒（一六三〇―一七一四）は筑前福岡藩に仕えた儒学者、本草学者である。晩年にライフワーク『大和本草』本文一六巻（一七〇九）、その『附録』二巻および『諸品図』二巻（一七一五）を著した。これは旧来の本草学から博物学への転換点となる重要な業績である。本書は『本草綱目』に盲従することなく、書名のとおり日本産の種類（和品）をも採録している。昆虫は五八種である。また、虫類を「水虫《すいちゅう》」と「陸虫《りくちゅう》」に大別している。この分類法はすぐれて生態学的なものである。ちなみに、この分類法はドイツの銅版画家レーゼルも『昆虫の楽しみ』四巻（一七四六―六一）のなかで使用している。カブトムシ（飛生虫）については、稚拙な図とともに「其形悪《にく》ム可《べ》シ」とある。前述した丹洲の『千蟲譜』には、カブトムシを小児が捕らえて小車を牽《ひ》かせて遊ぶことが書かれている。

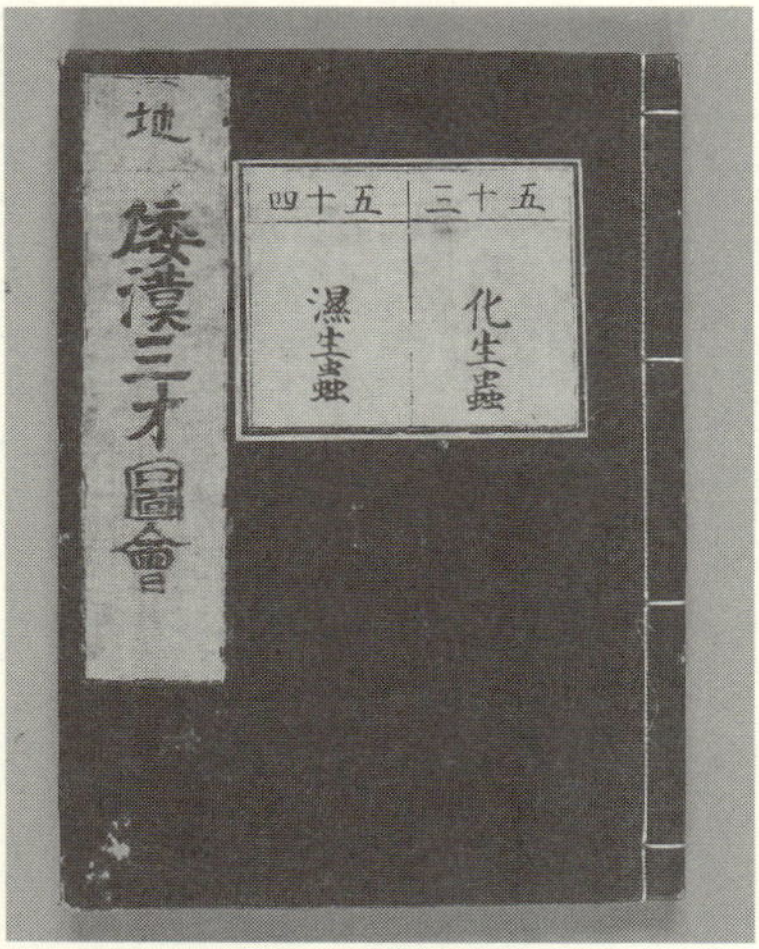

寺島良安『和漢三才図会』の表紙

（三）『本草綱目啓蒙』

小野蘭山（一七二九―一八一〇）は当代随一の本草学者である。彼の講義録『本草綱目啓蒙』四八巻（一八〇三―〇六）は江戸博物学の集大成として評価される。江戸期に四回版を重ねて

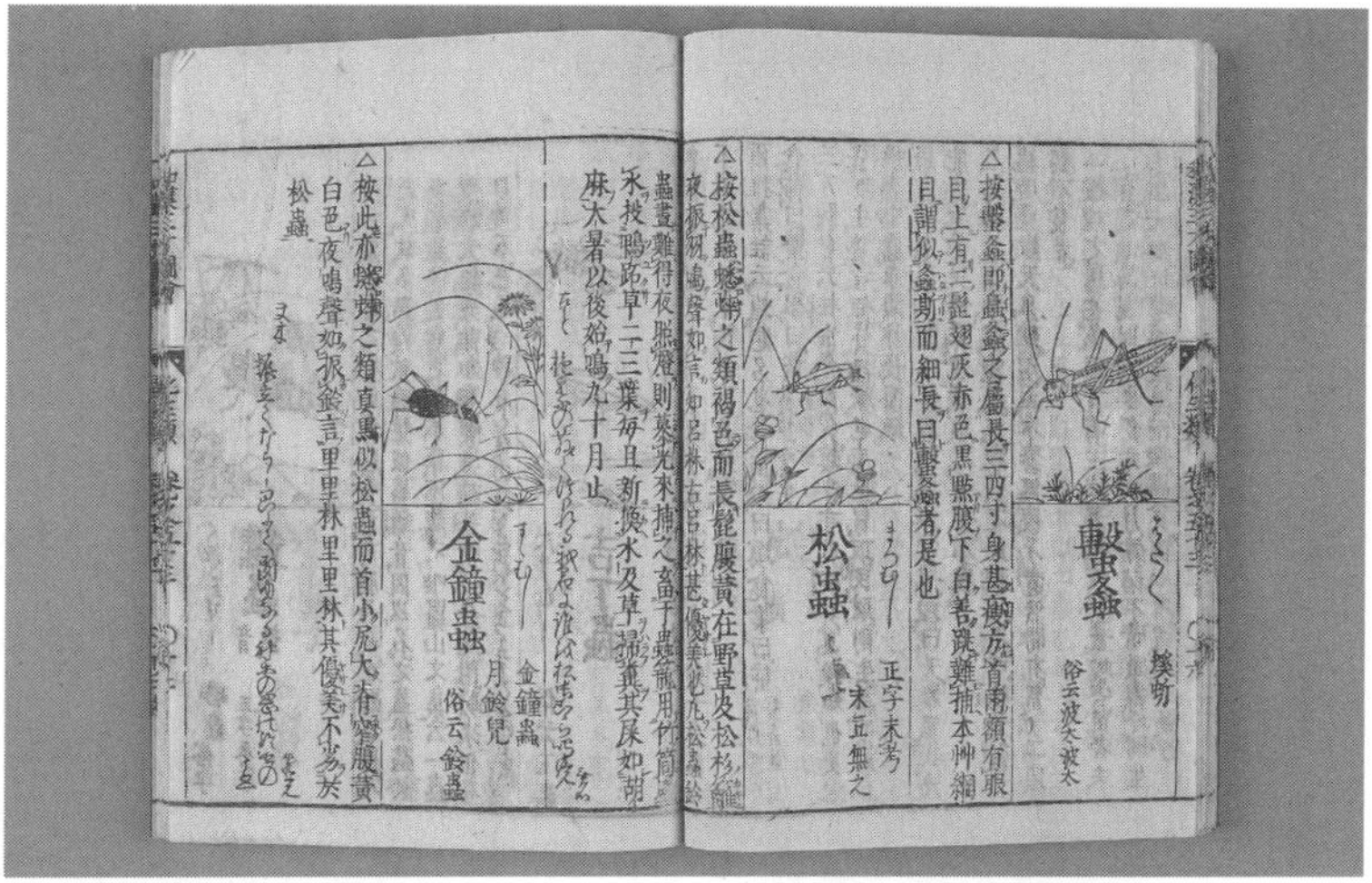

前掲書の鳴く虫関連の丁。マツムシとスズムシの用法は今日と同じ

いる。

本書には『本草綱目』中の動植鉱物の名称、異名（方言）、産地、形態、その他が記されている。図はない。昆虫（第三五―三八巻）は卵生類、化生類、湿生類の分類を踏襲している。化生類（自然に発生するもの）の「蛍火」（ホタル）の項では「皆水虫ヨリ羽化シテ出、夏後卵ヲ生シテ復《また》水虫トナル、腐草化シテ蛍トナルニ非ス」と正しい自説を述べている。この「水虫」とは、ヘイケボタルやゲンジボタルの水中に生息する幼虫を指す。幼虫の水生を観察したのは先駆的業績である。また「腐草化シテ蛍トナル」は中国起源の俗信であり、日本でも明治初期までは広く信じられていた。さらに続けて「雄ナル者ハ光大ナリ雌ナル者ハ光小ナリ」と、ホタルの光を正確に観察しているのはさすがである。

以上、駆け足で江戸時代の昆虫学の一端を眺めてきた。明治維新を迎えると、欧米から近代昆虫学が急速に導入され、日本の昆虫学も様変わりに進展した。それには江戸期先人たちによる蓄積も大きく寄与しているものと考えられる。

昆虫文学の主人公

ふつう〝昆虫文学〟というと、だれしもあのファーブルの『昆虫記』のことを思い浮かべるにちがいない。ところが、それとはまったく異質の昆虫文学も存在する。わが国では、江戸時代にそのいちじるしい例が見られる。幼いころから、虫たちの持つ不思議な魅力に取りつかれてきた私は、いつしか虫にまつわるものなら何でも手もとに集めないでは、いられなくなってしまった。ここにいう江戸時代の昆虫文学書も、そのあらわれの一つである。

ところで、これらの作品のなかで、主人公は虫の名前こそつけられているが、いずれも完全に擬人化されている。したがって、〝正統〟昆虫学にとって参考になるような事柄は、ほとんど見当たらない。

けれども、視点を変えて見直してみると、それは意外に興味深い分野であることに気がつく。たとえば、昆虫にたいする当時の大衆の見方・知識の程度や習俗などをうかがい知るよすがにもなる。つまり、〝虫の文化史〟の史料としては欠かすことができない。だから、脇道とは思いながらも、かえって深入りしてしまうのである。

タマムシは恋のヒロイン

江戸時代の昆虫文学のおもな流れのなかには、虫を主人公に仕立てて恋のもつれで争わせ、勧善懲悪を説く合戦物がある。代表作としては安勝子の『虫合戦物語　一名御伽夜話』（一七四六）や、これを改題した『浅茅草』（一七九八）が知られている。

そのあらすじは、カマキリの一粒だねタマムシ姫をめぐってホタルとクモが争い、これにいろいろな虫が加わって激しい合戦をくりひろげ、ついにホタルが恋の勝者となるというものである。

この、タマムシを恋のヒロインに祭り上げるという趣向は、室町時代からの伝統をくんでいる。それは、この虫が目もさめるほどにあでやかであるというだけではなく、女性がこれを身に帯びると恋人ができるという中国起源の俗信にも関係がありそうである。

なお、私の手もとには大田南畝の旧蔵本で、松有慶の『武蔵野虫合戦』（一八〇七）という自筆稿本があるが、これも同工異曲の筋書きで特別の新味は感じられない。

若女形の筆頭にマツムシ

この時代には、役者評判記がさかんにおこなわれた。これは、歌舞伎役者の容色や技芸を評した冊子である。

その形式をかりて、諸虫の品定めをするという新しい趣向の滑稽本《こっけいぼん》がつくられている。この作法は、江戸文化の爛熟《らんじゅく》のなかから生まれた独特のもので、この時代の昆虫文学を象徴するものといってよいであろう。

こころみに、その最初の作品と思われる蜂万舎自虫の『評判千種声』（一七七八）のなかに登場する役者をあげてみよう。まず立役之部は「大上上吉　蛙」以下一四種、実悪之部は「極上上吉　百足《むかで》」以下二種、敵役之部は「上上吉　毛虫」以下一五種、道外形之部は「上上　あぶ」、そして若女形之部は「至上上吉　松虫」以下七種といった顔ぶれである。こうして、多彩な〝虫〟の特徴がそれぞれたくみにとらえられており、たいそう楽しく読ませてくれる。

次いで出たのが、市川白猿・談洲楼焉馬の『五百崎虫の評判』三冊（一八〇四）である。これは、作者の白猿自身が本物の役者評判記にうたわれた名優（五代目団十郎）というところがみそであろう。

なお、これらの本は体裁まで役者評判記そのままの横本で、当時としてはなかなかしゃれたものである。

ノミよりもシラミに人気

いまでこそ、シラミもノミも敗戦後にＤＤＴの洗礼を受けたおかげで、わが国では〝まぼろしの虫〟になっている。けれども、それまでの実に久しいあいだ、かれらは私たちにとって最も身近な〝血をわけた仲間〟であった。

それだけに、文学の世界にもいろいろな形で登場してくる。たとえば、滝沢馬琴も初期の作品として『花見虱盛衰記』（一八〇〇）や『敵討蚤取眼』（一八〇一）という黄表紙を書いている。

この花見ジラミの作品からは、シラミの脚が「八本ほどある」（実は六本）と考えられていたことや、そのころは体にシラミがたかっていると、せっかく遊里の客となっても「こじきらしい」といって、たいそうはずかしめられたことなどが読みとれる。

なお、中国でも日本でも、文学の題材としてはシラミのほうがノミよりもはるかに人気者であるが、ヨーロッパではその関係が逆になっている。これはシラミの陰性、ノミの陽性にたいする東西の好みの差を示しているようでおもしろい。

江戸時代の昆虫文学には、これまで述べた類型のほかに、説話物・教訓物や俳諧《はいかい》などがある。とりわけ俳句や川柳には、昆虫学探究のうえから有益なものが少なくない。

博物学はついに芽生えず

わが国で、以上のような昆虫文学がおこなわれていたころ、西洋ではイギリスのギルバート・ホワイトの『セルボーンの博物誌』（一七八九）に代表されるように、客観としての自然を精細にそして詩情ゆたかに描写しようとするきざしが見られる。

いっぽう、わが国にはこのような形でのナチュラル・ヒストリーは、ついに芽生えることがなかった。それは、自然を愛し、自然そのもののなかに溶けこんで生活していたゆえに、虫たちをも擬人化してとらえるほど身近な存在として感じていたからなのであろうか。

もしそうだとしたら、こういう日本人の自然との関わりかたの原点は、明治とともに遠くなってしまったようである。

チョウに親しむ

春といえばサクラの季節。人もチョウも待ちかねたように浮かれ出る。ルナールも「二つ折りの恋文が花の番地をさがしている」とうたったように、モンシロチョウをはじめ、いろいろなチョウが目につくようになる。チョウは春には欠かせない景物の一つである。

ここでは、明治前の私たち日本人や来朝外国人がチョウとどのように関わってきたのかについて、ふりかえってみることにしたい。

まず、『日本書紀』によると、皇極三年（六四四）七月、東国の富士川のほとりに住む大生《おおふ》部多《べのおお》という男が、「常世《とこよ》の神」を祭ると富と長寿が授かると称して、村里の人びとにすすめたところ、それが大流行することになった。

この神というのは、タチバナやサンショウの葉をたべるいも虫で、文面からはアゲハチョウ類の幼虫らしい。そして、はるかかなたの「常世の国」（常住不変の国）からやってきたという虫神への信仰は、東海道沿いの人びとを熱狂させ、群衆は大挙して西へ進んだ。そして、沿道には、おびただしい財宝が供えられた。こうして葛野《かどの》（京都西部）に至ったとき、土豪の秦造河勝がこの教祖を、人心を惑わす者として打ちすえたので、さしものいも虫信仰も、あえなく消滅した。

そのころは蘇我入鹿が専横をきわめた乱世であり、やはりいかがわしい新興宗教というのは、いつの世にも不安な世情につけこんで発生するものらしい。

いまでこそチョウは「蝶よ花よ」と、愛らしいものというイメージを持たれるが、古い時代には、かならずしも好もしい存在ではなかったようである。すなわち、チョウは死霊であるとか、チョウを捕らえると熱病にかかるなどと恐れられていた。

一方、清少納言は『枕草子』で好もしい虫の一つに「てふ」をあげている。

また、少しあとの『堤中納言物語』中の「虫めづる姫君」という作品には、チョウ（幼虫）を愛する姫がヒロインとして描かれている。そして、彼女は両親をはじめ、まわりの人びとからは変人あつかいされていたから、チョウ好きはまだ〝市民権〟を与えられていなかったのである。

くだって江戸時代には世情も安定し、チョウなど身近な虫たちにも関心が向くようになる。

そして、詩歌に詠んだり、絵に描いたり、捕らえたり、さらに幼虫から飼ったりする人びとも出てきた。

まず、チョウを描いた絵師には、円山応挙（一七三三―九五）や合葉文山（一七九七―一八五七）がある。また、伊勢長島藩主、増山雪斎（一七五四―一八一九）は四七種のチョウを「真写」している。それらの絵は種名、季節型や性別まで識別できるほど精確である。

つぎに、博物家は虫の標本の製作や保存がむずかしいので、図を描いて「虫譜」をつくった。それらにはチョウの図もあるが、写生画のほかに図案的な想像画が混入しているものもある。

数ある虫譜のなかでも、とくに注目すべきものは、熊本藩主、細川重賢がつくった『昆虫胥《しょ》化《か》図』と『虫類生写《いきうつし》』である。

これらのなかには、クロアゲハ、モンシロチョウやツマグロヒョウモンなどを幼虫から成虫まで飼育した生態図が描かれている。このモンシロチョウは「リウキウハバビロナノ虫」（琉球幅広菜の虫）と名付けられており、このチョウの日本で最古の記録とされる。ちなみに、モンシロチョウは帰化昆虫である。

長崎の蘭館医のなかには、日本のチョウを採集して発表した人がいる。まず、スウェーデン人ツュンベリー（来日一七七五―七六）はモンシロチョウ、シータテハ、ヒメアカタテハなどを記録している（一八二三）。ちなみに、スウェーデン大使館においてツュンベリー関連資料の展示会（一九九五年四月六日まで）とシンポジウム（同年四月四日）が行われ、盛会かつ有意義であった。

また、ドイツ人シーボルト（来日一八二三―二九）はナガサキアゲハとルリタテハを命名、記載した（一八二四）。

慶応三年（一八六三）、パリの第四回万国博覧会に幕府は昆虫標本五六箱を出品した。これを「虫捕御用」の肩書で採集し、会場に同行したのは田中芳男（一八三八―一九一六）である。閉会後、これらの標本は現地で売却され、買い主のポール・ド・ロルザはツマキチョウ、モンキチョウ、キチョウ、シルビアシジミ、ルリシジミ、オオミスジを新種として発表した（一八六九）。

こうして明治維新をむかえ、日本人による西欧流のチョウ研究もさかんになった。とくに近年の進展はめざましく、かつてのいちじるしい後進性から脱却し、現在では世界のレベルを超えた分野もある。それには、アマチュア研究者の貢献も大きいことを指摘しておきたい。

絵画・工芸にみる日本のチョウ

数ある昆虫のなかで、もっとも人目にふれやすく、また印象にのこるのはチョウの仲間であろう。それは日中ひらひらと飛びまわり、その翅のいろどりもあざやかなものが多いからである。それで、古今東西にわたりチョウをモチーフにした美術品が多数伝えられている。ここでは日本を主体として、美術工芸に描かれたチョウについて概観することにしよう。

東アジア

まず、日本文化の基盤をなしている中国から述べる。

この国の蝶観は、荘周（荘子＝戦国時代の思想家）の「胡蝶の夢」の故事によって代表される。これは、荘周が夢のなかで胡蝶となって心のままに飛びまわり、目がさめるまで自分が荘周であることに気がつかなかったというものである。このチョウを遊離魂とする見方は、日本にも影響をおよぼしており、またこれは古代ギリシアの、チョウをプシュケ（霊魂）とする見方とも類似している。

さて、チョウが工芸品のなかで文様化されたのは隋から唐の時代であり、花鳥画の主題ないし添景としてあつかわれている。中国の花鳥画あるいは草虫画の画風は、『芥子園画伝』（一六七九―一七〇一）や南蘋（来日一七三一―三三）などにより、当時の日本画の作風に大きな影響を与えている。現代の斉白石（一八六三―一九五七）は草虫画を多数描いており、昆虫についてはおおむね写実的であるが、チョウだけは写生ではない。

つぎに朝鮮では南啓宇（一八一一―八八）の蝶画が知られる。彼は「南ナビ」（ナビ＝チョウの意）とあだ名されたほどのチョウ好きで、チョウの生態画を多数描いている。そのほとんどは種類だけではなく、季節型や性別までわかる優れたものである。

そのほか、ジャワ島のジャワ更紗や、アンナン、タイの工芸品にも蝶文《もん》がしばしば見られるが、いずれもいちじるしくデフォルメされている。

日本

主題の日本では、チョウの古名をカワヒ（ビ）ラコと呼ぶ。その語源は、川辺にヒラヒラ飛ぶ意、あるいはカワホリ（コウモリ）と同じく膜翅を張るからカワハリ（皮張）の意であるという（『日本国語大辞典』）。

漢字の蝶（テフと発音）は、『万葉集』（八世紀後半成立）の序に「新蝶」および「戯蝶」として出てくる。ただし、チョウは歌題としては詠まれていない。

正倉院（奈良）の宝物には、蝶文をよそおう器物がいろいろ見られる。これらは唐文化の影響を受けたものであろう。そのなかの彩絵白布には、後翅に尾状突起のあるチョウが飛んでいるものがある。このアゲハチョウ類は、蝶文の主要なモチーフの一つであり、後世の蝶紋（「揚翅蝶」）にもおよんでいる。

平安時代になると、清少納言は『枕草子』（一〇〇八年ころ成立）で好もしい虫を九種列挙したくだりで、「てふ」を三番目にあげている。また、平安末期（または鎌倉時代前期）の短編『虫めづる姫君』（作者不詳）には、隣人に「蝶めづる姫君」もおり、チョウはすでに愛玩の対象にもなっていたらしい。

このみやびやかな時代には、蝶文も翅を大きくひろげて優雅に舞いはじめる。平家はチョウを家紋としたが、それ以外の氏族でも平安末期から鎌倉時代にかけて、蝶紋をもちいることが流行したようである。

鎌倉時代に入ると、幕府の史書『吾妻鑑』には鎌倉に「黄蝶」が群れ飛ぶたびに記録され（計五回）、戦乱の凶兆として恐れられた。チョウは主題として力強く表現され、またときには群飛するようになる。この時期にはチョウの口吻が誇張して太く描かれ、これはその後ますます普遍化する。

室町時代には、蝶文は植物との組み合わせによって季節感を表現するようになるが、チョウのもつ躍動感は抑制されたきらいがある。

続く桃山時代は美術史上、安土桃山時代とよばれるように、中世から後世への過渡期としていちじるしい変革が認められる。国取りの野望を背負った織田信長は、大きな蝶紋のある陣羽織を着て戦陣を駆けめぐった。その後、はからずも天下を手中におさめた豊臣秀吉の派手好みを映してか、蝶文の表現も形、色彩ともに大胆で奔放になる。それにつれて、チョウの口吻もますます誇張される。アゲハチョウの尾状突起が二股にわかれることもある（実際はわかれていない）。

かくして江戸時代。この日本でもっとも長い太平の世を謳歌した時世には、蝶文も多彩な変化をとげた。そして多くの場面にとり入れられ、広く大衆化していった。この時代には「蝶よ花よ」という言いまわしが生まれたように、チョウと花はセットでデザインされることが多くなった。

蝶文の応用範囲は染色、漆工、金工、陶磁、絵画、浮世絵など美術工芸の全分野におよんでいる。これは現代においても同様である。

江戸後期には、絵画では昆虫を正確に写生する画風が興り、この『虫譜』の作者としては円山応挙（一七三三―九五）、増山雪斎（一七五四―一八五九）、渡辺崋山（一七九三―一八四一）、合葉文山（一七九七―一八五七）などが知られる。

また、博物家では細川重賢（一七二〇―八五）、栗本丹洲（一七五六―一八三四）、飯室楽圃（一七八九―一八五九）、吉田雀巣庵（一八〇五―五九）などによる虫譜が主要なものである。これらは原則として実物を忠実に写生したものであるが、チョウだけは作者によって、しばしば想像画が混入している場合が見られる（たとえば飯室楽圃）。これは、チョウを文様の画題としてとらえているからであろうか。あるいは、中国の草虫画の伝統の影響によるものであろうか。いずれにしても、科学的著作としての虫譜のありかたの上からは惜しまれることである。

ちなみに、これらの虫譜とは性格がちがうが、一世を風靡《ふうび》した浮世絵師、喜多川歌麿の初期の作品に『画本虫撰《えほんむしえらみ》』（一七八八）という傑作がある。このなかには、ケシの花に配した白無地のチョウが描かれているが、これも想像の産物である。

浮世絵師のなかにも蝶文を描いたものが、ときに見られる。それらを一堂に集めた珍しい展覧会が開かれたことがある（一九八三年、盛岡橋本美術館）。そのとき出品された二〇点（蝶のあるもの）はリッカー美術館の所蔵にかかわり、とりわけ歌川豊国の「曽我梅菊念力弦《そがきょうだいおもひのはりゆみ》」（三枚続き）は逸品で、衣裳や空間にチョウが乱舞している。

くだって現代。蝶文はさりげなく私たちの日常生活のなかに溶けこんできている。こころみに私の身のまわりを見ても、ネクタイ、タイ・タック、スリッパ、カーペット、テーブル・センター、花びん、額や置物などインテリア、コップなど食器、文鎮や風鈴、切手、テレフォンカードなど、かぞえあげるときりがない。こうして、私たちが抱くチョウのイメージは時代とともにうつろい、ますます親しみ深いものに変わりつつある。自然界にほんもののチョウが少なくなったことへの代償作用でもあろうか。

人と虫とのただならぬ関係

古来、日本人の虫好きは世界でも際立っているといわれる。それは、ゆたかな自然に恵まれて、鳴く虫やホタル、トンボなどが身近にたくさん「共生」していたからであろう。そして、虫と人とのいろいろな関わり合いが生まれてくる。これらは「文化昆虫学」のテーマの一部になる。

この文化昆虫学はアメリカのホーグ（Hogue, C.L.一九三五―一九九二）が一九八〇年に首唱し、一九八七年に詳述した新しい学問体系であるが、まもなく彼が他界したこともあって、そのカテゴリーも人により異なるように思う。

ここには、私見により（1）社会へのインパクト（飢《き》饉《きん》、伝染病）、（2）娯楽（明治後）、（3）利用（実用・実験用）に大別し、それぞれの日本における代表例について述べることにする。

社会へのインパクト

1　ウンカ

日本の基幹作物は水稲であり、その害虫の種類も多い。江戸時代の農書には農業害虫の総称として、「蝗」（いなむし、おおねむし）という字がよく出てくる。大発生すると惨害（減収による飢饉）をひき起こすのはウンカ類なので、古文書や年表などに「蝗」とあるのは、ウンカ類を指す場合が多い。

最も有名な被害は「享保の大飢饉」（享保一七年、一七三二）である。このときは西日本におびただしい餓死者が出たが、その人数については出典により大差がある。これは各藩が幕府からの叱責を恐れたためか、あるいは飢餓人と餓死者とを混同したのかもしれない。ちなみに、江戸時代のウンカの防除法は、「虫送り」（虫追い）と鯨油などによる「注油駆除法」が主体であった。

ところで、明治三〇年（一八九七）、全国的にウンカ類が大発生し、これを契機として各地の農事試験場（国・県）に害虫担当者を配置するようになった。それで、この年を日本の応用昆虫学元年とすることもある。

また、昭和一五年（一九四〇）にウンカ類が関東以西に大発生し、約二三万五〇〇〇トンの米が減収した。それでその翌年、農林省は病害虫発生予察事業を発足させて今日におよび、その蓄積されたデータの量と質は世界に誇るべきものとなっている。

また、昭和四二年（一九六七）、気象庁の気象観測船が南方洋上でウンカ類（セジロウンカとトビイロウンカ）の大量飛来に遭遇したとき、その後、これらのウンカは南西の風に乗って、毎年中国地方から東シナ海を渡洋飛来することが判明した。これらの種類は、日本では低温のため越冬できないのである。

2　トノサマバッタ

大形のバッタ類は、大発生すると群飛して長距離を移動しつつ、ほとんどの植物を暴食して惨害を与えるので世界各地で恐れられている。この状態（群生相）になったものを「飛蝗《ひこう》」（トビバッタ）という。日本ではトノサマバッタが飛蝗化することがある。

明治一三―一七年（一八八〇―八四）、北海道の十勝地方でこのバッタが飛蝗となり、西進し、さらに北上して猛威をふるった。このときは官民共同でいろいろな方法を案出し実行して、その駆除につとめた。

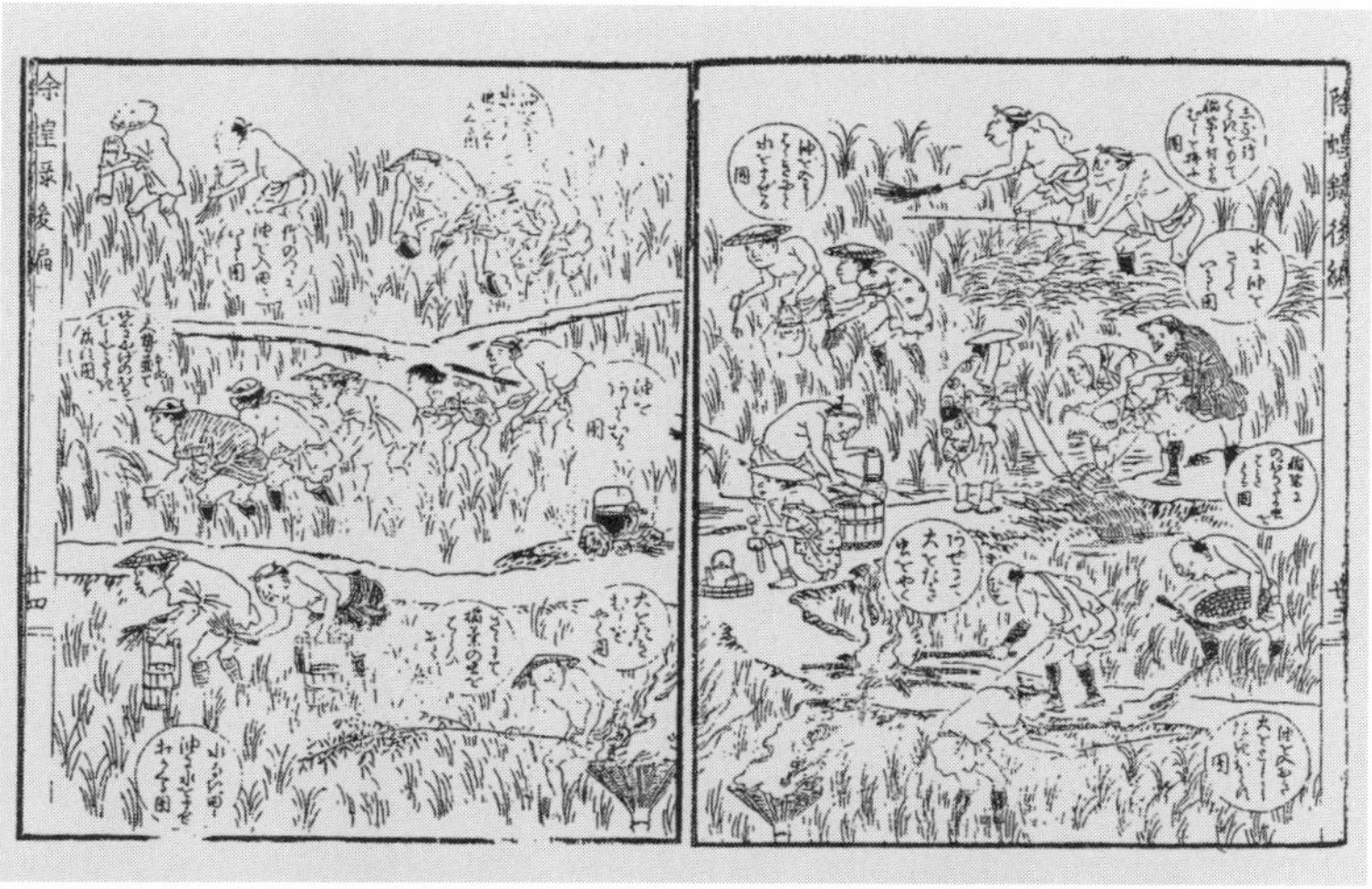

江戸期のウンカ等「注油駆除法」の図（大蔵永常『除蝗録後編』1844）

群飛するときは天も暗くなるほどになり、山上から大砲（空砲）を撃っておどしたり、象皮製のはたきでたたきつぶすなど、かなり奇抜な方法も行われた。その当時の状況は開拓使札幌勧業係『北海道蝗害報告書』（一八八二）として、多くの銅版画入りで発行された。これは日本最初の害虫調査報告書である。

その後トノサマバッタは、昭和四八年（一九七三）、沖縄県南・北大東島で、また昭和六一年（一九八六）には鹿児島県馬《ま》毛《げ》島《しま》で飛蝗化している。日本本土には、バッタが大発生するような「余地」もなくなったようである。

3　カ（蚊）

いうまでもなく、伝染病マラリアを媒介するのはハマダラカ類（アノフェレス属）である。これは、カが人体を刺すときマラリア原虫が血液中に入り血球内に寄生するもので、罹病者は発熱する。

現在はマラリアというと南方の伝染病のようなイメージを持ちがちであるが、かつては日本でも発生し、平安時代から「おこり」や「わらわやみ」などと呼ばれていた。平清盛（一一一八―八一）もマラリアで倒れたといわれる。

維新後の北海道で、明治三四年（一九〇一）、軍医・都築甚之助はシナハマダラカが三日熱マラリアを媒介することを証明した。

太平洋戦争中、マラリアは沖縄諸島で常発していた。また、南太平洋の戦場では日本軍の将兵は砲火による戦死者よりも、マラリアなどによる病死者のほうが多かったという。

戦後しばらくして、日本では閣議了解による「カとハエのいない生活実践運動」が昭和三〇年（一九五五）から一〇年以上にわたり全国で繰り広げられて、著しい成果があがった。これには、DDTなどの殺虫剤撒布《さんぷ》や発生源の除去などが継続的に実施された。

現在、日本列島はWHO（世界保健機関）などのマラリア流行地域から除外されているが、将来の気候温暖化で復活のおそれはあるし、今日の海外旅行者の「輸入マラリア」もあるかもしれない。

4　シラミ

人体に外部寄生して吸血する種類は、ヒトジラミ（アタマジラミとコロモジラミ）およびケジラミである。ヒトジラミは刺されるとかゆいだけではなく、ときに発疹《はっしん》チフスの病原体リケッチア（細菌類）を媒介する。この伝染病は、とくに戦争などで不潔な集団生活をするときに流行する。それで、「戦争チフス」とも呼ばれる。致命率は高い。

第二次世界大戦後、戦地から大勢の兵士たちがシラミと共に復員してきた。そして、発疹チフスが国内でも蔓延《まんえん》の兆しをみせた。当初は二〇〇万人以上の罹病者の発生が予測されたが、進駐米軍がＤＤＴを緊急輸入して不特定多数の人体に粉剤の強制撒布などを実施した結果、わずか三万人台でおさまった。それで、小学校では「ＤＤＴの歌」という殺虫剤賛歌が振付けつきで教えられた（一九四七）。

この劇的なシラミ撲滅作戦の成功でパニック状態にもならずに済んだ。「ＤＤＴ革命」と称されるゆえんである。

娯楽

1　鳴く虫

秋の鳴く虫は日本人の感性に最もよくマッチした昆虫であり、『万葉集』このかた今日まで、人々の「わび心」や「さび心」をとらえ続けている。

鳴く虫売りは明治後も続いているが、その商品の種数は年と共に減少の一途をたどってきた。たとえば、東京では明治中期には一三種、昭和五五年（一九八〇）前後には七種、昭和六〇年（一九八五）前後には四種、現在は二種（スズムシ、キリギリス）ほどである。

一方、野外での虫聞きの集いが恒例となっている場所がある。大正初めから続く東京・向島百花園、奈良市若草山、東京郊外でカンタンを聞く高尾山や御岳山《みたけさん》などが有名である。なお、京都市嵐山の鈴虫寺では室内で年中スズムシを鳴かせており、私もつい最近拝聴してきた。

これら一連のあゆみを私は「鳴く虫文化」と呼んでいる。

2　ホタル

江戸時代にさかんになった京都や江戸の蛍狩りは、明治時代にも継承された。

滋賀県守山町（現在は守山市）はゲンジボタルの名所として知られ、大正一〇年（一九二一）からはシーズンの土・日曜日には「ホタルデー」を設けて、多数の見物客を誘致した。ところが、乱獲がたたってホタルの減少が憂慮されたので、大正一三年（一九二四）には守山ボタルが国の天然記念物に指定された。その後、全国のゲンジボタル多発生地が計一〇ヵ所指定され、その地域は実態に応じて加除されつつ、現在も一〇ヵ所が指定されている（うち特別天然記念物は一ヵ所）。

近年は一九六〇年代からの高度経済成長と共に、ホタルの生息環境の悪化や消滅が顕在化してきた。それで、全国各地にホタル発生地の保全や復活などを目的とした団体などによる活動がさかんになっており、北から南まで国民的運動と称してもよい状況である。

古い時代からの流れを図式化すると、ホタル狩り→ホタル見物→ホタル観賞→ホタル観察となり、さらにホタルは保護からゆたかな自然のシンボルへと昇華されている。これらも日本独特の「ホタル文化」である。

3　トンボ

トンボも日本国の古名「蜻蛉洲《あきつしま》」（秋津島）以来、日本人とのかかわりは古くて深い。とくに江戸期の子どもたちが案出した「引っ掛け捕り」（ブリ、トリコを使う）や「おとり捕り」（メスでオスを誘引する）は、ヤンマ類の習性を巧みに利用した高等技術である。

近年はヤンマ類そのものが減少したので、このような遊びも見かけられなくなったが、これらの無形文化を後世に継承したいと思う。最近はビオトープづくりの一環として「トンボ池」の新設や保全が各地でさかんになってきた。

日本には「トンボ文化」も存在する。

利用

1　カイコ

カイコは「飼《か》い蚕《こ》」の意である。このガの幼虫のまゆから糸をつむいで衣料にするという発想と技術は、数千年前の人類（中国人）の一大発明といってよい。

養蚕の技術は三世紀よりも前に、朝鮮半島を経由して日本（北九州）に伝来したものであろうといわれる。当初の養蚕は帰化人の指導に依存していたらしいが、時代と共に地域が拡大し技術も向上した。

江戸時代には多くの蚕書が刊行され、とくに上垣守国の『養蚕秘録』全三巻（一八〇三）はよく普及した。その仏訳書がパリとトリノで出版されている（一八四八）。

明治維新（一八六八）後、開国と共に日本産の生糸と蚕種（卵）が輸出の花形となる一方、ヨーロッパの進んだ養蚕と製糸技術（機械製糸）も、いち早く導入された。

こうして、生糸は「富国強兵」と「殖産興業」の国策に沿って、日本の輸出総額の過半を占めるに至った。これは日本の国力増大、ひいてはその後の自国および他国の歴史を変革するほどの影響をもたらしている。

ところで、遺伝学者・外山《とやま》亀太郎（一八六八—一九一八）はカイコを研究材料として、動物にも「メンデルの法則」が当てはまることを初めて発表した（一九〇六）。外山は同年、カイコの一代雑種の有利性を提唱し、大正三年（一九一四）からはこれが普及するようになった。

第二次大戦後、ナイロンなど合成繊維の普及により、絹の需要は著しく減少したが、現在の日本はアメリカと共に絹の消費大国となっている。

一方、カイコは生物学の研究および学校教育用の実験動物として、大きな役割を果たしてきた。近年、カイコは生理学、生化学の研究材料として、性フェロモンの発見（ブーテナントら、一九五九）、変態にかかわるホルモン（脳ホルモン、幼若ホルモン、脱皮ホルモン）などの研究と応用に貢献している。

紀元前からの人類とのかかわりを顧みると、カイコほど大きなインパクトを与えた昆虫はいないと思う。

2　ショウジョウバエ

日本最初の漢和辞典『倭名類聚抄《わみょうるいじゅしょう》』は、承平年間（九三一―九三八）、源順《みなもとのしたごう》により編まれた。この本の「蠁子《さし》」の項に「酒醋上小飛虫也」（酒や酢に飛んでくる小虫）とある、この「小飛虫」は今日のショウジョウバエ類のことである。

ところで、「遺伝学のパイオニア」と尊称されるアメリカのT・H・モーガン（一八六六―一九四五）は、一九〇八年からキイロショウジョウバエを材料として研究を開始し、「ショウジョウバエ学派」を形成した、モーガンは一九三三年、ノーベル医学生理学賞を受賞している。

京都大学の駒井卓（一八八六―一九七二）は一九二三年からモーガンの教室（コロンビア大学）でショウジョウバエを材料として実験を行い、一九二五年に帰国した。駒井のもとに千野光茂、吉川秀男などが集い、一九三〇年前後の京大理学部は日本におけるショウジョウバエ遺伝学のセンターとなった。その後は、国内の各大学や研究所で各方面の研究が活発に行われている。

ショウジョウバエ類は効率よく飼育しやすく、突然変異体を生じやすく、また染色体を観察しやすいことなどから、今日の分子遺伝学の興隆、ひいてはバイオテクノロジーの進展に大きく寄与してきた。また種類も多く環境の変化に敏感に反応しやすいので、トラップで捕集して環境指標生物として利用されることもある。

以上のほか、ミツバチをはじめイボタロウムシ、五倍子（ヌルデノオオミミフシアブラムシ）など、日本で利用されてきた昆虫はいろいろあるが、紙幅の関係で参考文献をあげて割愛する。

なお、カイコ（後半）とショウジョウバエの項に学史的な事蹟《じせき》を記したのは編集部の要請によるものであるが、学史が文化昆虫学のカテゴリーに入るか否かについては、今後の検討が必要であろう。

文献

（1）梶島孝雄『日本動物誌』（一九九七、八坂書房）

（2）小西正泰『虫の文化誌』（一九七七、一九九二、朝日新聞社）

（3）小西正泰『虫の博物誌』（一九九三、朝日新聞社）

（4）小西正泰「虫の世界と暮し2　虫を使う　国立科学博物館ニュース」三六一、一二―一四（一九九九）

（5）小西正泰「虫の世界と暮し3　虫に苦しむ　国立科学博物館ニュース」三六三、一二―一四（一九九九）

（6）笹川満廣『虫の文化史』（一九七九、文一総合出版）

（7）梅谷献二編著『虫のはなしⅢ』（一九八五、技報堂出版）

（8）渡辺　孝『ミツバチの歩んだ道―人類とともに一万年』（一九九二、日本王乳センター）

◆初出一覧　＊一部に掲載時のタイトルを変えたり、加筆・訂正したりしている場合もあります。

第1章

サクラと昆虫（「マンスリーと〜ぶ」一九九一年四月号、東武鉄道広報センター）
国蝶オオムラサキ（「赤旗」一九八五年九月一日）
「蝶よ花よ」の世界（「みやこサロン」一九八七年三―四月号、近鉄・都ホテルチェーン）
都会に生きるセミ（「赤旗」一九九二年九月二日）
昆虫採集をめぐって（「刑政」一九九二年六月号、矯正協会）
日本はトンボの国（「にっぽにあ」二九号・二〇〇四年、平凡社）
スカラべと玉虫厨子（「世界のカブトムシとそのなかま」一九九八年七月、杉並区立郷土博物館）
昆虫の予知能力（「銜（はみ）」一九八二年六月二五日、日本中央競馬会）
「猛虫」の季節（「環境衛生」一九八九年九月二五日、環境衛生研究会）
アリの行動（「季刊ダジアン（ＤＡＧＩＡＮ）」一九九六年一〇月、コスモ石油）
虫をめぐる人びと（「札幌同窓会誌」一九九七年一一月、札幌同窓会）
ホタル飛び交う環境（「にっぽにあ」三二号・二〇〇五年、平凡社）
東西のホタル観（「正論」一九九五年八月号、産経新聞社）
ホタルの集い（「刑政」一九九二年九月号、矯正協会）
薬用にされたホタル（「ホタルのニュースレター」二〇〇六年三六号、日本ホタルの会）
孫太郎虫（「月刊健康」一九六号・一九八〇年八月、月刊健康発行所）

雪虫（「赤旗」一九七九年二月一一日）
虫の爪（「赤旗」一九七九年一月一四日）
オサムシの想い出（「ＢＲＨおさむしニュースレター」一九九七年一月、生命誌研究館）
虫の王者カブトムシ（「赤旗」一九八〇年八月一〇日）
クワガタムシ 威風堂々（「赤旗」一九九三年八月二四日）
昆虫の恋のサイン（「ＩＮＥＳ」一九九一年六月、アイネス）
自然への甘え（「赤旗」一九七九年六月三日）
わが庭は小動物園（「刑政」一九九二年一二月号、矯正協会）

第2章

（「本」一九九三年一月号～一九九六年一二月号、講談社）

第3章

（「インセクタリゥム」一九九〇年一月号～一九九三年一二月号、東京動物園協会）

第4章

小泉八雲と虫（「歴史と人物」Ⅱ・一九七五年、中央公論社）
虫愛ずる女性たち（「朝日新聞」一九八〇年九月二二日）
ホタルに魅せられた男――神田左京伝（「ＦＲＯＮＴ」６・一九九三年一一月、リバーフロント整備センター）
政治家と昆虫（「朝日新聞」一九七八年一月六日）
ファーブル――孤高のフランス人アマチュア（「文」二八号・一九九二年七月、公文教育研究会）

「尾張のファーブル」吉田雀巣庵（「Ｎａｇｏｙａ発」三七号・一九九六年九月、名古屋市）
プロとアマ（「刑政」一九九三年一二月号、矯正協会）
昆虫書の運命（「聖教新聞」一九九九年六月一五日）
当世古書事情（「刑政」一九九三年六月号、矯正協会）
虫友書敵（「大法輪」四七号・一九八〇年五月、大法輪閣）
昆虫図譜との出合い（「ＬＤノート」一九八六年一〇月一五日、総合労働研究所）
古書店・古書展（「赤旗」一九七九年五月六日）
水辺の昆虫（「ＦＲＯＮＴ」６・一九九三年一一月、リバーフロント整備センター）
トンボに魅せられて（「ひととき」二〇〇五年八月号、ジェイアール東海エージェンシー）

第５章

「鳴く虫文化」ノート（「鳥かご・虫かご～風流と美のかたち～」一九九六年九月、ＩＮＡＸ出版）
虫売り事始め（「かはく国立科学博物館ニュース」四六号・一九七九年、科学博物館後援会）
虫を使う（「かはく国立科学博物館ニュース」三六一号・一九九九年、科学博物館後援会）
虫に苦しむ（「かはく国立科学博物館ニュース」三六三号・一九九九年、科学博物館後援会）
江戸時代の昆虫学（「彷書月刊」二〇二号・二〇〇二年七月、弘隆社）
昆虫文学の主人公（「朝日新聞」一九七六年八月二六日）
チョウに親しむ（「産経新聞」一九九五年四月九日）
絵画・工芸にみる日本のチョウ（「蝶の世界」一九八七年一〇月、朝日新聞社）
人と虫とのただならぬ関係（「遺伝」二〇〇〇年二月号、裳華房）

ラ行

ワ行

ナ行

ハ行

タ行

サ行

カ行

◆虫名索引（和名・五十音順）

ア行

J・W・フォルソム　379
A・ブーテナント　82
K・v・フリッシュ　391
フレデリック・W・フローホーク　335
F・S・ボーデンハイマー　387
細川重賢(ほそかわ しげかた)　478、495

マ行

松村松年(まつむら しょうねん)　204
丸毛信勝(まるも のぶかつ)　251
三宅恒方(みやけ つねかた)　223
宮島幹之助(みやじま みきのすけ)　235
マリア・シビラ・メーリアン　406

ヤ行

安松京三(やすまつ けいぞう)　291
横山桐郎(よこやま きりお)　259
吉田雀巣庵(よしだ じゃくそうあん)　427、479、495

ラ行

ピエール・A・ラトレイユ　307
ジョン・ラボック　331
カール・v・リンネ　299
ルネ＝A・F・レオミュール　303
ミリアム・ルイザ・ロスチャイルド　408

ワ行

ジョージ・ワシントン　417
渡瀬庄三郎(わたせ しょうさぶろう)　103、404

神田左京(かんだ さきょう)　243、409
栗本丹洲(くりもと たんしゅう)　479、495
桑名伊之吉(くわな いのきち)　219
V・L・ケロッグ　375
小泉八雲(こいずみ やくも)　402、458
河野広道(こうの ひろみち)　287

サ行

佐々木忠次郎(ささき ちゅうじろう)　208
素木得一(しらき とくいち)　227

タ行

高野鷹蔵(たかの たかぞう)　239
高橋　奨(たかはし すすむ)　247
ルーシィ・E・チーズマン　339
チャーチル，ウィンストン　28
外山亀太郎(とやま かめたろう)　174、504

ナ行

長野菊次郎(ながの きくじろう)　215
名和　靖(なわ やすし)　211
新村太朗(にいむら たろう)　283

ハ行

ヘルマン・A・ハーゲン　355
A・S・パッカード　359
サディアス・W・ハリス　351
リーランド・O・ハワード　367
平山修次郎(ひらやま しゅうじろう)　271
J.-H・ファーブル　80、418

◆人名索引（五十音順）

ア行

青木重幸（あおき しげゆき）　127
荒川重理（あらかわ じゅうり）　231　＊名前の読み方、不詳
石井象二郎（いしい しょうじろう）　146
石井　悌（いしい てい）　255
A・D・イムス　343
ウィリアム・M・ウィーラー　371
ジョン・O・ウェストウッド　319
ジョン・G・ウッド　327
B・P・ウヴァロフ　347
江崎悌三（えさき ていぞう）　295
E・O・エッシグ　383
大町文衛（おおまち ふみえ）　263
岡崎常太郎（おかざき つねたろう）　267
奥田義人（おくだ よしと）　416
尾崎行正（おざき ゆきまさ）　415
小山内　龍（おさない りゅう）　279
小野蘭山（おの らんざん）　482
小原嘉明（おはら よしあき）　77
エリナ・A・オームロッド　323、407

カ行

貝原益軒（かいばら えきけん）　482
加藤正世（かとう まさよ）　275
ジョン・カーティス　315
ウィリアム・カービー　311
ジョン・H・カムストック　363

マイマイカブリ(J・G・ウッド, 1887)

●

デザイン――寺田有恒
ビレッジ・ハウス
写真協力――梅谷献二
河合省三
宮下　力
矢島　稔
校正――山口文子
霞　四郎

著者プロフィール

●小西正泰（こにし まさやす）

1927年、兵庫県西宮市生まれ。北海道大学農学部農業生物学科卒業。同大学院農学研究科修士課程修了。農学博士。北興化学工業㈱技術顧問、学習院大学講師、恵泉女学園短期大学講師などを歴任。

現在、日本ホタルの会理事、野川ほたる村村長、東京ホタル会議議長、日本アンリ・ファーブル会理事を務める。日本昆虫学会、日本応用動物昆虫学会、日本鞘翅学会、博物学史協会（ロンドン）、生きもの文化誌学会などの会員。

著書に『虫の文化誌』（1977年、朝日新聞社）、『虫の博物誌』（1993年、朝日新聞社）、『昆虫の本棚』（1999年、八坂書房）、『昆虫学大事典』（分担編著、2003年、朝倉書店）ほか。訳書にクラウズリー＝トンプソン著『歴史を変えた昆虫たち』（1982年、思索社）、アダムズ編『虫屋のよろこび』（監訳、1995年、平凡社）、ベーレンバウム著『昆虫大全』（監訳、1998年、白揚社）ほか。

虫《むし》と人《ひと》と本《ほん》と

2007年 8 月22日　第 1 刷発行

著　　者――小西正泰《こにしまさやす》

発 行 者――相場博也

発 行 所――株式会社 創森社

〒162-0805 東京都新宿区矢来町96-4

TEL 03-5228-2270　FAX 03-5228-2410

http://www.soshinsha-pub.com

振替 00160-7-770406

組　　版――有限会社 天龍社

印刷製本――株式会社 シナノ

ISBN978-4-88340-211-3 C0061

〝食・農・環境・社会〟の本

竹垣デザイン実例集	吉河 功著	3990円
毎日おいしい無発酵の雑穀パン	未来食アトリエ風編 木幡 恵著	1470円
タケ・ササ図鑑 種類・特徴・用途	内村悦三著	2520円
星かげ凍るとも 農協運動あすへの証言	島内義行編著	2310円
里山保全の法制度・政策 循環型の社会システムをめざして	関東弁護士会連合会編著	5880円
自然農への道	川口由一編著	2000円
素肌にやさしい手づくり化粧品	境野米子著	1470円
土の生きものと農業	中村好男著	1680円
ブルーベリー全書 品種・栽培・利用加工	日本ブルーベリー協会編	3000円
おいしいにんにく料理	佐野 房著	1365円
手づくりジャム・ジュース・デザート	井上節子著	1365円
カレー放浪記	小野員裕著	1470円
竹・笹のある庭 観賞と植栽	柴田昌三著	3990円

自然産業の世紀	アミタ持続可能経済研究所著	1890円
木と森にかかわる仕事	大成浩市著	1470円
薪割り紀行	深澤 光著	2310円
協同組合入門 その仕組み・取り組み	河野直践編著	1470円
園芸福祉 実践の現場から	日本園芸福祉普及協会編	2730円
自然栽培ひとすじに	木村秋則著	1680円
一人ひとりのマスコミ	小中陽太郎著	1890円
育てて楽しむ ブルーベリー12か月	玉田孝人・福田 俊著	1365円
園芸福祉入門	日本園芸福祉普及協会編	1600円
炭・木竹酢液の用語事典	谷田貝光克監修 木質炭化学会編	4200円
全記録 炭鉱	鎌田 慧著	1890円
食べ方で地球が変わる フードマイレージと食・農・環境	山下惣一・鈴木宣弘・中田哲也編	1680円
虫と人と本と	小西正泰著	3570円

創森社　〒162-0805　東京都新宿区矢来町96-4
TEL 03-5228-2270　FAX 03-5228-2410
＊定価（本体価格十税）は変わる場合があります
http://www.soshinsha-pub.com